电力系统仿真分析的人工智能方法

汤　涌　王宏志　王　灿　郭　强　姚　伟　黄彦浩　著

科学出版社

北　京

内 容 简 介

电力系统仿真分析广泛应用于电力系统规划设计、运行控制、安全防御、科研教学等领域。基于机理模型的电力系统仿真计算能够为求解电网状态量提供有力支撑，但是在仿真分析工作中还需要大量人工参与。将电力系统仿真技术与人工智能技术深度融合，实现电力系统仿真分析与决策的人工智能，可有效提高仿真分析的效率和精度。本书系统性地介绍了电力系统仿真分析的人工智能方法，旨在为实现电力系统仿真分析的自动化和智能化提供技术基础。

本书作为专业书籍，可供从事电力系统仿真分析智能化工作的科研人员阅读，也可作为电力方向人工智能技术研发和相关教学工作的参考资料。

图书在版编目（CIP）数据

电力系统仿真分析的人工智能方法 / 汤涌等著. -- 北京 ：科学出版社，2025.6

ISBN 978-7-03-074949-9

Ⅰ. ①电… Ⅱ. ①汤… Ⅲ. ①电力系统-系统仿真 Ⅳ. ①TM7

中国国家版本馆CIP数据核字（2023）第034210号

责任编辑：范运年 王楠楠 / 责任校对：王萌萌
责任印制：赵 博 / 封面设计：陈 敬

科学出版社 出版
北京东黄城根北街 16 号
邮政编码：100717
http://www.sciencep.com
三河市春园印刷有限公司印刷
科学出版社发行 各地新华书店经销
*
2025 年 6 月第 一 版 开本：720 × 1000 1/16
2025 年10月第二次印刷 印张：21 3/4
字数：433 000

定价：168.00 元

（如有印装质量问题，我社负责调换）

前　言

电力系统仿真分析广泛应用于电网规划设计、运行控制、安全防御等领域，是电气工程领域的一项基础性支撑技术。在规划设计方面，需要结合仿真计算提出在经济、技术等方面的最佳方案，并经过仿真校验确认安全可行；在运行控制方面，各级调度的运行方式安排必须经过大量的仿真计算，模拟各种潮流方式下的故障情况、校验相应的措施，才能最终确定，国内外电力系统停电事故多与仿真分析未能覆盖、没有完备的稳定控制预案有关；在电网安全防御方面，电网仿真分析是探索系统运行特性的基础手段，通过对计算结果的总结与提炼，发现影响电网安全性的关键特征与薄弱环节，才能有针对性地提出安全防御措施。

电力系统仿真分析在形式上主要采用机理建模，将电网元件的物理特性表达为微分-代数方程，通过解算方程得到满足不同需求的仿真结果。在实际工作中，电力系统仿真分析包含众多内容，其中潮流的计算收敛和安全分析、暂态稳定仿真分析和稳定控制决策是最核心的部分。潮流分析通过设置运行方式边界、解算全网潮流状态，得到待分析的潮流方式，是进行其他各类电力系统仿真分析的基础；暂态稳定仿真分析是对电网运行状态随时间变化的数字模拟，可以得到各类故障和扰动下系统的动态响应曲线，是进行系统特性分析和控制措施研究的重要工具。

基于机理模型的电力系统仿真计算能够为求解电网状态量提供有力支撑，但是仿真程序只能给出计算结果，不具备分析功能，其中最突出的矛盾是在仿真分析工作中还需要大量人工参与，主要体现在数据准备、结果分析、数据调整、控制决策等环节。实际上，在电力系统日常仿真分析工作过程中，仿真程序的运行时间仅占很小一部分，绝大部分时间都被人工调整和分析所占用，造成严重依赖专家经验、易于引发错漏现象、难以控制分析误差、大量消耗人力成本等问题。随着国家电网仿真中心的建立，我国电力系统仿真计算技术和计算能力大幅提高，高速发展的电力系统仿真计算与相对落后的仿真分析之间的失衡越来越严重。

为了应对上述问题，本书将人工智能中的先进技术、思维与传统的仿真分析工作相结合，代替人工分析，从而弱化专家依赖、减少决策错误、提高分析精度、降低人力投入，实现电力系统仿真分析的自动化和智能化。

自 21 世纪初以来，随着大数据技术的发展和深度学习方法的提出，人工智能研究获得了井喷式的发展，特别是在图像识别、自然语言处理、商业数据分析等方面都提出了性能优异的算法，相关行业应用不断深入，在社会生产、生活的各方面都有诸多体现。

将人工智能技术应用于电力系统仿真分析已有部分研究，但离形成体系化、实用化的成果还有很大距离，其技术挑战和难题主要包括：在知识融合建模应用方面，电力系统仿真数据人工智能分析需要专家经验和发现知识的共同驱动，电力系统仿真分析中知识的建模和应用面临存量增量融合、定性定量融合、关联事理融合等挑战；在复杂数据表征挖掘方面，电力系统仿真数据具有海量、高维、稀疏等特征，电力系统仿真分析知识发现面临数据形态丰富、数据关联复杂、应用场景多变等挑战；在高效潮流分析调整方面，电力系统潮流计算分析与调整面临超大规模复杂非线性方程组收敛与调整难题；在自主稳定分析决策方面，电力系统薄弱环节定位存在搜索空间过大的问题，稳定控制策略制定面临可控元件高维、控制变量连续、时序决策等挑战。

本书围绕建立电力系统仿真分析与决策的人工智能这一科学问题，系统开展四个方面的研究，分别是由深度融合与自主演化知识驱动的电力系统仿真分析、复杂形态电力系统仿真分析数据挖掘与人工智能建模、电力系统潮流方式的人工智能生成，以及电力系统稳定性分析、自主调整与决策的人工智能化。本书对相关研究成果进行了系统性介绍，全书共分为 6 章。第 1 章概述电力系统仿真分析人工智能方法；第 2 章介绍电力系统仿真分析知识经验获取与管理的相关成果；第 3 章介绍电力系统仿真分析知识发现的相关成果；第 4 章介绍电力系统潮流收敛与运行方式调整的人工智能方法；第 5 章介绍电力系统稳定分析与控制决策的人工智能方法；第 6 章总结电力系统仿真分析人工智能研究的发展趋势、应用前景，以及还需进行的工作。

本书得到了国家自然科学基金智能电网联合基金集成项目“基于数字仿真的大电网人工智能分析方法研究”(U1866602)的资助，参与项目研究和本书撰写工作的人员还包括陈兴雷、文晶、王甜婧、王兵、李文臣、石胜飞、叶德仕、陈为、刘怀远、王煜彤、邵心玥、毕研恒、孙武杰、徐震宇、卢金璇、石重托、曾令康、胡泽、张雨润等，在此表示感谢。

电力系统仿真的人工智能分析已成趋势，基于人工智能技术研究实用的模型和方法，实现高效快捷的潮流方式生成和电力系统稳定性分析与控制策略生成已成为重点研究方向。限于作者的水平，书中难免存在不妥之处，敬请各位读者不吝赐教。

汤涌

2024 年 5 月

目　录

第 1 章　电力系统仿真分析的人工智能方法概述

1.1　电力系统仿真分析的含义和特点

电力系统(电网)是一个由多种元件构成的复杂人工网络，由于电能传播的瞬时性、系统状态变化的快速性，需要借助基于机理建模和数值计算的电网仿真技术，对电力系统进行预先或在线分析，以理解系统特性、掌握变化规律、确定控制策略。电网仿真的主要任务是对电网在一定运行方式下无扰动或受到各种扰动而产生的各种稳态及暂态过程进行计算模拟。电力系统动态元件对系统电压和频率变化的响应时间可从微秒、毫秒级到数小时。仿真的对象可以是电网内所有元件及电网中发生的各种物理过程。

电力系统仿真广泛应用于电网规划设计、运行控制、安全防御等领域，是电气工程领域的基础性支撑技术[1-3]。例如，电网规划方案的可靠性、经济性、灵活性和安全水平的评估，需要大量的仿真分析，并根据仿真分析结果选择最优的规划方案；各级调度的运行方式安排必须经过大量的仿真计算，模拟各种潮流方式下的故障冲击并校验相应的措施，来确定安全的运行方式；电网安全防御策略也需要大量精细的仿真分析来确定。

在实际工作中，电力系统仿真分析可以看作根据特定的研究目的，“提出假设”、“计算验证”以及“分析误差”的循环过程，如图 1.1 所示。

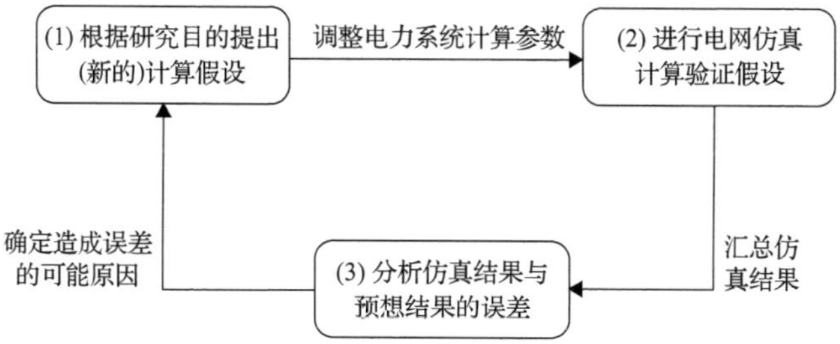

图 1.1　电力系统仿真分析的基本过程

电力系统仿真计算本质上是一种科学计算，主要包括潮流计算和暂态稳定计算，计算涉及的数据如图 1.2 所示。其中，由于电网元件仅与邻近元件相连的拓扑特性，潮流方程具有高度的稀疏性[4]。

从内在特性角度看，首先，电力系统仿真计算的历史数据积累量很大，而且还可以根据需要产生巨量的数据，例如，国家电网主网架进行 1 次典型的 40s 电

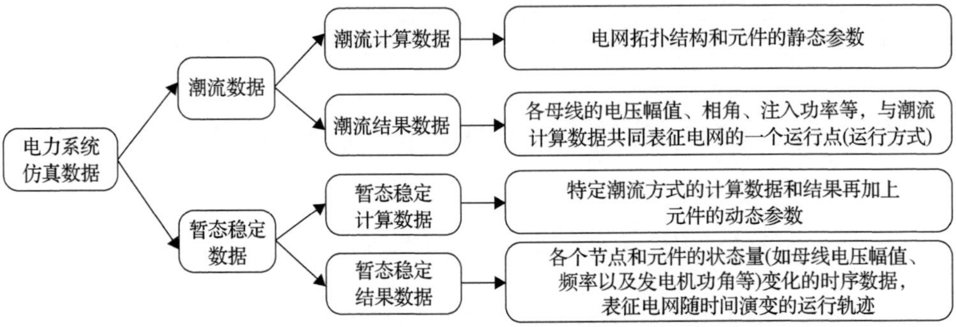

图 1.2　电力系统仿真数据

网振荡过程仿真时，仅全网母线电压变量(5 万个)的结果数据就可以到达 1GB 以上；其次，数据维数与电力系统仿真参数和变量密切相关，目前国家电网主网架的计算规模已达 5 万个节点以上，涉及数百万个参数，可输出的变量高达百万个；再次，电力系统仿真数据中有着通过方程组刚性表达的、高度复杂的线性和非线性关系；最后，由于电力系统运行变化的连续性，暂态仿真计算的每步解之间还有紧密的时序联系。由此可见，电力系统仿真数据具有海量、高维、稀疏、复杂时(时间)空(参数、模型和解描述的物理空间)关联的特点。

1.2　电力系统仿真分析面临的挑战

基于机理模型的电力系统仿真能够为求解系统状态量提供有力支撑，但是在电力系统仿真分析与决策方面，依然有很多环节需要人工参与。以电力系统各级调度运行中必须进行的电力系统方式计算的稳态和暂态仿真决策为例，主要环节如图 1.3 虚线框所示。

这个过程中需要人工根据潮流仿真和暂态稳定仿真的大量结果进行分析、总结，以寻找描述和影响电网安全的关键特征，并利用专家经验开展潮流数据调整、严重故障安全稳定措施确定与校核等工作。这种传统工作模式随着我国电网规模的不断扩大，在以下方面渐显不足。

(1)大量消耗人力成本。由于电力系统仿真计算涉及数百万个参数、上百万个变量，因此对其进行分析和数据调整的难度越来越大，需要耗费大量的人力。例如，目前国家电网主网架每年需要进行 4 次运行方式计算，每次都需要集结 20～30 人，历时长达 2～3 个月。

(2)严重依赖专家经验。在电力系统仿真分析中，能否发现问题并找到解决办法主要取决于专家的技术水平和工程经验，普通技术人员难以胜任复杂电力系统仿真分析工作。

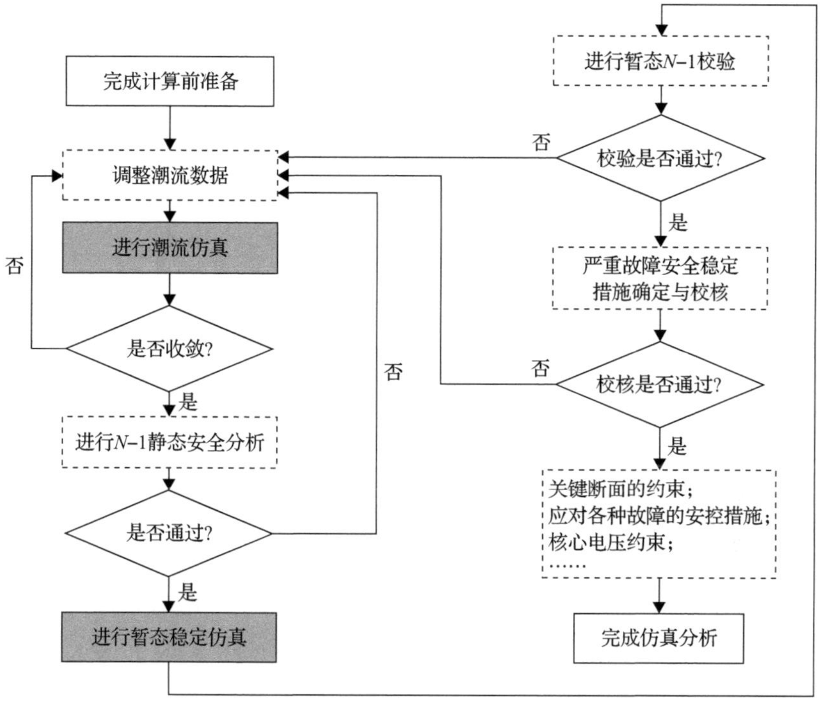

图 1.3　仿真分析的主要环节

(3)易于引发错漏现象。电力系统仿真数据具有高度的复杂性，其内在规律的提取和判别难度较大，在主要依靠人工分析的情况下，错漏现象日益增多。

(4)难以控制分析误差。受限于人的精力和工作能力，电力系统仿真分析的精度难以保证。例如，在人工调整潮流断面时，能够达到 1%以内的误差就可以接受，但这可能意味着数万千瓦的功率差异，而当多个断面及其他误差源的误差累积时，对分析误差的控制将会愈加困难。

综上所述，以人工为主的方式已难以满足日益复杂的电力系统仿真分析需求，急需探索新的支撑技术。

1.3　人工智能技术带来的机遇

近年来，人工智能(AI)得到了长足发展，在医疗、商业、交通、翻译、图形等诸多领域都取得了突破性进展，有效降低了人力投入、弱化了专家依赖、减少了决策错误、提高了分析精度。例如，IBM 公司的 Watson 人工智能医疗诊断系统在 2012 年就通过了美国职业医师资格考试，仅在中国就已有数十家医院在使用。对于多种癌症，其所提供的诊疗方案与顶级医疗专家可以达到近 90%的吻合度，能够有效减少误诊、提高诊疗的精度和效率。

将人工智能中的先进技术、思维与传统的电网机理分析相结合，能够为电网仿真分析技术的发展提供新的道路，有望填平仿真计算与结果分析之间的沟壑。首先，基于人工智能技术有望提高电网仿真计算的效率，代替手工调整工作；其次，在目标明确的情况下，引入人工智能技术可以由计算机根据既定目标不断推进仿真分析过程，得到比人工分析更为精准和优化的结论；最后，对于传统方法难以高效解决的运行方式生成、动态特征分析、安全稳定措施制定等问题，人工智能都有望提供更好的解决方案。

在以大数据 AI、跨媒体 AI、人机混合增强 AI 等为代表的新一代人工智能技术中，与电力系统仿真分析密切相关的主要有知识驱动[5]、表示学习[6]、强化学习[7]以及迁移学习[8]等。其中，知识驱动指的是在电力系统仿真分析过程中，有效利用知识直接实现智能分析或运用知识提高仿真结果分析、策略生成、知识发现等问题求解的精度和效率；表示学习有效融合复杂形态电网仿真数据的多源异构信息，自动学得数据的低维稠密实值向量表达，获得电网数据不同层级不同视角的洞察力；强化学习就是智能系统从复杂约束条件下的电力系统仿真数据环境到行为映射的学习，以使奖励信号(强化信号)函数值最大，从而实现电力系统潮流自动调整、安全稳定措施自动生成等功能；迁移学习则针对不同电网在电压等级、网络特点、输电策略、元件等诸多方面的差异，通过学习差异化电网场景中的问题结构，实现不同电网场景下人工智能算法和模型的迁移。

1.4 基于数字仿真的电力系统人工智能分析研究框架

针对建立电力系统仿真分析与决策的人工智能这一问题，可以从四个方面开展研究：①面向电力系统仿真分析的知识深度融合与演化，研究电力系统仿真分析知识经验的人工智能建模和应用方法，解决研究新的知识模型、管理与应用技术这一难题；②面向电力系统仿真分析的海量高维稀疏复杂时空关联数据关联关系挖掘与知识发现，研究电力系统仿真分析的人工智能建模与知识发现，解决复杂形态电网中的数据表征、知识发现、模型泛化和知识融合这一难题；③面向电力系统潮流方式的人工智能生成，基于知识驱动方法研究电力系统潮流方式智能分析与调整的模型和算法，解决电力系统超大规模潮流方程组参数和结构的人工智能调整这一难题；④面向电力系统稳定性人工智能分析、自主调整与决策，基于数据驱动和知识驱动方法研究电力系统稳定性智能分析与控制的模型和算法，解决电力系统快速、准确的稳定性人工智能分析与控制策略自主生成这一难题。研究框架如图 1.4 所示。

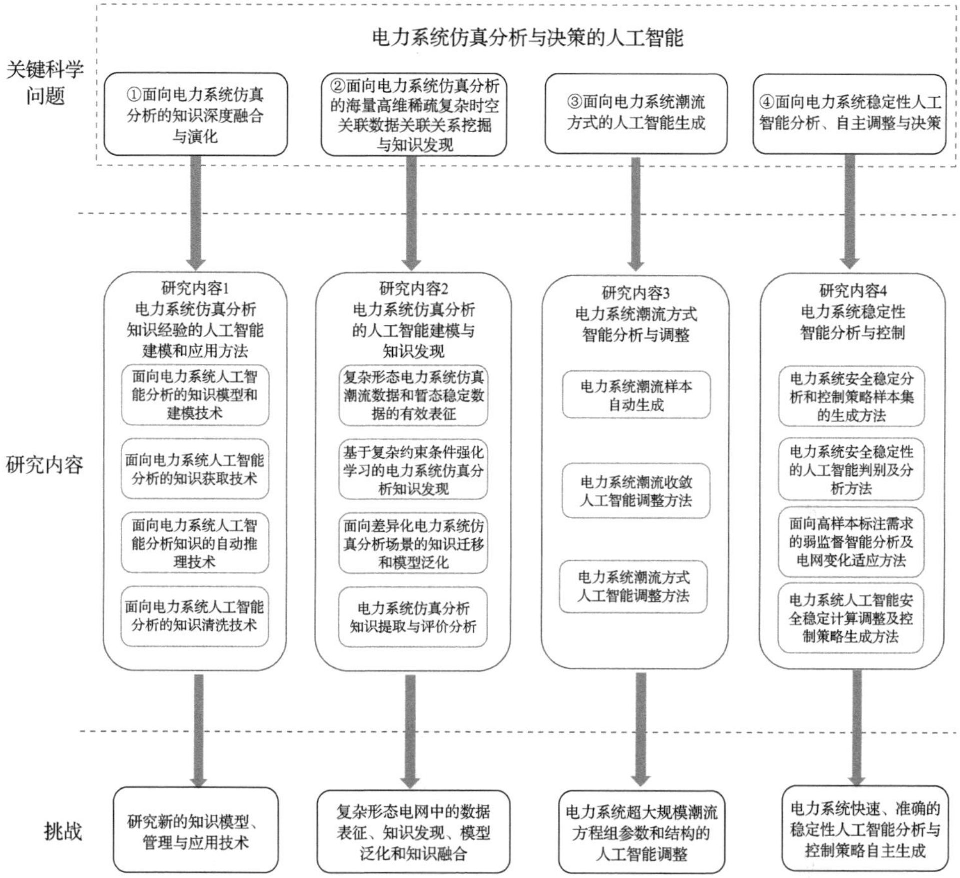

图 1.4　研究框架

1.4.1　电力系统仿真分析知识经验的人工智能建模和应用方法

研究电力系统仿真分析知识经验的形式化模型和建模技术，提出与知识模型相适合的推理应用方法和知识管理技术；研究在人工智能模型和算法中融合仿真分析知识经验的方法，为使用领域先验知识经验智能化地解决电力系统仿真分析问题奠定基础。具体包括以下几方面。

1) 面向电力系统人工智能分析的知识模型和建模技术

针对电力系统人工智能分析中存量知识和增量知识融合、定性知识和定量知识融合、关联知识与事理知识融合的特点，研究知识形式化模型和建模技术，从而实现知识的深度融合。通过有效的知识表达模型，表征经验知识和新发现的知识，从而关联所有知识的共有实体，表示多种定量、时序及演化关系，描述触发实体和关系演化的事件。设计经验知识自动提取算法、自动知识集成算法、知识图谱中实体的时序与演化顺序的自动生成算法，事件的自动发现算法以实现知识建模。

2) 面向电力系统人工智能分析的知识获取技术

针对电力系统人工智能分析中存在大量的知识且知识种类繁多的特点，研究知识自动获取技术，从而实现知识库的扩充。通过面向文本的知识获取方法，将海量的文本信息转化为可用的结构化知识，实现对文本关键信息的抽取。研究人机协同的知识获取技术，通过融合知识图谱中的结构信息与文本信息来学习知识图谱上的链接预测任务，以实现人机协同知识自动获取。

3) 面向电力系统人工智能分析知识的自动推理技术

根据所研究的电力系统人工智能分析知识模型的特性，研究知识的自动推理方法，从而实现知识的协同推理和自动迁移，进一步扩充有质量保证的电力系统人工智能分析知识库。提出存量和增量知识的协同推理技术、定性和定量协同推理技术、事理知识的自动推理技术。研究面向推理的电力系统人工智能新知识生成技术，从而实现基于推理的知识演化。

4) 面向电力系统人工智能分析的知识清洗技术

针对电力系统人工智能分析经验知识的特殊性，研究知识的清洗方法，实现有效的经验知识高效管理体系，搭建能够支撑增量电力系统仿真分析的知识库和相关工具集。针对电力系统人工智能分析知识中缺失、异常等常见错误研究清洗技术，保障知识库质量。研究错误知识的检测方法，以保证能够准确确定知识图谱中的错误知识，为后续知识清洗过程奠定基础。提出错误知识的修复技术，将错误知识修复为正确知识，保证知识的有效性。研究冗余知识的清洗方法，对某些冗余的知识进行剪枝，实现知识图谱的准确性。

1.4.2　电力系统仿真分析的人工智能建模与知识发现

研究面向电力系统仿真分析的海量高维多模态复杂时空关联数据关联关系人机融合挖掘方法，提出关联关系的应用方法，实现电力系统潮流自动调整、安全稳定边界、影响稳定性的关键因素等内在特性的挖掘；研究面向电力系统运行关联关系的知识提取方法，为特定电网运行新规律、新知识的发现和电力系统运行通用知识的提炼提供支撑。具体包括以下几方面。

1) 复杂形态电力系统仿真潮流数据和暂态稳定数据的有效表征

面向电力系统仿真分析的海量高维多模态复杂时空关联数据关联关系挖掘，研究基于属性图嵌入的电网潮流数据表征学习模型；研究面向电力系统潮流数据调整过程的表征模型和方法；研究电力系统暂态稳定仿真结果的时序动态表征模型，有效表征暂态稳定结果中的关联性和相似性；研究表征潮流数据和暂态稳定数据的电力系统仿真数据统一学习框架，有效融合电力系统复杂关联数据中的异构信息，为关联关系的应用和电网知识发现提供支撑。

2) 基于复杂约束条件强化学习的电力系统仿真分析知识发现

针对电力系统仿真数据分析的复杂约束条件，研究基于对抗生成网络的有价值可解释的表征；研究与仿真环境互动的交互式强化学习模型与方法，实现人机融合的电力系统仿真知识发现；研究基于长短期记忆和自动推理的深度知识发现方法，实现电力系统仿真知识发现；研究自动学习复杂行为的机器学习方法，针对给定的电力系统仿真知识发现任务，自动生成深度网络架构，实现电力系统潮流自动调整，以及安全稳定边界、影响稳定性的关键因素等内在特性的挖掘。

3) 面向差异化电力系统仿真分析场景的知识迁移和模型泛化

针对差异化电力系统在电压等级、网络特点、运行策略、重要元件等诸多方面的差异，基于电力系统物理规律、运行原则等方面的内在关联关系，研究差异化电力系统仿真分析场景的可迁移表征方法；研究突破电网拓扑结构差异和参数差异的电力系统迁移学习框架，提升各类学习模型在差异化电力系统场景中的泛化能力，支撑电力系统运行通用知识的提炼。

4) 电力系统仿真分析知识提取与评价分析

面向电力系统运行复杂关联关系，研究同一目标对象的不同关联关系之间的相似性和差异性，进行比较和分析，挖掘和确定可用性高的知识，发现特定电网运行的新规律和新知识；研究基于集成学习的电力系统仿真分析知识融合方法；探索基于主动学习、信息论、模糊论的电力系统仿真分析知识定性和定量评估方法，实现人机融合的用户评估和测试。

1.4.3　电力系统潮流方式智能分析与调整

研究电力系统潮流方式和专家调整行为样本集的生成方法；研究电力系统潮流计算收敛、智能分析以及潮流状态调整的算法，实现潮流方式的智能生成。具体包括以下几方面。

1) 电力系统潮流样本自动生成

针对电力系统潮流仿真分析的各类人工智能算法研发和模型训练场景需求，研究大规模潮流数据样本的自动生成方法，获得多样、均衡且分布合理的样本集，为潮流收敛调整、潮流方式调整等问题的人工智能方法、模型研究提供有效的训练数据。

2) 电力系统潮流收敛人工智能调整方法

以潮流收敛为目标，从知识驱动和数据驱动两条不同的技术路线出发研究两类潮流收敛人工智能调整算法。知识驱动方法利用电网潮流计算基本知识、专家经验等知识来源构建潮流收敛调整知识库，基于知识库进行潮流收敛调整；数据驱动构建基于强化学习的潮流收敛调整模型，通过海量样本学习提高模型适应性，实现潮流收敛人工智能调整。

3) 电力系统潮流方式人工智能调整方法

构建有功类目标、电压类目标、静态 N–1 约束目标和暂态 N–1 约束目标等电力系统潮流方式调整的不同类别典型场景，针对不同场景研究知识融合驱动模型和海量样本学习的电网潮流方式调整方法，实现潮流方式人工智能生成。

1.4.4 电力系统稳定性智能分析与控制

研究电力系统安全稳定分析和控制决策样本集的生成方法；研究电力系统机电暂态过程的稳定性判别和主导失稳模式识别方法；研究面向高样本标注需求的弱监督智能分析及电网变化适应方法；建立电力系统安全稳定性人工智能综合分析体系；研究安全稳定计算调整方法，实现电力系统安全稳定策略智能生成。具体包括以下几方面。

1) 电力系统安全稳定分析和控制策略样本集的生成方法

研究电力系统暂态稳定仿真数据的预处理技术；针对电力系统安全稳定分析和控制策略生成问题，研究电力系统稳定分析与控制策略基础样本集生成方法；研究适用于不同稳定问题、不同数据分布的仿真样本生成方法，增加样本的表征性、均衡性和多样性，建立电力系统安全稳定分析与控制样本集，为稳定性判别、主导失稳模式识别、薄弱环节故障定位和控制策略生成等方向的人工智能方法、模型研究提供有效的训练数据。

2) 电力系统安全稳定性的人工智能判别及分析方法

研究电力系统稳定性分析的人工智能方法，提出电力系统稳定性判别、主导失稳模式识别等问题的人工智能模型；针对电力系统复杂拓扑结构的高维表征，研究融合拓扑信息的稳定性智能分析方法；针对仿真数据高维冗余、AI 模型适应性不佳的问题，研究基于经验筛选和图像识别的稳定性智能分析方法。

3) 面向高样本标注需求的弱监督智能分析及电网变化适应方法

针对电力系统样本海量、标注需要花费大量时间的问题，研究基于主动学习、半监督学习等多种弱监督学习的主导失稳模式识别方法，减少构建智能模型所需的标注量；针对电网大幅度变化后智能模型的适应问题，研究基于迁移学习的自适应主动失稳模式识别方法；从而构建更具实用性、适应性更强的稳定性智能分析方法。

4) 电力系统人工智能安全稳定计算调整及控制策略生成方法

针对电力系统控制策略可调元件高维、可控变量连续、复杂时序关联的特点，基于暂态稳定数据的有效表征，知识融合驱动和海量样本学习，研究电力系统安全稳定计算人工智能调整方法，提出电力系统安全稳定控制策略的智能生成模型；研究知识经验引导和并行加速的智能决策方法，构建综合性的智能控制策略生成方法。

参考文献

[1] 田芳，黄彦浩，史东宇，等. 电力系统仿真分析技术的发展趋势[J]. 中国电机工程学报，2014，34(13)：2151-2163.

[2] 汤涌，卜广全，易俊. 印度“7.30”，“7.31”大停电事故分析及启示[J]. 中国电机工程学报，2012，32(25)：167-174.

[3] 中国南方电网公司. 交直流电力系统仿真技术[M]. 北京：中国电力出版社，2007.

[4] 陈珩，陈怡，万秋兰，等. 电力系统稳态分析[M]. 4 版. 北京：中国电力出版社，2015.

[5] 陶善新，唐文献，李莉敏. 基于知识驱动的产品开发系统研究与实现[J]. 计算机工程与应用，2003，39(22)：129-131.

[6] 刘知远，孙茂松，林衍凯，等. 知识表示学习研究进展[J]. 计算机研究与发展，2016，53(2)：247-261.

[7] Silver D, Huang A, Maddison C J, et al. Mastering the game of Go with deep neural networks and tree search[J]. Nature, 2016, 529(7587): 484-489.

[8] Pan S J, Yang Q. A survey on transfer learning[J]. IEEE Transactions on Knowledge and Data Engineering, 2010, 22(10): 1345-1359.

第 2 章　电力系统仿真分析知识经验的获取与管理

电网是一个庞大且复杂的网络，其中的很多环节需要人工参与，尤其在潮流调整等问题上，人工经验显得尤为重要，但这些问题却会消耗大量的人力和时间成本。为了解放人力，可以将实际中的人工经验转化为计算机可识别的知识规则，如果可以通过知识规则直接指导电网潮流调整等问题，则可以实现潮流调整等问题的自动化、智能化。

知识图谱是能够有效表示人类经验的手段之一，结合知识图谱实现电力系统人工智能分析当中经验和新知识、定性和定量、关联和事理知识的融合，能极大地提高电力系统仿真分析的效率。而人类的经验总归有限，通过知识协同推理、自动迁移、扩充和有质量保障的自动推理方法，可获取电力系统仿真分析中的新知识，进而扩充知识库。同时，针对推理中遇到的冲突和缺失环节，设计仿真分析算例生成算法，从而有的放矢地利用仿真分析生成新知识。此外，随着知识库规模的不断增长，大规模知识库的高效管理也是一个值得研究的问题，知识库中的知识质量有待进一步提高，在大量知识中查询所需知识的速度也需要进一步提高。

总体来说，本章在电力系统仿真分析知识经验的获取与管理方面开展研究，为使用领域先验知识经验和仿真分析发现的知识来智能化解决电力系统仿真分析问题奠定基础。2.1 节主要介绍电力系统仿真分析知识的形式化模型和建模技术，构建知识库。2.2 节主要介绍知识获取的相关方法，从不同角度获取知识以丰富知识库。2.3 节主要介绍与知识模型相适合的推理应用方法，从已有的知识中去发现更多有意义的新知识；2.4 节主要介绍知识清洗方法，针对知识库中的错误、缺失、冗余知识进行清洗，保证知识的合理性和有效性。

2.1　电力系统仿真分析知识模型

在实际的潮流人工调整过程中，通常是从业人员首先根据经验分析电网状态，然后在修改电网元件的参数后，将修改后的电网数据工程文件输入电网仿真系统进行计算，最后根据计算结果来判断调整后的潮流是否满足预先期望。对于复杂的电网来说，这个过程很可能是一个漫长的试错过程。

因为在上述人工操作的过程中很依赖工作人员所掌握的电网潮流调整的相关经验，所以这些经验对于电网潮流调整的自动化过程来说也是必不可少的。同时，在向专家和从业人员搜集不同电网潮流调整经验的过程中发现，这些经验表述方式繁多，种类各异，所以有必要对电网潮流调整的操作进行建模，以期得到知识的统一表示方式，建立知识图谱，实现潮流的自动化调整。

本节接下来将首先介绍电网潮流调整过程的表示，然后对于电网潮流调整的相关经验知识按不同类别分别介绍其建模方式。

2.1.1　电网潮流调整过程的表示

在电网潮流调整的过程中，不论是基于潮流收敛目标的调整，还是基于其他约束的调整，最终都依赖于仿真软件的潮流计算。在调整过程中，工作人员首先利用仿真软件对当前电网状态进行潮流计算，然后根据计算结果结合自身经验修改电网元件的参数，再重新利用仿真软件对修改后的电网状态进行潮流计算，重复此过程，直到计算结果显示电网状态已经满足要求。整个人工操作的流程如图 2.1 所示（以潮流收敛调整为例）。

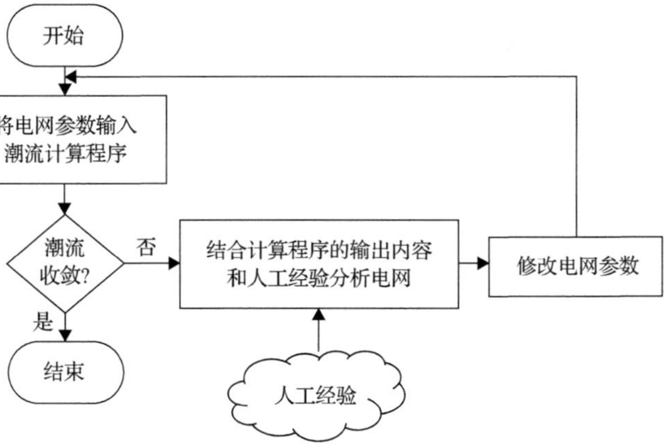

图 2.1　电网潮流的人工调整过程

值得一提的是，其中修改电网参数这个步骤相当依赖工作人员对当前电网状态的经验判断，有可能此次修改并不能够使得潮流收敛，甚至更严重的情况下，修改多次之后才能通过仿真软件计算结果根据经验观察出该修改方案不可行，所以对于大规模、高复杂度的电网来说，实际调整过程中充满了试错过程，往往相当耗费人力物力。

图 2.1 所示的人工调整过程有三个关键元素：电网当前参数、计算程序和人工经验。基于这三者，将潮流收敛调整问题形式化表述如下。

用 $S\left(P\left(L_1,L_2,\cdots\right),R\left(\mathrm{LP}_1,\mathrm{LP}_2,\cdots\right)\right)$ 表示电网当前状态。其中，P 表示潮流仿真程序的输入部分，而 R 表示计算程序的输出部分。L_1、L_2 等是参数矩阵，按仿真软件可接受的形式表示了电网的节点数量、拓扑结构、电网元件参数等信息。而 LP_1、LP_2 等是仿真软件进行潮流计算后给出的输出信息，包括计算中的迭代信息和是否收敛以及计算出的潮流状态(如节点电压和功率)等。这些都是结构化信息，由仿真软件本身固定了格式并存于文本文件中。现用这些文本文件中的内容组成元组来表示电网的一个状态。

由于调整动作是修改电网的参数，那么可以用 $a(L,V)$ 表示一个调整动作(图 2.1 中的一次调整操作(即修改电网参数)可能由多个调整动作组成)。其中，$L(n,r,c)$ 表示修改的数据的位置，n 表示 S 中的某个参数矩阵(如 L_1)，r 和 c 分别表示行和列，V 表示其修改后的值。

在实际调整过程中存在一些约束条件，不能任意对电网参数进行修改，那么对应地应构造可选动作集合 A。例如，约束条件中说明了某发电机参数不能修改，其对应位置为矩阵 L_5 中第 2 行，那么 $a\left(L\left(L_5,2,*\right),*\right)$ 将不应属于集合 A。

最后，将仿真计算程序视为函数 $f:S_0\to S_1$。潮流调整过程描述为：对于给定的电网初始状态 S_0，以及由约束条件给出的可选动作集合 A，由工作人员根据经验选择动作 a 执行得到 S_0'，再将修改后的电网状态经由 f 得到计算结果 S_1。重复此过程，直到计算结果属于目标状态集合(潮流计算收敛状态)。

2.1.2 电网潮流调整相关知识的建模

1. 电网潮流调整流程相关人工经验知识的建模

1) 建模方法

如 2.1.1 节中所述，电网潮流调整过程总体上是根据不同的状态，选择不同的方式来修改参数，从而到达另一个状态的过程。在本节研究中，结合前面描述以及对人工调整过程经验的分析。选择以(“状态”,“操作”,“状态”)形式表示的三元组来对调整过程建模。其中“状态”代表一类数据 S 的抽象表示，它们具有相似的特征，根据经验，也将对具有这类特征的数据采取相同的操作。类似地，“操作”是一类动作 A (也即数据修改)的抽象表示，根据经验，将某种状态的数据经过特定动作修改后可能改变数据状态为另一种状态。而(“状态”,“操作”,“状态”)则表示了这种状态的转化。

知识图谱的基本组织形式为 SPO，即三元组(“Subject”,“Predicate”,“Object”)。但是在实际表示中，由于 SPO 表示形式中的 Predicate 无法包含上述“操作”的太多信息，为了遵循知识图谱 SPO 的结构，将上述三元组转化为两个基本的三元组：(“状态”,“有操作”,“操作”)和(“操作”,“有后续状态”,“状态”)。其中“有操作”和“有后续状态”是知识图谱中的两种关系(边)。

2) 具体表示及示例

具体针对电网潮流调整流程，知识图谱中依据人工经验知识对电网进行划分并存储了状态。状态作为一个抽象表示，有具体的数据 S 节点作为其基础，同时，也有（“状态”,“有特征”,“特征”）来描述何种特征可以作为识别该状态的标志，如图 2.2 所示。

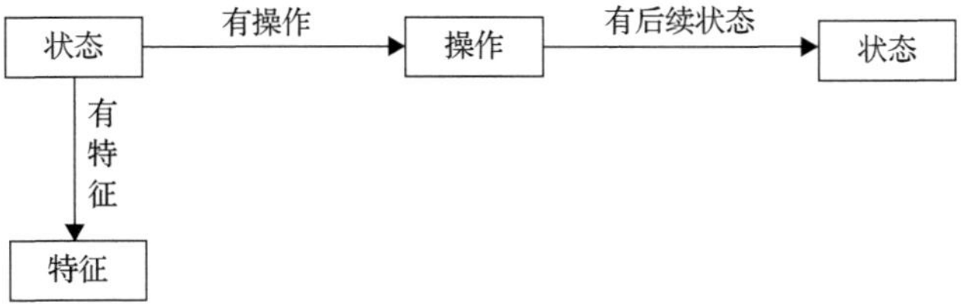

图 2.2　调整流程的建模

例如，对于自然语言表示的人工经验知识“对于不收敛潮流，通过降低发电机和负荷功率将潮流水平调低后，应寻找最大误差母线”，可抽象出“不收敛状态”“低潮流水平状态”两种状态和“降低发电机和负荷功率”“寻找最大误差母线”两种操作。但事实上，自然语言的表示在这里有许多不够明确之处，或称为经验知识表示不够具体的地方，需要进一步询问采访专家或是根据自然语言表达习惯结合知识图谱表示模式加以补全，如未能明确说明何种状态是不收敛潮流、寻找最大误差母线后对于状态有何种改变。

经补充完整规范后，对于该知识所抽象出的三元组如表 2.1 所示。

表 2.1　调整流程的三元组表示示例

头节点	关系	尾节点
不收敛状态	有特征	收敛标志=0
不收敛状态	有操作	降低发电机和负荷功率
降低发电机和负荷功率	有后续状态	低潮流水平状态
低潮流水平状态	有操作	寻找最大误差母线
寻找最大误差母线	有后续状态	已找出最大误差母线状态

2. 电网潮流调整操作相关人工经验知识的建模

1）建模方法

从表 2.1 的示例中可以看到，虽然流程可以按照约定的规范描述清楚，但操作在此处只是一个代号。知识图谱目前不能表示操作应该如何执行。所以在流程得以建模表示的基础上，还需对操作的表示方法进行建模。

在 2.1.1 节的研究中，已经对调整过程中的操作（在 2.1.1 节对人工调整流程的表述中称为动作）做出了形式化说明。在本节，沿用 2.1.1 节 $a(L,V)$ 的定义，认为动作具有两个属性，即位置和值。但是考虑到在知识的人工表述过程中，通常不会为参数指定具体位置，如“降低发电机有功”不太可能被表述为“减小文件 LF.L5

某行某列处的数字”。所以，在实际建模时，给操作定义的两个属性为“对象”和“目标值”，也即将关于操作的描述转化为以下两个三元组：（“操作”，“有对象”，“对象”）和（“操作”，“有目标值”，“目标值”）。

其中，“操作”节点表示该操作的名字或标签。“对象”指代电网中的某种参数，如“收敛标志”“发电机有功功率”“交流线阻抗”等。“目标值”则是该操作将该参数修改后的值。

2）具体表示及示例

针对电网潮流调整过程中的操作，知识图谱中表示了操作的对象和目标。为了具体表示对象的参数的位置，设置了（“对象”，“有位置”，“位置”），如（“发电机有功功率”，“有位置”，“文件名：LF.L5，列：6”），其中的“位置”是一个计算机直接可读的格式。操作的表示方法如图 2.3 所示。

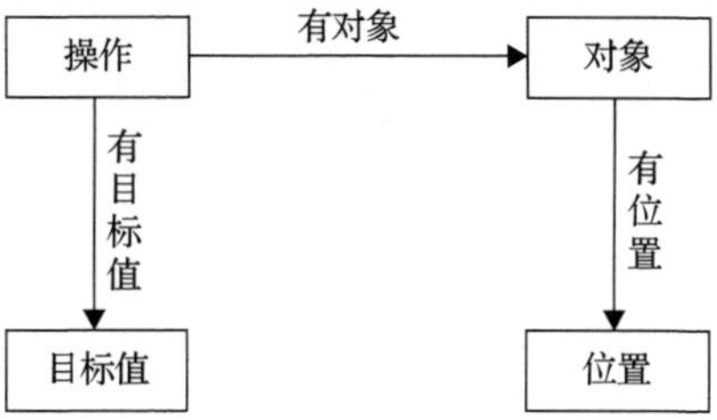

图 2.3 调整操作的建模

例如，对于潮流调整过程中自然语言表示的人工经验知识“如果发电机出力总体过高，将所有发电机功率调低 5%”，可从中提取出操作“调低发电机功率”。由于发电机功率在实际中是一个统称，需要进一步采访专家明确是调低有功功率还是无功功率，而调低哪些发电机和调低多少是明确的，可以在知识图谱中清晰表述。这条知识抽象出的三元组如表 2.2 所示。

表 2.2 调整操作的三元组表示示例

头节点	关系	尾节点
调低发电机有功功率	有对象	发电机有功功率
调低发电机有功功率	有目标值	发电机有功功率×0.95
发电机有功功率	有位置	文件名：LF.L5，列：6
调低发电机无功功率	有对象	发电机无功功率
调低发电机无功功率	有目标值	发电机无功功率×0.95
发电机无功功率	有位置	文件名：LF.L5，列：5

值得一提的是，在实际调整中有许多更加复杂的操作。例如，操作本身可能是一个指定了轮数的循环，或者操作的对象有条件要求(如上述例子中可能变成不是调节所有发电机而是某一台发电机)。所以在本节研究中，在将人工经验实际存入知识图谱时还额外为操作添加了一些属性关系，这里陈述基本设计方法，不再赘述知识图谱的所有细节。

3. 电网潮流调整操作相关程序调用知识的建模

1) 建模方法

在电网潮流调整过程中，有些操作不必根据人工经验手动调节，如对于潮流参数的检查，其主要内容是参数的合理性检查，检查某些参数是否表示一致或有明显越界。这类操作在人工调整过程中也往往经由计算机程序来进行判断而不是人工判定后修改。除了不必人工执行的操作外，有些操作无法通过人工执行，如潮流计算。修改参数后，为了观察参数修改的效果，往往需要重新进行潮流计算，只能通过调用固定的潮流计算程序得到计算结果。综上所述，在人工经验知识主导的修改参数操作之外，还需要对如何调用程序的知识进行建模。

注意到程序调用往往在同一台计算机上进行，在本节的研究中，给“操作”增添了“是”属性，用于区分该操作是普通操作(修改值)还是程序调用。对于可执行程序的调用，用“命令”关系连接该操作需要传给操作系统控制台的命令。三元组表示为(“操作”，“有命令”，“命令”)。

在研究过程中，对程序调用又有了进一步的拓展。由于该方面从业人员有时会在内存中操作数据，而不是前面所表示的用文件存储的数据 $S\left(P\left(L_1,L_2,\cdots\right),R\left(\mathrm{LP}_1,\mathrm{LP}_2,\cdots\right)\right)$，因此有时需要调用动态链接库来执行操作，用三元组(“操作”，“函数调用”，“函数”)来表示。

2) 具体表示及示例

在表示命令调用和函数调用的过程中，因为命令是直接交给操作系统执行，所以无须其他解释。而三元组中的“函数”则以字符串仔细说明函数调用方式，包括函数的返回值、函数名和参数等。而对于函数的参数类型和自定义结构体则另外用三元组加以说明。

例如，对于人工调整中的经验知识“检查参数后运行潮流计算程序计算潮流”。明确其计算程序的调用方式后，抽象出(“运行潮流计算程序”，“有命令”，“./WMLFRTMsg.exe”)。而对于经验知识“分区平衡时，先计算电网中的分区数量”，经询问专家如何计算电网分区数量后，抽象出(“计算电网分区数量”，“函数调用”，“r = CheckAreaDP(分区数量)”)，如图 2.4 所示。

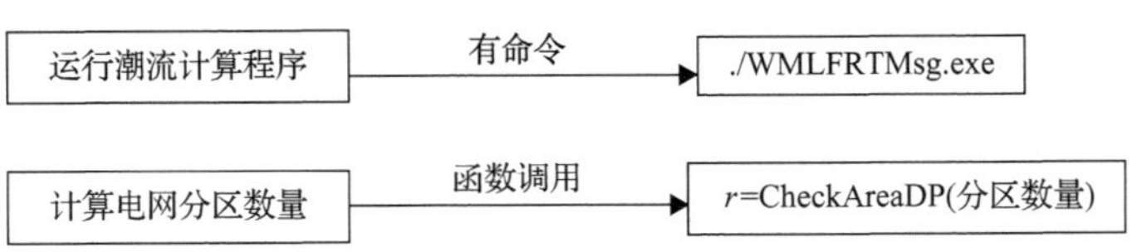

图 2.4　程序调用操作的示例

对电网方面的函数设计有所了解和沟通后，以上两条知识在知识图谱中的完整表述如表 2.3 所示。

表 2.3　程序调用操作的三元组细节

头节点	关系	尾节点
运行潮流计算程序	是	命令调用
运行潮流计算程序	有命令	./WMLFRTMsg.exe
计算电网分区数量	是	函数调用
计算电网分区数量	函数调用	r=CheckAreaDP(分区数量)
CheckAreaDP	动态链接库	./WMLFRTMsg.dll
CheckAreaDP	参数类型	int

在上例中，如果调用分区计算函数，“分区数量”会作为一个变量自动保存在内存中(供特征或者目标值中的表达式使用)。

2.2　电力系统仿真分析知识的获取

2.2.1　面向文本的知识获取

信息抽取的目的是将文本中无结构化的表示形式转换成人为定义的某种特定的结构化表示。信息抽取的输入通常是自然语言文本，输出通常是 N 元关系表示。传统的信息抽取通常是预先定义特定的结构化形式，然后对文本中的部分信息进行关注抽取。与传统的信息抽取不同，开放域信息抽取不仅专注于预先已知的一组目标关系，而且还提取文本中检测到的所有类型的关系，它不依赖于预定义的抽取模式。如图 2.5 所示，给定一个英文句子“Chair umpire Ramos managed to rob two players in the U.S. Open final”，三元组(Chair umpire Ramos, managed, to rob two players in the U.S. Open final)将会被抽取出来，表达短语“managed”表示“Chair umpire Ramos”和“to rob two players in the U.S. Open final”之间的关系。开放域信息抽取技术是自然语言领域内核心研究内容之一，在知识图谱构建、数字挖掘平台

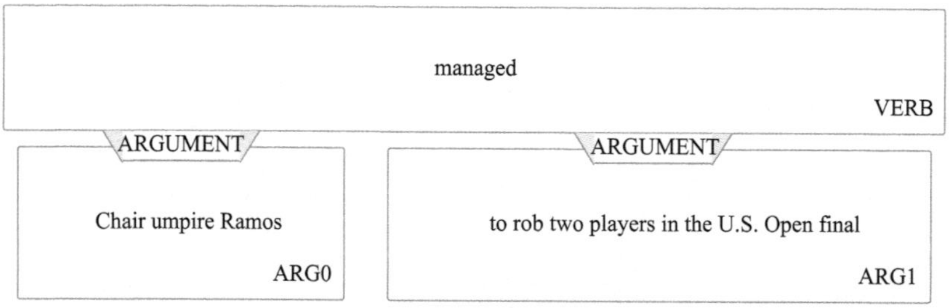

图 2.5　开放域信息抽取样例

构建、竞争情报系统构建、构建问答系统等领域具有广泛的应用，如图 2.6 所示。此外，开放域信息抽取技术也为自然语言处理领域众多的下游应用提供了数据支持。

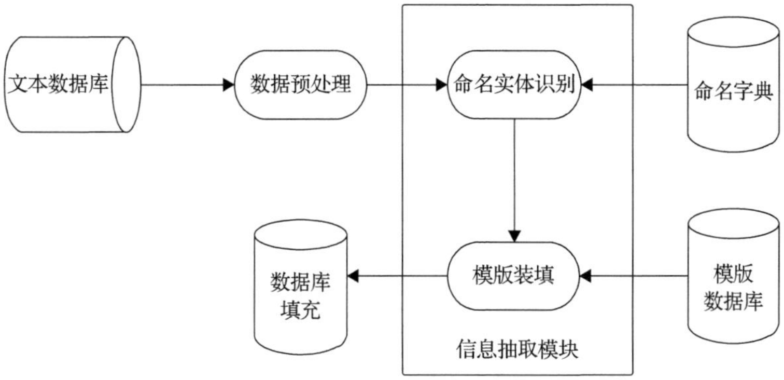

图 2.6　基于信息抽取的知识库构建

近年来，开放域信息抽取已经取得了非常大的进展，TEXTRUNNER 为第一个开放域信息抽取系统，此后的一段时间，此领域内产出了一系列的研究成果，如 ClausIE、OLLIE、WOE、ReVerb、OpenIE4O1 和 OpenIE5O2、PropS、Graphene，这些优秀的开放域信息抽取系统已被广泛用于众多工具中。这些开放域信息抽取系统采用一定的抽取模式从语料库中提取符合抽取模式的结果，抽取模式通常采用人工预定义或者使用学习类算法生成。这些开放域信息抽取系统中通常采用多个处理步骤，并采用多种自然语言处理(NLP)工具进行辅助，因此在这些方法计算过程中会产生错误累积和传播的问题。

随着神经网络的飞速发展，基于神经网络的端到端模型也已应用于开放域信息抽取任务。与传统的开放域信息抽取方法相比，基于神经网络的端到端模型可以有效地减少提取步骤并最大限度地减少错误传播问题。自然语言处理问题通常使用编码器-解码器体系结构来处理。编码器-解码器体系结构已成功应用于许多任务，如问题解答、机器翻译、抽象摘要、图像标题、关键词提取。循环神经网络(RNN)模型基于编码器-解码器体系结构，通常用于处理序列到序列的任务。现有基于神经网络模型的开放域信息抽取系统是基于 RNN 模型来实现的。现有方案具有以下不足。

(1)应对长句子的处理能力不足，RNN 模型的记忆能力有限，并不能充分利用长句子中的上下文信息。

(2)现有基于神经网络的方法对模型泛化能力的研究比较缺乏，大规模数据上的单一模型训练会导致参数影响扩大化，也就是人们常说的过拟合现象。

(3)无法应对序列到序列模型中存在的曝光偏差问题。

(4)没有考虑到模型的更新问题。

(5)训练效率比较低，RNN 模型是线性计算模型，只能一步一步向前迭代计算，并不能并行计算，因此训练效率低。

为了应对以上的问题，本节提出了基于 Transformer(转换器)的开放域信息抽取模型，提升训练效率和进一步增强模型的性能；基于多任务学习的开放域信息抽取模型，进一步提升模型的泛化能力；基于生成式对抗网络的开放域信息抽取模型，应对常规模型中的曝光偏差问题；基于元学习模型的开放域信息抽取系统，应对神经网络模型的更新问题。

本节根据以上问题介绍了如下的模型结构：相关基础模型；基于 Transformer 模型的开放域信息抽取；基于多任务学习的开放域信息抽取；基于生成式对抗网络的开放域信息抽取；基于元学习模型的开放域信息抽取。

1. 相关基础模型

编码器-解码器模型框架如图 2.7 所示。

图 2.7　编码器-解码器模型框架

编码器-解码器体系结构是神经网络模型的设计模式之一，已被证明可以有效地解决时序问题，现已成功应用于许多机器学习任务，如抽象总结、机器翻译、问题解答、图片说明、关键词提取。如图 2.7 所示，该体系结构可以分为两部分(编码器和解码器)。编码器的目标是将输入序列转换为通常由多个张量组成的中间状态，解码器会利用中间状态产生输出。在序列到序列模型中，编码器将输入序列转换为包括语义信息的中间状态表示，这个表示形式可以是向量或者张量，该中间状态由解码器采用以产生目标序列。大多数编码器-解码器框架都是使用 RNN 开发的，编码器模块是许多递归单元(门控循环单元(GRU)或长短期记忆(LSTM)单元)进行堆叠构成的，其中每个递归单元接收输入句子中的单词，保留单词的信息并将其传递给下一个处理单元。例如，在问答模型中，输入序列中包含了陈述和问题中的所有单词标记。每个单词表示为 x_t，其中 t 表示当前单词在序列中的位置。隐藏状态 h_t 通过以下公式计算：$h_t = f\left(W^{(hh)}h_{t-1} + W^{(hx)}x_t\right)$，$W^{(hh)}$ 和 $W^{(hx)}$ 分别为隐藏层和输入层权重矩阵。编码器的任务是将输入序列进行编码处理，将句子的语义信息映射到高维空间。解码器具有与编码器相同的结构单元，其中每个单元在时间步长 t 预测输出 y_t，每个计算单元从上一个计算单元获取隐藏状态，并在下一个计算单元中产生并输出为其自身的隐藏状态的结果。隐藏状态 h_t 由公式 $h_t = f\left(W^{(hh)}h_{t-1}\right)$ 计算，y_t 由公式 $y_t = \mathrm{softmax}\left(W^{\mathrm{S}}h_t\right)$ 计算，W^{S} 为输出层权重矩阵。

2. 基于 Transformer 模型的开放域信息抽取

1) Transformer 模型结构

Transformer 框架是基于编码器-解码器体系结构的神经网络模型。每个编码器单元是独立的结构，不与其他编码器单元共享参数。每个编码器都可以分解为一个前馈网络层和一个注意力层。如图 2.8 所示，编码器内部的数据流首先要经过注意力层的计算，当编码器对单词进行编码时，该层会引导编码器记录输入序列中的所有单词。自注意层的输出传递到前馈网络(FFN)层。此外，编码器的所有子层都以残差连接方式连接。解码器具有编码器中的所有子层，此外，它们之间还有另一个注意力层，可帮助解码器专注于输入单词中的相关单词。该机制类似于常规序列到序列模型中的注意力机制。对于特定的输入序列，编码器首先处理这些输入单词，当数据流向最后一个编码器单元后，会生成一组表示注意力机制的向量表示(K 和 V)。如图 2.8 所示，每个解码器必须在其“编码器-解码器注意”层中采用这些向量，以便解码器可以专注于输入序列中最有用的单词。下一步是将每个解码器的输出馈送到下一个解码器。解码器对输入的处理过程与编码器一致。解码器的工作过程与编码器的工作过程略有不同。在解码器中，在通过 softmax 层之前的自注意力计算中会屏蔽下一个位置信息，仅可以使用输出序列中前面的位置信息。

2) 注意力机制

多头注意力的计算思想是按照一定比例缩放点积注意力。如图 2.9 所示，它为句子中不同位置的各个子空间的表达使用了一定数量的注意头。因此，具有多头注意力机制的模型具有更大的存储容量。特别是，依靠多头注意力机制可以建立单词之间的依赖性，并忽略单词之间的距离，直到用尽所有的注意力头为止。Transformer 将多头注意力机制分为三个部分：①编码器中的自注意力；②解码器中的屏蔽式自注意力；③编码器-解码器中的注意力。对于每个查询 q 使用基本的点积注意力来计算对齐方式，公式中 Q 代表查询，K 代表键，V 代表值，q 为每一个查询，k 为查询的键，v 为对应的值，因此可以在式(2.1)中简化用于计算上下文向量的方程组。

$$\mathrm{Attention}(Q,K,V)=\sum_i \frac{\mathrm{e}^{q\cdot k_j}}{\sum_j \mathrm{e}^{q\cdot k_j}}\cdot v_i \tag{2.1}$$

其中，Attention 是编码器-解码器注意力函数。

当需要处理多个查询时，可以将查询堆叠到矩阵 Q 中，公式可以总结如下：

$$\text{Attention}(Q,K,V)=\text{softmax}\left(QK^{\mathrm{T}}\right)V \tag{2.2}$$

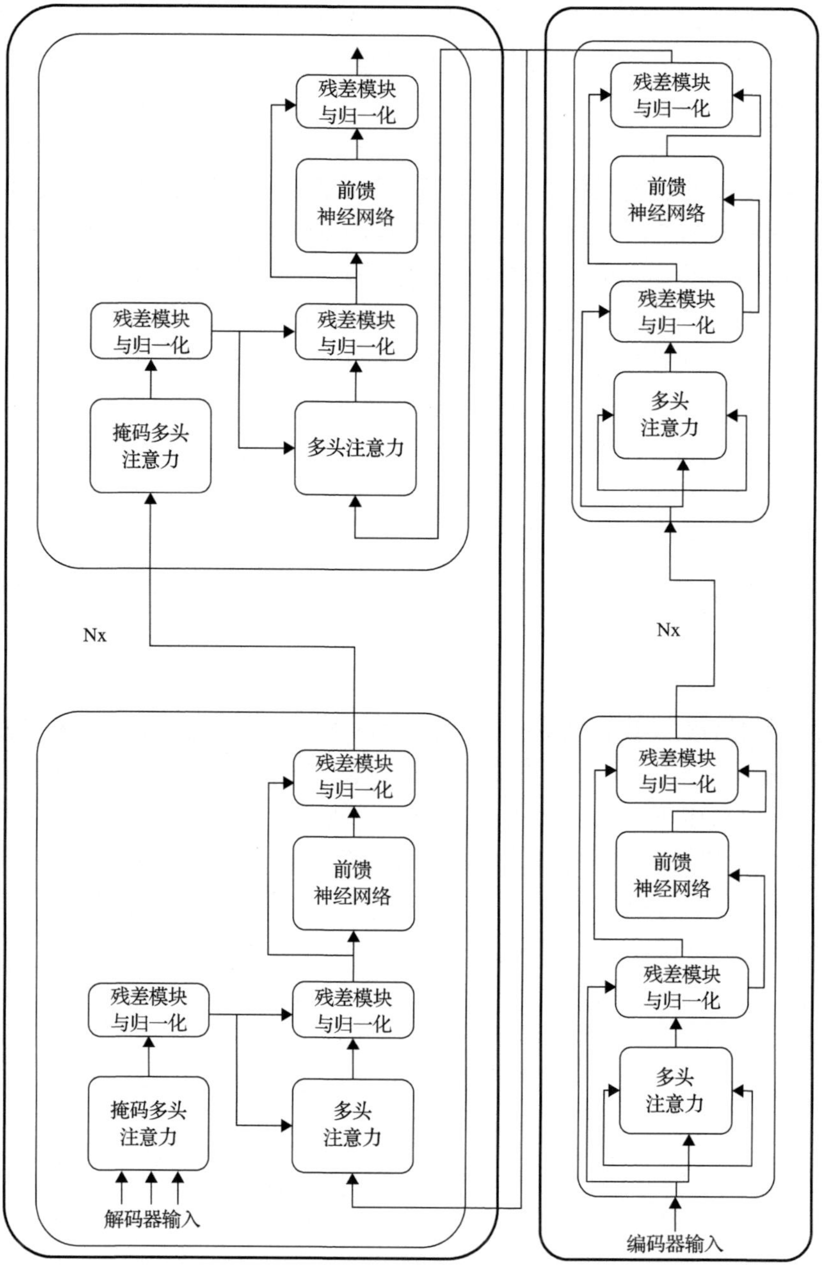

图 2.8　Transformer 模型架构

Nx 为某一变量的数量，通常不变

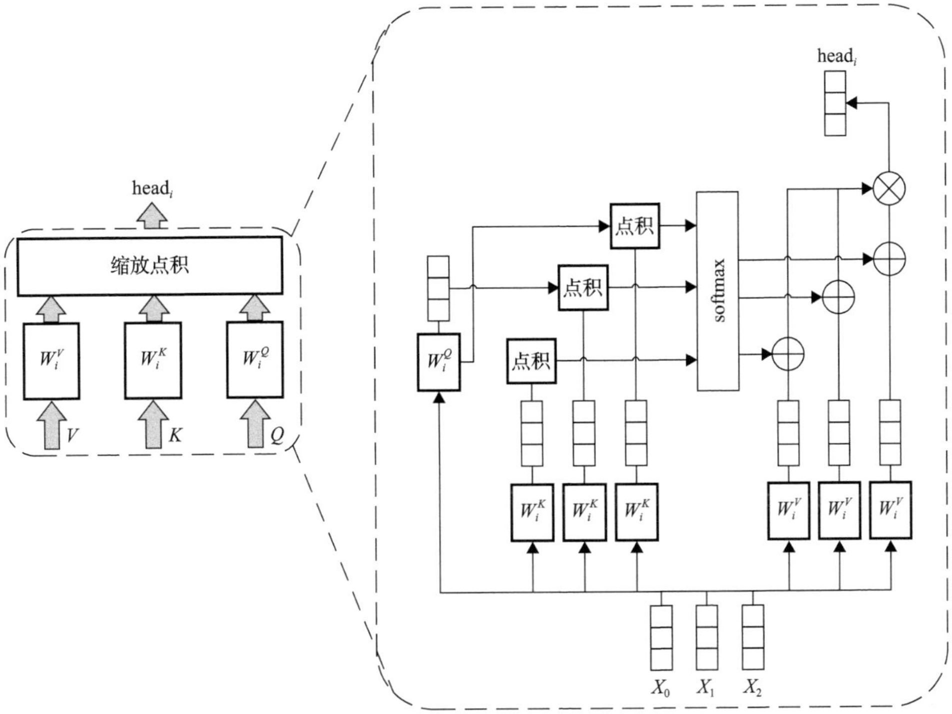

图 2.9　注意力机制计算架构

多头注意将式(2.2)进一步向前移动，其中 Q、K 和 V 依赖于权重矩阵计算而映射到低维向量空间中，然后以输出为头来计算注意。

$$\text{head} = \text{Attention}\left(QW^Q, KW^K, VW^V\right) \tag{2.3}$$

$$\text{head}_i = \text{Attention}\left(QW_i^Q, KW_i^K, VW_i^V\right) \tag{2.4}$$

$$QW_i^Q\text{MultiHead}(Q,K,V) = \text{Concat}\left(\text{head}_1, \text{head}_2, \cdots, \text{head}_h\right)W^O \tag{2.5}$$

其中，MultiHead 是多头注意力函数；Concat 是一个连接字符串的函数。

对于自注意力，Q(查询)、K(键)和 V(值)均来自统一输入。计算过程如式(2.6)所示，d_k 是 Q、K 矩阵的维度，作用是防止运算结果过大。

$$\text{Attention}(Q,K,V) = \text{softmax}\left(\frac{QK^{\mathrm{T}}}{\sqrt{d_k}}\right)V \tag{2.6}$$

3) 模型参数

基于 Transformer 模型的开放域信息抽取利用 Keras-Transformer 来实现基于

Transformer 的开放域信息抽取模型。模型训练采用 Tesla P100 图形处理单元(GPU)。模型由六个编码器和六个解码器、512 维词嵌入维度和 768 维隐藏状态组成。词汇表有 55000 个单词。采用线性整流函数(ReLU)作为注意力激活函数和前馈网络的激活函数,然后将学习速率设置为 0.05,并使用 Adam(adaptive moment estimation)算法对模型进行优化。

3. 基于多任务学习的开放域信息抽取

1)模型背景

在机器学习领域中，研究人员通常将重点放在优化特定指标上，无论该指标是基准项上的得分还是其他特定的评估方式。为此，通常会训练一个模型或一个模型集合来执行想要的任务，然后对模型进行微调，直到模型的性能达到收敛状态。通常这样做，可以在关注的指标上获得好的结果，但是同时也忽略了有可能帮助模型提高的其他信息，使目标主体与相关联的任务或者信息相关联，从而提高模型的泛化能力，此方法称为多任务学习(MTL)。多任务学习已广泛用于各种机器学习中，如计算机图形学、计算机视觉以及机器翻译等领域。多任务学习已经发展出了多种学习模式，如联合学习、学习如何学习等。通常将多任务学习称为辅助任务学习。多任务学习的实质是使用相关联的任务参数使主体任务的参数在原有的基础之上产生一定的诱导偏差，既可以学习到相关联任务的知识，又能防止原有模型参数影响过大。在深度学习环境中，多任务学习从参数共享的角度可以分为两类(硬参数共享以及软参数共享)。硬参数共享通常通过在所有任务之间共享一个隐藏层，为不同的任务建立不同的输出层或者是解码层。在软参数共享中，每个任务都有自己的模型和参数。然后，对模型参数之间的距离进行正则化以鼓励相似的参数。在本章的研究工作中采用硬参数共享来构建多任务模型。

2)模型结构

这部分提出了一个具有多任务学习体系结构的开放域信息抽取系统。多任务学习体系结构已应用于各种任务，并取得了显著的效果，如计算机视觉、NLP。常规的序列到序列网络模型基于 Transformer 实现并输出带有分隔符的序列，例如，给定语句“Bob agreed to take out the trash”，输出“Bob < SEP > agreed < SEP > to take out the trash”。在常规模型的基础上引入分类任务模型对原有模型进行辅助训练，以改善由基于 Transformer 网络生成的抽取结果。采用硬参数共享的方式来构建基于多任务学习的开放域信息抽取模型。在该模型中，开放域信息抽取任务与分类任务共享一个编码器，两个任务模块具有各自的解码器。图 2.10 展示了多任务学习模型的架构，模型架构图的中间部分是用于开放域信息抽取任务和分类任务的通用编码器，左边是用于开放域信息抽取任务的解码器，右边是分类任务的解码器结构。这三个部分是通过堆叠 Transformer 中的编码器和解码器来构造的。

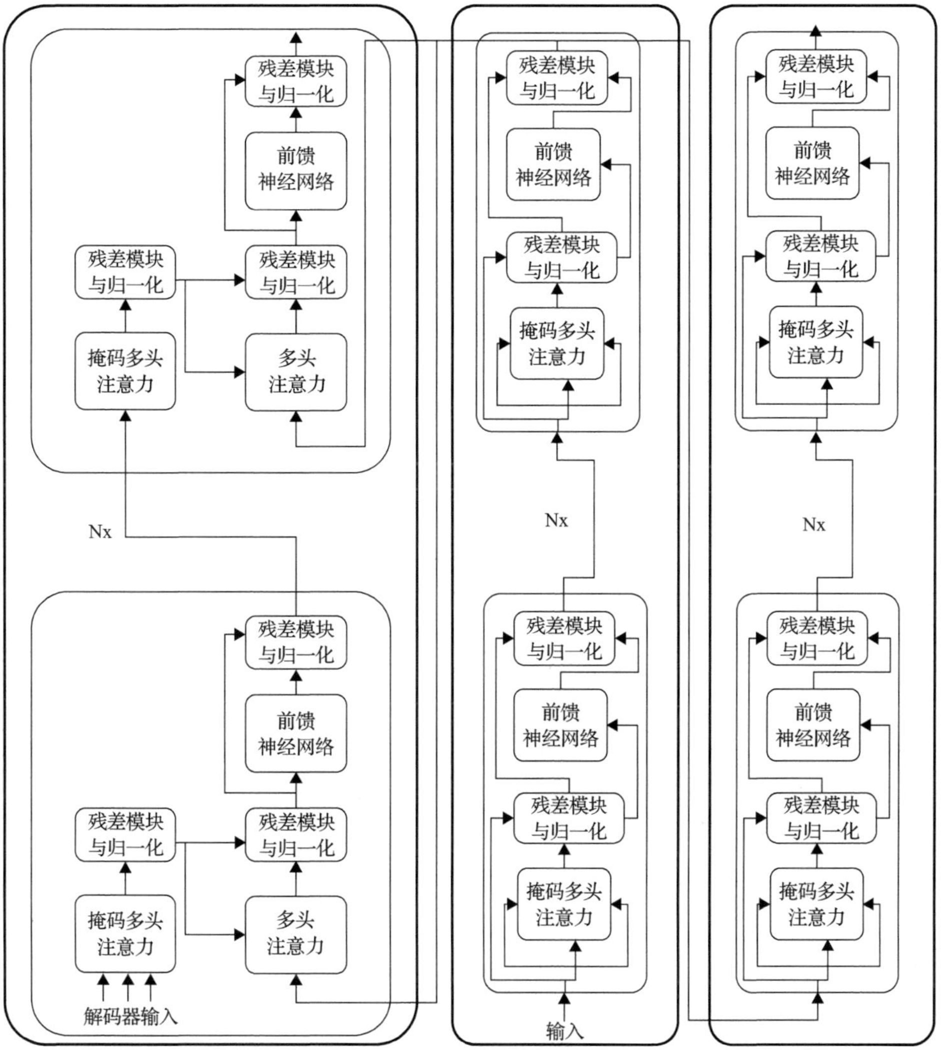

图 2.10　多任务学习模型架构

对于主要任务(开放域信息抽取)，本节将 Transformer 作为基础模型，输入是一个序列，输出是一个带分隔符的序列。例如，给定句子“Tom likes red toys.”，得到像“Tom < SEP > likes < SEP > red toys”这样的序列生成器的输出。编码器首先将输入序列表示 $X=(x_1,x_2,\cdots,x_n)^{\mathrm{T}}$ 映射到中间向量表达式。然后，解码器给出中间向量产生序列 $Y=(y_1,y_2,\cdots,y_n)^{\mathrm{T}}$ 作为输出。主要任务模型分别由编码器单元和解码器单元的堆栈组成(图 2.10)。与递归或卷积结构不同，它仅依赖于堆叠基本编码器和解码器单元以及关注层而没有递归单元，此外，模型还需要对单词的相对位置进行编码。

$$P_{(\mathrm{loc},2i)} = \sin\left(\mathrm{loc} / 10000^{2i/d}\right) \tag{2.7}$$

$$P_{(\mathrm{loc},2i+1)} = \sin\left(\mathrm{loc} / 10000^{2i/d}\right) \tag{2.8}$$

其中，loc是单词在句子中的位置信息；i 是维度；d 是向量中间表示的维度。在最底层的编码器和解码器中，使用式(2.7)和式(2.8)来联合计算输出信息的位置编码和词的嵌入表示。第 j 个编码器的输出为 $S_{\mathrm{e}}^{(j)}$，这个输出被送到自注意力层SeAT(·)进行计算。计算后的值被送到全连接的前馈神经网络FFNN(·)中，上述过程可以概括如下：

$$O_{\mathrm{e}}^{(j)} = \mathrm{LN}\left(S_{\mathrm{e}}^{(j-1)} + \mathrm{SeAT}\left(S_{\mathrm{e}}^{(j-1)}\right)\right) \tag{2.9}$$

$$S_{\mathrm{e}}^{(j)} = \mathrm{LN}\left(O_{\mathrm{e}}^{(j)} + \mathrm{FFNN}\left(O_{\mathrm{e}}^{(j)}\right)\right) \tag{2.10}$$

其中，$S_{\mathrm{e}}^{(0)}$ (即 j=1)是编码器的输入；$O_{\mathrm{e}}^{(j)}$ 是第 j 个编码器的注意力层的输出；LN(·)是归一化层。第 j 个解码器层的输出 $S_{\mathrm{d}}^{(j)}$ 被送到编码器和解码器之间的注意力层EDAT(·)进行计算。此外编码器还包含两个子结构，即自注意力层SeAT(·)和前馈神经网络层FFNN(·)，运算过程如下：

$$O_{\mathrm{d}}^{(j)} = \mathrm{LN}\left(S_{\mathrm{d}}^{(j-1)} + \mathrm{SeAT}\left(S_{\mathrm{d}}^{(j-1)}\right)\right) \tag{2.11}$$

$$I_{\mathrm{d}}^{(j)} = \mathrm{LN}\left(O_{\mathrm{d}}^{(j)} + \mathrm{EDAT}\left(O_{\mathrm{d}}^{(j)}\right)\right) \tag{2.12}$$

$$S_{\mathrm{d}}^{(j)} = \mathrm{LN}\left(I_{\mathrm{e}}^{(j)} + \mathrm{FFNN}\left(O_{\mathrm{d}}^{(j)}\right)\right) \tag{2.13}$$

其中，$S_{\mathrm{d}}^{(0)}$ (即 j=1)是解码器的输入；$O_{\mathrm{d}}^{(j)}$ 是第 j 个解码器的注意力层输出；$I_{\mathrm{d}}^{(j)}$ 是第 j 个解码器与编码器之间的注意力层的输出；$I_{\mathrm{e}}^{(j)}$ 为第 j 个解码器与编码器之间的输入。

$S_{\mathrm{d}}^{(n)}$ 表示的是最后一个解码器的输出显性映射到一个 V 维的矩阵上的结果，V 表示的是词向量的维度。输出序列 Y 基于条件概率 $P(Y \mid X)$ 来产生，计算过程通过对 V 维的矩阵执行 softmax 函数实现。

该研究为辅助任务(分类任务)使用多个 Transformer 编码器，辅助任务与开放域信息抽取任务共享相同的输入，并且与开放域信息抽取任务共享部分编码器。该分类任务的输出是一个向量，该向量将属于谓词部分的相应单词标记为 1，其余单词标记为 0。

3) 模型参数

基于多任务模型的开放域信息抽取利用 Keras-Transformer 来实现基于多任务学习的开放域信息抽取模型。模型训练采用 Tesla P100 GPU。编码器单元由 Transformer 中的六个编码器构成，解码器单元由 Transformer 中的六个解码器构成，词向量的维度设置为 512，隐藏层的维度设置为 768。词汇表有 55000 个单词。在该模型中，采用 ReLU 作为注意力激活函数和前馈网络的激活函数，然后将学习速率设置为 0.05，并使用 Adam 算法对模型进行优化。

4. 基于生成式对抗网络的开放域信息抽取

1) 极大似然估计训练

针对神经机器翻译(NMT)模型的参数 θ，极大似然估计训练尝试在给定输入句子的情况下最大化正确序列的条件对数的概率：

$$\theta^* = \underset{\theta}{\operatorname{argmax}} \sum_{n=1}^{N} \sum_{i=1}^{|y^n|} \log_p \left(y_i^n \middle| y_{<i}^n, x^n \right) \tag{2.14}$$

其中，N 是训练语料库的大小；$|y^n|$ 是目标句子 y^n 的长度；下标“$<i$”表示第 1 到第 i–1 个目标句子；x^n 是条件。但是，最大似然估计(MLE)训练在训练阶段存在曝光偏差问题，在训练阶段中任何目标词的历史记录都是正确的，并且已经在训练数据中进行了观察，而在测试过程中，该模型会根据其先前预测的、可能永远不会观察到的标记来预测下一个标记存在于训练数据中。为了解决这个问题，使用强化学习方法对候选样本进行采样，然后根据这些候选样本计算奖励并用于参数更新。生成式对抗网络遵循相同的方法来解决曝光偏差问题，奖励数值由鉴别器来进行计算。生成式对抗网络已成功应用于计算机视觉任务。生成式对抗网络模型包含两个不同功能的网络结构：一个生成器 G 捕获数据分布，以及一个鉴别器 D 估计从训练示例而非 G 采样当前输入的概率。当在开放域信息抽取任务中使用生成式对抗网络模型时，序列生成器用 G 表示，而基于 RNN 或基于卷积神经网络(CNN)的神经网络用 D 表示。在对抗训练中，G 的优化目标是使奖励最大化，而 D 的优化目标是评分最小化，其整体目标函数为 $V(D,G)$：

$$\begin{aligned} \min_G \min_D V(D,G) = & E_{(x,y)\sim P_D(x,y)}[\log D(x,y)] \\ & + E_{(x,y')\sim P_G(x,y)}[\log(1 - D(x,y'))] \end{aligned} \tag{2.15}$$

其中，(x,y) 是一个句子对；P_D 是数据分布；P_G 是生成器分布。通过此目标函数，鉴别器学会区分句子对为真对(句子对来自训练数据)还是假对(由 G 生成)，并且生成器尝试通过生成器生成序列来混淆鉴别器。由于单词是离散的，通常使用策略梯度方法更新生成器的梯度，为了更新生成器模型，首先对生成器输出的候选答案进行采样，并使用鉴别器计算奖励数值。有了这些奖励数值，就可以计算梯度并进行反向传播以更新生成器。在该训练过程中，训练数据中的序列和采样的序列候选分别用作判别器训练的正例和负例。为了解决鉴别器的过拟合问题，极大似然估计可以用于提高生成器训练的稳定性。

2) 模型结构

本部分内容提出了一个具有生成式对抗网络结构的开放域信息抽取模型。开放域信息抽取模型是缓解曝光偏差问题的有效框架，生成式对抗网络已经在许多任务中显示出了惊人的前景，如机器翻译，尤其是在图像生成中。典型的序列到序列模型能解决开放域信息抽取问题。例如，给定语句“Alex Honnold climbed a New Jersey skyscraper”，序列生成器的输出为“Alex Honnold < SEP > climbed < SEP >”。为了区分由序列生成器产生的提取结果，引入了鉴别器。序列生成器模型试图改善其生成结果，从而可以成功地欺骗鉴别器。该模型中的这两个模块是共同训练的，它们的性能得到了相互提高。尤其是，可以通过从越来越多的训练示例中学习来提高鉴别器的判别能力；以鉴别器的输出作为奖励，可以提高序列生成器模型欺骗鉴别器的能力。这样，序列生成器的结果尽可能接近从训练示例中提取的结果。一方面，利用 CNN 模型作为判别器，以训练语句对作为输入。另一方面，借助强化学习文献中广泛使用的名为 REINFORCE 的策略梯度方法，以确保两者都得到有效训练。对抗性的训练有效地优化了模块。图 2.11 显示了基于生成式对抗网络的开放域信息抽取模型的整体架构，模型由 Transformer 实现的序列生成器和 CNN 实现的鉴别器组成。假设 $x=\left(x_1,x_2,\cdots,x_{T_x}\right)$，$y=\left(y_1,y_2,\cdots,y_{T_y}\right)$ 是

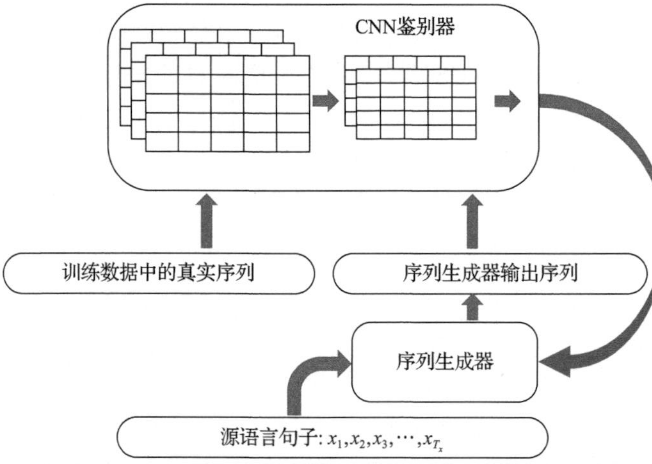

图 2.11　基于生成式对抗网络的开放域信息抽取模型架构

一个用于训练的句子对，其中 x_i 是源序列中第 i 个单词，y_j 是输出序列中第 j 个单词。令 y' 表示从源序列 x 的序列生成器输出的序列。模型训练的目标是强制 y' 与 y 相似。在理想情况下，y' 与 y 一样好。为此，在模型中采用了一个额外的对抗网络，其作用与常规对抗网络中采用的鉴别器类似。鉴别器的目的是将训练数据与序列生成器所生成的数据区分开，序列生成器试图产生与训练数据中的序列相似的输出序列，以欺骗鉴别器。

在给定源语言句子 x 的情况下，对抗模型用于区分序列生成器的结果 y' 和训练数据中的真实序列 y。为此，需要测量序列对 (x,y) 的匹配度。由于此算法具有逐层卷积和池化策略，因此将其用于 CNN。CNN 能够准确地捕获不同抽象级别的 (x,y) 的层次结构对应关系。给定一个序列对 (x,y)，首先通过简单地将标记的嵌入向量串联在 x 和 y 中来构造一个二维表示形式。对于 x 中的 i 单词 x_i 和序列 y 中的 j 单词 y_j，特征映射关系如下：

$$z_{i,j}^{(0)} = \left[x_i^{\mathrm{T}}, y_j^{\mathrm{T}} \right]^{\mathrm{T}} \tag{2.16}$$

基于这样的二维表示形式，在每个 3×3 窗口上进行卷积，以捕获类型 f 的特征图来捕获 x 中的段与 y 中的段之间的对应关系：

$$z_{i,j}^{(1,f)} = \sigma\left(W^{(1,f)} z_{i,j}^{(0)} + b^{(1,f)} \right) \tag{2.17}$$

其中，$\sigma(\cdot)$ 是 sigmoid 激活函数，$\sigma(x) = 1/(1+\exp(-x))$；$W^{(1,f)}$ 为权重；$z_{i,j}^{(0)}$ 为输入；$b^{(1,f)}$ 为偏置。然后在一个 2×2 的窗口上做一个最大池化操作，计算过程如下：

$$z_{i,j}^{(1\backslash 2,f)} = \max\left(z_{2i-1,2j-1}^{(1,f)}, z_{2i-1,2j}^{(1,f)}, z_{2i,2j-1}^{(1,f)}, z_{2i,2j}^{(1,f)} \right) \tag{2.18}$$

然后将提取的特征馈入多层感知器（MLP），并在最后一层进行 S 型激活，以得出 (x,y) 来自训练数据的概率。鉴别器的优化目标是使二元分类的交叉熵损失函数值最小，以训练数据 (x,y) 为正例，而来自序列生成器的采样数据为负例。

生成器模型尝试生成高质量的输出序列 y' 用以欺骗鉴别器模型。对于鉴别器模型 D 来说，D 的训练是通过已有的训练数据集合以及生成器的输出序列 G 共同训练。D 的训练目标是最大化 $V(D,G)$：

$$L_D = E_{(x,y)\sim P_D(x,y)}[\log P(x \mid y)] + E_{x\sim P_D(x), y'\sim P(y|x)}[\log(1 - P(x \mid y'))] \tag{2.19}$$

对于序列生成器 G 来说，G 的训练目标是最大化由鉴别器产生的奖励数值，而不是直接最小化 $V(D,G)$，目标函数如下：

$$L_G = E_{(x)\sim P_D(x), y'\sim P(y|x)}[P(x \mid y')] \tag{2.20}$$

通过不断向 D 提供训练序列对和来自序列生成器 G 的对，可以训练鉴别器 D。但是，当使用序列生成器 G 时，设计训练过程并非易事，因为从 G 中离散采样的 y' 使其很难直接反向传播该误差。从 D 到 G 的信号，存在使 $V(D,G)$ 不可微分的参数 Θ_G。为了解决这个问题，采用 REINFORCE 算法，这是强化学习文献中的策略梯度方法，用于优化 G。

3）模型参数

在模型中利用 Keras-Transformer 实现基于对抗式生成网络的开放域信息抽取模型。模型训练采用 Tesla P100 GPU。生成器模型由六个编码器和六个解码器、768 维隐藏状态和 512 维的词嵌入组成。词汇表有 55000 个单词。该模型采用 ReLU 作为注意力激活函数和前馈网络的激活函数，随机失活概率设置为 0.05，并使用 Adam 算法对模型进行优化。对于鉴别器 D，CNN 由两个卷积+合并层组成，一个 MLP 层和一个 softmax 层，具有 3×3 的卷积窗口大小、2×2 的合并窗口大小、20 个特征图大小和 20 个 MLP 隐藏层大小。

对于生成器模型的训练，首先对模型进行一个预训练，再加入对抗模型之中。研究中设置 50%概率随机地选择批处理数据对整个模型进行训练，同时应用极大似然估计。这种方法可以有效增强模型的稳定性。

5. 基于元学习模型的开放域信息抽取

1）模型背景

在开放域信息抽取任务中，元学习模型具有很高的实践意义，但在该研究领域受到的关注较少。尽管通过覆盖所有训练数据进行再训练，模型可以完整地获得相对最佳的保真度，但研究人员认为没有必要这样做。关键原因是该模型在历史训练中获得了历史数据的高维空间表示，这意味着该模型已经从历史数据中学到了足够的先验知识。本部分对基于元学习模型的开放域信息抽取的想法是保留模型已学习的先验知识，并将该先验知识应用于新的数据模型。当针对部分新数据更新模型时，可以确保模型的性能与完整训练的性能相媲美，即使在此过程中不再将历史数据添加到新的培训过程中。此外，对于开放域信息抽取任务，跨域是其最重要的功能之一。如果知识转移模块可以学习如何在跨域应用程序中保持相对稳定的性能，则这对于开放域信息抽取任务非常有用。为了证明该模型的强大功能，本部分使用了一个大型且开放的基准数据集，实验结果表明，与许多现有基准相比，本模型只需较少的训练数据即可获得更好的性能。为了达到上述目的，本部分提出了一种基于元学习思想的方法。此方法包括两部分。首先，设计一个转换器来学习如何生成模型更新参数。其次，设计了转换器的优化方法，使模型能够学习跨领域知识。基于原始数据，对于新领域的知识，转换器也可以实现更高的准确性。转换器的输入是历史模型和更新的模型参数，输出是更新的模型参数。两个输入参数具有相同的形状和大小。为了捕获相同维度的参数之间的关系，本部分使用了卷积神经网络来构造转换器。为了使转换器能够学习如何在跨域知识的上下文中更新参数，对文本进行分类，并使用新域中的训练数据对转换器进行优化。

在实际应用中，开放域信息抽取模型必须处理来自多个域的数据，并且来自互联网的数据正在日益增加。随着数据量的增加，如何保持开放域信息抽取模型的处理效率已经成为必须研究的课题。将不同域中的数据表示为 $\langle D_1, D_2, \cdots, D_n \rangle$ 。与传统的序列化任务不同，该任务中数据采用混合的方式进行表示，数据来源于不同的域，其中 D_k 表示第 $k(k=1,2,\cdots,n)$ 个域中的数据。假设在某个时刻，该模型已经知道了前 k 个域。当面对第 $k+1$ 个域的知识时，通常有 3 种处理方法：①直接将新生成的数据添加到模型中进行训练，这种方法在模型较大时会引起数据遗忘的问题。②从训练后的数据中采样，然后与新生成的数据集成后重新训练模型。这样做最大的缺点是模型的性能受到采样算法的严格限制，并且在大多数情况下模型效率会降低。③在前 $k+1$ 个字段中集成数据并重新训练整个模型。这种模型更新方法需要时间和各种系统资源。本书认为这种方法是不必要的，因为该模型已经通过前 k 个域中的数据进行了全面训练。换句话说，该模型已在 k 个域中获得了大量先验知识。如果可以充分利用以前学到的知识，并考虑如何在保留现有知识的前提下将新生成的数据与原始模型结合起来，那么可以确保将模型更新的成本降低至不损失性能。因此，只需要做以下两点就可以实现模型的更新操作。首先，设计一个转换器，以使用该模型获得的先验知识来更新现有模型，并将其与新数据结合以生成新的模型参数。其次，使转换器模型具有跨域学习的能力，也就是说，使模型知道如何组合跨域知识，这是验证模型泛化能力的最重要指标。

2) 模型结构

开放域信息抽取模型的任务是学习训练数据中的分布并将句子分段成三元组格式。例如，给定输入句子序列“Tom is a cat”，该模型将输出“Tom <SEP>is a <SEP> cat”和“Tom <SEP> is <SEP> a cat”。本部分将开放域信息抽取任务定义为序列到序列形式，<SEP>表示分隔符。转换器模型使用元学习的思想来集成历史模型参数和新的训练数据，以生成新的参数来更新和打开信息抽取任务模型。如图 2.12 所示，转换器是该模型的核心组件。本部分的核心目的是学习转换器，以便它将学习到的历史任务经验应用于新任务。通过此过程，完成了开放域信息抽取任务模型的更新。首先，将每个领域的训练数据视为一项任务。H-OIE 代表历史任务模型。当新域数据 D_k 到达时，H-OIE 模型此时已获得 D_k-1 域数据的知识，需要 N-OIE 模型(新任务模型)来处理新到达的新域数据 D_k。N-OIE 模型的参数与 H-OIE 模型的参数具有相同的形状和含义。这样做是为了使转换器能够了解相同尺寸和相邻尺寸之间的参数关系。当研究人员通过转换器更新开放域信息抽取模型时，历史模型的参数 W_{k-1} 作为常量输入转换器中，并且通过分别训练获得了 $W_k'D_k$ 域参数中的数据，以便转换器获得所需的所有输入参数，并通过转换器模型计算已知参数来获得新参数 W_k。这样就完成了更新操作。显然，只需要获取 W_k' 的参数和转换器的参数 $\mathfrak{R}$ 即可顺利完成此过程。在以下部分中将介绍获取 W_k' 和转换器的参数 $\mathfrak{R}$ 的方法。

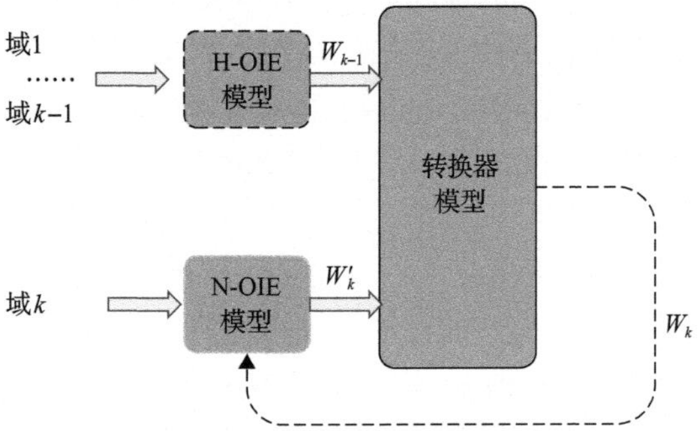

图 2.12　元学习模型架构

为了实现上述转换器的功能，必须首先确保两个输入参数 W_k 和 W_{k-1} 具有相同的大小和形状。通常，组合两个参数的最简单方法是通过转换系数分别将两个参数相加。该方法的优点是参数数量少，易于训练，但缺点也很明显，即表达能力有限，不能完全捕捉不同尺寸和相同尺寸之间的特征和关系。另外一种方法是使用神经网络模型来组合两个参数以生成新参数，从而更新开放域信息抽取模型。首先，尝试使用最简单的多层感知器模型操作。尽管多层感知器可以模拟和逼近任何功能，但它会与以前的方法存在相同的问题，并且很难捕获尺寸之间的关系。RNN 模型也是一个可选解决方案，但是由于模型参数的规模很大，通过 RNN 模型获得两个模型参数的特征和关系会引起数据遗忘的问题。因此，要在两个输入参数之间获得相同的维数。RNN 模型的特征之间的关系特征不适合处理此类任务。如图 2.13 所示，使用卷积神经网络来构建转换器模型，本部分通过一个重构层来重构参数 W_k' 和 W_{k-1} 并放入一个矩阵中，这个矩阵作为卷积层的输入，重构层的计算可以用式(2.21)来表示：

$$H_s = \begin{bmatrix} W_{k-1} \\ W_k' \\ W_d \end{bmatrix}, \quad W_d = \frac{W_{k-1} \odot W_k'}{\|W_{k-1}\| + \zeta} \tag{2.21}$$

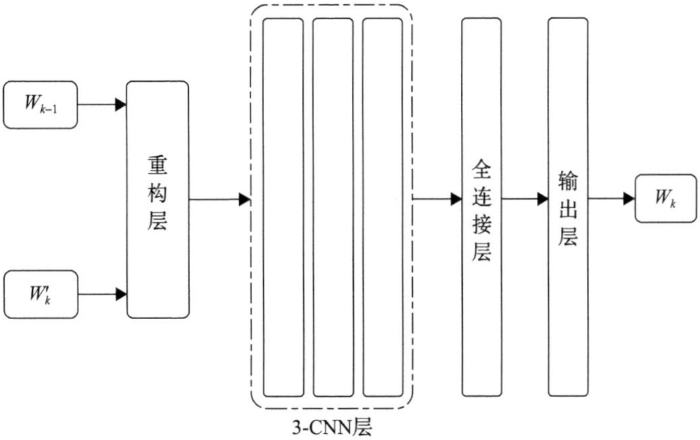

图 2.13 转换器模型架构

使用 H_s 来表示卷积层的输入，在我们的模型中 $\zeta = 10^{-18}$。W_k 的计算公式如下：

$$W_k = W_{\mathrm{o}}^{\mathrm{T}} \mathrm{GELU}\left(W_{\mathrm{f}}^{\mathrm{T}} \mathrm{flatten}\left(H^{\mathrm{c}}\right) + b_{\mathrm{f}}\right) + b_{\mathrm{o}} \tag{2.22}$$

其中，W_k 是转换器的输出；GELU 是激活函数；flatten 是降维函数；$W_{\mathrm{o}}^{\mathrm{T}}$ 是输出层的参数集合；H^{c} 是卷积层的输出；$W_{\mathrm{f}}^{\mathrm{T}}$ 是全连接层的参数集合；b_{f} 和 b_{o} 分别是全连接层和输出层的偏好值。

(X,Y)表示的是输入序列和输出三元组所组成的数据对，$X = \left(x_1, x_2, \cdots, x_i\right)$ 表示输入序列，$Y = \left(y_1, y_2, \cdots, y_j\right)$ 表示的是由 X 生成的三元组序列。条件概率 $P(Y|X)$ 可以表示成如下形式：

$$P\left(Y|X\right) = P\left(Y|x_1, x_2, \cdots, x_i\right) = \prod_{j=1}^{k} p\left(y_j \mid y_1, y_2, \cdots, y_{j-1}; x_1, x_2, \cdots, x_i\right) \tag{2.23}$$

其中，k 是序列长度。

图 2.14 中展示了 RNN 模型的架构，RNN 模型接收一个变长的输入序列，编码器是一个三层的 LSTM 网络，编码器用来将输入序列 X 压缩成向量的中间表示形式 $h = \left(h_1, h_2, \cdots, h_n\right)$，中间状态通过公式 $h_t = \mathrm{LSTM}\left(x_t, h_{t-1}\right)$ 来计算。解码器使用三层的 LSTM 网络来获取编码器的输出，并通过 $s_t = \mathrm{LSTM}\left(y_{t-1}, s_{t-1}, c\right)$ 和 $p\left(y_t\right) = \mathrm{softmax}\left(y_{t-1}, s_{t-1}, c\right)$ 来产生变长序列，s_t 表示 t 时刻的隐藏状态，c 是上下文向量。注意力模块用于计算上下文向量 c，计算公式如下：

$$c_m = \sum_{m=1}^{n} \alpha_{mn} h_n \tag{2.24}$$

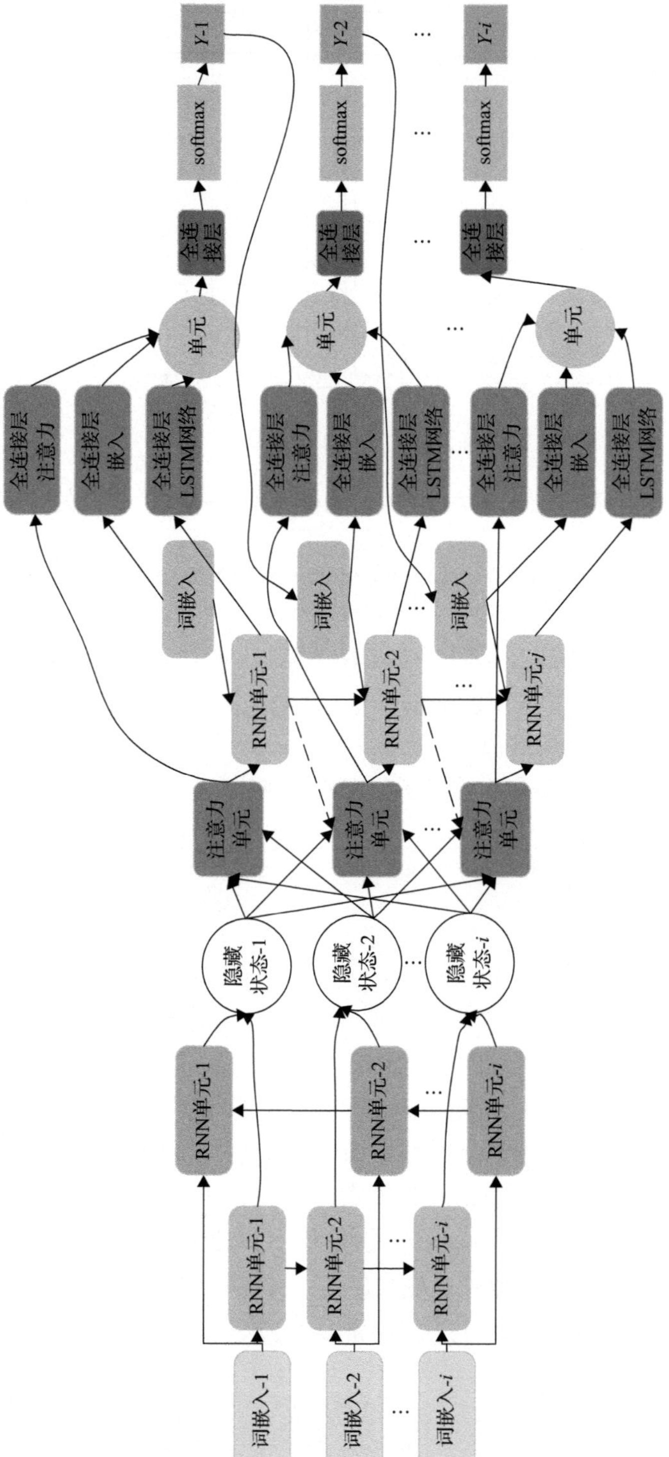

图2.14　RNN模型架构

$$\alpha_{mn}=\frac{\exp\left(e_{mn}\right)}{\sum_{k=1}^{i}\exp\left(e_{mk}\right)} \tag{2.25}$$

$$e_{mn}=a\left(s_{m-1},h_n\right) \tag{2.26}$$

其中，a 是常数。

对于转换器模型，需要历史模型参数 W_{k-1} 和新的预期参数 W_k' 作为输入。在每次更新参数操作中，所有更新任务都共享转换器的参数。W_k' 提取需要从当前最新数据中获得的知识，W_{k-1} 是模型通过历史数据获得的知识，并且转换器模型执行以下两部分操作：知识积分以及获取新的知识表示形式 W_k 。新获得的知识期望在新的域数据上获得良好的性能。在训练过程中，线性排列多个域的数据样本并执行多域数据的处理。训练过后使转换器模型可以具有跨域功能，不仅可以实现原始模型的更新操作，还可以使模型具有更强的泛化能力。整个培训过程包括两个主要步骤，以获得 W_k' 和转换器的参数 $\mathfrak{R}$ 。

获取 W_k' 的最简单方法之一是直接使用 D_k 数据训练 N-OIE 模型。在此过程中，W_k' 的参数和历史模型参数 W_{k-1} 具有相同的分布。在此基础上，为确保转换器输入和 N-OIE 模型的参数匹配，将共同训练转换器模型和 N-OIE 模型。当使用 D_k 数据训练 N-OIE 模型时，请在常量参与计算时固定转换器模型的参数。因此，定义了训练 W_k' 阶段的损失函数。

$$L'\left(W_k'|D_k\right)=L\left(x|D_k\right)+\lambda'\left\|W_k'\right\|^2,\quad x=F_{\mathfrak{R}}\left(W_{k-1},W_k'\right) \tag{2.27}$$

其中，$L\left(x|D_k\right)$ 是数据 D_k 的损失函数，其中 x 是开放域信息抽取模型的参数；λ' 是调节 L2 正则化的超参；F 是设置参数 x 的一个函数；$\mathfrak{R}$ 是转换器的参数，在优化损耗时，$\mathfrak{R}$ 是固定的，并被视为常数。因此仅需学习 W_k' 的梯度：

$$\frac{\partial L'\left(W_k'\mid D_k\right)}{\partial W_k'}=\frac{\partial L\left(x\mid D_k\right)}{\partial x}\cdot\frac{\partial F_{\mathfrak{R}}\left(W_{k-1},W_k'\right)}{\partial W_k'}+2\cdot\lambda''\cdot W_k' \tag{2.28}$$

其中，λ'' 是正则化所需要的超参。

由于转换器的参数 $\mathfrak{R}$ 已为所有域数据共享，因此它可以学习数据特征。例如，某些参数维可以更好地反映域数据的特征，并在组合 W_k' 和 W_{k-1} 时给出值。总体目的是使模型能够处理下一个域数据。这样，考虑对下一个域数据 D_{k+1} 优化 $\mathfrak{R}$ 。因此，将损失函数表述为

$$L^{c}\left(\mathfrak{R}|D_{k+1}\right)=L\left(F_{\mathfrak{R}}\left(W_{k-1},W_k'\right)\middle|D_{k+1}\right)+\lambda''\left\|\mathfrak{R}\right\|^2 \tag{2.29}$$

W_k' 的计算是在最后一步，使用式(2.30)来计算梯度：

$$\frac{\partial L^c\left(\mathfrak{R}\middle|D_{k+1}\right)}{\partial W_k'} = \frac{\partial L\left(x\middle|D_{k+1}\right)}{\partial x} \cdot \frac{\partial F_{\mathfrak{R}}\left(W_{k-1}, W_k'\right)}{\partial \mathfrak{R}} + 2 \cdot \lambda'' \cdot \mathfrak{R} \tag{2.30}$$

$$x = F_{\mathfrak{R}}\left(W_{k-1}, W_k'\right)$$

重复上述训练过程，直到模型达到收敛状态。最后一个训练步骤 K 不包含 $\mathfrak{R}$ 的更新，因为它的下一个域数据 D_{k+1} 在训练阶段不可用。可以在 D_k 上执行这样的顺序训练的多个循环。值得一提的是，模型评估阶段的操作与模型训练阶段的操作不同。使用新的域数据 D_{k+1} 运行模型评估以进行测试和验证。首先，用它来测试处理第 k+1 个域的模型 W_k。之后，用 D_{k+1} 更新 $\mathfrak{R}$ 和 W_{k+1}'，以使 W_{k+1} 服务下一个域数据 $W_{k+1} = F_{\mathfrak{R}}\left(W_k, W_{k+1}'\right)$。其次，运行迭代以更新 $\mathfrak{R}$ 和 W_k'，这与训练阶段的过程相同。最后，使用更新后的 $\mathfrak{R}$ 来更新 W_{k+1}'，它被送入 $F_{\mathfrak{R}}\left(W_k, W_{k+1}'\right)$ 以获得 W_{k+1}。

3) 模型参数

模型使用 Tesla P100 GPU 进行训练。RNN 模型的编码器是 3 层的双向 LSTM 网络，解码器与编码器相同。它具有 256 维隐藏状态和 256 维词嵌入。词汇量为 55000。该模型使用随机梯度下降(SGD)方法进行优化，将随机失活率设置为 0.3。初始学习速率设置为 1，设置 50 次迭代，第 10 次迭代之后将学习速率降低到 0.7。CNN 转换器由 3 个卷积+合并层、1 个 MLP 层和 1 个 softmax 层组成，具有 3×3 的卷积窗口大小、2×2 的合并窗口大小、20 个特征图大小和 20 个 MLP 隐藏层大小。

2.2.2　基于智能调整模型动作的知识获取

随着我国经济的发展，电网规模不断扩大，传统的电网仿真分析工作模式需要大量人力，显示出明显的不足。由于电力系统仿真分析涉及数百万个参数、百万个变量，对其进行分析和数据调整的难度越来越大，需要消耗大量的人力，因此利用人工智能方法进行电网仿真分析尤为重要，希望改变目前以人工为主的电网仿真分析工作模式，提高相关技术人员的效率。

目前在电力系统仿真分析中主要涉及三个应用场景，即潮流计算调整、潮流断面功率调整以及暂态稳定控制措施制定。在此针对潮流断面功率调整这一实际场景进行相关研究。

在近些年的研究中，强化学习常常被用来研究在给定系统的某种状态下应该采取何种动作的问题，电网的潮流智能调整也在强化学习可以解决的范畴内。强化学习潮流调整模型最高能够以 95%的调整成功率完成断面功率调整任务。

强化学习模型效果虽然较好，但是模型本身是黑盒模型，无法获取到模型对所做动作的解释。要从强化学习模型及数据中挖掘知识，自然想到可以利用其他可解释性强的模型模仿强化学习模型这个黑盒，当能够在输入输出上与原强化学习模型有较高的一致性时，该可解释性强的模型就可以方便地提取出知识，这就是模仿学习(imitation learning)[1]的基本思想。

模仿学习是指从专家的行为数据中学习具有接近专家能力的计算机模型，在模仿学习的整个过程中，专家提供了一个包含丰富特征的教学样本，模仿学习的最终目标是让计算机模型“掌握”行为，这意味着计算机模型必须重现该行为并将该行为泛化到其他未知场景中。

因此，本章旨在研究在潮流断面功率调整这一实际场景下对相关的基于强化学习的自动调整模型及其生成的调整序列数据进行知识挖掘的方法。针对强化学习模型可解释性弱的问题，本节主要利用决策树模型模仿强化学习模型，决策树模型由于具有天然的可解释性，实现简单且易于理解，完全可以对强化学习模型进行模仿。最终以决策树模型取代强化学习模型，在潮流断面功率调整这一序列决策问题上得到兼具准确性和可解释性的解决方案。

1. 强化学习的可解释方法

强化学习可解释方法可分为两种：观察类方法和模仿类方法。

观察类方法指在不改变原始强化学习模型主体的情况下，利用其他方法来产生对原始模型的解释，帮助用户理解模型的决策和细节，该方法本身作为一个“观察者”，从侧面对原始模型进行解释。

模仿类方法指使用可解释性较强的模型(如决策树)来替代原始的黑盒模型，并尽可能地还原原始模型的具体决策结果，在保证决策结果可接受的情况下，使用新的模型本身作为强化学习的一种解释，该方法是在模仿原始模型决策结果的过程中，形成对原始模型的解释，是一种全局解释。

1) 观察类方法

观察类方法中很重要的一种是显著性图方法，该方法经常被用于图像领域。显著性图是一种图像，它能够突出显示各个像素对模型决策的贡献。例如，输出图像中具有更高值的像素可以指示其在输入图像中的对应位置的重要性更高。因此，更改输入图像中这些像素的值会更显著地影响输出。显著性图可以进行局部解释，也可以进行全局解释，前者用于解释特定图像的模型决策，后者用于生成整个模型中某个特定分类的重要像素，解释为什么选择该类而不是其他类。

显著性图方法最初用于解释深度神经网络(deep neural network, DNN)和CNN等机器学习模型，比较流行的方法有 Guided BackProp[2]、LRP(layerwise relevance propagation)[3]、Integrated Gradients[4]和 Smooth Grad[5]等。显著性图方法在强化学习中，主要有基于反向传播的方法和基于扰动的方法。

2) 模仿类方法

(1) 基于决策树的方法。由于决策树可以很容易地以文本或图形的方式可视化，所以它被以多种形式来代替原始的黑盒模型，以达到解释的目的。然而，学习决策树并不是一个简单的过程，绝大部分基于决策树的方法都采用了模仿学习的思想来从强化学习模型学习决策树表示。

(2) 基于程序的方法。除了决策树等已有的可解释性较强的模型之外，还有一些研究者通过设计策略语言来进行强化学习可解释方法的研究。

2. 模仿学习方法

目前主流的模仿学习方法大致分为 3 类：行为克隆方法、逆强化学习方法和对抗性模仿学习。

行为克隆方法使用专家信息建立状态与带有轨迹和动作的任务相关条件的直接映射，类似于监督学习[6]。根据是否依赖于模型，可以分为依赖模型的行为克隆和不依赖模型的行为克隆。根据操作表征，可分为轨迹表征的行为克隆、状态动作空间表征的行为克隆和符号表征的行为克隆。行为克隆方法有很多种，可以根据以上两种分类方法自由组合。但是，在样本数量有限的情况下，行为克隆得到的策略适应性不高。

逆强化学习方法通过假设专家信息的最优性来还原代表专家意图的奖励函数，并使用强化学习方法获得基于奖励函数的最终控制策略[7,8]。逆强化学习的优势在于，在样本不足的情况下，可以反向获得奖励函数，从而得到一个泛化的策略[9]。与行为克隆的分类类似，逆强化学习也可以根据是否依赖于模型和三个表征来分类。Ratliff 等[10]找到一个可以使最佳策略与其他策略[11]最不同的奖励函数。基于此，它可以推广到用于非线性的奖励函数。Ziebart 等[12]使用概率模型提出了最大熵模型的逆强化学习，克服了专家教学偏好导致的奖励函数的随机偏差。在应用方面，Finn 等[13]通过逆强化学习获得非线性奖励函数，可以引导机械臂完成复杂的家务任务。逆强化学习基于专家教学信息的最优性来恢复奖励函数，使得生成的策略在与教学环境差异很大的环境中效果较差。

行为克隆和逆强化学习方法仅从专家教学信息中学习策略，不与专家教学信息交互以进一步优化学习策略[14]。对抗性模仿学习的生成是一种结合生成式对抗网络完成模仿学习的方法[15]，将生成的轨迹与专家教学轨迹对峙，通过分类器区分专家轨迹或模仿者轨迹，然后进行迭代对抗训练，使两者之间的分布尽可能接近，完成操作模仿[16,17]。Baram 等[18]提出了一种基于前向模型的方法，使随机策略完全可微以生成模仿学习。Henderson 等[19]提出了一种分层策略可选框架的模仿学习方法。将模拟生成的轨迹与专家教学轨迹对峙，模拟生成的轨迹是否可达和可执行，对于行为克隆和逆强化学习方法至关重要。因此，模型信息不足的系统会严重影响对抗性模仿学习的产生。

3. 知识提取方法

根据模仿学习得到的决策树进行策略提取(知识提取)，预期得到的知识表示形式如图 2.15 所示，内部节点表示对某个电网特征进行判断，满足条件进入左子树，否则进入右子树；叶节点表示具体的调整动作，如将某个发电机置为无效。不过考虑到电力系统的复杂性，可以适当放宽结果的表示形式，如叶节点可以表示一个调整发电机的集合或者一个区域等，其中就涉及对决策树中策略的提取、合并等。

由图 2.15 可以看到，决策树的生成就是树节点不断向下分裂的过程，接近树底部的那部分节点包含的样本数较少，最终生成的是细粒度的知识；相对应地，靠近根节点的那部分节点包含的样本数较多，最终生成的是粗粒度的知识。粗粒度的知识和细粒度的知识对实际项目都有着不同的作用，其中粗粒度知识除了可以补充知识库外，还可以使专家对电网有更进一步的了解，辅助人工调整过程，提高人工调整的效率；而细粒度知识尽管复杂度可能很高，不利于理解，但是可以用在对决策透明性要求较低的场景，用来在以知识库为核心的调整系统中提供精确的调整依据，还可以使专家对强化学习的黑盒决策过程有更清晰的了解，提高对强化学习模型的信任度。

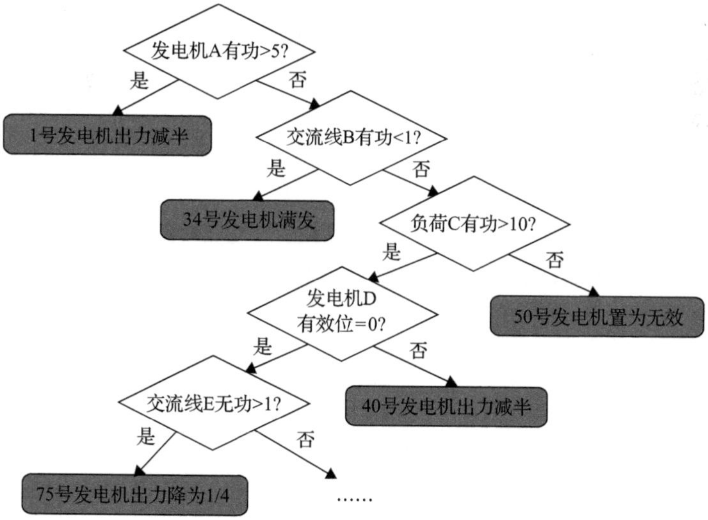

图 2.15　预期得到的知识表示形式

4. 基于 CEPRI-36 算例的知识获取实例分析

本小节主要研究基于 CEPRI-36 算例对应的强化学习模型和数据进行模仿学

习的方法，并根据模仿学习方法的结果进行知识提取。

1) 基于 CEPRI-36 算例的模仿学习方法

为了进行模仿学习，首先需要将调整序列数据转换成用于分类的状态动作数据。转换过程如下：根据潮流断面调整的初始潮流状态及对应的调整序列数据，将每一个调整动作执行前的状态均保存下来，与对应的动作组成一个实例，从而得到状态-动作数据。最终得到 24 万多个状态-动作数据实例、90 多维特征，以及 29 维标签，标签涉及 2 个分区和 8 个发电机。

(1) 基于模型压缩的模仿学习方法。VIPER (verifiability via iterative policy extraction)[20]算法结合了模型压缩及模仿学习的思想，利用强化学习的 Q 函数对深度学习推理优化框架（DAGGER）算法进行改造，并利用重采样进行模型压缩，训练出了与强化学习模型具有相近性能的决策树策略，从而在一定程度上解释了强化学习智能体的决策行为。

(2) 基于 VIPER 的改进算法。由于状态动作数据中类别很不平衡，类别分布问题在 VIPER 中凸显了出来，研究人员在此基础上提出了 B&KD VIPER (balance and keep distribution VIPER)，即平衡类别分布和保持类别分布，其中平衡类别分布指在迭代过程中，每次产生新数据时考虑以不同概率保留新数据，使新生成的数据逐渐趋于平衡；保持类别分布是指保证重采样后的类别分布不变，以免重采样导致训练数据的类别分布与新生成的数据不一致，无法充分利用新数据的类别分布信息。

改进后的 B&KD VIPER 算法流程如下。

①首先将强化学习模型随机生成的状态-动作数据作为初始数据集 DD。

②利用 Q 值的极差作为权重对数据集 DD 中的每个类别分别进行重采样，得到训练数据集 DD′。

③在重采样后的数据集上训练决策树，若已完成所有迭代，转⑤，否则继续。

④在随机的潮流初始状态下利用该分类模型生成新的状态，并与强化学习模型在这些状态下对应的动作组成新的状态-动作数据，根据原始数据中类别分布设置每个类别的保留概率，以该概率来确定是否将该状态-动作数据合并到数据集 DD 中，转②。

⑤通过在实际的场景中对所有训练的决策树模型进行评价，选择最好的决策树模型。

(3) 实验。

①分类评价指标。

在离线监督学习以及基于 VIPER 和 B&KD VIPER 的实验中涉及了多分类，所用的评价指标主要有准确率、精确度、召回率、F1 值 (F1 score)、宏观 F1 值 (macro F1 score) 以及带权 F1 值 (weighted F1 score)。

准确率：指对于给定的数据，分类正确的样本数占总样本数的比例。

精确度：指在预测为正类的样本中真正类所占的比例。

召回率：指在所有的正类中被预测为正类的比例。

F1 值：指精确度和召回率的调和平均。

宏观 F1 值：对于每个标签，分别计算 F1 值，然后取不加权平均值。

带权 F1 值：对于每个标签，分别计算 F1 值，然后取加权平均值。

②断面功率调整仿真实验评价指标。

调整成功次数比例：指在所有的断面调整任务中，在规定调整步数内调整成功的任务占全部调整任务的比例，能够清楚地衡量该模型在断面调整任务中的性能以及对强化学习模型的模仿程度。

调整失败次数比例：指在所有的断面调整任务中，调整过程中发生不收敛情况的任务占全部调整任务的比例。

调整步数超过阈值次数比例：指在所有的断面调整任务中，达到规定的调整步数阈值仍未完成调整的任务占全部调整任务的比例。

平均调整步数：指所有调整成功的任务中的平均调整步数，越接近强化学习模型的平均调整步数说明在一定程度上模仿程度越高。

③基于 VIPER 和 B&KD VIPER 的实验。

VIPER 和 B&KD VIPER 本身都利用了模型压缩的思想，可以在保证分类性能的情况下，尽量减小生成决策树的节点规模。利用 VIPER 和 B&KD VIPER 进行实验：以 CEPRI-36 算例对应的强化学习模型为模仿对象，分别应用 VIPER 和 B&KD VIPER 作为模仿学习训练决策树的算法，在限制决策树深度不超过 10 的条件下，分别训练出了最优的决策树模型，并计算了结果的准确率、带权 F1 值、宏观 F1 值及树节点数量，统计结果见表 2.4。

表 2.4　VIPER 和 B&KD VIPER 的对比结果-深度不超过 10

迭代次数/次	准确率		带权 F1 值		宏观 F1 值		树节点数量/个	
	VIPER	B&KD VIPER	VIPER	B&KD VIPER	VIPER	B&KD VIPER	VIPER	B&KD VIPER
0	0.66	0.65	0.72	0.70	0.34	0.33	313	349
5	0.71	0.67	0.76	0.72	0.35	0.35	375	303
10	0.61	0.66	0.66	0.70	0.31	0.35	427	389
15	0.71	0.69	0.76	0.74	0.35	0.36	366	375
20	0.70	0.70	0.76	0.76	0.33	0.38	438	419
25	0.65	0.74	0.69	0.78	0.34	0.40	329	481
30	0.76	0.76	0.81	0.79	0.34	0.41	442	371
35	0.71	0.77	0.75	0.80	0.34	0.43	410	497
40	0.64	0.79	0.71	0.81	0.32	0.45	384	373
45	0.74	0.78	0.79	0.81	0.34	0.45	426	425

从实验结果中可以看出，VIPER 和 B&KD VIPER 在迭代过程中生成的决策树规模都较小，包括 300～500 个树节点，这是因为重采样后，所用训练集的数量小于原始数据集。而 VIPER 在迭代过程中分类效果始终不稳定，准确率在第 30 次迭代时达到最高 0.76；B&KD VIPER 的迭代过程相比 VIPER 更加稳定，在第 40 次迭代时准确率达到最高 0.79；而决策树节点规模与分类性能之间并无明显的相关关系。

上面的实验结果只表明在不考虑决策过程的情况下对强化学习模型的模仿程度，要想更细致地了解该分类模型在实际调整任务中的效果，还需在同样的潮流调整任务下进行实验。

④断面功率调整仿真实验。

在某一个初始潮流状态下，对分类模型的具体评价流程如下。

（i）首先，根据潮流数据计算潮流，获得断面的功率和相关参数。

（ii）在 100～300 范围内随机设置断面功率调整目标值。

（iii）判断目前的调整轮数是否超过预设值，如果超过，则终止；否则继续进行。

（iv）判断目前的潮流状态是否能够达到预设目标且满足约束条件，如果满足，则终止；否则继续进行。

（v）根据当前电网状态生成与分类模型训练时的输入状态一致的状态数据，并利用分类模型进行调整动作预测。

（vi）根据预测的结果，修改潮流工程文件下对应的发电机描述文件，转（i）。

在 1000 个随机的潮流初始状态下，分别随机设置 5 个[100, 300]范围内的目标，得到 5000 个具体的调整任务，在调整步数阈值设置为 30（与原强化学习模型保持一致）的情况下使用前面实验训练得到的分类模型进行断面功率调整仿真实验，实验结果在表 2.5 中。

表 2.5 断面功率调整仿真实验对比结果（VIPER 和 B&KD VIPER）

迭代次数/次	调整成功次数比例		调整步数超过阈值次数比例		调整失败次数比例		平均调整步数/步	
	VIPER	B&KD VIPER	VIPER	B&KD VIPER	VIPER	B&KD VIPER	VIPER	B&KD VIPER
0	0.88	0.88	0.09	0.08	0.05	0.04	12	13
5	0.87	0.89	0.09	0.07	0.04	0.04	13	13
10	0.89	0.89	0.07	0.07	0.04	0.04	13	12
15	0.90	0.90	0.08	0.07	0.02	0.03	13	12
20	0.89	0.91	0.08	0.06	0.03	0.03	12	12
25	0.88	0.92	0.07	0.05	0.05	0.03	13	11
30	0.91	0.91	0.06	0.05	0.03	0.04	12	12
35	0.89	0.92	0.07	0.05	0.04	0.03	12	11
40	0.88	0.93	0.08	0.04	0.04	0.03	13	11
45	0.91	0.93	0.07	0.04	0.02	0.03	13	11

从实验结果可以看出，分类准确率与断面调整成功次数比例在结果上并不完全一致，虽然分类准确率整体在 0.7 左右，但是断面调整成功次数比例甚至可以达到 0.9，这是因为两者的评价指标有很大区别，断面调整成功的序列中可能存在多个调整动作与状态动作数据中对应的动作(即强化学习模型给出的调整动作)不一致，例如，断面调整成功的序列给出了多个 1 类型的动作，强化学习模型给出的调整动作是 1 个 0 类型的动作，而这两个结果对断面调整的实际效果是相同的。

在 B&KD VIPER 的第 40 次迭代中得到了断面调整成功次数比例最高的模型，其平均调整步数也最低。断面调整成功次数比例及平均调整步数分别为 0.93 和 11 步，而原强化学习模型的断面调整成功次数比例及平均调整步数分别为 0.95 和 7 步，虽然和原强化学习模型还存在一定差距，但已经较好地模仿了原强化学习模型的决策过程。

2) 基于仿真实验的决策树策略提取实例分析

下面主要是基于仿真实验，通过前面模仿学习的结果，对决策树模型进行策略提取。

(1) 评价指标。

决策树中每个叶节点对应一个动作，而从根节点到叶节点的路径就是一条原始规则，也就是说叶节点和原始规则是一一对应的，由断面功率调整仿真实验评价指标可知，在仿真实验中一次调整任务可能有三个结果，即调整成功、调整失败(潮流不收敛)以及调整超时。如果一个动作在调整成功的序列中多次出现，则一定程度上说明了该动作对应的规则是有效的。因为最终的目的是进行知识挖掘，所以即使决策树模型对某个潮流初始状态可能存在调整失败的情况，某些动作也可能对接近断面目标的贡献很大，在不考虑整体的调整效果的情况下也可以说明动作是有效的，可以作为知识提取出来。

根据以上前提，这里定义了三种规则的评价指标，分别是规则的平均有效性、支持度以及置信度。设使用该决策树进行仿真实验过程中得到的所有调整序列集合为 Seq，第 i 个调整序列为 Seq_i，所有使用到的决策树规则集合为 R，其中每个规则 r_k 都对应决策树中的一个叶节点，定义如下：

$$\mathrm{Seq}_i=\left\{\mathrm{Seq}_1,\mathrm{Seq}_2,\cdots,\mathrm{Seq}_m\right\} \tag{2.31}$$

$$R=\{r_1,r_2,\cdots,r_n\} \tag{2.32}$$

$$\mathrm{Seq}_i=\left\{\left(s_{i1},a_{i1}\right),\left(s_{i2},a_{i2}\right),\cdots,\left(s_{ip},a_{ip}\right)\right\} \tag{2.33}$$

其中，$\left(s_{ij},a_{ij}\right)(j=1,2,\cdots,p)$ 是第 i 个调整序列的第 j 个状态及采取的动作，且对应某一个规则 r_k，即根据该规则决定当前状态需要采取什么动作，表示为

$s_{ij} \to a_{ij}$。

接下来定义某次调整后的断面功率距离 dis_{ij}，见式(2.34)。

$$\mathrm{dis}_{ij} = \left| g_i - p_{ij} \right| \tag{2.34}$$

式(2.34)表示当前断面功率与目标断面功率的差值绝对值，用来衡量当前状态下与调整目标的距离，其中 g_i 表示目标断面功率，p_{ij} 表示当前断面功率。

则某次调整规则 r_k 的有效性表示为 Eff_{kij}，见式(2.35)。

$$\mathrm{Eff}_{kij} = \frac{\mathrm{dis}_{i(j-1)} - \mathrm{dis}_{ij}}{\mathrm{dis}_{i(j-1)}} \tag{2.35}$$

规则 r_k 的平均有效性表示为 Eff_k，见式(2.36)。

$$\mathrm{Eff}_k = \left(\frac{1}{\mathrm{num}_k} \right) \sum_{\mathrm{Seq}_i \in \mathrm{Seq}} \sum_{\left(s_{ij}, a_{ij}\right) \in \mathrm{Seq}_i \,\&\, s_{ij} \to a_{ij}} \mathrm{Eff}_{kij} \tag{2.36}$$

其中，num_k 是规则 r_k 在所有调整序列中出现的次数。Eff_{kij} 和 Eff_k 分别代表某次调整动作对断面功率的影响程度以及在所有调整序列中的整体影响程度。

除了上述的规则平均有效性之外，该研究还借用了关联规则挖掘中的支持度和置信度的概念，定义了该决策树策略提取问题中规则的支持度 Sup_k 和置信度 Con_k，支持度表示规则 r_k 出现在调整成功序列的次数/所有规则出现次数，置信度表示规则 r_k 出现在调整成功序列的次数/规则 r_k 出现次数，定义见式(2.37)和式(2.38)。

$$\mathrm{Sup}_k = \frac{\mathrm{num(success)}_k}{\sum_{r_i \in R} \mathrm{num}_i} \tag{2.37}$$

$$\mathrm{Con}_k = \frac{\mathrm{num(success)}_k}{\mathrm{num}_k} \tag{2.38}$$

其中，$\mathrm{num(success)}_k$ 是规则 r_k 在所有调整成功的序列中出现的次数。

(2)提取步骤。

①根据给定的待提取的决策树模型进行断面功率调整仿真实验。

该步骤与前面进行的断面功率调整仿真实验类似，区别在于在每次采取调整动作后，计算并记录该动作对应规则的有效性，仿真实验结束后，分别计算规则的平均有效性、支持度以及置信度。在某一个初始潮流状态下，计算规则的有效性的流程如下。

（ⅰ）在当前潮流数据上进行潮流计算，得到断面功率及相应的各元件参数。

（ⅱ）在 100～300 范围内随机设置断面功率调整目标值。

（ⅲ）检查当前调整步数是否超过设定阈值，若超过，则停止；否则继续下一步。

（ⅳ）检查当前潮流状态是否满足调整目标及约束条件，若满足，则停止；否则继续下一步。

（ⅴ）根据当前电网状态生成与分类模型训练时的输入状态一致的状态数据，并利用分类模型进行调整动作预测，计算对应规则的有效性。

（ⅵ）根据预测的结果，修改潮流工程文件下对应的发电机描述文件，转（ⅰ），直到潮流收敛。

（ⅶ）计算各规则的平均有效性、支持度以及置信度。

②根据评价指标筛选对应的决策路径(即规则)。

③优化规则，合并规则中的重复判断条件。

决策路径为决策树中从根节点到某一叶节点的路径，所以可能存在对同一特征的多次条件判断。显然在一个决策路径内，条件范围小的判断可以覆盖大于该条件范围的判断。例如，针对某个特征 f，存在两个条件判断，分别是 $0 \leqslant f \leqslant 50$，$15 \leqslant f \leqslant 25$，前者的条件判断范围过大，已经失效，完全可以删除。去掉此类的条件判断可以简化规则，降低规则的复杂度。

(3)实验结果。

所用决策树为 B&KD VIPER 第 40 次迭代的结果，深度限制为 10，节点规模为 373。与 CEPRI-36 算例的断面功率调整仿真实验一致，在 1000 个随机初始状态下，分别随机设置 5 个[100,300]范围内的目标，得到 5000 个具体的调整任务，在调整步数阈值设置为 30 步(与原强化学习模型保持一致)的情况下使用前面实验训练得到的分类模型进行断面功率调整仿真实验，共得到 126 条原始规则，设置最小有效性为 0.1，最小支持度为 0.01，最小置信度为 0.7，得到 6 条规则，见表 2.6，其中动作 a_b 表示 a 号发电机执行 b 类型动作。

表 2.6　CEPRI-36 算例规则提取实验结果

(最小有效性为 0.1，最小支持度为 0.01，最小置信度为 0.7)

规则对应叶节点 ID	动作	平均有效性	支持度	置信度
846	4_3	0.26	0.15	0.95
885	4_3	0.33	0.11	0.92
575	7_2	0.77	0.03	0.77
564	2_0	0.15	0.02	0.96
677	8_3	0.87	0.02	1.00
853	4_3	0.40	0.02	1.00

以规则对应叶节点 ID 为 846 的规则为例，该规则对应叶节点 ID 的平均有效性、支持度以及置信度分别为 0.26、0.15 及 0.95，具体的动作 4_3 表示对 CEPRI-36 算例中的 4 号发电机执行 3 类型动作，即 4 号发电机有功增加 0.5。表 2.7 中给出了几条规则的具体内容，其中输出动作的含义和本规则是类似的。

表 2.7　所提取的规则

规则对应叶节点 ID	规则内容
846	If section_distance > 44.00 And AC24_ac_B <= 0.26 And generator_BUS2_set_A <= 6.00 And AC21_ac_A > -3.77 And generator_BUS4_set_A <= 4.60 & AC23_ac_A <= 7.60 And AC11_ac_A <= 4.52 Then 4_3
885	If section_distance > 44.00 And AC24_ac_B <= 0.26 And generator_BUS4_set_A <= 5.19 And generator_BUS2_set_A > 6.00 And generator_BUS4_set_A> 2.10 And AC11_ac_A <= 4.23 And AC31_ac_B > -1.56 Then 4_3
575	If section_distance > -44.54 And AC23_ac_B <= 6.01 And AC28_ac_B > -1.32 And generator_BUS2_set_A> 5.81 And section_distance> 4.94 And AC31_ac_B > -0.94 Then 7_2
564	If section_distance> 3.08 And AC23_ac_B<= 6.01 And AC28_ac_B> -1.32 And generator_BUS2_set_A <= 5.81 And section_distance<= 5.01 Then 2_0
677	If section_distance <= 44.00 And section_distance> 26.44 And AC43_ac_B <= -1.15 And AC24_ac_B <= 0.45 And AC21_ac_B > -0.40 And generator_BUS4_set_A > 1.57 And generator_BUS4_set_A <= 7.94 Then 8_3
853	If section_distance > 44.00 And AC24_ac_B <= 0.26 And generator_BUS4_set_A <= 5.19 And generator_BUS2_set_A<= 6.00 And AC21_ac_A > -3.77 And generator_BUS4_set_A > 4.60 And AC32_ac_A <= 0.54 And AC28_ac_B<= 0.15 Then 4_3

提取的规则不需要单独进行实验验证，因为验证过程已经包含在了提取过程里，所得的每条规则的评价指标即可说明该规则的有效性。

2.2.3　人机协同知识获取

通过融合知识图谱中的结构信息与文本信息来学习知识图谱上的链接预测任务，以实现人机协同知识获取。

首先，知识图谱上的链接预测任务旨在预测知识图谱中可能存在的三元组，具体形式为给定三元组范式中的任意两个元素，去预测剩余的元素。根据使用的信息不同，链接预测任务可以大致分为基于结构信息的链接预测模型以及使用文本信息的链接预测模型。其中，使用文本信息的链接预测模型按照文本信息的占比不同，又可以分为文本信息辅助结构信息和结构信息辅助文本信息两类思路。

其次，同时使用结构信息与文本信息的相关工作，通常从图嵌入层的角度来融合两类信息，即通过拼接、对齐基于结构信息学习到的图嵌入和基于文本信息学习到的图嵌入来实现信息的融合。实验证明，基于图嵌入的融合方法确实能够有效提升模型效果，对于不同类型的模型往往需要设计相应的融合策略，而且那些不采用图嵌入解决链接预测问题的算法无法被应用到基于图嵌入的融合框架中。

基于以上因素，本节提出了从预测分布的角度融合两类模型的思想，旨在从模型的输出层位置融合两类信息。从预测分布入手的好处是能够适应不同类型的模型，给定查询 $q=(h,r,t)$，虽然不同的算法在计算图嵌入、计算打分函数步骤的设计上各不相同，但最终步骤都可以归结为计算预测尾实体的概率分布。这样，从预测分布的角度入手，能够有效避免无法使用不学习图嵌入的模型的问题，进而提出一个能够容纳更多模型的融合框架。

具体来说，本节从基于结构信息的链接预测模型和基于文本信息的链接预测模型的预测分布入手，提出了基于变分最大期望(EM)算法的无监督融合框架。为了实现框架，本节首先在 CompGCN 这个基于结构信息的链接预测模型上进行了优化探索，旨在得到一个合适的基于结构信息的链接预测模型；其次采用一种新的学习策略将 BERT (bidirectional encoder representations from transformers) 模型应用到链接预测任务上，进而得到了一个新的基于文本信息的链接预测模型；最后采用变分 EM 融合框架对上面提出的两类模型进行信息融合。

1. 基于结构信息的链接预测模型

基于结构信息的链接预测模型通过学习知识图谱实体之间的链接关系构成的图网络结构，来学习链接预测任务。基于结构信息的链接预测模型包含基于图嵌入学习方法、基于强化学习方法、基于规则学习方法等诸多研究方案，其中以基于图嵌入的链接预测方法的研究最为广泛。

基于图嵌入的链接预测模型旨在通过学习知识图谱图嵌入来完成链接预测任务。实际上，图嵌入学习和链接预测任务是相辅相成的，一方面，通过学习图嵌入来完成链接预测任务；另一方面，图嵌入只是学习的结果，学习任务的目标可以是链接预测任务，即通过学习链接预测任务得到训练好的图嵌入。图嵌入学习的任务可以大致定义为：给定知识图谱 $\mathrm{KG}=\{(h,r,t)\mid h,t\in E,r\in R\}$，这里的 E 和 R 分别代表实体集合与关系集合；图嵌入学习旨在将实体集合中的每个实体映射到具体的特征空间中，其中每个实体对应了一个低维的向量表示或者矩阵表示，同时将关系集合中的每个关系映射到另一个特征空间，其中每个实体同样也对应了一个低维的向量表示或者矩阵表示。图嵌入学习的主要途径是为每个三元组计算打分函数 ϕ，使得正确的三元组的打分函数值更高，错误的三元组的打分函数值更低。

图嵌入学习方法同样包含很多学习思路，如基于张量分解、基于转移思想、基于传统深度学习模型以及基于图神经网络 (graph neural network, GNN) 的学习思路。其中，基于图神经网络的图嵌入学习算法利用 GNN 模型对知识图谱的图结构进行全局编码，然后使用编码结果初始化传统图嵌入算法模型做链接预测任务。由于图神经网络对图结构强大的建模能力，本节选择基于图卷积网络 (graph convolutional network，GCN）的模型作为基于结构信息的链接预测模型。

1）CompGCN——应用于知识图谱的图卷积网络

基于 GNN 的链接预测模型的核心思想是利用 GNN 强大的图编码能力为知识图谱学习一个蕴含更全局的结构信息的图嵌入向量。基于 GNN 的链接预测模型主要分为两个步骤：第一步是通过结构调整后的 GNN 对知识图谱的实体与关系进行编码；第二步采用传统的图嵌入算法定义的打分函数对上一步得到的编码向量进行打分，进而判断三元组的有效性。因此，基于 GNN 的链接预测模型实际上是一种复合模型，即结合利用 GNN 的图编码能力与传统图嵌入算法的打分函数的优点。

虽然 GNN 模型在图学习相关任务中取得了不错的效果，但是无论是 GCN 还是图注意力网络（graph attention network，GAT），都是建模在无向无权图上的，而知识图谱作为一种特殊的异质图，蕴含的关系既有方向性也有类别性，因此直接将 GNN 模型应用到知识图谱任务中是不可行的，需要对 GNN 模型结构进行一定的调整。

最早将 GNN 模型（这里以 GCN 为代表）应用到知识图谱领域的工作是关系图卷积网络（R-GCN）。R-GCN 模型从 GCN 的空域解释角度入手，将 GCN 模型理解为聚合邻居信息的过程，从而将聚合思想迁移到知识图谱中，认为知识图谱中实体的表示通过聚合其邻居实体的特征来学习得到。该工作通过将关系建模成稀疏矩阵解决了 GCN 无法用于关系图的问题，最终的特征更新函数也如式（2.39）所示。

$$h_i^{k+1} = \mathrm{Merge}\left(\left\{h_i^k\right\} \cup \mathrm{aggr}\left(\left\{h_j^k\right\}\right)\right) \tag{2.39}$$

其中，Merge 是特征融合函数；aggr 是邻居特征聚合函数；h_i^k 是节点 i 在第 k 层网络中输入的特征向量。

但是 R-GCN 没有建模关系的方向，而是默认知识图谱是无向图，这显然是不合理的。为此有很多基于 R-GCN 设计框架的后续工作对其进行改进调整，CompGCN 就是其中的工作之一。

CompGCN 相对于 R-GCN 有三大改进。

（1）相比于 R-GCN 将关系建模成系数矩阵的方式，CompGCN 模型继承了 Trans-系列模型的思想，将关系建模成转移操作的形式。具体地，对于实体 e_i，在聚合其邻居 e_j（与 e_i 通过关系 r 组成三元组 $\left(e_i, r, e_j\right)$）的特征信息时，CompGCN 首先基于特定的转移操作通过关系 r 将 e_j 的特征转移到 e_i 的特征域中，然后再进行特征聚合操作，假设转移操作为向量减法的，那么 CompGCN 首先通过 $e_j - r$ 得到新的特征 $\widehat{e_j}$，随后将 $\widehat{e_j}$ 传递给 e_i。通过这种做法，CompGCN 在聚合邻居信息的过程中考虑了关系信息，有效避免了 R-GCN 模型参数量过大的问题。

(2) 相比于 R-GCN 直接聚合邻居特征信息，CompGCN 在聚合前首先将邻居 e_j 转移到中心实体 e_i 的特征域中，然后进行聚合操作，这在理论上更加合理。

(3) 相比于 R-GCN 忽略关系的方向信息，CompGCN 模型通过引入逆关系（即对于三元组 $\left(e_i,r,e_j\right)$，同时引入三元组 $\left(e_i,r^{-1},e_j\right)$）以及单独聚合实体 e_i 的出边邻居（即三元组形式为 $\left(e_i,r,e_j\right)$）和入边邻居（即三元组形式为 $\left(e_j,r,e_i\right)$）特征信息的方法显式建模了关系的方向性。

最终，CompGCN 的特征更新函数如式 (2.40) 所示。

$$h_v^{(k+1)}=f\left(\sum_{(u,r)\in N(v)} W_{\lambda(r)}\phi\left(h_u^{(k)},z_r^{(k)}\right)\right) \tag{2.40}$$

$$W_{\lambda(r)}=\begin{cases} W_{\mathrm{O}}, & r\in R \\ W_{\mathrm{I}}, & r\in R_{\mathrm{inv}} \\ W_{\mathrm{S}}, & r=\mathrm{loop} \end{cases}$$

其中，$z_r^{(k)}$ 是关系 r 在第 k 层的特征向量；$N(v)$ 是中心实体 v 的邻居实体集合；ϕ 是前面提及的转移操作；W_{O}、W_{I}、W_{S} 为不同的线性转化函数；R 是关系集合；R_{inv} 是逆关系集合；$r=\mathrm{loop}$ 表示一个存在节点 A 到节点 A 自身的边。

相关的研究表明 CompGCN 相对于 R-GCN 确实拥有不错的提升效果。

2) 基于同域注意力 (attention) 机制的改进 CompGCN 模型

虽然 CompGCN 取得了不错的效果，但是 CompGCN 在聚合邻居信息的过程中没有考虑不同邻居权重，或者说没有动态地学习不同邻居权重。之所以说没有动态学习邻居权重，是因为 CompGCN 根据图谱的连接结构初始化了邻居权重，其初始化方法与 GCN 类似，CompGCN 同样构造度矩阵 D，不过该度矩阵不是对称矩阵，而是建立在有向图上的度矩阵，通过 $\left(D^{-\frac{1}{2}}\right)^{\mathrm{T}}AD^{-\frac{1}{2}}$ 来计算新的邻接矩阵。这个邻接矩阵中为邻居数多的每个实体的每个邻居赋予低的权重。该邻接矩阵中的权重可以视为邻居权重的先验知识，该先验知识只考虑了实体邻居的数目。

然而，在计算权重时，仅仅知道基于结构信息的先验知识显然是不合适的，因为不同邻居对实体的重要性还和邻居以及实体的特征有关，因此需要利用特征表示计算邻居相对于实体的重要性。

GAT 模型在聚合邻居特征的过程中使用了 attention 机制计算不同邻居的重要性，具体计算方法如式 (2.41) 所示。

$$h_i^{(k+1)} = \sigma\left(\sum_{j \in N_i} a_{ij} W h_j^{(k)}\right) \tag{2.41}$$

其中，W 是权重；a_{ij} 是注意力；σ 是 sigmoid 激活函数。

然而 GAT 与 GCN 一样，建模在无向无权图上，在知识图谱中，式(2.41)中直接计算两个邻居实体的特征表示相似度是不合理的，因为实体 e_i 与邻居实体 e_j 可能不属于同一类型，进而导致其所拥有的特征表示不属于同一特征域，这样直接计算相似度并无实际意义。因此，如何将 attention 机制迁移到知识图谱中是一个值得研究的问题。这里在 CompGCN 的基础上提出了同域 attention 机制。

对于实体 e_i，记它的邻居集合为 $\mathrm{NB}(e_i)$，对于邻居节点 $e_j \in \mathrm{NB}(e_i)$，其与实体 e_i 通过关系 r_{ij} 相连，组成三元组 (e_i, r_{ij}, e_j)，如图 2.16 所示，首先 e_i 经过关系 r_{ij}（即图中的 r_1、r_2）映射到尾实体所在的特征域中，得到映射节点 $\hat{e_i}$；然后计算 $\hat{e_i}$ 和 e_j 的相似度；最后获得 e_j 在 e_i 的所有邻居节点集合中的重要性权重：

$$a_{ij} = \mathrm{softmax}\left(\hat{e}_i^{\mathrm{T}} \cdot e_j\right) \tag{2.42}$$

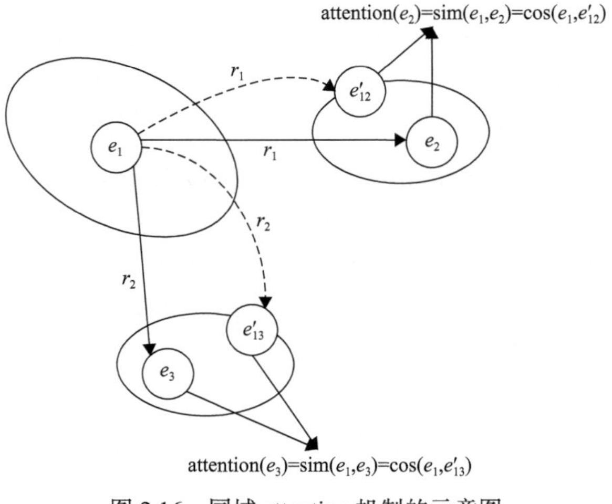

图 2.16　同域 attention 机制的示意图

这样，对于实体 e_i 的邻居集合 $\mathrm{NB}(e_i)$ 中的每个邻居 e_k，都可以计算出该邻居的重要性权重 a_{ik}，这样，在聚合邻居信息的过程中可以利用重要性权重为不同重要性的邻居赋予学习到的不同权重。

因为在计算 attention 权重时，需要先将实体映射到邻居实体的特征域中，所以该 attention 机制被命名为同域 attention 机制。

2. 基于文本信息的链接预测模型

知识图谱作为一种特殊的异质图，相比于社交网络、引文网络等典型的异质图，除了节点之间的连接关系表示的结构信息，还蕴含着充分的文本信息，即实体名称、实体描述、关系名称等文本序列，因此在做知识图谱相关任务时，除了结构信息，文本信息也是可以加以考虑的信息源之一。

知识图谱中蕴含的文本信息主要包含实体名称、实体描述、关系名称，实体名称与关系名称比较好理解，分别表示相应的实体与关系的实际含义；而实体描述信息是用于描述实体详细信息的一段文字。以 FB15k-237 数据集为例，在该数据集中每个实体由一个索引表示，如“/m/036qs_”，每个实体都对应了一个实体名称，如“/m/036qs_”代表“Mario Van Peebles”，另外，之前的研究人员通过实体链接的方式使得该数据集的实体获得了一批解释该实体含义的实体描述，如实体“/m/036qs_”对应的实体描述为“Mario Van Peebles is a Mexican-born American film director and actor who has appeared in numerous Hollywood films. He is the son of film-maker Melvin Van Peebles.”。而关系文本信息通常是将关系名称直接拆分成单个单词组成的序列来表示，如关系“/music/artist/origin”直接拆分成“music artist origin”的形式。

1) BERT——基于 Transformer 的双向文本编码器

如何利用知识图谱中的文本信息是一直有待研究的问题。早在 2016 年，Xie 等[21]就利用 CNN 编码实体描述信息来辅助学习链接预测任务，随后又有 Xu 等[22]利用 LSTM 网络对实体描述序列进行编码。虽然之前已有这些利用文本信息的工作，但是它们主要是从文本信息辅助结构信息的角度出发，并没有把研究重点放在文本信息上，除此之外，它们使用的模型较为简单，因此它们也没有重点研究如何深入挖掘文本信息中包含的知识。

自 2018 年开始，预训练语言模型以 BERT 为代表凭借在多项自然语言任务中的突出表现开始广泛被人关注。由于经过了充分的预训练任务，预训练语言模型在编码文本序列的任务中具有很好的优势，因此，逐渐开始有工作考虑使用预训练语言模型来学习知识图谱蕴含的语义信息。

BERT 是由谷歌提出的基于多层 Transformer 堆叠而成的双向编码器。

在理解 BERT 模型之前，首先需要了解 BERT 的基础组件模型 Transformer。完整的 Transformer 模型是基于自注意力(self-attention)机制搭建起来的一种编码器-解码器模型，其主要架构如图 2.17 所示。

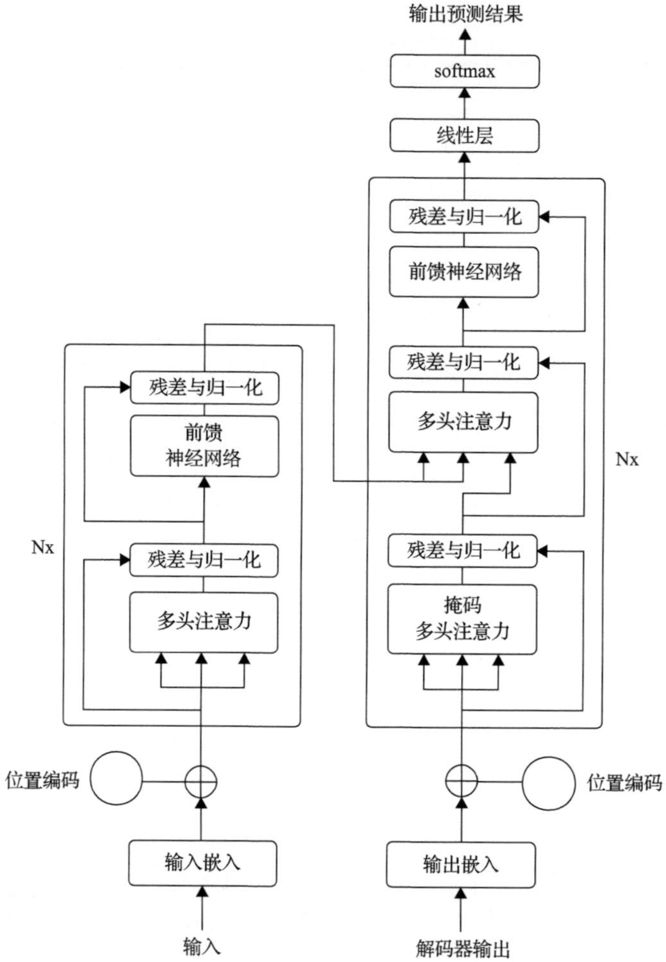

图 2.17　Transformer 架构图

self-attention 机制是 attention 机制的一种。attention 机制的提出考虑到学习特征的过程中不同部分的输入会起到不同的作用，因此需要为不同的输入部分赋予不同的重要性权重。attention 机制的输入分为三部分：查询(Q)、键(K)以及值(V)，通过计算查询(Q)与键(K)的相似度来获得值(V)不同部分的重要性程度。相对于其他 attention 机制，self-attention 的主要特点在于其输入的查询、键、值文本是相同的。self-attention 机制的计算公式如式(2.43)所示。又如图 2.17 所示，Transformer 模型主要由两部分组成，即编码器和解码器，而编码器和解码器又是分别由 N 个相同的子模块堆叠而成。

$$\text{selfAttention}(Q,K,V)=\text{softmax}\left(\frac{Q^{\mathrm{T}}K}{\sqrt{d}}\right)\cdot V \tag{2.43}$$

其中，d 是特征维度。

由于功能上的差异，实际上 BERT 只使用了 Transformer 的编码器模块。因此，BERT 包含 12 层 Transformer，实际上是包含了 12 层 Transformer 的编码器模块。作为预训练语言模型，BERT 基于大量的无标注文本进行自监督学习，主要包含的学习任务分为两类：一类任务通过遮盖住部分输入文本序列的字符（用“[MASK]”代替需要被遮掩的字符），而在最后输出层对被遮盖住的位置进行预测，试图恢复原本被遮住的字符，例如，输入的原始文本是“Beijing is the capital of China.”，利用“[MASK]”替换“China”，然后利用 BERT 模型的最后一层“[MASK]”字符所在位置的输出进行字符的预测，试图预测出“China”；另一类任务是同时输入两个句子，两个句子之间用“[SEP]”字符分割，任务目的是判断这两个句子是否构成相互承接的关系。通过在大量文本上的自监督学习，BERT 被认为能够学习到足够多的语义信息。

在运用到下游任务时 BERT 模型在具体的任务目标函数上需要继续训练，即微调步骤，通过微调实现模型的快速拟合与效果提升，因此，BERT 之所以有效的另一种解释是其能够为不同的下游任务提供一个很好的初始化参数。

2）QueryKGBERT——新的基于 BERT 的链接预测模型

为了利用知识图谱的文本信息以及 BERT 强大的上下文编码能力，本小节试图提出新的链接预测模型来缓解 BERT 模型在该任务上的高时间负载与空间负载问题。

以往的相关工作都是通过对三元组进行打分来达到预测三元组正确性的目的，使得正确的三元组分值更高，而错误的三元组分值更低。这样就造成了之前的工作要么需要对完整三元组进行编码，要么需要对所有候选实体进行编码，因此陷入了时间与空间互换的怪圈。而本小节跳开了对三元组进行打分的思路，当输入查询 (h,r,t) 时，考虑计算 t 是候选实体的概率值，而不是进行尾实体预测产生的向量表示，从而提出了新的基于 BERT 的链接预测模型，命名为 QueryKGBERT。具体的模型框架如图 2.18 所示。

框架中[CLS]为输入序列的第一个特殊分类标记，头部实体通过包含一系列标记 $\mathrm{Tok}_1^h \sim \mathrm{Tok}_a^h$ 的句子来表示，关系通过包含一系列标记 $\mathrm{Tok}_1^r \sim \mathrm{Tok}_a^r$ 的句子来表示，[SEP]为分隔标记，每个输入标记均有一个对应的 E 作为输入表示。具体来说，当给定查询 (h,r,t) 时，头实体 h 的文本信息（实体名称或者实体描述）与关系 r 的文本信息（关系名称）拼凑成文本序列“[CLS] D_h [SEP] D_r [SEP]”，将其输入 BERT 模型中，使用“[CLS]”位置的输出 $O_{[\mathrm{CLS}]} \in R^{768}$ 经过线性层映射 $\mathrm{MLP} \in \left\{R^{768} \to R^{|E|}\right\}$ 计算得到维度为 $|E|$ 的 $P_{[\mathrm{CLS}]}$。考虑到对于同一个查询 (h,r,t)，往往会有多个答案，如问（中国，城市，？），会有几百上千个正确答案，因此从这个角度来看，链接

预测任务又是个多分类问题。假设正确的实体集合为$T=\{t\,|\,(h,r,t)\ \text{is true}\}$，本小节构建标签向量 Y，使得$Y[t]=1,\ \ t\in T$，且$Y[t]=0,\ \ t\notin T$。

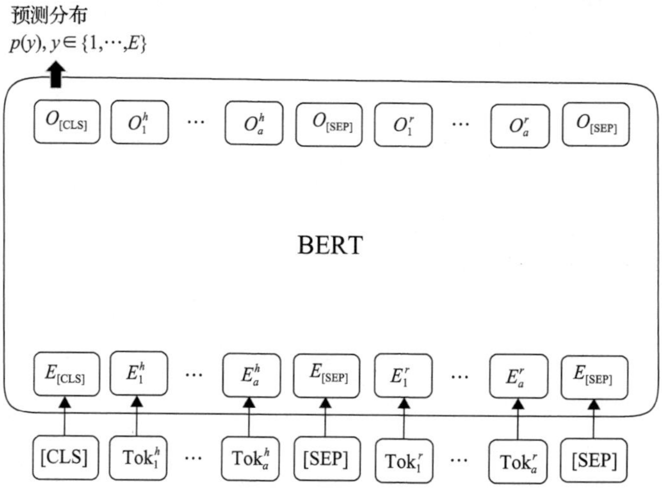

图 2.18　QueryKGBERT 模型框架

通常来说，对于多分类问题，一般将其视为$|E|$个二分类问题来解决。具体做法是针对$P_{[\text{CLS}]}$使用 sigmoid 函数得到取值为[0,1]的$X\in[0,1]^{|E|}$，即

$$X=\text{sigmoid}\left(P_{[\text{CLS}]}\right) \tag{2.44}$$

通过优化使得正确标签位置的X值尽可能接近于 1，设计的损失函数如式(2.45)所示；最后的推理阶段，通过判断X中每个候选实体位置的值是否大于 0.5 来预测该实体是否是正确答案。

$$L=\sum_{i=1}^{|E|}Y_i\log X_i+\left(1-Y_i\right)\log\left(1-X_i\right) \tag{2.45}$$

但是上述方法的缺点在于它没有考虑不同标签之间的关系，只是单纯地最大化正确标签的X值，而没有最小化错误标签的X值。为了加快收敛过程，提升模型效果，研究人员设计了新的损失函数，首先，使用 softmax 函数而不是 sigmoid 函数来计算X，即

$$X=\text{softmax}\left(P_{[\text{CLS}]}\right) \tag{2.46}$$

然后，使用二分类损失函数式(2.46)来计算损失函数。这样做的好处在于能够通过 softmax 函数使得正确标签的值越大越好，而错误标签的值越小越好。

经过上述损失函数的设计，最后设计出的 QueryKGBERT 模型的训练过程如下。

①给定查询(h,r,t)，构造标签向量$Y=[0,1]^{|E|}$，其中第i个元素$Y_i=1$表示

第 i 个实体是正确尾实体，相反，第 i 个元素 $Y_i = 0$ 表示第 i 个实体不是正确的尾实体。

②通过拼接头实体 h 和关系 r 关联的文本信息，可以得到文本序列“[CLS] D_h [SEP] D_r [SEP]”，将该序列输入 BERT 模型中，得到“[CLS]”位置的输出 $O_{[\text{CLS}]}$。

③计算得到预测向量 $X = \text{softmax}(\text{MLP}(O[\text{CLS}]))$。通过式(2.46)计算损失函数值。

④通过梯度反向传播算法更新 BERT 模型。

相比于之前的工作，QueryKGBERT 在时间和空间负载上都有所优化。

(1)在时间负载上，该模型的学习样例是每一个查询 $(h,r,?)$，而之前工作的学习样例为每一个三元组 (h,r,t)。考虑到每个查询可能包含多个答案，所以训练集中查询的数量往往小于三元组的数量，因此，之前工作的学习样例数要多于本模型的学习样例数，自然花费的训练时间也会增加。除此以外，对于每个训练样例，QueryKGBERT 模型只需要运行一次 BERT 模型，而 StAR(structure-augmented.text representation learning)与 blp(BERT-based text encoder fine tuned with link prediction)模型则分别需要运行两次和三次 BERT 模型；KG-BERT 模型虽然也只需要运行一次 BERT，但是一方面因为学习样例数目多于该模型，另一方面因为 KG-BERT 模型需要拼接头实体、关系以及尾实体的文本序列，而 QueryKGBERT 模型只需要拼接头实体与关系的文本序列，所以 QueryKGBERT 模型需要编码的文本更短，学习的时间自然也就更短。综上所述，本小节提出的 QueryKGBERT 模型在训练时间上具有很大的优势。

(2)在推理阶段的时间负载方面，QueryKGBERT 模型同样只需要运行一次 BERT 模型即可计算得到尾实体的预测分布。而 KG-BERT 模型需要运行 $1+|E|$次 BERT 模型，通常情况下实体集合的大小$|E|$往往能达到上万，例如，FB15k-237 数据集包含 14541 个实体，而 ConceptNet 数据集包含 78334 个实体，由此可见，KG-BERT 模型在推理阶段的时间复杂度非常高；对于 StAR 模型，虽然该模型可以在推理阶段一开始首先将所有实体编码一遍，但实际上这也是非常耗时的，除此以外，StAR 模型在推理阶段的时间负载依然高于 QueryKGBERT 模型；而对于 blp 模型，由于该模型需要编码所有实体的表示向量，获得实体的表示向量后就不需要使用 BERT 模型，因此该模型在推理阶段的时间负载主要由实体集合的大小约束，所以 blp 模型与 QueryKGBERT 模型在推理阶段的计算效率孰优孰劣需要看测试集的大小，如果测试集较大，那么 blp 模型推理更快，而如果测试集较小，则 QueryKGBERT 模型推理更快。

(3)在空间负载上，QueryKGBERT 模型也具有一定的优势。相比于 KG-BERT 模型需要拼接完整三元组的文本序列，QueryKGBERT 模型只需要拼接头实体的文本信息与关系的文本信息，因此其在参数存储空间要求上要少很多。相比于

StAR 与 blp 模型，在推理阶段，该模型只需要保存训练好的 BERT 的参数，而 StAR 和 blp 模型则需要存储$|E|$个实体的表示向量，因此在存储负载上要略高于 QueryKGBERT 模型。

当然，QueryKGBERT 模型也存在一些不足。

(1) QueryKGBERT 模型在学习与推理的过程中没有考虑尾实体的文本信息，因此在学习文本语义信息的过程中存在不足。

(2) QueryKGBERT 模型没有利用尾实体信息，其做法只是单纯地利用头实体与关系拼接的文本序列的编码结果进行分类，如何实现推理过程也较为模糊，缺乏可解释性。

综上所述，相比于之前的算法，本小节提出的 QueryKGBERT 模型在时间和空间方面都有所优化。

3. 融合结构信息与文本信息的链接预测模型

基于结构信息的链接预测模型主要利用图谱网络中的链接关系来预测可能存在的知识，而基于预训练语言模型的链接预测模型主要利用预训练模型在大量文本上学习到常识知识与语法规则。现有的模型主要从结构信息的角度考虑这个任务，因此信息利用不够充分。为了加强信息的使用，部分工作考虑同时利用两种信息，即融合信息，而之前的融合工作要么是考虑使用文本信息增强结构信息，要么是使用结构信息增强文本信息，都是将一种信息作为主体，另外一种信息作为辅助。而本节方法没有区分这两种信息的地位，文本信息能够通过文本的字符共现、文本相似度等特征帮助结构信息消歧、应对未遇到过的实体，以及有利于缓解长尾实体或者稀疏图实体邻居数不足的问题；而结构信息能够提供更加精准的语义信息，减小模型的偏差，除此以外，深层次的结构信息如结构模式、子结构等，更有利于挖掘分析实体深层次的语义信息。所以，本节方法旨在在学习链接预测任务的过程中融合结构信息与文本信息两种信息来结合两种信息的优点。

为了充分利用两种信息，并能够泛化到更多的模型，从预测分布的角度考虑融合过程。首先，所谓的预测分布，是指给定查询(h,r,t)后，预测尾实体是实体集合中每个实体的概率值。预测分布反映了模型在经过充分学习后对数据分布的认识，相比于图嵌入，预测分布蕴含的信息噪声更少，且信息密度更高。例如，对于不同的两个输入，如果它们的预测分布相近，说明这两个不同的输入其实是相近的，反之亦然；除此以外，对于相同的输入，模型针对不同的标签给出的预测往往又包含了额外的信息，如对于不同的标签给出类似的预测概率值，表明了模型认为当前输入下这些标签具有相似性，这些知识在模型泛化方面具有很高的价值。除此以外，基于预测分布的融合思路是从输出层的角度考虑问题，而之前基于图嵌入的融合方法是从输入层的角度考虑问题，这两者其实并不冲突，甚至经过设计后能够同时从输入层与输出层的角度考虑融合文本信息与结构信息。综上所述，基于预测分布的融合思路是一种不同于基于图嵌入的融合方法的设计思路。

1）基于变分 EM 算法的融合框架

（1）问题建模。

不同于传统的链接预测任务的建模方式，为了方便后面介绍的融合框架的理论推导说明，本节首先对链接预测任务重新进行定义。

给定知识图谱 $\mathrm{KG}=\{E,R,T\}$，其中 $E=\{e_1,e_2,\cdots,e_n\}$ 是实体集合，$R=\{r_1,r_2,\cdots,r_m\}$ 是关系集合，$T=\{t_1,t_2,\cdots,t_p\}$ 是知识图谱中蕴含的三元组集合，按照可见性可以分为 T_{L} 与 T_{U}，T_{L} 表示已知的三元组集合，而 T_{U} 表示未知但实际正确的三元组集合，也就是任务需要预测的部分。

链接预测任务的目的在于给定查询 $q_m=(h,r,t)$，然后预测出正确的尾实体集合 $o_m=(e_1,e_2,\cdots,e_S)$。因为同一个查询可能包含多个答案，所以通常将链接预测任务作为多个二分类问题来解决。

如果从预测分布的角度来看待原问题，那么任务目标就变成了在给定查询 $q_m=(h,r,t)$ 后需要预测并最大化尾实体集合的预测概率值 $p(o_m|q_m)$。如果进一步再将查询 (h,r,t) 视作一种特殊的三元组，相同地，对于每个三元组 $t_m=(h,r,t)$，定义其标签为 $y_m=\{e\,|\,(h,r,e)\ \text{is true}\}$，那么原问题定义为估计并最大化预测概率 $p(\mathrm{Label}(t_m)=y_m|T_{\mathrm{L}})$，简记为 $p(y_m|T_{\mathrm{L}})$。对于已知三元组集合 T_{L}，定义其标签集合为 $Y_{\mathrm{L}}=\{y_m|t_m\in T_{\mathrm{L}}\}$，相应地，而对于未知三元组集合 T_{U}，定义其标签集合为 Y_{U}。对于链接预测任务，形式化来说，目标在于估计并最大化概率分布 $p(Y_{\mathrm{U}}|T_{\mathrm{L}}\cup T_{\mathrm{U}})=p(Y_{\mathrm{U}}|T)$。

（2）基于变分 EM 算法的融合框架的理论推导。

前面从预测分布的角度建模了链接预测任务的输入以及目标，下面将基于该建模方式给出融合框架的理论推导。在本节的建模方式中，模型通过给出预测分布来做链接预测任务，因此为了方便说明，下面就不再区分分布与模型的概念，如果有特别需要的地方会着重指出。

基于以上的建模方式，为了更好地训练模型，采用极大似然估计的方式来优化模型，即

$$\max\log p(Y_{\mathrm{L}}|T_{\mathrm{L}}) \tag{2.47}$$

进一步用 $p(Y_{\mathrm{L}}|T)=p(Y_{\mathrm{L}}|T_{\mathrm{L}}\cup T_{\mathrm{U}})$ 来估计 $p(Y_{\mathrm{L}}|T_{\mathrm{L}})$，因为实际上即使知道了未知的三元组 (h,r,t) 是哪些，验证集或者测试集中的查询对预测 Y_{L} 是没有带来信息增益的，此时模型依然对 Y_{U} 一无所知。所以，优化目标转变为

$$\max \log p\left(Y_{\mathrm{L}} \middle| T\right) \tag{2.48}$$

为了最大化式(2.48)，按照 EM 算法将其展开成 ELBO(the evidence lower bound，证据下界)+KL(Kullback-Leibler)的形式，即

$$\log p\left(Y_{\mathrm{L}} \middle| T\right) = E_{q(Y_{\mathrm{U}})}\left[\log \frac{p\left(Y_{\mathrm{L}}, Y_{\mathrm{U}} \middle| T\right)}{q\left(Y_{\mathrm{U}}\right)}\right] + \mathrm{KL}\left(q\left(Y_{\mathrm{U}}\right) \middle\| p\left(Y_{\mathrm{U}} \middle| Y_{\mathrm{L}}, T\right)\right) \tag{2.49}$$

这里引入了近似模型 q 以及近似分布 $q\left(Y_{\mathrm{U}} \middle| T\right)$，简写为 $q\left(Y_{\mathrm{U}}\right)$。其中 $E_{q(Y_{\mathrm{U}})}\left[\log \frac{p\left(Y_{\mathrm{L}}, Y_{\mathrm{U}} \middle| T\right)}{q\left(Y_{\mathrm{U}}\right)}\right]$ 就是上述的 ELBO，而 $\mathrm{KL}\left(q\left(Y_{\mathrm{U}}\right) \middle\| p\left(Y_{\mathrm{U}} \middle| Y_{\mathrm{L}}, T\right)\right)$ 表示 $q\left(Y_{\mathrm{U}}\right)$ 与 $p\left(Y_{\mathrm{L}}, Y_{\mathrm{U}} \middle| T\right)$ 的 KL 距离。其中 $\mathrm{KL}\left(q\left(Y_{\mathrm{U}}\right) \middle\| p\left(Y_{\mathrm{U}} \middle| Y_{\mathrm{L}}, T\right)\right)$ 始终是非负的，所以有如下不等式：

$$\log p\left(Y_{\mathrm{L}} \middle| T\right) \geqslant \mathrm{ELBO} \tag{2.50}$$

当 $q\left(Y_{\mathrm{U}}\right)$ 与 $p\left(Y_{\mathrm{L}}, Y_{\mathrm{U}} \middle| T\right)$ 相同时等号成立，即 ELBO 是优化目标的一个下界，因此，通过最大化 ELBO 有利于优化目标函数。EM 算法的优化思路如下。

①首先，通过估计 $q\left(Y_{\mathrm{U}}\right)$ 使得 $\mathrm{KL}\left(q\left(Y_{\mathrm{U}}\right) \middle\| p\left(Y_{\mathrm{U}} \middle| Y_{\mathrm{L}}, T\right)\right)$ 为 0，这样就使得式(2.50)中的等号成立，即 ELBO 等于优化目标 $\log p\left(Y_{\mathrm{L}} \middle| T\right)$。而要想使得 $\mathrm{KL}\left(q\left(Y_{\mathrm{U}}\right) \middle\| p\left(Y_{\mathrm{U}} \middle| Y_{\mathrm{L}}, T\right)\right)$ 为 0，则需要估计 $q\left(Y_{\mathrm{U}}\right)$ 使其等于后验分布 $p\left(Y_{\mathrm{U}} \middle| Y_{\mathrm{L}}, T\right)$，也就是估计后验分布 $p\left(Y_{\mathrm{U}} \middle| Y_{\mathrm{L}}, T\right)$。

②上一步估计了 $q\left(Y_{\mathrm{U}}\right)$ 为旧的(上一轮参数下的)后验分布 $p_{旧}\left(Y_{\mathrm{U}} \middle| Y_{\mathrm{L}}, T\right)$，将 $q\left(Y_{\mathrm{U}}\right) = p_{旧}\left(Y_{\mathrm{U}} \middle| Y_{\mathrm{L}}, T\right)$ 代入 ELBO，得到

$$\begin{aligned} E_{q(Y_{\mathrm{U}})}\left[\log \frac{p\left(Y_{\mathrm{L}}, Y_{\mathrm{U}} \middle| T\right)}{q\left(Y_{\mathrm{U}}\right)}\right] &= E_{p_{旧}\left(Y_{\mathrm{U}} \middle| Y_{\mathrm{L}}, T\right)}\left[\log \frac{p\left(Y_{\mathrm{L}}, Y_{\mathrm{U}} \middle| T\right)}{p_{旧}\left(Y_{\mathrm{U}} \middle| Y_{\mathrm{L}}, T\right)}\right] \\ &= E_{p_{旧}\left(Y_{\mathrm{U}} \middle| Y_{\mathrm{L}}, T\right)}\left[\log p\left(Y_{\mathrm{L}}, Y_{\mathrm{U}} \middle| T\right)\right] - E_{p_{旧}\left(Y_{\mathrm{U}} \middle| Y_{\mathrm{L}}, T\right)}\left[\log p_{旧}\left(Y_{\mathrm{L}}, Y_{\mathrm{U}} \middle| T\right)\right] \\ &= E_{p_{旧}\left(Y_{\mathrm{U}} \middle| Y_{\mathrm{L}}, T\right)}\left[\log p\left(Y_{\mathrm{L}}, Y_{\mathrm{U}} \middle| T\right)\right] - 常数 \end{aligned} \tag{2.51}$$

③因此，要使 ELBO 最大，只需要最大化 $E_{p_{旧}\left(Y_{\mathrm{U}} \middle| Y_{\mathrm{L}}, T\right)}\left[\log p\left(Y_{\mathrm{L}}, Y_{\mathrm{U}} \middle| T\right)\right]$，也就是最大化期望。通过优化分布 $p\left(Y_{\mathrm{L}}, Y_{\mathrm{U}} \middle| T\right)$ 来最大化该期望，进而实现最大化 ELBO 的目的，从而得以优化目标 $\log p\left(Y_{\mathrm{L}} \middle| T\right)$。

④此时，$p\left(Y_{\mathrm{L}},Y_{\mathrm{U}}\middle|T\right)$的参数经过优化，$q\left(Y_{\mathrm{U}}\right)=p\left(Y_{\mathrm{L}},Y_{\mathrm{U}}\middle|T\right)$的关系不再成立，即 KL 散度不为 0，所以$\log p\left(Y_{\mathrm{L}}\middle|T\right)\geqslant \mathrm{ELBO}$。于是进入下一轮迭代优化。重复以上①～④步直至收敛。

以上是 EM 算法总体上的优化思路，然而，在实际的优化过程中以上的很多分布的建模都比较难以实现，如后验分布的估计；除此以外，因为知识图谱图结构的约束，三元组之间互相关联，往往不满足数据的独立性假设，进而又造成了优化过程的困难。因此，需要对以上的优化步骤进一步分析、拆解、建模，具体来说，EM 算法总体优化思路受图马尔可夫神经网络(graph Markov neural network, GMNN)工作的启发，使用变分推断的思想估计后验分布，进而实现上述的优化步骤。

EM 算法分为 E 步推导和 M 步推导。

1)E 步推导

E 步推导实际上是利用近似分布$q\left(Y_{\mathrm{U}}\right)$估计后验分布$p\left(Y_{\mathrm{U}}\middle|Y_{\mathrm{L}},T\right)$，进而达到估计期望$E_{q\left(Y_{\mathrm{U}}\right)}\left[\log p\left(Y_{\mathrm{L}},Y_{\mathrm{U}}\middle|T\right)\right]$的目的。具体来说，通过优化$q\left(Y_{\mathrm{U}}\right)$使得$\mathrm{KL}\left(q\left(Y_{\mathrm{U}}\right)\middle\|p\left(Y_{\mathrm{U}}\middle|Y_{\mathrm{L}},T\right)\right)$最小。

为了达到融合文本信息与结构信息的目的，采用基于文本信息的模型来建模$q\left(Y_{\mathrm{U}}\right)$。同时，因为基于文本信息的链接预测模型主要利用实体、关系关联的文本信息，而并不显示建模实体之间的连接关系，更不用说像 CompGCN 那样编码知识图谱的图结构信息，因此可以近似地认为基于文本信息的链接预测模型的输入数据相互之间是满足独立性假设的。因此得以能够基于平均场假设近似$q\left(Y_{\mathrm{U}}\right)$：

$$q\left(Y_{\mathrm{U}}\right)=\prod_{t_n\in T_{\mathrm{U}}}q\left(y_n\right)\tag{2.52}$$

将式(2.52)代入$\mathrm{KL}\left(q\left(Y_{\mathrm{U}}\right)\middle\|p\left(Y_{\mathrm{U}}\middle|Y_{\mathrm{L}},T\right)\right)$，得到

$$\begin{aligned}\mathrm{KL}\left(q\left(Y_{\mathrm{U}}\right)\middle\|p\left(Y_{\mathrm{U}}\middle|Y_{\mathrm{L}},T\right)\right)&=\sum_{Y_{\mathrm{U}}}q\left(Y_{\mathrm{U}}\right)\log\frac{q\left(Y_{\mathrm{U}}\right)}{p\left(Y_{\mathrm{U}}\middle|Y_{\mathrm{L}},T\right)}\\&=\sum_{Y_{\mathrm{U}}}q\left(Y_{\mathrm{U}}\right)\log q\left(Y_{\mathrm{U}}\right)-q\left(Y_{\mathrm{U}}\right)\log p\left(Y_{\mathrm{U}}\middle|Y_{\mathrm{L}},T\right)\\&=\sum_{Y_{\mathrm{U}}}\prod_{t_n\in T_{\mathrm{U}}}q\left(y_n\right)\left[\sum_{t_n\in T_{\mathrm{U}}}\log q\left(Y_{\mathrm{U}}\right)-\log p\left(Y_{\mathrm{U}}\middle|Y_{\mathrm{L}},T\right)\right]\end{aligned}\tag{2.53}$$

为了最小化式(2.53)，采取变分推断的优化策略，每次只针对一个样例$t_m\in T_{\mathrm{U}}$对式(2.53)进行最小化，并固定住其他样例的优化目标，直至优化完所有样例。

以单个样例t_m为例，推导过程如下所示：

$$\begin{aligned}
\mathrm{KL}\Big(q(Y_{\mathrm{U}})\Big\|p\big(Y_{\mathrm{U}}\big|Y_{\mathrm{L}},T\big)\Big) &= \sum_{Y_{\mathrm{U}}}\prod_{t_n\in T_{\mathrm{U}}}q(y_n)\left[\sum_{t_n\in T_{\mathrm{U}}}\log q(Y_{\mathrm{U}})-\log p\big(Y_{\mathrm{U}}\big|Y_{\mathrm{L}},T\big)\right]\\
&= \sum_{Y_{\mathrm{U}}}\prod_{t_n\in T_{\mathrm{U}}}q(y_n)\left[\sum_{t_n\in T_{\mathrm{U}}}\log q(Y_{\mathrm{U}})-\log p\big(Y_{\mathrm{U}},Y_{\mathrm{L}}\big|T\big)-\log p\big(Y_{\mathrm{L}}\big|T\big)\right]\\
&= \sum_{Y_{\mathrm{U}}}q(y_m)\prod_{y_n\in Y_{\mathrm{U}\backslash m}}q(y_n)\Bigg[\log q(y_m)\\
&\quad+\sum_{y_n\in Y_{\mathrm{U}\backslash m}}\log q(y_n)-\log p\big(Y_{\mathrm{U}},Y_{\mathrm{L}}\big|T\big)\Bigg]-\sum_{Y_{\mathrm{U}}}\prod_{y_n\in Y_{\mathrm{U}}}q(y_n)\log p\big(Y_{\mathrm{L}}\big|T\big)\\
&= \sum_{y_m}q(y_m)\prod_{y_n\in Y_{\mathrm{U}\backslash m}}q(y_n)\log q(y_m)\\
&\quad+\sum_{Y_{\mathrm{U}}}q(y_m)\prod_{y_n\in Y_{\mathrm{U}}}q(y_n)\left[\sum_{y_n\in Y_{\mathrm{U}\backslash m}}\log q(y_n)-\log p\big(Y_{\mathrm{L}},Y_{\mathrm{U}}\big|T\big)\right]\\
&\quad+\text{常数}\\
&= \sum_{y_m}q(y_m)\log q(y_m)\sum_{y_n\in Y_{\mathrm{U}\backslash m}}\prod_{y_n\in Y_{\mathrm{U}\backslash m}}q(y_n)\\
&\quad+\sum_{y_m}q(y_m)\sum_{y_n\in Y_{\mathrm{U}\backslash m}}\prod_{y_n\in Y_{\mathrm{U}\backslash m}}q(y_n)\sum_{y_n\in Y_{\mathrm{U}\backslash m}}\log q(y_n)\\
&\quad-\sum_{y_m}q(y_m)\sum_{Y_{\mathrm{U}\backslash m}}q(Y_{\mathrm{U}\backslash m})\log p\big(Y_{\mathrm{L}},Y_{\mathrm{U}}\big|T\big)
\end{aligned}\tag{2.54}$$

式(2.54)中，常数部分由$\sum_{Y_{\mathrm{U}}}\prod_{y_n\in Y_{\mathrm{U}}}q(y_n)\log p\big(Y_{\mathrm{L}}\big|T\big)$计算，这是因为$\log p\big(Y_{\mathrm{L}}\big|T\big)$的计算与$T_{\mathrm{U}}$无关，且只针对样例$t_m$的情况下，$\log p\big(Y_{\mathrm{L}}\big|T\big)$的值是固定的。除此以外，考虑到$\sum_{y_n\in Y_{\mathrm{U}\backslash m}}\prod_{y_n\in Y_{\mathrm{U}\backslash m}}q(y_n)=1$始终成立，所以有等式：

$$\sum_{y_m}q(y_m)\log q(y_m)\sum_{y_n\in Y_{\mathrm{U}\backslash m}}\prod_{y_n\in Y_{\mathrm{U}\backslash m}}q(y_n)=\sum_{y_m}q(y_m)\log q(y_m)\tag{2.55}$$

同时，由于

$$\sum_{y_n\in Y_{\mathrm{U}\backslash m}}\prod_{y_n\in Y_{\mathrm{U}\backslash m}}q(y_n)\sum_{y_n\in Y_{\mathrm{U}\backslash m}}\log q(y_n)=\sum_{Y_{\mathrm{U}\backslash m}}q(Y_{\mathrm{U}\backslash m})\log q(Y_{\mathrm{U}\backslash m})\tag{2.56}$$

在不针对除t_m以外所有样例$T_{\mathrm{U}\backslash m}$进行优化的前提下，$H\big(q(Y_{\mathrm{U}\backslash m})\big)$是个常数（$H$为黑塞(Hessian)矩阵，用于评估函数的凸性），所以有

$$\sum_{y_m} q(y_m) \sum_{y_n \in Y_{U\backslash m}} \prod_{y_n \in Y_{U\backslash m}} q(y_n) \sum_{y_n \in Y_{U\backslash m}} \log q(y_n) = C \sum_{y_m} q(y_m) = \text{常数} \tag{2.57}$$

最终，式(2.54)被化简为

$$\begin{aligned} &\mathrm{KL}\left(q(Y_{\mathrm{U}}) \| p(Y_{\mathrm{U}} | Y_{\mathrm{L}}, T)\right) \\ &= \sum_{y_m} q(y_m) \log q(y_m) - \sum_{y_m} q(y_m) \sum_{Y_{U\backslash m}} q(Y_{U\backslash m}) \log p(Y_{\mathrm{U}}, Y_{\mathrm{L}} | T) + \text{常数} \end{aligned} \tag{2.58}$$

为了方便说明，本节定义 $F(y_m)$：

$$\log F(y_m) = \sum_{Y_{U\backslash m}} q(Y_{U\backslash m}) \log p(Y_{\mathrm{U}}, Y_{\mathrm{L}} | T) \tag{2.59}$$

所以，式(2.58)等价于

$$\mathrm{KL}\left(q(Y_{\mathrm{U}}) \| p(Y_{\mathrm{U}} | Y_{\mathrm{L}}, T)\right) = -H\left(q(y_m)\right) - E_{q(y_m)}\left[\log F(y_m)\right] + \text{常数} \tag{2.60}$$

为了最小化 KL 散度 $\mathrm{KL}\left(q(Y_{\mathrm{U}}) \| p(Y_{\mathrm{U}} | Y_{\mathrm{L}}, T)\right)$，可以将其转化为式(2.61)来完成。

$$\max \left\{H\left(q(y_m)\right) + E_{q(y_m)}\left[\log F(y_m)\right]\right\} \tag{2.61}$$

下面进一步简化式(2.59)，以方便估计式(2.61)中的期望：

$$\begin{aligned} \log F(y_m) &= \sum_{Y_{U\backslash m}} q(Y_{U\backslash m}) \log p(Y_{\mathrm{U}}, Y_{\mathrm{L}} | T) = E_{q(Y_{U\backslash m})}\left[\log p(Y_{\mathrm{U}} | Y_{\mathrm{L}}, T)\right] \\ &= E_{q(Y_{U\backslash m})}\left[\log p(y_m | Y_{\mathrm{L} \cup \mathrm{U}\backslash m}, T)\right] \end{aligned} \tag{2.62}$$

式(2.62)的第三个等式能够成立，是因为当前只考虑了样例 t_m。进一步有

$$\begin{aligned} \log F(y_m) = E_{q(Y_{U\backslash m})}\left[\log p(y_m | Y_{\mathrm{L} \cup \mathrm{U}\backslash m}, T)\right] &\approx E_{q(Y_{U\backslash m})}\left[\log p\left(y_m | Y_{\mathrm{NB}(m)}, T\right)\right] \\ &= E_{q\left(Y_{\mathrm{NB}(m) \cap \mathrm{U}}\right)}\left[\log p\left(y_m | Y_{\mathrm{NB}(m)}, T\right)\right] \end{aligned} \tag{2.63}$$

式(2.63)的约等式能够成立是因为采取了马尔可夫独立性假设，即假设如果知道了 t_m 的邻居信息，就能推导出 t_m 的标签信息 y_m。为了估计式(2.63)，本节考虑采样的方式，具体估计方法如下：对于 t_m 的邻居 $t_i \in T_{\mathrm{NB}(m)}$，如果 t_i 可见，即 $t_i \in T_{\mathrm{L}}$，那么 y_i 自然是使用训练集中的标签，如果 t_i 不可见，即 $t_i \in T_{\mathrm{U}}$，那么从 $p(y_i)$ 中进行一次采样，获得 t_i 的标签 $\widehat{y_i}$。最终通过一轮采样的方式得到 $Y_{\mathrm{NB}(m)}$ 的

一个估计 $\hat{Y}_{\mathrm{NB}(m)}$，进而得到式(2.63)的估计：

$$\log F\left(y_m\right) \approx \log p\left(y_m \middle| \hat{Y}_{\mathrm{NB}(m)}, T\right) \tag{2.64}$$

将式(2.64)代入式(2.61)中，得到优化目标：

$$\max \left\{H\left(q\left(y_m\right)\right)+E_{q\left(y_m\right)}\left[\log p\left(y_m \middle| \hat{Y}_{\mathrm{NB}(m)}, T\right)\right]\right\} \tag{2.65}$$

为了更清晰地了解优化目标，进一步化简式(2.65)：

$$\begin{aligned}
& H\left(q\left(y_m\right)\right)+E_{q\left(y_m\right)}\left[\log p\left(y_m \middle| \hat{Y}_{\mathrm{NB}(m)}, T\right)\right] \\
& =-\sum_{y_m} q\left(y_m\right) \log q\left(y_m\right)+\sum_{y_m} q\left(y_m\right) \log p\left(y_m \middle| \hat{Y}_{\mathrm{NB}(m)}, T\right) \\
& =-\mathrm{KL}\left(q\left(y_m\right) \middle\| p\left(y_m \middle| \hat{Y}_{\mathrm{NB}(m)}, T\right)\right)
\end{aligned} \tag{2.66}$$

为了最大化 $H\left(q\left(y_m\right)\right)+E_{q\left(y_m\right)}\left[\log F\left(y_m\right)\right]$，优化目标转换为

$$\min \mathrm{KL}\left(q\left(y_m\right) \middle\| p\left(y_m \middle| \hat{Y}_{\mathrm{NB}(m)}, T\right)\right) \tag{2.67}$$

以上优化过程只是单独针对样例 t_m，对于 T_{U} 中的每个样例，都能得到类似于式(2.67)的优化目标，因此，总的优化目标为

$$\min L_{\mathrm{EU}}=\sum_{y_n \in Y_{\mathrm{U}}} \mathrm{KL}\left(q\left(y_n\right) \middle\| p\left(y_n \middle| \hat{Y}_{\mathrm{NB}(n)}, T\right)\right) \tag{2.68}$$

其中，EU 是无监督学习任务。

式(2.68)可以理解为对于未知三元组 t_n，通过优化 q 模型，使得 q 模型在三元组 t_n 的标签 y_n 上的概率预测值更加接近于 p 模型。

以上对 E 步优化过程的解构是针对未知三元组的，通过优化 q 模型，使其在未知三元组上的预测更加接近于 p 模型，但是很多时候 p 模型是预测错误的，而 q 模型是预测对的，如果单纯地将 q 模型拉近于 p 模型显然是不合理的，容易发生语义漂移的现象，为此，还会继续基于监督学习的思想，与单独训练基于文本信息的链接预测任务一样，在有标签数据集上进行学习，进而得到监督学习任务的目标函数：

$$L_{\mathrm{EL}}=-\sum_{y_n \in Y_{\mathrm{L}}} \log q\left(y_n\right) \tag{2.69}$$

其中，EL 是有监督学习任务。

结合式(2.68)与式(2.69)，最终得到 E 步的无监督+有监督优化目标：

$$L_{\mathrm{E}} = L_{\mathrm{EU}} + L_{\mathrm{EL}} \tag{2.70}$$

2) M 步推导

经过 E 步对 q 模型的优化后，得到当前对后验概率的最优估计，进而得到期望的估计，即式(2.51)，其中的 $p_{旧}\left(Y_{\mathrm{U}}\middle|Y_{\mathrm{L}},T\right)$ 就是优化后的近似概率 $q\left(Y_{\mathrm{U}}\right)$，因此，下一步的目标是通过优化 p 模型来最大化期望：

$$E_{q(Y_{\mathrm{U}})}\left[\log F\left(y_m\right)\log p\left(Y_{\mathrm{U}},Y_{\mathrm{L}}\middle|T\right)\right] \tag{2.71}$$

直接优化式(2.71)是很困难的，为此改为优化式(2.71)的近似式，即伪似然函数：

$$E_{q(Y_{\mathrm{U}})}\left[\sum_{y_n\in Y}\log p\left(y_n\middle|Y_{\backslash n},T\right)\right] \tag{2.72}$$

进一步，基于马尔可夫独立性假设，有

$$\begin{aligned}
E_{q(Y_{\mathrm{U}})}\left[\sum_{y_n\in Y}\log p\left(y_n\middle|Y_{\backslash n},T\right)\right] &= E_{q(Y_{\mathrm{U}})}\left[\sum_{y_n\in Y}\log p\left(y_n\middle|Y_{\mathrm{NB}(n)},T\right)\right] \\
&= \sum_{y_n\in Y_{\mathrm{U}}}E_{q(y_n)}\log p\left(y_n\middle|Y_{\mathrm{NB}(n)},T\right)+\sum_{y_n\in Y_{\mathrm{L}}}\log p\left(y_n\middle|Y_{\mathrm{NB}(n)},T\right)
\end{aligned} \tag{2.73}$$

综上推导，M 步的优化目标为

$$\begin{aligned}
\min L_{\mathrm{M}} &= -\sum_{y_n\in Y_{\mathrm{U}}}E_{q(y_n)}\log p\left(y_n\middle|Y_{\mathrm{NB}(n)},T\right)-\sum_{y_m\in Y_{\mathrm{L}}}\log p\left(y_m\middle|Y_{\mathrm{NB}(m)},T\right) \\
&= L_{\mathrm{MU}} + L_{\mathrm{ML}}
\end{aligned} \tag{2.74}$$

其中

$$L_{\mathrm{MU}} = \sum_{y_n\in Y_{\mathrm{U}}}E_{q(y_n)}\log p\left(y_n\middle|Y_{\mathrm{NB}(n)},T\right),\quad L_{\mathrm{ML}} = -\sum_{y_m\in Y_{\mathrm{L}}}\log p\left(y_m\middle|Y_{\mathrm{NB}(m)},T\right)$$

对 L_{MU} 进行进一步化简，可以得到

$$\begin{aligned}
L_{\mathrm{MU}} &= \sum_{y_n\in Y_{\mathrm{U}}}E_{q(y_n)}\log p\left(y_n\middle|Y_{\mathrm{NB}(n)},T\right) = -\sum_{y_n\in Y_{\mathrm{U}}}\sum_{y_n}q\left(y_n\right)\log p\left(y_n\middle|Y_{\mathrm{NB}(n)},T\right) \\
&= \sum_{y_n\in Y_{\mathrm{U}}}\left(\mathrm{KL}\left(q\left(y_n\right)\middle\|p\left(y_n\middle|Y_{\mathrm{NB}(n)},T\right)\right)-\sum_{y_n}q\left(y_n\right)\log q\left(y_n\right)\right)
\end{aligned} \tag{2.75}$$

由于此时 q 模型是固定的，因此 $\sum_{y_n} q(y_n)\log q(y_n)$ 是常量。因此，最小化式(2.75)等价于最小化 $\mathrm{KL}\left(q(y_n)\middle\| p\left(y_n \middle| Y_{\mathrm{NB}(n)}, T\right)\right)$。

与 E 步的损失函数类似，式(2.74)可以视作两部分目标函数的求和。首先，对于未知三元组 $t_n \in T_{\mathrm{U}}$，本节通过优化 p 模型使其在标签 y_n 上的预测分布与 q 模型相似，而对于已知标签的三元组 $t_m \in T_{\mathrm{L}}$，本节通过监督学习的方法继续在训练数据集上对 p 模型进行训练。

基于变分 EM 思想，以及平均场假设、马尔可夫独立性假设等，经过上面的详细推导，本节分别得出了 E 步与 M 步的最终优化目标，如式(2.70)与式(2.74)所示。这里，本节再总结一下整体基于变分 EM 思想的融合框架的优化步骤。

E 步，固定住 p 模型，通过最小化式(2.74)来优化 q 模型：

$$\sum_{y_n \in Y_{\mathrm{U}}} \mathrm{KL}\left(q(y_n)\middle\| p\left(y_n \middle| \hat{Y}_{\mathrm{NB}(n)}, T\right)\right) - \sum_{y_m \in Y_{\mathrm{L}}} \log q(y_m) \tag{2.76}$$

M 步，固定住 q 模型，通过最小化式(2.76)来优化 p 模型：

$$\sum_{y_n \in Y_{\mathrm{U}}} \left(\mathrm{KL}\left(q(y_n)\middle\| p\left(y_n \middle| Y_{\mathrm{NB}(n)}, T\right)\right) - \sum_{y_m \in Y_{\mathrm{L}}} \log p\left(y_m \middle| Y_{\mathrm{NB}(m)}, T\right) \right) \tag{2.77}$$

2）基于变分 EM 算法的融合框架的实现细节

上一小节提出了基于变分 EM 算法的融合框架，并给予了详细的理论推导，下面将对该框架的具体实现予以详细说明。首先，为了达到融合结构信息与文本信息的目的，需要分别采用两种不同的模型来建模 p 模型与 q 模型。对于 p 模型，要求其只使用知识图谱内的结构信息，为此选择了基于图卷积网络(GCN-based)类型的知识图谱链接预测模型，具体的选择就是 CompGCN 模型。对于 q 模型，要求其能够充分学习实体描述、实体名称以及关系名称内的文本信息，所以选择了基于预训练语言模型的链接预测模型，具体的模型就是 QueryKGBERT 模型。

当然，因为提出的是一种融合框架，不同类型的基于结构信息的模型与基于文本信息的模型都能够嵌入该框架中，只要求选择的模型能够输出尾实体的预测分布。

经过对 p 模型与 q 模型的建模后，还需要对融合过程中 E 步与 M 步的优化目标的具体实现给予介绍。

E 步中，通过优化 q 模型来使得式(2.76)最小，式(2.76)中较难计算的是 KL 散度部分，即 $\sum_{y_n \in Y_{\mathrm{U}}} \mathrm{KL}\left(q(y_n)\middle\| p\left(y_n \middle| \hat{Y}_{\mathrm{NB}(n)}, T\right)\right)$，而在这个式子中，无论是在 y_n 对

应的三元组 t_n ，还是在 t_n 的邻居集合 $T_{\mathrm{NB}(n)}$ 中，都涉及未知三元组的使用。为了估计这个 KL 散度，首先需要知道未知三元组集合 T_{U} 的信息，这样才能计算 $q(y_n)$ 与 $p\left(y_n \middle| Y_{\mathrm{NB}(n)}, T\right)$ 。但实际上模型对 T_{U} 一无所知，因此在实际实现中采用采样的方式来生成 t_n 以及 t_n 邻居集合中的未知三元组。生成 t_n 的过程如下。

(1) 首先，从实体集合中随机采样出 K 个实体。

(2) 针对上一步采样出的每个实体 h，将关系集合分为两部分，一部分是在训练集中与实体 h 有连接的关系集合 R_1 ，另一部分是与实体 h 没有连接的关系集合 $R_2 = R - R_1$ 。

(3) 计算 R_2 中每个关系与 R_1 中的所有关系的相似度，并从 R_2 中选择相似度值最高的关系 r。这样就构造了一个新的查询 (h,r',t) ，根据前面的定义，查询 $(h,r,?)$ 可以理解为不完整的三元组，显然，无论 r' 是什么，该三元组都不会出现在训练集中，这样就构造了一个新的未知三元组 t_n 。

经过以上过程，模型生成了一批未知标签的三元组 t_n 。紧接着，还需要为 t_n 的邻居集合 $T_{\mathrm{NB}(n)}$ 中的未知标签的三元组预测可能的标签，但这里同样会遇到生成 t_n 时遇到的问题，即对未知三元组集合 T_{U} 一无所知，更不用说 t_n 邻居集合中的未知三元组。如何生成 t_n 的未知标签的邻居，并预测其可能的标签，是需要精心设计的。本节采用的方法步骤如下。

(1) 首先，对于生成的未知三元组 $t_n = (h,r',t)$ ，因为其尾实体暂时未知，所以其邻居三元组就是包含实体 h 的三元组。因为模型学习的过程中会加入逆边，即如果三元组 (h,r,t) 存在，则 $\left(t,r^{-1},h\right)$ 也一定存在，所以为方便实现，直接以 h 为头实体来生成邻居三元组。

(2) 与生成 t_n 的方法一样，将关系集合分为两部分，即 R_1 与 R_2 ，需要注意的是，此时 R_2 中已经不包含生成 t_n 过程中选择的关系 r。

(3) 同样计算 R_2 中每个关系与 R_1 中的所有关系的相似度，并从 R_2 中选择相似度值最高的关系 r' ，这样就构成了查询 (h,r',t) 。

(4) 使用基于文本信息的模型，即基于 BERT 的链接预测模型 QueryKGBERT，去预测三元组 (h,r',t) 的尾实体。得到尾实体的预测分布后，选择概率最高的实体作为预测的尾实体 t，这样就组成了三元组 (h,r',t) 。很显然，该三元组是 (h,r,t) 的邻居，因为它们有共同的实体 h，除此以外，该三元组显然不在训练集中，即属于未知三元组 T_{U} 。经过以上过程，本节通过采样的方式得到了未知三元组 t_n 以及其未知标签的邻居，进而得以估计 KL 散度 $\sum_{y_n \in Y_{\mathrm{U}}} \mathrm{KL}\left(q(y_n) \middle\| p\left(y_n \middle| \hat{Y}_{\mathrm{NB}(n)}, T\right)\right)$ 并进行后续的优化过程。在 M 步，本小节同样需要估计 $\mathrm{KL}\left(q(y_n) \middle\| p\left(y_n \middle| Y_{\mathrm{NB}(n)}, T\right)\right)$ ，其

中 $y_n \in Y_{\mathrm{U}}$。为了估计该 KL 散度，本小节同样使用采样的方式生成未知三元组。具体步骤与 E 步类似，这里就不再赘述。

3) 基于变分 EM 算法的融合框架的整体认识

前面提出的基于变分 EM 算法的融合框架，从极大似然函数这一目标入手，借用 EM 算法的思想来实现目标，在 EM 算法的优化过程中，为了估计后验分布，采用了变分推断的思想。下面就 EM 算法的融合过程给予一个更加直观的介绍。E 步最终的目标函数为

$$\min \sum_{y_n \in Y_{\mathrm{U}}} \mathrm{KL}\left(q\left(y_n\right) \middle\| p\left(y_n \middle| \hat{Y}_{\mathrm{NB}(n)}, T\right)\right) - \sum_{y_m \in Y_{\mathrm{L}}} \log q\left(y_m\right) \tag{2.78}$$

在具体的实现过程中，需要首先生成一批未知三元组。针对这批未知三元组，QueryKGBERT 模型会预测它们标签的概率分布。同时，根据上面的推导过程，还需要针对这批未知三元组生成一批邻居三元组，将这批邻居三元组加入训练集中，使用 CompGCN 模型去预测这批未知三元组标签的概率分布。通过优化 QueryKGBERT 模型且固定住 CompGCN 模型，使得 QueryKGBERT 模型预测的概率分布接近于 CompGCN 模型预测的概率分布，即希望 QueryKGBERT 模型能够通过概率分布学习 CompGCN 模型学习到的关于知识图谱的结构知识。但需要注意的是，CompGCN 模型学习到的结构知识存在错误的信息，要避免或者缓解 QueryKGBERT 模型学习到这些错误的知识，解决方法是加上了防止语义漂移的损失函数 $\sum_{y_m \in Y_{\mathrm{L}}} \log q\left(y_m\right)$，即 BERT 模型在向 CompGCN 模型学习时，还要继续在训练数据集上保持训练，模型自己通过学习衡量 CompGCN 模型提供的知识是否是正确的，这就防止了 QueryKGBERT 模型在错误的路线上越走越远。

除此以外，在 E 步中，本框架还需要为每个未知三元组生成一批额外的邻居三元组，这在任务角度可以理解为一种图谱稠密化的操作，即向图谱中加入一些可能存在但实际缺失的边，这一步骤在一定程度上有利于缓解稀疏图对链接预测任务造成的影响。M 步最终的优化目标函数为

$$\sum_{y_n \in Y_{\mathrm{U}}} \mathrm{KL}\left(q\left(y_n\right) \middle\| p\left(y_n \middle| Y_{\mathrm{NB}(n)}, T\right)\right) - \sum_{y_m \in Y_{\mathrm{L}}} \log p\left(y_m \middle| Y_{\mathrm{NB}(m)}, T\right) \tag{2.79}$$

与 E 步类似，M 步也将损失函数分为 KL 散度与监督学习损失，不过与 E 步稍微不同的是，M 步的有监督学习损失函数是推导出来的，而不是后面添加上去的。为了估计该目标损失函数，同样需要采样出一批未知标签的三元组，然后分别使用 QueryKGBERT 模型与 CompGCN 模型在这些三元组上做链接预测任务，预测出其标签即尾实体的概率分布。然后固定住 QueryKGBERT 模型，通过优化

CompGCN 模型拉近其与 QueryKGBERT 模型的预测分布，即希望 CompGCN 模型在训练的过程中通过预测分布学习 QueryKGBERT 模型学习到的关于知识图谱的文本知识。同样需要注意的是，QueryKGBERT 模型也存在很多预测错误的时刻，此时如果依然让 CompGCN 模型去靠近 QueryKGBERT 模型的预测分布，显然是会向 CompGCN 模型引入噪声的。为了缓解该问题，有全局和局部两方面方法：从局部上来看，同时优化的有监督学习损失部分有利于缓解该问题，使得 CompGCN 模型不至于错得太离谱；从全局角度来看，使用 EM 算法的目的在于最大化对数极大似然函数，即 $\max\log p\left(Y_{\mathrm{L}}\middle|T\right)$，所以通过以上步骤，即使可能在拉近预测分布的过程中引入了噪声，但是总体上 CompGCN 模型的预测能力是在逐步提高的。

在上述 E 步生成未知三元组的方式介绍中提到选择实体未连接的关系与实体构成未知邻居三元组，并加入 p 模型的推理过程中。因为选择的生成方式过于简单，该过程不可避免会引入噪声，进而影响结构信息与文本信息的融合。这一点通过 WN18RR 数据集能够从侧面证明。综上所述，通过 EM 算法，最后推导出基于结构信息的链接预测模型与基于文本信息的链接预测模型分别在 E 步与 M 步互相拉近彼此在相同查询上的预测分布，以此实现学习对方知识的目的。同时，凭借 EM 算法的收敛性质，能够保证基于结构信息的链接预测模型在不断迭代中能够提升模型效果，并且在一次次拉近与对方的距离的过程中，基于文本信息的链接预测模型的效果也得以不断地提升。

2.3　电力系统仿真分析知识的推理

2.3.1　基于表示学习的推理技术

近年来，知识图谱作为事实、经验知识的存储载体，受到了学术界和产业界的广泛关注，成为大数据智能的前沿热点。知识图谱是事实的结构化表示，由实体、关系和语义描述组成，在图谱中，知识可以表示为资源描述框架（resource description framework，RDF）三元组（S,P,O）的形式，其中 S（主语）和 O（宾语）是实体，实体可以是现实世界中的具体对象或抽象概念，在图中表现为节点，P（谓语）是两个实体之间的关系，在图中表现为连接两个实体节点的对应边。三元组的数据格式具有普遍通用性，这意味着可以很容易地从现有知识图谱中派生出新的知识图谱，并且可以很容易地添加合并新知识，除此之外，知识图谱通常比关系数据库更灵活，能够更有效地存储、操作和删除关于数据的元数据，其可视化产品也更直观，方便没有计算机基础的相关领域专家掌握使用。

随着知识图谱的发展，在知识图谱上进行知识推理也越来越受到人们的关注。知识图谱推理的目的是识别错误，并从已有的数据中推断出新的知识。通过知识推理可以推导出实体之间的新关系，进一步丰富知识图谱，进而支持更智能的应用。鉴于知识图谱的广泛应用前景，对大规模知识图谱进行知识推理的研究已成为近年来的一个热点。

推理技术的发展可以追溯到古希腊时期，亚里士多德提出的三段论为现代演绎推理奠定了基础。随后的专家们将知识推理的概念定义为基于现有事实和逻辑规则推理新知识的机制。这意味着，在知识推理研究的早期阶段，推理主要依靠的是逻辑规则，如最基本的一阶谓词逻辑规则，这是一种使用命题作为基本单位的推理方法。其中，命题包含个体和预测，个体对应于知识图谱中的实体对象，谓词用来描述实体的性质，例如，(李健，出生于，哈尔滨)∧(哈尔滨，位于，中国)⇒(李健，国籍，中国)就是一个使用一阶谓词逻辑进行简单推理的过程。此后，有一系列基于规则的推理算法被提出，这些算法在小规模知识库上实现了较高的推理精度，然而，由于大规模知识图谱中实体和关系的复杂性和多样性，很难穷尽所有的推理模式，因此单纯依靠规则的推理算法不适用于大规模的知识图谱。

近年来，基于嵌入表示的方法在自然语言处理领域得到了广泛的关注。研究人员提出了大量基于表示的推理方法，在推理过程中，知识通常被表示为张量，然后通过张量分解来推断未知事实。张量分解是将高维阵列分解为多个低维矩阵的过程。采用了一个三向张量 X ，其中两个节点由域的连接实体构成，第三维表示它们之间的关系。张量项 $X_{ijk}=1$ 表示这条知识为真，对于未知和不可见的关系，X_{ijk} 将被设置为零。然后，利用因子分解得到的向量计算出三向得分，并选择得分高的候选项作为推理结果。

首先，因为表示学习能够实现实体关系的分布式表示，利用表示学习得到的分布式表示，比起利用“one-hot”表示直接计算，能够提升计算效率；其次，表示学习将实体与关系投影到低维空间中，得到的是一个相对稠密的向量，能够有效缓解数据稀疏问题；最后，大量实体在不同的知识图谱中可能名字有些许差异，表示学习通过为异质对象提供统一的表示空间，就能轻易地实现异质对象之间存在的语义关联计算，这大大方便了不同版本的知识图谱实现异质信息融合。因此，表示学习在大规模知识图谱的推理补全中被广泛应用，具体是指将每个实体和每个关系类型映射到一个隐藏的表示，并通过对这些表示应用一个评分函数来计算每个三元组的得分。不同的方法在如何将实体和关系类型映射到隐藏的表示和它们的评分函数方面有所不同。

Bordes 受到 Mikolov 等提出的 word2vec 算法的启发，提出了 TransE 模型，这是一种通过将关系解释为在实体低维嵌入上操作的转换来建模关系的方法。尽管这个假设很简单，但它被证明是非常有效的，因为大量的实验表明，TransE 模型在保证预测准确率的前提下，更易于训练，包含较少的参数，可以扩展到规模较大的知识图谱。给定三元组 (h,r,t) 的训练集 S，它由两个实体 $h,t\in E$（实体的集合)和关系 $r \in R$ (关系的集合)组成，TransE 模型学习实体和关系的向量嵌入，模型背后的基本思想是，由“r 标记的边缘”引起的功能关系对应于嵌入的平移，即当 (h,r,t) 成立时，$h+r \approx t$，t 应该是最接近 $h+r$ 的邻居，通过不断调整 h、r 和 t 的嵌入向量，使 $h+r$ 尽可能与 t 相等；当 (h,r,t) 不成立时，$h+r$ 应该远离 t。

TransE 模型如图 2.19 所示。

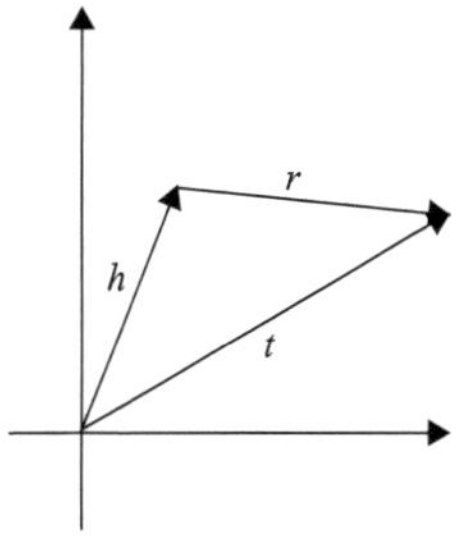

图 2.19　TransE 模型示意图

TransE 模型的评分函数定义为

$$f(h,r,t)=\|e_h+e_r-e_t\| \tag{2.80}$$

它用来衡量 h、r、t 之间的距离，其中 e_h、e_r、e_t 分别是 h、r、t 的嵌入表示，根据一个基于评分函数的框架，一个三元组的评分也可表示为 $d(h+r,t)$，对于某些实际应用中需要的不同度量，$\|\cdot\|$ 可以分别采用 L1 范数或 L2 范数。

为了学习此类嵌入，TransE 模型在训练过程中，采取了最大间隔方法，为了使正确三元组的 $d(h+r,t)$ 越小越好，错误三元组的 $d(h+r,t)$ 越大越好，其目标损失函数如下：

$$\mathcal{L}=\sum_{(h,r,t)\in S}\ \sum_{(h',r,t')\in S'_{(h,r,t)}}[\gamma+d(h+r,t)-d(h'+r,t')]_+ \tag{2.81}$$

其中，$[x]_+$ 是一个合页损失函数，表示 x 中大于 0 的部分，即 $x>0$ 时，$[x]_+=x$，$x\leqslant 0$ 时，$[x]_+=0$；$\gamma>0$ 是用来分隔正负三元组的边距超参数；$S'_{(h,r,t)}$ 表示如下：

$$S'_{(h,r,t)}=\{(h',r,t)\mid h'\in E\}\cup\{(h,r,t')\mid t'\in E\} \tag{2.82}$$

$S'_{(h,r,t)}$ 表示的是所构造的损坏三元组集合，这里面的三元组均由打破原有训练集合中的三元组构成，具体做法是将正确的三元组的头实体或尾实体用实体集中的随机实体替换(但不是同时替换)。

评分函数倾向于训练集中存在的正确三元组的分数值比损坏三元组的分数值低，因此当进行推理时，得分较低的候选实体或关系就是推断结果。对于给定的实体，当实体作为三元组的头实体或尾实体出现时，其嵌入向量是相同的。因此，尽管具有简单性和高效率，TransE 模型仅适用于不自反和一对一的关系，但是在处理自反或多对一、一对多、多对多的关系时会遇到问题。该方法会使多对一关系中的各个头实体过于接近，一对多关系中的各个尾实体过于接近，进而影响到这些实体嵌入在其他关系上的表现。

此外，知识图谱随着时间的推移而发展，或增加了新的实体和关系，或对其已有的实体和关系进行了修改。实体和关系更新对应于真实世界随时间的变化。例如，一个人可以搬到不同的城市定居或者因工作努力得到提拔；一个人的配偶信息在 2010 年和 2014 年可能是不同的。因此，结合时间信息一同进行推理是十分必要的，同时针对电网知识中存在较多一对多关系，本节提出基于表示学习的一对多关系动态推理技术，将三元组用时态信息扩充为四元组，为了方便表示时间信息以及便于结合关系和时间信息，将一个给定的时间戳分解为一个由时态标记组成的序列，年和日信息由 0～9 的自然数表示，月信息由 01～12 的数表示，并采用循环神经网络生成关系与时间序列的共同表示 r_{time}。

最后，如图 2.20 所示，为每个关系定义一个超平面，从而不影响具有相同头实体和关系的尾实体在其他关系平面的表现，提高推理的准确率。

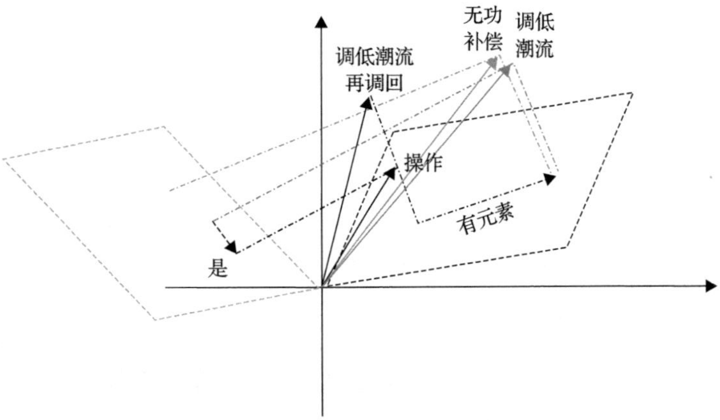

图 2.20　电网知识实例示意图

为每个关系定义一个超平面 W_r 和一个关系向量 d_r，$h_\perp$、$t_\perp$、$r_{\text{time}\perp}$ 分别是 h、t、r_{time} 在 W_r 上的投影，这样，同一个实体在不同的关系中可以有不同的含义，不同的实体在同一关系中可以有相同的含义。评分函数被修改为

$$f\left(h, r_{\text{time}}, t\right) = \left\| h_\perp + r_{\text{time}\perp} - t_\perp \right\|_2 \tag{2.83}$$

上述内容表示模型进行知识推理的方法采用的是单步推理的方法，即利用直接关系进行推理，而电网中有很多信息不能通过直接推理得到，因此在模型的基础上引入路径排序算法进一步提升该模型的推理能力，在如图 2.21 所示的例子中，限定路径为 P=(有元素, 有对象)，则从“无功补偿”节点走到“调高无功”和“调低无功”的概率分别是 0.5，再分别从“调高无功”和“调低无功”节点出发走到“电容电抗器”的概率是 1，那么从“无功补偿”走到“电容电抗器”的概率就

是 0.5×1+0.5×1=1。

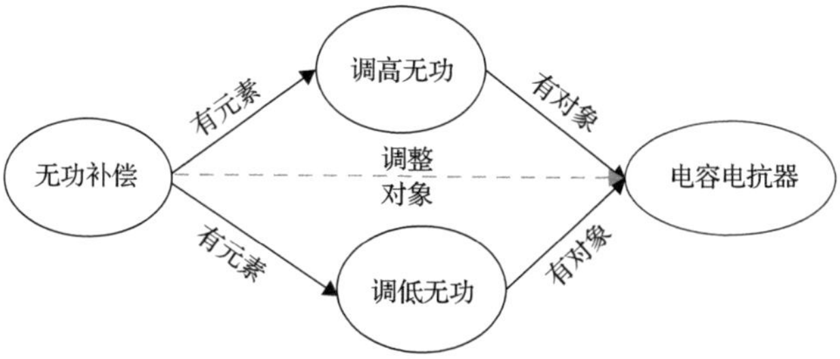

图 2.21　电网知识实例关系图

该方法将图谱中的路径作为关系推理的规则依据，并结合启发式的一阶谓词逻辑规则可以实现电网图谱中缺失知识的自动化补全，例如，图 2.21 中，该方法可以为其补上以下两条知识：

(无功补偿, 有元素, 调高无功) ∧ (调高无功, 有对象)
→ (无功补偿, 调整对象, 电容电抗器)
(无功补偿, 有元素, 调低无功) ∧ (调低无功, 有对象)
→ (无功补偿, 调整对象, 电容电抗器)

通过这样的方式，该方法在延续了 TransE 模型一贯易于实现扩展的优点的基础上，又能实现多步预测，大大丰富了知识库并实现了预测效果的提升，能够更好地为电力系统知识图谱推理服务。

2.3.2　基于图匹配的推理技术

自动推理(涉及知识表示和推理)是计算机科学领域内的一个具有重要研究价值的课题。自动推理的研究有助于推动计算机智能的发展，最终设计出完全或接近完全自动推理的计算机程序。通常情况下自动推理被归类为人工智能领域的研究分支之一，除此之外，自动推理也是理论计算科学重要的研究课题之一。自动推理应用最广泛的领域是自动定理证明和自动证明检查。传统的符号推理是数据自动推理的子领域，符号推理常常应用于短文本问答任务，通过对短文本进行符号化公式化的描述，使用预定义的推理公式，使计算机获得自动推理的能力，并应对短文本问答任务。

现有的短文本问答方案按照技术路线大致可以分为两类，第一类是传统的符号推理方式，这种方案具有以下三方面的优势：①具有可解释性，整个处理过程可以很容易地被人类理解和解释；②具有较强的逻辑推理能力，通过定义逻辑推理公式，可以很容易地应对短文本中的逻辑推理问题；③可以有效应对数值计算类问题。同时传统的符号推理方法所面临的最大挑战就是自然语言向符号语言的转换，通常这个过程需要消耗大量的人力成本。第二类是端到端的神经网络模型，这类方案具有以下非常显著的优势：①文本转化不需要借助大量的人工操作介入；②端到端的模式避免了大量的中间步骤，从而减少了错误传播；③不需要人工提取特征，采用神经网络模型可以自动提取语言特征。现在这种方法已经成了主流的解决方案。但是这种模型相对于传统方案来说，缺点也非常明显，基于神经网络模型的方案不能很好地应对逻辑推理问题，并且这种方案具有不可解释性，推理解答过程不透明，人类不能很好地理解和做出解释。鉴于以上存在的问题，本节研究融合了传统的符号推理方法与当前的神经网络方法。本节首先通过神经网络模型对自然语言文本进行处理，转化为结构化的形式，然后在此基础之上应用子图匹配的方案生成推理规则。

本节进行基于图匹配推理机的介绍。整个推理过程也可看作一个学习过程，包括训练阶段和测试阶段。本节首先描述数据预处理，然后介绍如何根据训练数据生成推理规则，最后描述回答测试集中问题的推理过程。

1. 问题陈述

有序的上下文三元组表示和变量化后的形式如下：

$$T=\langle e_k,p,e_l,i\rangle,\quad T_v=\langle v_k,p,v_i,i\rangle \tag{2.84}$$

其中，e_k、e_l是实体；v_k、v_i是变量化实体；p是谓词；i是顺序。

上下文的图形式和它的变量化后的表示如下：

$$G=\{T\},\quad G_v=\{T_v\} \tag{2.85}$$

变量化的映射关系如下：

$$\nu(G)=G_v,\quad \nu(e_t)=v_t,\quad \nu(Q)=Q_v \tag{2.86}$$

其中，Q是问题；Q_v是变量化问题。

规则和规则集合如下：

$$R=\langle G_v,q,v_a\rangle,\qquad \mathbb{R}=\{R\} \tag{2.87}$$

其中，G_v、q和v_a中的R可以分别写成$G_v(R)$、$q(R)$和$v_a(R)$。回答问题通过规则$R\in\mathbb{R}$($\mathbb{R}$为规则集)实现：

$$R(G,Q)=\left\{\nu^{-1}(v_a)\middle|\nu(G)=G_v,\nu(Q)=q\right\} \tag{2.88}$$

2. 数据预处理

如图 2.22 所示，数据预处理部分采用 Transformer 模型来实现，此模型在 2.2.1

节进行过详细的介绍，包括模型计算与参数配置。模型的输入是自然语言句子，模型的输出是三元组形式的结构化文本，如图 2.23 所示。

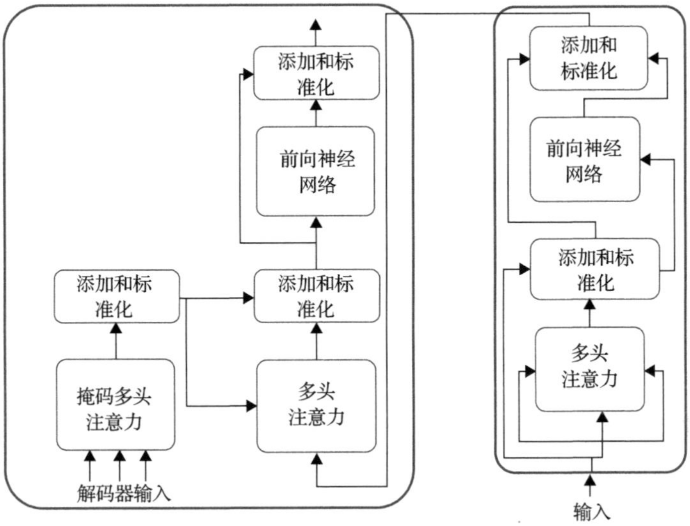

图 2.22　数据预处理模型

Willeke died of cancer Willeke succumbed to cancer Willeke lost his battle to cancer	→	(Willeke, died of, cancer) (Willeke, succumbed to, cancer) (Willeke, lost his battle to, cancer)
António Guterres is the leader of United Nations United Nations is headed by António Guterres António Guterres is the Secretary-General of United Nations	→	(António Guterres, is the leader of, United Nations) (United Nations, is headed by, António Guterres) (António Guterres, is the Secretary-General of, United Nations)

图 2.23　输入输出样例

为了产生推理规则并将推理规则应用到推理当中去，首先对训练数据以及测试数据进行了处理，将输入的句子转换成一个三元组的形式：(s,p,o)，每一个三元组都伴随一个整数 i。i 表示的是在原始文本上下文中句子所在的相对位置的序号(sn)。例如，假如当前的上下文中包含两个句子：Mary went to the bathroom 和 Sheep are afraid of wolves。前面的句子可以被转换成(Mary, went to, the bathroom)并且 sn = 0；后面的句子可以被转换成(Sheep, are afraid of, wolves)并且 sn = 1。对于在 WikiTableQuestions 中的表格数据，一个表格代表了主语(subject)。每一列映射成一个谓词(predicate)，在行中的值可以被映射成一个宾语(object)。例如，给定一个名为 Olympics 的表格，这个表格包含两列：year 和 city，前两行的内容 1896, Greece 和 1900, Paris 将会被映射成 Olympics, year, 1896 并且 sn = 0、Olympics, city, Greece 并且 sn = 0、Olympics, year, 1900 并且 sn = 1、Olympics, city, Paris 并且 sn = 1。

接下来将 bAbI 数据集作为样例来介绍基于图匹配的推理器(graph matching

based reasoner, GMR）方法。在 bAbI 数据集中包含多个任务，每个任务代表了一类问题，如归纳类问题、演绎类问题、计数类问题和位置推理问题等。此外，每个任务中都包含多个上下文段落，每个上下文段落都对应了多个问题。

3. 模型训练

GMR 中的推理规则采用问答形式（QA pattern）组合来进行表示，例如，Where is x? y 对应了一个图的集合，这个集合里包含多个图数据，每一个图数据都对应了一个推理规则。GMR 模型根据上下文的内容以及问题的形式构建一系列的推理规则。图 2.24 中展示了两个不同的上下文以及它们与问题 Where is x? y 相对应的推理规则。

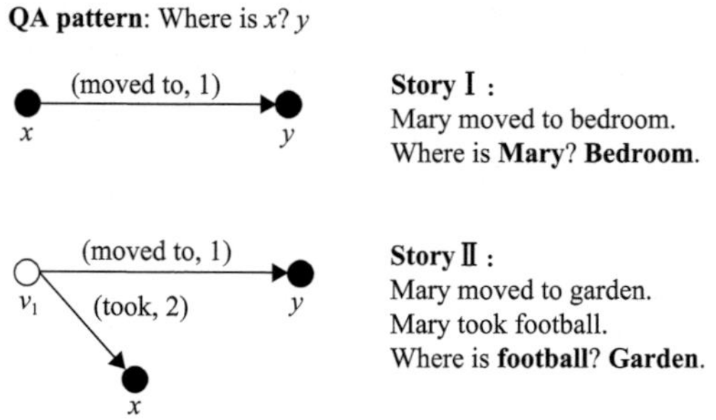

图 2.24 GMR 在 Where is x? y 上的推理规则样例

为了生成给定故事的规则图，首先从三元组构造一个有向图：对于每个三元组，添加一个从主题节点指向对象节点的有向边；在每个边上，维护谓词本身及其相应元组的 sn。

然后，替换 QA（问答）实体，如 football 和 garden，以及问题和答案中的相应变量。图 2.24 显示了故事的三元组及其有向图，其中用 x 和 y 替换了 football 和 garden。请注意，GMR 将不在问题和答案中的非 QA 实体视为纯符号，并不关心它们的具体含义。正如在前面的示例中看到的那样，结果图包含与答题无关的事实。这会使规则图变得复杂，并且在推理过程中难以匹配。为了解决这个问题，从一个上下文中构造出一个图之后，按照一定的规则进行子图抽取，简化原有的图结构，规则如下：①暂时将有向图视为无向图，并在 QA 实体集中的每对节点之间找到一个连通的子图；②为这些连通的子图中的节点生成顶点缩减的子图。图 2.25 中展示了一个示例。该例子中设置了两个参数，深度 d 和宽度 b，以限制提取连接的子图时的搜索空间。每个子图均以变量节点为根，并在上下文图中最多扩展 d 个步骤，而每个步骤最多扩展未访问的 b 个邻居。对于每个 QA 组合，保留与问题中出现的至少一个变量节点关联的最频繁的可变边（通常是几个边），并从子图中删除其他边。其余子图用作后续步骤的规则图候选。使用训练数据的子集作为验证集，以为每个数据集选择 d 和 b 的最佳值。

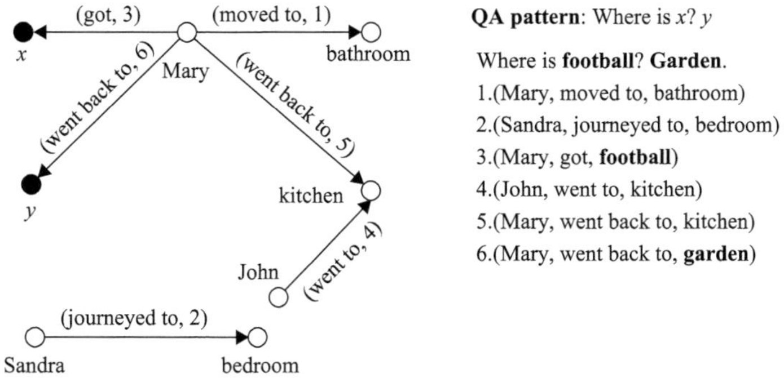

图 2.25　三元组形式的上下文和其对应图表示
问答中的实体使用变量进行替换

接下来，按照关联序号的顺序对边进行排序。从 $n=0$ 开始，每遇到一个新的非 QA 实体，就将 n 增加 1 并将该实体替换为 v_n。对于图 2.26 中显示的示例，左图中的 mouse 被替换为 v_1，而 cat 和 Shorthair 被替换为右图中的 v_1 和 v_2。当且仅当两个规则图具有相同数量的边时才匹配，并且对于有序边列表中的任意两个对应边，节点的变量相应地相同。生成的规则图现在可以用于执行推理。剩下的一个问题是谓词采用其原始自然语言形式。这将导致两个谓词无法匹配的问题，即使它们在上下文中具有相同的含义，如 move to 和 journey to。为了应对此问题，GMR 在训练数据中对谓词进行聚类，并假定同一聚类中的两个谓词彼此匹配。

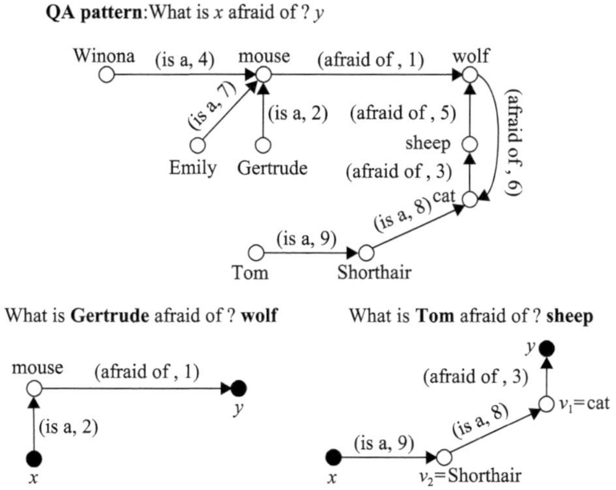

图 2.26　图形式的推理规则和变量替换的样例

算法 2.1 中的伪代码显示了谓词分类处理流程。该算法的核心思想是将问题与代表规则的图结构结合起来。同时，基于学习的思想，它从简单的规则开始，逐渐过渡到复杂的规则，完成谓词的聚类。对于给定的 QA 模式及其规则图，按

照其边缘计数 k 升序进行排序。对于 $k=1,2,\cdots$，如果两个规则图匹配，则对应边对上的谓词将聚在一起。如图 2.27 所示，G_1 和 G_2 与相同的问答模式 "where is x?

算法 2.1　谓词集群

```
输入：规则集 S_r
输出：谓词集群 P_s
    定义规则的复杂度 C_r ， C_r 表示图规则中边的个数
    给定一个规则集 S_r ，根据 C_r 对规则进行排序
    根据 C_r 对规则集进行聚类，得到 C_r^min 和 C_r^max
    for(k = C_r^min; k ≤ C_r^max; k++) do
        为第 i 条规则提取问题模式 p_i
        为第 i 条规则提取图结构 s_i
        if p_i 匹配 p_j ，并且 s_i 匹配 s_j then
            在第 i 条规则中得到谓词 pre_i ，在第 j 条规则中得到谓词 pre_j
            将 pre_i 和 pre_j 放入同一个集 pre_temp
            if pre_temp in P_s then
                将 pre_temp 加入 P_s
            else
                将 pre_temp 加入 P_s 作为一个新集群
            end if
        end if
    end for
    返回 P_s
```

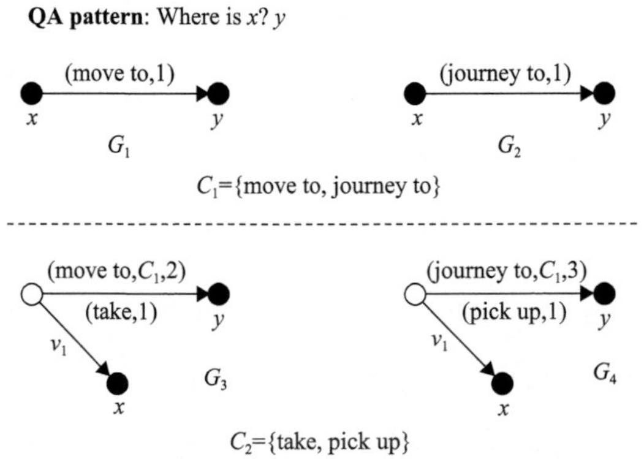

图 2.27　谓词聚类样例

y”相关联，并且它们的结构匹配，因此将 move to 和 journey to 分配到同一群集 C_1 中。在处理了具有 k 边的图之后，继续处理具有 $k+1$ 边的图。图 2.27 中的 G_3 和 G_4 具有相同的结构，并且 move to 和 journey to 位于同一群集 C_1 中，因此将 take 和 pick up 组合后放入新的群集 C_2。

4. 模型应用

为了回答测试集中的问题，GMR 根据候选答案将相应的上下文转换为多个带有候选答案的图结构。如果有任何答案图与相应的规则图匹配，该任务将获得问题的答案。图 2.28 显示了一个示例。Where is x? y 具有三个规则图 G_1、G_2 和 G_3，它们是根据训练数据生成的。

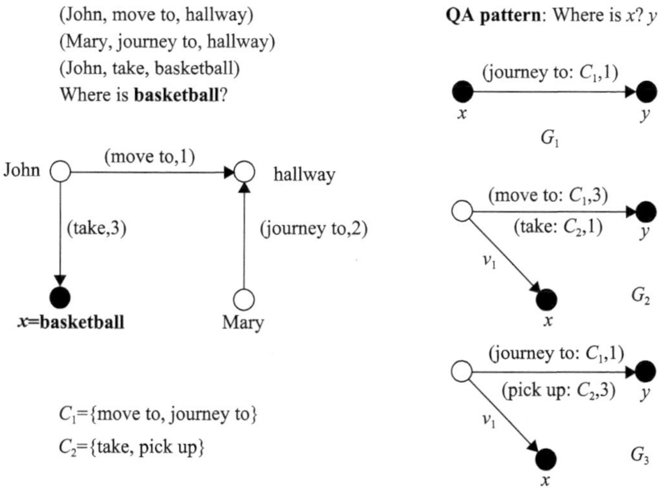

图 2.28　测试数据中的上下文和问题

有测试问答组合和图推理规则

GMR 首先从对应的上下文三元组中产生候选答案。如图 2.28 中展示的那样，候选答案可以是 John、Mary 或 hallway、basketball，这些候选答案作为 QA 实体将会被变量化，分别将它们使用对应的变量进行替换。然后对于每一个候选答案，使用与规则生成相同的过程来生成一个带有答案的图结构，首先根据上下文和对应的相关节点抽取出一个子图，然后将这个子图进行变量化，生成的带有答案的图结构如图 2.29 所示。

最后，GMR 将每个答案图与规则图进行比较。如果其中之一与任何规则图匹配，则 GMR 会返回相应的候选答案作为答案。当且仅当候选结构的结构匹配且相应边上的谓词完全相同或在同一谓词簇内时，候选答案图才与规则图匹配。在上面给出的示例中，John 和 Mary 的答案图与任何规则图都不匹配。对于 hallway，其答案图匹配 G_3。因此 hallway 将作为 Where is basketball?问题的答案返回。

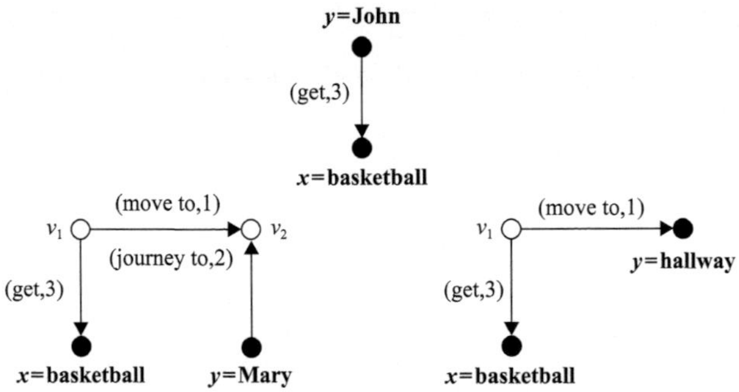

图 2.29 候选答案图

2.4 电力系统仿真分析知识的清洗

2.4.1 错误知识检测

目前，国内外已经提出了一些基于知识图谱的错误检测方法，一些方法在构建知识图谱时就进行了相关错误检测，如判断所加入的关系是否在知识图谱当中等。针对已经构建成功的知识图谱，错误检测的方法目前可以分为如下几类。

1. 较为简单的知识图谱错误检测方法

目前较为简单的知识图谱错误检测方法有两种：使用频率修正错误以及引入新知识对现有知识进行修正。

1) 使用频率修正错误

目前较多的针对知识图谱的错误检测方法都着重于利用知识图谱本身所具备的频率。以微软的 Probase 知识图谱为例，Probase 知识图谱包含了 1600 万个 IsA 关系(实体与概念之间的类属关系)，主要使用 Hearst 语法模式使得机器自动从 17 亿个网页中进行关系的提取，主要提取语法是 such as 语法结构。Probase 当中保存的是知识之间的 IsA 关系，对于每一个关系都附有一个频率，该频率为从网络语料库中观察到的该关系出现的次数。如果关系所属频率较低，则该关系在语料库中出现的次数较少，从而可以判断该关系的正确率较低。这种方法也同样适用于其他包含关系频率的知识图谱错误检测。

2) 引入新知识对现有知识进行修正

引入新知识对现有知识进行修正也是很多目前知识图谱使用的方法。引入的新知识包括另一个知识图谱中所包含的知识关系、新的网络语料库关系等。这种方法利用外部知识库来消除冲突并提高分类的质量。将外部知识作为对内部本身具备的知识的一种二次验证，从而进行错误检测。

2. 较为高级的知识图谱错误检测方法

目前较为高级的知识图谱检测方法也有两种：使用统计学回归方法进行回归计算，以及查找知识图谱中存在的圈关系。

1) 统计学回归方法

统计学回归方法是一种数学方法，该方法的思想是使用统计技术进行数据整合。该方法主要是处理知识图谱当中的线性关系，通过处理数字属性之间的定量关系，从而得到线性关系的回归方法。

2) 查找知识图谱中存在的圈关系

查找知识图谱中存在的圈关系是该领域最新提出的一种方法，该方法的着重点是将知识图谱中存在的关系视为一种有向图关系，并使用相关算法在该大图上查找圈关系，若存在圈关系，则判定该圈中包含的关系至少有一个是错误的。该方法的出发点是，理想的知识图谱应该是一张有向无环图，如果图谱当中存在环，则证明至少有两个关系互为 IsA 关系，这在人类的知识认知当中是不正确的，所以可以通过删除其中的错误边来破坏圈结构，从而尽量使知识图谱呈现有向无环结构。

上述四种目前常用的知识图谱错误检测方法均存在一些问题。使用频率修正错误的方法无法处理频率较为集中的知识图谱关系。以 Probase 知识图谱为例，Probase 当中的 IsA 关系的频率信息本身遵循具有长尾的幂律分布，这意味着具有或不具有错误的大多数关系都具有较低的频率。例如，在 Probase 中，大约 700 万个边缘的频率为 1。但是通过查阅资料得知，里面近乎 78%的关系都是正确的。如果将高频率关系进行保留，而删除低频率关系，会使得错误检测的准确率大大降低，删除掉许多有用的关系，从而妨碍知识图谱的正常使用。第二种引入新知识对现有知识进行修正的错误检测方法忽略了不同知识图谱的独特性，一些知识库如上面提到的 Probase 有许多其他知识库中不存在的特定概念。因此，外部知识库中缺少具体概念-实例的成员关系。例如，Probase 有 270 万个概念，而 Yago 只有 48 万个类型。由于 Probase 的概念覆盖与外部知识库之间存在巨大的差距，因此无法利用它们来发现 Probase 中的冲突。因此，引入新的知识并不能高效地进行错误检测，在很多情况下没有普遍性。第三种统计学回归方法的问题显而易见，因为回归只对发现线性关系有效。然而这种方法对于非线性关系却无法得出有效的解决方法。因此这种方法对于大多数的知识图谱都是不太有效的。最后一种查找知识图谱中存在的圈关系面临的最大问题就是较低的错误召回率。因为知识图谱的关系是从大型网络语料库中获得的，多数的错误关系并没有存在于圈结构当中，所以这样无法较多地找到知识图谱当中存在的错误。存在圈结构的错误如图 2.30(a)所示，不存在圈结构的错误如图 2.30(b)所示。

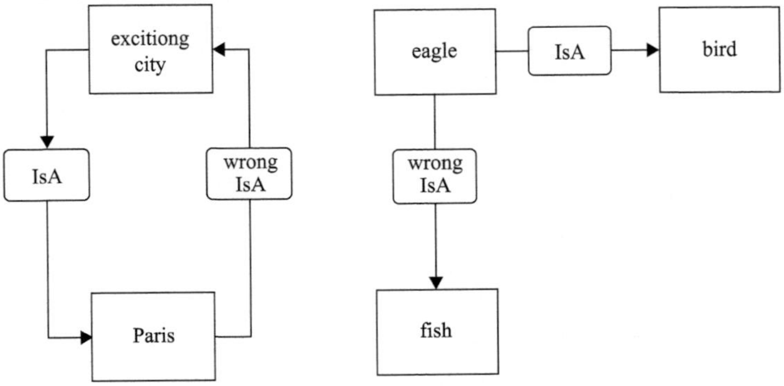

(a) 存在圈结构的错误　　(b) 不存在圈结构的错误

图 2.30　两种错误分类

3. 基于集合距离的知识图谱错误检测方法

以上这些知识图谱的错误检测方法中，主要的知识图谱检测方法可分为两种：第一种是基于频率的方法，关系之间的低频率对应着其在语料库中很少被注意到，因此利用频率可以判断关系的正确性。频率越高正确性越高，频率越低正确性越低。例 2.1 表明了这种方法存在的问题。

例 2.1　在 Probase 当中，三元组(蛇, IsA, 草本)和(果蝇, IsA, 生物)的频率都为 1。但是非常明显的是，第一个三元组是错误的，第二个是正确的。

表 2.8 使用 Probase 知识库作为分析对象，遍历整个 Probase 所有关系对，统计了频率为 1 和频率大于 1 的关系占的比例。从表中可以看出，大量的关系频率都为 1。之后随机选取了 100 个关系来检查正确性，答案由人为判断给出。从这个实验中看出只用频率来纠错是一种不明智的方式，因为准确率相对较低。

表 2.8　频率关系

频率统计	占比/%	关系的检查	准确率/%
1	65.3	1	65.0
>1	34.7	>1	100.0

第二种方法是基于结构的纠错方法。理想的知识图谱关系应该是有向无环图，不存在由抽象概念指向具体概念的 IsA 关系，于是可以通过查找知识图谱中的圈关系，并将其消除来构造有向无环图，从而达到纠错的目的。但是并不是所有的错误关系都存在于环结构当中，用例 2.2 来说明这种方法的局限性。

例 2.2　在 Probase 当中，三元组(鹰, IsA, 鱼)是一条错误关系，但没有(鱼,

IsA, 鹰)的关系，于是不存在环结构，通过构造有向无环图无法查找出这个错误。

所以需要发现更加通用的纠错方法，使得召回率和准确率尽量同时提高。通过观察知识图谱，发现许多错误都是实例被错误分类到错误概念引起的，例如，例 2.2 中提到的三元组(鹰, IsA, 鱼)，鹰应该被分类到鸟类概念集合，而鸟类概念集合在人类认知中是和鱼类集合冲突的，于是如果一个物种同时属于鱼类和鸟类，那么这个 IsA 关系在很大程度上是错误的。而知识图谱当中的错误基本是概念错分类，包括之前使用圈结构找到的错误。由此启发，可以使用判断相互冲突集合这一方法来检测错误。

定义 2.1　概念集合：给定存在 IsA 关系的知识图谱，概念集合是基于此知识图谱构建的，以概念点作为集合名称的，包含所有此概念 IsA 关系的集合，每个实例与其权重 $w(p)$ 关联。

定义 2.2　矛盾集合对：给定一个知识图谱，构建知识图谱的概念集合集，考虑任意两个概念集合，如果它们在语义上是不兼容的，则这两个集合为矛盾集合对。

例如，可以通过定义 2.1 构建概念集合：鸟和鱼。通过定义 2.2，将这两个集合确定为矛盾集合对(鸟，鱼)。因为鸟和鱼在语义上是不兼容的。

目前针对网页查重文本相似度度量等问题已经有很多算法被提出，然而为了考虑知识图谱所能提供的信息，以及便于求解集合距离，选用两种距离算法作为概念集合距离的评判标准：汉明(Hamming)距离和雅卡尔(Jaccard)距离。

定义 2.3　Hamming 距离：给定两个概念集合 A、B，给定哈希函数 $h(\cdot)$ 将概念集合映射为 01 串，A、B 之间的 Hamming 距离为

$$\text{Hamming}(A,B)=h(A)\oplus h(B) \tag{2.89}$$

定义 2.4　Jaccard 距离：给定两个概念集合 A、B，它们的 Jaccard 距离为

$$\text{Jaccard}(A,B)=\frac{|A|\cap|B|}{|A|\cup|B|} \tag{2.90}$$

其中，$|A|$、$|B|$是 A、B 概念集合中实例的个数。

使用 Hamming 距离的目的是考虑利用高频率，如大于 1000 的频率进行矛盾集合对的判断，Hamming 距离可以快速地计算带有权重的集合并生成哈希签名，通过比较哈希签名来判定集合之间的关系。Jaccard 距离排除频率因素，侧重于两个集合之间交集关系所占百分比。直观地说，如果两个概念集合为相似概念集合，则它们实例点之间的交集应该存在大量重复；若两个概念集合为无关联概念集合，则它们实例点之间的交集应该存在很少量的重复；若两个概念集合为矛盾概念集合，则它们实例点之间的交集应该为空。所以可以通过求解概念集合之间的距离来判断集合的关系。

对于这两种距离的求解，都采用了局部哈希算法。Hamming 距离对应 Simhash 求解，而 Jaccard 距离对应 Minhash 求解。下面首先介绍 Simhash 对矛盾集合对的求解。伪代码如下。

算法 2.2　Hamming 距离检测算法

输入： 概念集 A、B；阈值 t

输出： 冲突的概念集为 TRUE，相似的概念集为 FALSE

```
h(A) ← 0, h(B) ← 0
for 每个实例 instance_a ∈ A , instance_b ∈ B do
    h(A) += Hash(instance_a) * weight(instance_a)
    h(B) += Hash(instance_b) * weight(instance_b)
end for
if h(A) ⊕ h(B) > t then
    return TRUE
else
    return FALSE
end if
```

Hamming 距离检测算法的核心是对于每个概念集合，生成该概念集合所对应的哈希签名，再将哈希签名进行对比，如果签名距离大于所给的阈值，则证明这两个集合的相似程度低，成为矛盾集合对的可能性大。Hamming 距离检测算法的一大优势是充分利用了知识图谱可以提供的大频率因素，之前提到，频率越大，证明该项关系的正确率越高。两个概念集合当中相似的大频率关系越多，这两个概念集合是相似概念集合的可能性越高。如果两个概念集合当中相似的关系都为小频率关系，则这两个概念集合为矛盾概念集合的可能性大。在计算每两个概念集合的哈希签名时，如果同一项关系同时出现在两个概念集合当中，且频率较大，则使用出现这条关系频率较小的那个概念集合进行计算。这里的阈值需要人为设定。显然，阈值越大，判定矛盾集合对的界线就越严格，这样会获得较高的正确率和较低的召回率。反之，如果将阈值设定较低，则判定界限会较松，多数概念集合都会被归为矛盾概念集合。这样一来会大大提升召回率而导致正确率的下降。然而可以使用二阶修复机制，通过第二次验证来保证算法的正确率，从而同时获得较高的正确率和较高的召回率。

下面介绍 Jaccard 距离检测算法。Jaccard 距离检测算法和 Hamming 距离检测算法最大的不同是，Jaccard 距离检测算法不受知识图谱中频率因素的影响，所以可以应用于没有频率关系的知识图谱当中，也可以避免知识图谱当中频率错误关系对判断的影响。Jaccard 距离检测算法伪代码如下。

算法 2.3　Jaccard 距离检测算法

输入： 概念集 A、B, hash H, 阈值 t

输出： 冲突的概念集为 TRUE，相似的概念集为 FALSE

```
cnt  ←0
for  每个hash∈H  do
      h(A)←hash(A)
      h(B)←hash(B)
      if Minhash_h(A)==Minhash_h(B) then
         cnt++
      end if
end for
Jaccard(A,B)←cnt/|H|
if Jaccard(A,B)>t then
      return TRUE
else
      return FALSE
end if
```

Jaccard 距离检测算法的数学依据是

$$\Pr[\text{Minhash}(A) = \text{Minhash}(B)] = \text{Jaccard}(A,B) \tag{2.91}$$

其中，Pr 是概率；Minhash(A)、Minhash(B)是概念集合 A、B 的 Minhash 值。

所以算法只需求解概念集合 A、B 的 Minhash 值相等的概率，其即为这两个概念集合的 Jaccard 距离。对于 Jaccard 距离检测算法的进一步优化是将所建立的 Minhash 签名矩阵分成 b 块，其中每块包含 c 行，因为 Minhash 是局部敏感哈希的一种，所以假设 Jaccard(A,B) = r，则有

$$\Pr[b\text{ 块中所有区间两个概念集合都不相等}] = 1 - (1 - r^c)^b \tag{2.92}$$

其中，b 是签名矩阵分块数；r 是签名矩阵每块中包含的行数。

4. 基于图层次结合集合距离的知识图谱错误检测方法

一个理想的知识图谱应该是具有层次结构的有向无环图，其中的每一个节点都具有自己的层级。除此之外，理想的知识图谱应该是由层级低的点指向层级高的点，因为在现实生活中，具体的概念应该属于抽象的概念。这个模型很像 Agony Model，所以可以构造一个分层函数 LA，因此，一旦找到一个知识图谱的层级分配，就找到了这个知识图谱构造有向无环图的方法。因此，如果有一个好的层次

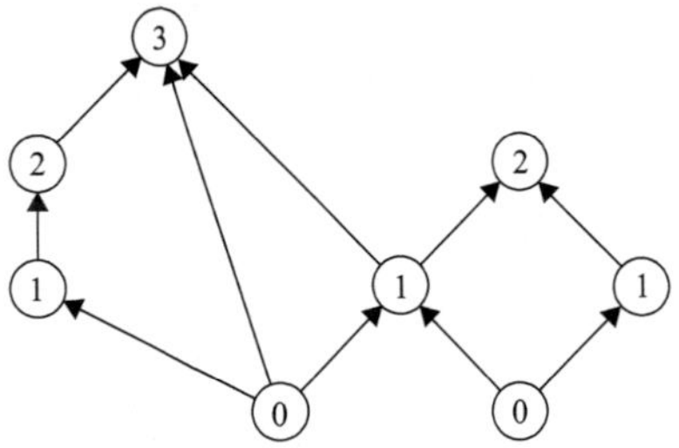

图 2.31 IsA 关系有向无环图

分配函数，就意味着可以利用层级来发现错误的 IsA 关系。图 2.31 展示了一种有向无环图的分层结构，而对于知识图谱的分层结果也应完成图 2.31 所示的任务。

构建如上的 IsA 关系有向无环图面临的最大挑战就是怎样确定分层函数 LA，而分层函数当中一个重要的问题就是，如果出现错误层级的指向边，即从高层次的实例指向低层次的实例，则这条边需要受到惩罚，首先通过一个例子，即例 2.3 来说明如何恰当地选择分层函数的惩罚系数。

例 2.3 在 Probase 当中，三元组(苹果, IsA, 水果)具有很高的 $w(p)$，证明这个三元组正确的可能性是非常大的，而如果有一个分层函数 LA，它将苹果分层在水果之上的抽象层，那么这个 LA 函数是应该受到惩罚的。所以有两种情况应该受到惩罚：苹果和水果的层级相差非常大；这条三元组的 $w(p)$非常大。

首先，为了惩罚从抽象层指向具体层的指向边，即上述例子当中所说的，如果苹果的分级高于水果，则需要受到惩罚，为了反映第一种惩罚情况，使用一个非常简单的方法去惩罚分层函数 LA，其公式定义如式(2.93)所示：

$$d(x,y) = l(x) - l(y) + 1 \tag{2.93}$$

其中，$l(x)$、$l(y)$是 x、y 实例所在的层次数。

一个为正的 $d(x,y)$证明 x 的层级比 y 高，则 x 属于抽象层。需要说明的是，当 x、y 为同层的时候，还需设置惩罚系数，这时的惩罚系数为 1。因为根据人类对知识的认知，如果两个实例属于同层实例，则它们之间的关系属于并列关系，不应该存在互相指向的所属关系，所以在知识图谱当中不存在相互指向的 IsA 关系。通过例 2.4 来进一步解释同层惩罚的原因。

例 2.4 如果存在三元组(苹果, IsA, 水果)、(香蕉, IsA, 水果)，并且香蕉和苹果的分层同为 x，这时通过存在(苹果, IsA, 香蕉)或者(香蕉, IsA, 苹果)人为判断得知这条关系是错误的，所以需要受到惩罚。

为了反映第二种惩罚情况，即分层函数中存在的错误指向关系的系数非常大，将得到的 $d(x,y)$乘以这条关系的 $w(p)$，因为权重 $w(p)$表明了这条边的可信度非常大，所以证明分层函数需要受到的惩罚是很大的，所以，最终一个 IsA 关系的惩罚系数定义为式(2.94)：

$$\text{Penalty}(x,y)=d(x,y)w(x,y) \tag{2.94}$$

其中，$d(x,y)$是式(2.93)求解得到的层级惩罚；$w(x, y)$是(x, IsA, y)关系具有的权重。

通过上述对于分层函数当中惩罚系数的定义，可以明确最终的问题模型 2.1，其定义如下，该问题模型就是层次结构的问题模型，也是基于图层次结合距离模型的纠错算法的重要核心。

问题模型 2.1　给定一个知识图谱，我们的问题是找到一个较好的分层函数，如果正确的边从具体概念指向抽象概念，则不进行惩罚，如果存在需要惩罚的情况，则希望找到最小的惩罚函数。

接下来根据知识图谱的知识之间的关系，结合上述论述，定义分层函数。

定义 2.5　分层函数：给定一个带权重的有向图 $G(V,E)$，对于每个 $e \in E$，在 G 上寻找合适的分层函数 LA，使得 $\sum_{(x,y)\in E} \max\{0, d(x,y)\} \cdot w(x,y)$。

所以提出的层次模型就是基于知识图谱寻找合适的分层函数，对知识图谱中构建的概念集合进行分层，而基于图层次结构结合集合距离的纠错算法就建立在分层函数的基础上。

通过应用分层函数，可以对知识图谱中构建的概念集合进行分级，这一步是非常重要的，因为通过分级可以确定概念集合在知识图谱当中所处的位置，这样可以做到有序地进行概念集合的两两对比，节省大量的时间。基于层次结构结合距离的算法模型如下。

算法模型 2.1　如果 x，y_1，$y_2 \in V$ 且至少存在边 $e_1, e_2 \in E$ 使得 $e_1 = (x, \text{IsA}, y_1)$，$e_2 = (x, \text{IsA}, y_2)$ 且 $l(y_1) - l(x) = 1$、$l(y_2) = l(y_1)$ 且 $e_3, e_4 \notin E$，使得 $e_3 = (y_1, \text{IsA}, y_2)$，$e_4 = (y_2, \text{IsA}, y_1)$，则对概念集合 Y_1、Y_2 进行矛盾集合对判断，这里使用 Hamming 距离和 Jaccard 距离进行判断。

上述算法模型的设计依据是知识图谱的层次结构，算法的开始实施是从下而上地对每一个概念集合进行比较，算法进行的终止条件是如果两个概念集合被判定为相似概念集合，则停止向上搜索，直到遍历完所有的概念集合。设计这个算法的优势是因为基于集合距离的错误检测算法需要对所有的概念集合进行两两对比，然而其中有一大部分的比较工作是无用的，所以可以通过图层次结合距离模型进行矛盾概念集合的求解。该算法的最坏情况是知识图谱当中的所有概念集合都为矛盾概念集合。但是这种最坏的情况是不存在的，因为假设知识图谱足够大并包含了世界上已有的知识，则知识图谱所存储的概念不可能是全部矛盾的，因为概念之间是有联系的。所以该算法确实可以加速矛盾集合的计算。然而该算法存在的问题是求解出的矛盾集合对个数小于或等于基于集合距离的错误检测算法得出的结果，所以检测出的错误召回率低，但是可以保证较高的检测速度。

通过对矛盾集合对中存在的关系进行观察和分类，并基于频率关系的正确率进行判定，将通过一阶修复算法求得的矛盾集合对交集中可能存在的关系分为如下三类。

1) 错误关系

第一类关系为错误关系，通过实验计算，其在所有关系中所占的比例最大。同样，按照人类的认知，矛盾集合对中存在的关系在理想情况下应该都是错误的，在知识图谱中的观察也是如此。错误关系的定义如下。

定义 2.6　错误关系： 给定两个矛盾概念集合 A、B 交集中的所有关系，如果存在 IsA 关系 $P \in A \cap B$，且关系 P 在 A、B 中的权重为 $W_A(P)$、$W_B(P)$，且 $W_A(P) > W_B(P)$ 或者 $W_B(P) > W_A(P)$，且 $|W_A(P) - W_B(P)|$ 较大，则具有较小权重的 P 在对应的概念集合当中为错误关系。

下面通过分析 Probase 中存在的实例进一步解释错误关系的定义。分析鸟类概念集合和鱼类概念集合的交集，显然，鸟和鱼这两个概念在人类的认知当中是矛盾的，因为没有一个既是鱼又是鸟的物种存在。然而通过对 Probase 使用上述错误检测算法进行求解，鸟类和鱼类这两个矛盾概念集合存在交集。交集中存在关系(火鸡, IsA, 鸟)频率为 2 以及(火鸡, IsA, 鱼)频率为 1。显而易见，通过定义 2.6，可以清楚地知道(火鸡, IsA, 鱼)是错误关系，因为这条关系的频率远远低于(火鸡, IsA, 鸟)。

通过上述分析可知，如果矛盾集合对中存在错误关系，则必定该关系在一个概念集合中是正确的，在另一个概念集合中是错误的。这也是接下来要重点分析的错误检测的基础。

2) 同词异义关系

第二类关系为同词异义关系，其在所有关系中所占的比例最小，这也是可以理解的，因为矛盾概念集合中理想情况下是不存在同词异义关系的，但是世界上的知识变化多端，英文解释也具有多样性，所以不可避免地，矛盾集合对中还是存在一部分的同词异义关系。同词异义关系的定义如下。

定义 2.7　同词异义关系： 给定两个矛盾概念集合 A、B 交集中的所有关系，如果存在 IsA 关系 $P \in A \cap B$，且关系 P 在 A、B 中的权重为 $W_A(P)$、$W_B(P)$，且 $W_A(P)$ 和 $W_B(P)$ 值都较大，则关系 P 存在较大的可能性在 A、B 当中都为正确关系，称为同词异义关系。

下面通过分析 Probase 中存在的实例进一步解释同词异义关系的定义。分析水果概念集合和设备概念集合的交集，显然，水果和设备这两个概念在人类的认知当中是矛盾的，然而英文单词的意思在社会的不断发展中被赋予多种多样的意思，并且语料库的英文使用也不是规范的，于是通过对 Probase 的处理，观察到水果和设备这两个矛盾概念集合存在交集，且实例苹果存在于这两个概念集合中，并且都具有较大的频率，因为出现了苹果手机，所以苹果这个单词就变成了双义词。这类关系是目前知识图谱关系处理中最棘手的一种关系，因为目前机器很难智能地识别这种关系的存在。然而这类同词异义关系在矛盾集合对中极少存在。这也是提出使用矛盾概念集合的一大优势。

3) 偏僻关系

第三类关系为偏僻关系，基本存在于所有概念集合的交集中，这一点是因为知识提取的随机性和知识存在的不规范性。机器通过语料库的知识提取算法会提取到较多的脏数据，而这些脏数据存在于知识图谱当中，这就是为什么知识图谱频率为 1 的关系如此之多。偏僻关系的定义如下。

定义 2.8　偏僻关系：给定两个矛盾概念集合 A、B 交集中的所有关系，如果存在 IsA 关系 $P \in A \cap B$，且关系 P 在 A、B 中的权重为 $W_A(P)$、$W_B(P)$，$W_A(P)$ 和 $W_B(P)$ 值都较小，则关系 P 存在较大的可能性在 A、B 当中都为错误关系，也可能为正确关系。但是没有办法智能判断，所以称为偏僻关系。

下面通过分析 Probase 中存在的实例进一步解释偏僻关系的定义。继续分析鸟类概念集合和鱼类概念集合的交集，然而通过对 Probase 使用上述错误检测算法进行求解，鸟类和鱼类的交集中存在关系(枫树, IsA, 鸟)频率为 1 以及(枫树, IsA, 鱼)频率为 1。显然这两个关系在鸟类概念集合和鱼类概念集合当中都是错误的。但是考虑鱼类概念集合和草本概念集合，它们的交集中存在关系(健康补品, IsA, 鱼)频率为 1 以及(健康补品, IsA, 草本)频率为 1，在使用的志愿者中，一些人的认知认为这两个关系都是正确的，但是一些人认为这两个关系无法判断或者存在问题。这就是明显的偏僻关系，人类无法对偏僻关系达成共识，并且机器也无法进行智能的判断。

对于错误关系，因为频率的差值较大，所以可以通过直接删除频率较小的关系来删除错误。在实验当中将会进一步分析差值和频率取值对错误清洗正确率的影响，如果取得恰当的值，可以做到高正确率地对知识图谱进行清洗。

对于同词异义关系，目前还没有较好的解决方法，而目前对于这种关系的处理在各种类型的知识图谱当中都为棘手问题，提出的解决方法是，给每个检测到的同词异义关系添加副属性，确定表明该关系是属于哪个概念集合。这样在基于知识图谱的搜索中可以针对特定的概念集合设计对用户特定的搜索模式进行提示等。

对于偏僻关系，因为偏僻关系在人类的认知当中都无法达成共识，所以目前更无法使用机器来进行判断，如果继续使用大规模网络查询来判断关系的正确性，则会重蹈覆辙，无法使知识图谱发挥其作用。然而提出的矛盾概念集合方法一个非常大的作用就是可以保证矛盾集合对的交集中存在非常少的偏僻关系，所以提出建立一个知识图谱子集，即可疑知识图谱(SUSKB)，将查找到的偏僻关系加入可疑知识图谱当中，后续人为对这些知识进行筛选。

2.4.2 错误知识修复

1. 图数据清洗的研究现状与不足

处理图数据质量的工作从质量规则角度分类为综述(summary)、基于图质量约束的冲突发现与冲突修复(violation detecting/repairing)、图质量规则的发现。依据此分类，基于图质量约束的冲突发现与冲突修复可以进一步依据数据类型划分为针对图数据(结构化数据)的检测与修复和针对冲突的关系数据的检测与修复，前者主要用于图数据库的错误发现与修复，后者通常由一组在关系数据库上作用的数据质量规则将检测到的冲突利用构建规则生成图模式，并利用针对图模式的冲突消去方法修复关系数据中的错误。冲突的关系数据通过规则构建为图数据生成图结构，并利用图质量算法进行冲突处理。

对于结构化数据(图数据)的公理化清洗与概率性验证分为以下两种。

(1)基于图质量约束的冲突发现与冲突修复的公理化方法利用图函数依赖，图函数依赖通常定义为$\Phi = Q[\bar{x}](X \Rightarrow Y)$，其中$Q[\bar{x}]$为图模式，即该图函数依赖的处理条件为与该图模式匹配的图数据库中子图，X、Y为逻辑表达式，X为条件，Y为结果，包含X、Y中的运算变量被显式书写于$\bar{x}$中，图函数依赖通过匹配图数据库中子图，并检验相关的逻辑表达式是否成立，来确认对应的子图是否存在冲突。利用图函数依赖可以发现图数据库中的部分错误，并验证部分子图，因此与作用于关系数据库中的函数依赖不同，图函数依赖只能发现部分错误与验证图数据库中的部分元组，这导致一部分元组处于未知的状态，如冷启动元组，即孤立的三元组。此类问题是图数据库质量管理的普遍问题，即冷启动数据清洗问题。另外，表 2.9 比较了相关问题的复杂性，ImplicGFD 为本节所述模型的复杂度，由于当前仅能利用公理化方法进行动态图数据库错误检测与数据清洗，因此，此处仅比较 GFD 与 ImplicGFD 的复杂度关系。在表 2.9 中，可满足性问题

表 2.9　公理化图数据清洗的各种依赖方法及复杂度

依赖方法	可满足性问题	蕴含	验证	注释
GFD	coNP-complete	NP-complete	coNP-complete	$\Phi = Q[\bar{x}](X \Rightarrow Y)$
GED	coNP-complete	NP-complete	coNP-complete	对实体 ID 进行断言
NGD	$\sum_2^p$-complete	$\prod_2^p$-complete	coNP-complete	发现图中数值冲突
依赖方法	图验证问题	依赖发现	图修复	注释
GFD	coNP-complete	FPT-Problem	FPT-Problem	一般的公理化方法
ImplicGFD	Linear	—	Linear	隐式函数依赖(本节工作)

(satisfiability)可对应于实例验证问题，形式化表述为给定图函数依赖集 Σ，一个对应 Σ 的图模型 $\mathcal{G}$，满足 $\mathcal{G} \vDash \Sigma \wedge \forall \Phi = Q[\bar{x}](X \Rightarrow Y)$ 在 $\mathcal{G}$ 中存在 Q 的匹配。蕴含(implication)与验证(validation)问题主要对应图函数依赖发现和修复过程。在表 2.9 中，第 5 行所示分类分别为基于图函数依赖的图数据库验证、图函数依赖发现、基于图函数依赖的图修复。由以上内容可知，该公理化方法在冷启动情况下存在问题，且有较高的时间复杂度，对于时间开销较为严格的应用场景是很难利用的，因此，当前针对此类应用场景，如知识图谱的知识填充等，主要利用表示学习(representation learning)、路径排名(path ranking)的方法。

(2) 基于表示学习、路径排名方法的图数据错误检测主要用于知识图谱在处理较多元组的情况，此两类方法均为概率方法，如 KnowledgeVault、TransD/TransE、SimplE、PaTyBRED。基于表示学习的方法其本质为解决链接预测问题，提供实体之间可能的关系标签，因此此类方法相当于否定约束，即对不可能的关系标签进行剪枝，但不能有效地利用从非结构文本提取三元组的错误检测过程，这是由于此过程主要面向具体的句子所显示出的实体之间的关系，利用表示学习进行错误检测不能分辨出高概率关系标签之间的差异。基于路径排名的方法利用由三元组连接形成的路径进行错误检测，通过筛选出高出现频度的关系标签来形成路径，此类方法不仅面临冷启动问题，也会存在对于罕见关系标签的检验失效问题，因此，此类解决方案通常用于对固定的关系标签的一致性检测，不具有通用性。以上两种方案均可视为否定约束的变体，即用来检测冲突，对检测到的冲突难以做到准确修复。

关系数据的冲突图模式清洗的主要流程为：给定关系数据库 R 与定义于其上的数据质量规则 Σ (如否定依赖、函数依赖等)，质量规则检测到关系数据库的一个子实例 $\mathcal{I}$ 与 Σ 冲突而构建冲突图(一般为超图 Hypergraph)，或在较少数据时直接构建由 Σ 决定边、每个元组的属性值为点的图，利用图的结构构建元组中变量的冲突关系，通过冲突图的处理方式(如点覆盖等)修复属性值以消除关系数据库中的冲突。利用此框架的工作有质量规则为否定依赖的关系数据清洗、针对元组之间的连接关系进行修复(如蛋白质网络的反应关系等)、日志的属性值修复。

综上所述，针对结构数据的清洗过程，利用公理化方法(图函数依赖)会有很高的计算复杂性，而概率方法(表示学习、路径排名)的泛用性不强，且难以用于图修复。基于以上讨论，这里主要针对高时效性要求下的图数据冲突检测与修复过程，为了理论建模图数据清洗过程及得到较好的泛用性与较好的数据修复结果，利用图函数依赖处理图数据提出的优化方法(ImplicGFD)可以大大降低其计算复杂度。

2. 当前图数据清洗工作的不足

当前知识获取倾向于利用大型非结构数据集或由网络提供的非结构数据流构建大型知识图谱，以保证信息系统的时效性。而对于知识获取工具(关系提取)，由于在自然语言方面的困难，其结果通常会导致大量的错误关系标签，直接加入知识图谱会带来图数据库的一致性问题，从而影响信息系统准确提供信息的能力。因此，需要对新生成的三元组进行数据清洗。而针对此情况的图数据清洗有以下问题。

(1)新实例验证：现有的解决方案难以处理实例流的高效验证问题。已有的算法主要依赖于概率方法，如表示学习、路径排名，此类方法仅可利用部分频繁出现的关系标签，难以保证在动态的图更新过程中更新相应的规则，如动态更新的图表示学习等，并且当应用此类方法时，所利用的规则仅可用于检测冲突，不能用于错误的修复。基于公理化的方法利用图函数依赖进行冲突处理，基于图函数依赖可以完成验证、修复工作，但其复杂度较高，不适用于大规模图冲突检测、修复。

(2)新质量约束发现：利用图依赖进行图质量管理，当图数据库接收大量更新时需要进行图约束的更新，以保证新图模式可以被及时验证、修复。当利用图约束时，由于图函数依赖难以在图数据库构建时有效初始化，并且在图更新过程中新的图模式将被引入，因此，在大量更新后图约束的更新也是必要的，但图约束发现的现有工作也难以支持动态更新。

(3)冷启动问题：冷启动问题可能导致无效的图验证。冷启动问题出现在新实体被添加、关系抽取结果涉及罕见关系标签两种情况下，概率方法与公理化方法均存在无法验证的问题。概率方法如表示学习，在新实例加入时由于其子图未知因而不能获得有效的图表示，且图表示难以动态完成。另外基于路径排名的方法对于以上两种情况均不能验证对应的三元组。公理化方法依赖于有效的图模式，在新实体添加时难以直接验证。

3. 基于图函数依赖的动态知识增强框架

随着知识图谱的广泛应用，更新操作日益偏向于强时效要求，如知识图谱的快速构建与利用非结构化文本流的动态更新。因此，动态更新过程中具有高计算复杂性的一致性检验、数据修复操作也会大量增加，现有工作未能提出有效的解决方法，而利用有效的计算框架和对应的时效优化方法才能保证整个过程可以动态地进行。

这里基于图函数依赖(图约束)提出首个动态图数据验证与清洗需要遵循的基本框架，并给出利用图函数依赖在知识图谱填充时进行图数据修复的基本模型。在本节中针对以上两个模型(框架)，给出对应的计算复杂性分析和动态图数据清洗所需的复杂性要求。

考虑知识图谱为 RDF 图数据库形式，并记此类数据库为$\mathcal{G}=\{V,E,L\}$，V为实体集合，E为实体之间通过关系构成的边集合，$L:E\to L_{\mathcal{E}}$为标签赋值函数，并记$L_{\mathcal{E}}$为边标签集合。同时，此图数据库也可以视为一系列的 RDF 三元组集合，$\mathcal{G}=\left\{\langle h,r,t\rangle \mid h,t\in V,r\in L_{\mathcal{E}}\right\}$。

在图约束的计算中考虑子图匹配的操作，子图匹配可以形式化描述为：同态关系h定义在两个子图G_1、G_2之间，即h是一个在两个子图实体集合$G_1.V$、$G_2.V$间的双射，使得$\forall u_1\in G_1.V,h(u_1)\in G_2.V$、$\forall u_2\in G_2.V,h(u_2)\in G_1.V$。在此基础上，$h$需要符合边和点标签的相等关系，即$\forall u\in G_1.V,G_1.L(u)=G_2.L(h(u))$、$\forall e(u_1,u_2)\in G_1.E,h(e)=e\left(h(u_1),h(u_2)\right)\in G_2.E\wedge G_1.L(e)=G_2.L(h(e))$。

由子图匹配的描述，可得图函数依赖的相关描述。图约束集合Σ通常在图数据库建立前初始化，并在图数据库具备一定规模时进行依赖发现。φ作为Σ中的一个图约束，被写作$\varphi=Q[\overline{x}](X\Rightarrow Y)$，$Q[\overline{x}]$是一个图模式(子图)，$X$、$Y$是两个表达式集合，$X\Rightarrow Y$是图函数依赖中的逻辑判断表达式。$\overline{x}$包含所有在$X$、$Y$中的变量。图模式$Q[\overline{x}]$的大小为其对应的实体/变量数量。若相关$G'$中对应的变量包含于$X$或$Y$则记为$G'\vDash X$或$G'\vDash Y$。$G'\vDash\varphi$等价于$G'$是$Q[\overline{x}]$的一个匹配，并且在$G'\vDash X$时，$G'\vDash Y$，即$(G'\vDash X\to Y)$。$\mathcal{G}\vDash\varphi$当且仅当对于所有$G'$为$\varphi.Q$的匹配，$G'\vDash X\to Y$。当所有$\varphi\in\Sigma$时有$\mathcal{G}\vDash\varphi$，则$\mathcal{G}\vDash\Sigma$。

以上三个定义给出了图数据库及图函数依赖的计算规则。对于知识图谱的数据清洗过程，知识获取、知识图谱填充、边标签修复有以下定义。

知识获取：给定语料库$\mathcal{C}$中的一个句子c_i，以及对应的实体对$\langle h_i,t_i\rangle$时，为一个多类别分类器生成一个边标签-概率的对应表$\mathcal{P}_i=\left\{(r_j,p_j)\middle| p_j=\Pr\left(r_j\middle|\langle h_i,r_i\rangle,c_i\right),c_i\in\mathcal{C}\right\}$，其中$r\in L_{\mathcal{E}}\cup\{\mathrm{NA}\}$。其中 NA 是一个负例标签并且当 RDF 三元组为$\langle h,\mathrm{NA},t\rangle$形式时，该三元组不会加入知识图谱中，特别地，当需要删除三元组$\langle h,r,t\rangle$时，可以修改r变为 NA。

当只考虑知识获取的 TOP-k 结果，即$m_i\subsetneq\mathcal{P}_i$($\mathcal{P}_i$为概率)时，其中$m_i$包含最高概率的$k$个标签和对应的概率值，可以定义待选表$\mathcal{M}=\left\{m_i\middle\| m_i\mid=k,\forall i,c_i\in\mathcal{C}\right\}$和实例集$\mathcal{I}=\left\{\langle h_i,r_i,t_i\rangle\middle|(r_i,p_i)=\operatorname{argmax}_{(r_j,p_j)\in m_i}p_j\wedge p_i\geqslant p_{\mathrm{th}},m_i\in\mathcal{M}\right\}$，$p_{\mathrm{th}}$是一个预测概率的阈值，当对于一个句子的所有预测概率符合$p_i<p_{\mathrm{th}}$时，不将该句子生成的 RDF 元组加入知识图谱中，或考虑将该边标签视为 NA。

知识图谱填充：知识图谱填充是一个生成并验证新实例$\mathcal{I}$，并将正确的实例加入知识图谱$\mathcal{G}$的过程，写作$\mathcal{G}\leftarrow\mathcal{G}\cup\mathcal{I}$ s.t. $\mathcal{G}\cup\mathcal{I}\vDash\Sigma$。当$\mathcal{G}\cup\mathcal{I}$与已知定义在$\mathcal{G}$上的图约束$\Sigma$冲突时，该过程需要找到一个原实例$\mathcal{I}$的修复(repair) $\mathcal{I}'$使得

$\mathcal{G} \cup \mathcal{I}' \vDash \Sigma$ 成立。

边标签修复：边标签修复通过更改 RDF 的关系标签以寻找原实例 $\mathcal{I}$ 的一个修复 $\mathcal{I}'$ 对于图数据库上的 $\mathcal{G}$ 约束 Σ ，即 $\mathcal{I}' \cup \mathcal{G} \vDash \Sigma$ 。边标签修复更改 $\mathcal{I}$ 的一个子集，子集中的每一个 RDF 元组都从 $L_{\mathcal{E}} \cup \{\text{NA}\}$ 中选取新的关系标签。

以下两个例子分别说明知识获取过程中可能出现的错误与知识增强框架对应的输入结构。

例 2.5　考虑图 2.32 中“India”与“Leander Paes”的关系。将知识获取过程作用于句子 c：“Leander Paes won a bronze medal for India in singles in the 1996 Atlanta Olympic Games.”与一对实体 $\langle h,t \rangle = \langle \text{Leander\_Paes}, \text{India} \rangle$ 上时，针对关系标签的预测将是一个关系标签到对应的概率值的一张表：$\mathcal{P} = \{(\text{contains}, 0.42), (\text{medals\_won}, 0.33), \cdots\}$ 。在这样的预测下，考虑利用最高概率的关系标签进行知识图谱填充：$\langle \text{Leander\_Paes}, \text{contains}, \text{India} \rangle$ 而不是真正该句体现的关系 medal_won 。这样的三元组添加将导致图数据库（知识图谱）中的冲突：由于关系标签 contains 不应该作为从实体人到实体城市（国家）的边的标签，这样的冲突可由一个图函数依赖发现并修复。

根据例 2.5，当考虑 $\mathcal{C} = \{c\}$ 和对应的实体集 $\{\langle \text{Leander\_Paes}, \text{India} \rangle\}$ 时，待选表为 $\mathcal{M} = \{\{(\text{contains}, 0.4), (\text{medals\_won}, 0.35), \cdots, (k\_\text{items})\}\}$ 。此时，实例集合为 $\mathcal{I} = \{\langle \text{Leander\_Paes}, \text{contains}, \text{India} \rangle\}$ 。

根据以上对相关过程的定义，可以对动态图数据库增强与动态知识图谱增强问题给出以下两定义。

定义 2.9　动态图数据库增强：给定图数据库 $\mathcal{G}_0$ 、图函数依赖集合 Σ_0 与实例流 $\mathcal{I}(t)$ ，动态图数据库增强对每一个时间片上的实例 $\mathcal{I}(t_i, t_{i+1})$ 在当前约束为 Σ 时，验证添加此实例至此时的图数据库 $\mathcal{G} \cup \mathcal{I}(t_i, t_{i+1}) \vDash \Sigma$ ，若此表达式成立，则图数据库获得利用 $\mathcal{I}(t_i, t_{i+1})$ 的增强，否则，在参考 Σ 与 $\mathcal{G}$ 情况下获得一个实例修复（如边标签修复）$\mathcal{I}'(t_i, t_{i+1})$ 使得 $\mathcal{G} \cup \mathcal{I}'(t_i, t_{i+1}) \vDash \Sigma$ ，并利用 $\mathcal{I}'(t_i, t_{i+1})$ 构成图数据库的一个增强。

无结构数据（文本）是构建大型可扩展知识图谱的主要数据源，基于定义 2.9，下述动态知识图谱增强以流式非结构化文本为数据源。

定义 2.10　动态知识图谱增强：给定原始图谱 $\mathcal{G}_0$ 、图约束 Σ_0 与文本流 $\mathcal{C}(t)$ ，动态知识图谱增强对每一个时间片上的文本 $\mathcal{C}(t_i, t_{i+1})$ 使用知识获取 (KA) 算法，获得对应的候选表 $\mathcal{M}(t_i, t_{i+1})$ ，进而得到实例集 $\mathcal{I}(t_i, t_{i+1})$ ，验证添加此实例至此时的知识图谱 $\mathcal{G} \cup \mathcal{I}(t_i, t_{i+1}) \vDash \Sigma$ ，若此表达式成立，则知识图谱获得利用 $\mathcal{C}(t_i, t_{i+1})$ 的增强，否则，参考 Σ 、$\mathcal{M}(t_i, t_{i+1})$ 与 $\mathcal{G}$ 情况下获得一个实例修复（如边标签修复）

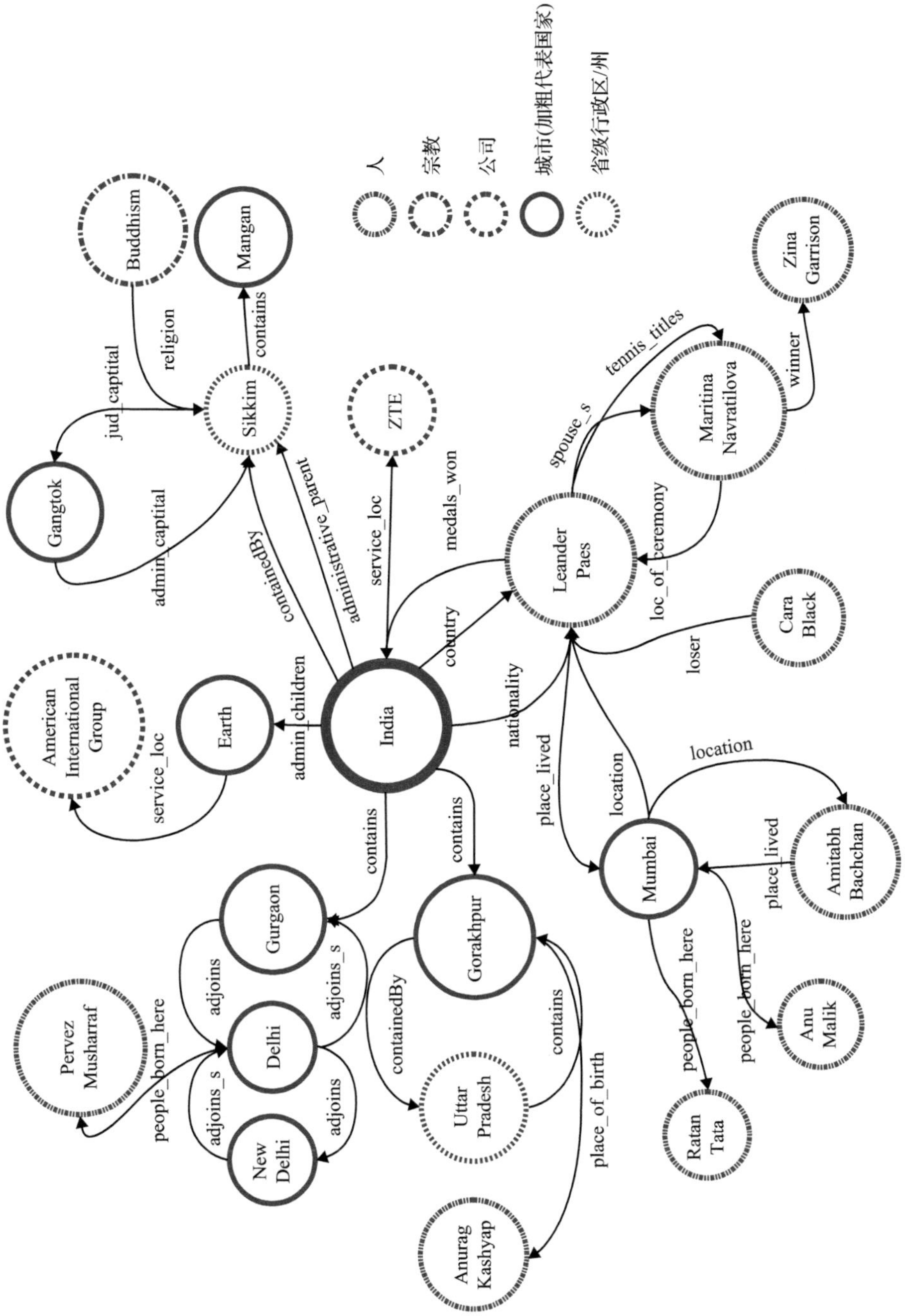

图2.32　知识图谱子图样例

$\mathcal{I}'(t_i,t_{i+1})$使得$\mathcal{G}\cup\mathcal{I}'(t_i,t_{i+1})\vDash\Sigma$，并利用$\mathcal{I}'(t_i,t_{i+1})$构成图数据库的一个增强。

4. 流数据错误检测-修复模型

考虑模型所描述的更新、验证方式，该算法采用知识图谱的更新作为范例，其他图数据库的更新遵循相似的过程。

算法 2.4 检测-修复算法

输入：初始图$\mathcal{G}_0$、图约束Σ_0、语料流C

输出：经过T轮后的图$\mathcal{G}_T$和约束Σ_T

1 $\mathcal{G} := \mathcal{G}_0$

2 $\Sigma := \Sigma_0$

3 for 流切片索引 i do

4 　　获取当前语料 $\mathcal{C}_i$

5 　　产生预测 $\mathcal{M}_i$:= KA$(\mathcal{C}_i)$

6 　　初始实例 $\mathcal{I}_i$ 有 $\mathcal{M}_i$

7 　　if Validation$(\mathcal{G}\cup\mathcal{I}_i\nvDash\Sigma)$ then

8 　　　　找到一个修复 $\mathcal{I}_i$:= Repair$(\mathcal{I}_i,\mathcal{G},\Sigma)$

9 　　更新图 $\mathcal{G} := \mathcal{G}\cup\mathcal{I}_i$

10 　　约束更新 Σ := Discovery$(\mathcal{G},\Sigma)$

11 　　如果需要，发回当前的$\mathcal{G}$和Σ

12 　　end if

13 return $\mathcal{G},\Sigma$

在该算法中，第 1、2 行初始化知识图谱$\mathcal{G}$和对应的质量约束Σ。第 3～11 行为一个批处理过程，批处理循环标识为第i次从非结构化数据流中获取连续的文本集$\mathcal{C}_i$(第 4 行)。第 5、6 行利用知识获取方法从已知的文本数据中提取对应实体之间的可行关系，并生成由 TOP-1 关系标签构成的初始实例集合$\mathcal{I}_i$。第 7、8 行检测此初始的实例集合是否合法，并将不合法的初始实例集合利用图修复算法生成一个合法实例。第 9 行将被验证过的实例集合填充进入知识图谱中。新引入的 RDF 三元组可能频繁导致子图发生改变并创建新的图约束，因此本框架利用第 10 行更新图函数依赖集合，以保证知识图谱在不断增添的过程中验证操作是可持续的。

综上所述，以上框架在考虑较小的初始图谱的同时，利用大量非结构化数据构建为较大的图谱，引入新实例的生成、验证、修复和新质量约束的及时更新过程，以保证知识图谱的一致性和可持续性(consistency and sustainability)。

2.4.3　冗余知识清洗

1. 知识图谱剪枝技术介绍

在大规模知识图谱剪枝技术出现前，研究人员普遍使用图结构相关知识进行知识图谱剪枝。在这些研究中，知识图谱作为图结构或树结构被看待，实体和关系分别抽象为图或树结构中的节点和边，知识图谱的剪枝任务被抽象为复杂网络结构的解算，剪枝问题也化为寻找最大无环子图问题或寻找最小反馈弧集问题。然而以上算法在面对大规模知识图谱时仍不能有效地进行剪枝，因此又陆续出现了一些算法，这些算法绝大多数仍是基于图结构进行，有研究提出了使用层次结构进行知识图谱剪枝。

按照剪枝方向分类，知识图谱剪枝技术可以分为自顶向下的剪枝技术和自底向上的剪枝技术。

自顶向下的剪枝技术，是从根节点出发，以深度优先搜索方式或广度优先搜索方式，逐路径或逐层向叶节点推进，进行知识图谱剪枝任务。目前已有的自顶向下剪枝算法中，大多是基于深度优先搜索的方式，以保留权重最高的路径为目的进行知识图谱剪枝。

自底向上的剪枝技术，是从叶节点出发，向根节点方向推进剪枝任务的方式。目前自底向上方式进行的剪枝算法参考资料较少，较为经典和高效的是 Stefano Faralli 等提出的 CRUMBTRAIL 算法。

在目前已有的知识图谱剪枝算法中，绝大多数都采用了自顶向下、深度优先的剪枝方式。

按照剪枝目的分类，知识图谱剪枝技术可以分为基于需求的剪枝技术和非基于需求的剪枝技术。

基于需求的剪枝技术，是基于实际问题和用户需求，有目的地进行知识图谱剪枝的方式。这种方式往往加入对语义的考虑，因此得到的剪枝结果通常更为精准，在查询处理中耗费更少的时间，返回更加精确的结果，但是具有一定的局限性。

非基于需求的剪枝技术，是在剪枝过程中不需要考虑用户需求或兴趣领域的一种知识图谱剪枝方式。由于不考虑节点与用户需求或兴趣领域的相关度，因此通常会具有其他被剪枝节点和路径的选择策略。这种方式虽然不如基于需求的剪枝技术精确，但是具有更高的普适性。

在详细介绍基于需求结合语义的知识图谱概念层次剪枝算法前，本节将对知识图谱剪枝过程中涉及的关键概念进行定义。用 $G=(V, E, T)$ 描述一个知识图谱，其中 V 是概念或类型节点的集合，T 是关系集合，E 用于描述三元组集合，三元组 $(a, b, t) \in E$，其中 a、$b \in V$，$t \in T$。

定义 2.11 有噪声的知识图谱：知识图谱剪枝任务适用于具有非自反的、非对称的、可传递的关系的知识图谱 G，当知识图谱 G 中存在以下三种情形时，可以定义为存在噪声。

(1)存在不满足前述非自反的、非对称的、可传递的关系的三元组。以维基百科概念为例，存在大量不满足上述三个条件的关系路径，如人工智能→人工神经网络→人工神经网络。

(2)存在非必需的节点。以剪枝任务为例，在针对某一领域进行剪枝的过程中，可能出现不属于该领域或相关性极弱的节点，此类节点即为非必需的节点。除此之外，还存在语义重复节点，如"神经网络"和"人工神经网络"，两个节点所表达的意思相同，指向的节点也相同。以上两类节点的存在会造成浪费存储空间、降低查询效率、降低查询结果的准确程度，甚至在关系推理中导致错误的推理结果，随时间推移，造成积累性的错误，大大降低整个知识图谱的正确性。

(3)存在冗余路径。仍以维基百科中的概念为例，从机器学习到深度学习存在两条路径：机器学习→深度学习，以及机器学习→人工神经网络→深度学习。

当以上任意一种情况存在时，即代表该知识图谱 G 是有噪声的知识图谱。

定义 2.12 知识图谱剪枝任务：对知识图谱问题的研究，可以等价于对图问题的研究，知识图谱的剪枝任务可以抽象成一个子图搜索问题。根据定义 2.11 中对噪声的定义以及用户的需求，子图搜索的目标有 3 条。

(1)子图中的所有关系满足非自反、非对称、可传递。

(2)子图中所有的节点属于用户感兴趣领域，也不存在语义重复的节点，即子图中没有非必需的节点。

(3)子图中没有冗余的关系路径，即任意两节点间有且仅有一条有效路径。

在图结构中，目标(1)可以抽象为图中不存在环路和指向自身的节点，节点间仅存在单向关系。

目标(2)可以抽象为语义匹配问题，即将知识图谱 G 中的节点与用户需求领域进行语义相关度匹配，去除相关度为 0 和匹配程度极低的部分节点，同时去除语义重复的节点。

目标(3)从层次的角度出发，可以将路径冗余问题抽象为：存在节点指向同层节点或更高级别的概念节点，在剪枝任务中需要对此类关系进行处理。从语义的角度出发，路径冗余有可能是某些概念分类不细致造成的，在剪枝任务中，保留分类更细致的节点和相应的路径即可。

图 2.33 展示了维基百科中工程、技术与应用科学领域下的一些分类节点，图中清晰地按照层次展示了知识图谱剪枝过程中需要处理的三类节点。类别①代表冗余路径，类别②代表知识图谱中的环路，类别③代表语义重复的概念节点对。

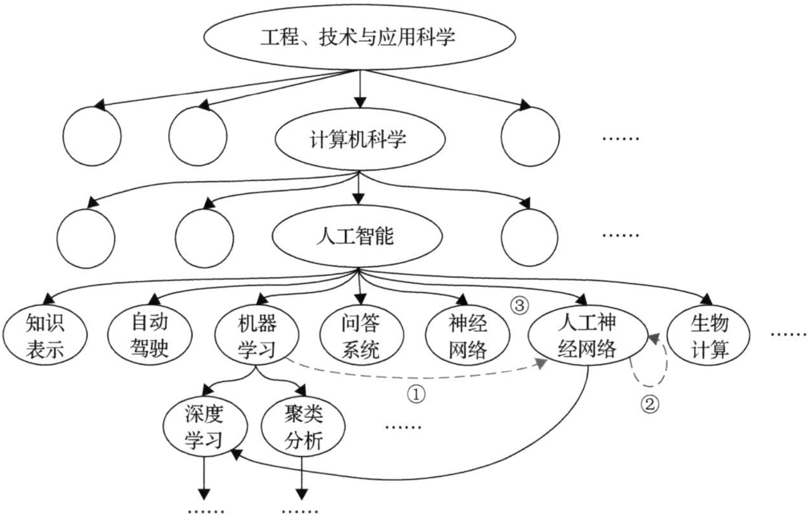

图 2.33　包含三类需要处理的节点的示例图

定义 2.13　节点类型：在知识图谱剪枝任务中，将所有节点分为三种类型，对于不同的节点也有不同的处理方式。

根节点(root)：描述某一领域或兴趣大类的节点，在一个完整的百科类知识图谱中，可以有多个根节点，代表多个领域，如食物(food)、设备(equipment)、动物(animal)等。从层次的角度考虑，根节点所处的层次永远是第 0 层。在不同的剪枝任务中，根节点的选择可以是不同的。一个剪枝问题中的根节点在另一个剪枝问题中可能是一个类型节点。

类型节点(category)：描述根节点所代表分类的子类的概念性节点，仍然可以进行分类，如“动物类”属于“生物类”，可以继续分类为“哺乳动物”“两栖类”。从层次的角度考虑，类型节点所处的层次可以是从 1 开始的任意一个层次。

实例节点(instance)：描述某一类型中不可再进行分类的实例节点，如“波斯猫”，从树结构的角度来考虑，实例节点即为叶节点。

下面从目前已有的剪枝算法在方向上的分类角度，即自顶向下和自底向上，介绍目前较为经典的几个知识图谱剪枝算法。

自顶向下的剪枝算法。“OntoLearn Reloaded: A Graph-Based Algorithm for Taxonomy Induction”一文中的算法本质上是图结构的深度优先搜索。通过手动选择感兴趣的类别和术语节点，如果从一个节点出发有多条路径到达另一个节点，则利用公式计算这两个节点间每条路径的权重，在剪枝环节保留权重最高的路径，每个节点的每条路径都要计算权重，计算复杂性较高。

“A Semi-Supervised Method to Learn and Construct Taxonomies Using the Web”中针对某一类别知识，提出了一种应用于互联网搜索中的、较简单的剪枝

算法，起始节点和目标节点间可能存在多条路径，通过比较包含重复概念的概念对(pair)，保留分类更为细致的概念对，该方法的缺点是每组包含重复概念的概念对都要进行比较，不适用于规模较大的知识图谱。如图 2.34 所示，从动物节点到脊椎动物节点存在两条不同的路径，左边的路径存在一对概念对，右边的路径上存在两对概念对，显然右侧路径的分类更加细致，故而保留右侧的路径，删除左侧路径。

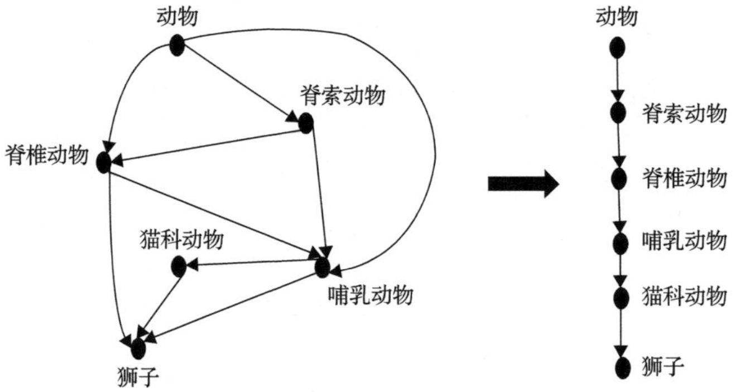

图 2.34　较简单的知识图谱剪枝算法

Extracting the Ontological Structure of OpenCyc for Reuse and Portability of Cognitive Models 一文中提出了结合语义的剪枝算法，在剪枝过程中，仅保留语义与需求高度相关的类别节点，通过计算和比较能够到达的最终节点数目，在前进路径上选择节点。这种方式尽管加入了对语义的考虑，但是剪枝过于暴力，容易造成大量语义信息的丢失。

自底向上的剪枝算法。*Efficient Pruning of Large Knowledge Graphs* 一文中提出了更为细致的自底向上的剪枝算法即 CRUMBTRAIL 算法，该算法体现了知识图谱的层次结构，加入了对环路的处理，但处理方式仅限于直接减掉环路中的一条边，同时文中未体现语义信息的重要性，在剪枝过程中并未结合语义信息进行处理。该算法的示例流程如图 2.35 所示。

2. 基于用户需求结合语义的知识图谱概念层次剪枝算法

给定带有噪声的，具有非自反的、非对称的、可传递的关系的知识图谱 $G(V, E, T)$ (以下简称 G)，以及根节点 r。剪枝的目标是得到没有环路、没有非必需节点的子图。

基于用户需求结合语义的知识图谱概念层次剪枝算法的核心是节点的层次信息，所有的工作建立在信息上完成。与其他几种算法不同的是，本算法不需要对知识图谱进行预剪枝处理，环路和非根节点出发的节点的去除可以在层次剪枝过程中完成，算法中的关键技术如下。

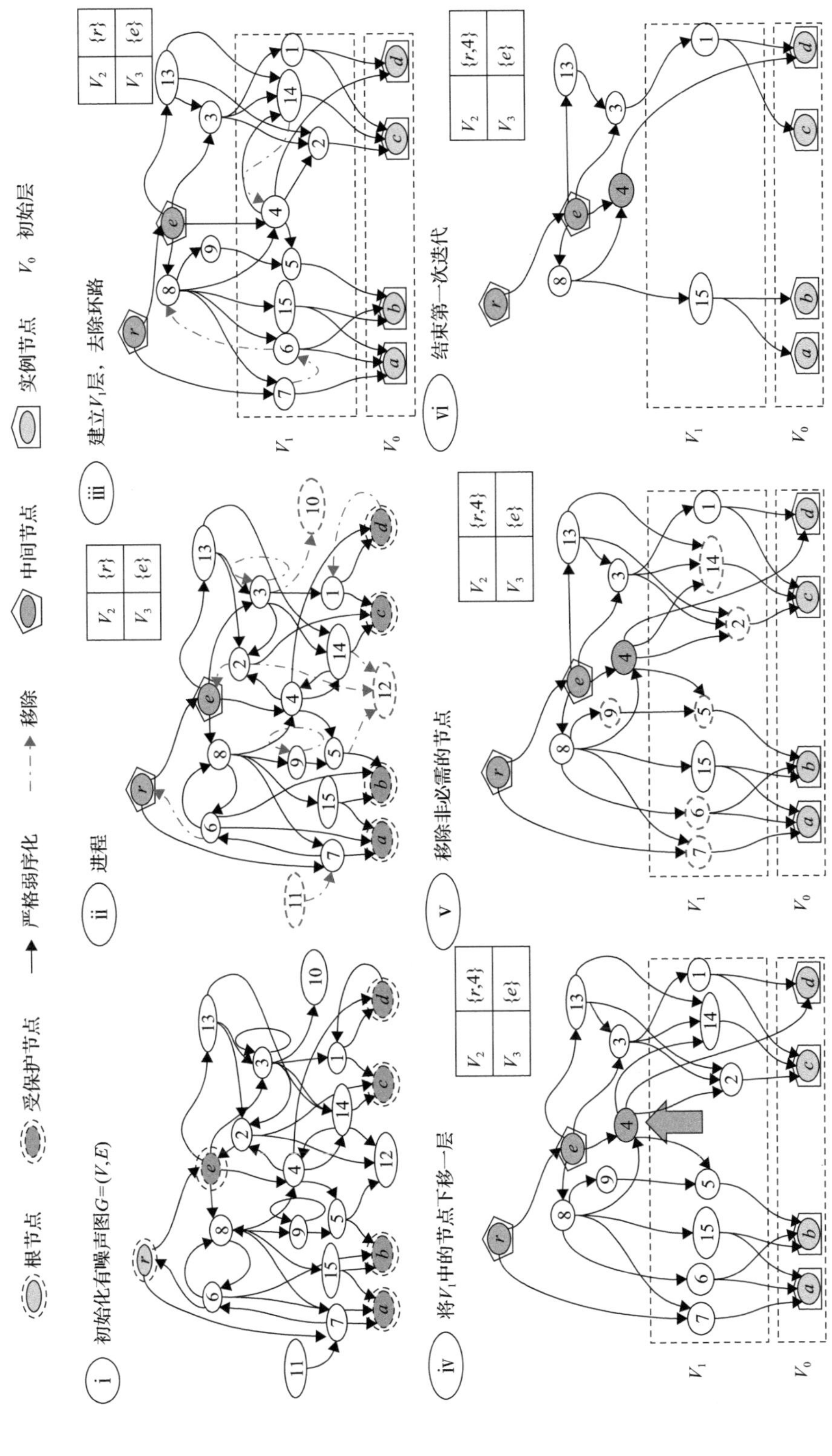

图 2.35　自底向上的知识图谱剪枝算法

(1)语义相关度排序。每当建立新的层次后，对于同一层的所有节点进行与根节点的语义相关度的排名，在后续剪枝过程中，如果出现语义重复，将去除语义相关度较低的节点，对于较低层次的概念节点或叶节点，如果出现多个处于同一层次的父节点，语义相关度排序将有助于选择保留其与相关度最高的父节点之间的关系，避免了重复查询和处理同一个实体。

(2)去除环路。要去除的环路包括节点到达自身的环路和知识图谱中包含多个节点的环路。该步骤通过当前节点指向的下一节点来判断，若指向节点回到自身，则判断为自身环路，若指向上层节点，并能够通过与上层节点相连的路径再次到达自身，则为存在环路。对于这两种情况，删除当前节点与下一节点间的关系，就可以去除环路。该步骤确保自身出发的节点不会回到自身，如图 2.36(a)和(b)所示。

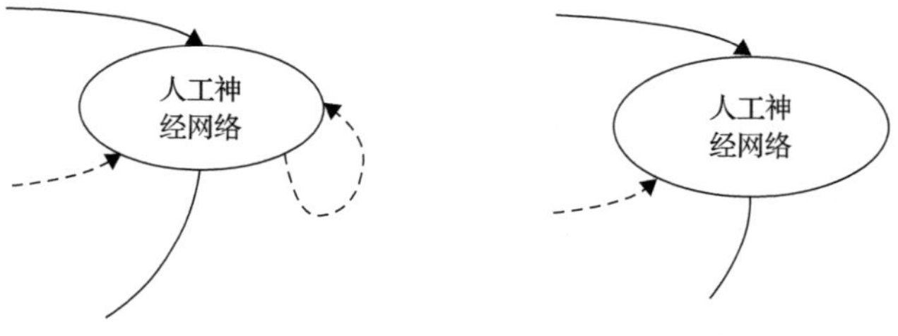

(a) 去除自身环路前　　(b) 去除自身环路后

图 2.36　去除自身环路示意

(3)去除语义重复或不相关的结构。语义重复顾名思义，即存在两个或多个具有几乎完全相同语义的节点，这些节点由相同的上位词引出，指向完全相同或大部分相同的下位词，如图 2.37 中，“人工神经网络”是标准说法，故要去除“神经网络”节点及仅能通过其到达的实体及相对应的关系，将其他的能够到达的实体与被保留实体建立关系，并判断标准节点是否具有“别名”属性，以及该属性中是否包含被删去的节点名称，如果没有，将其加入属性，如图 2.37(a)和(b)所

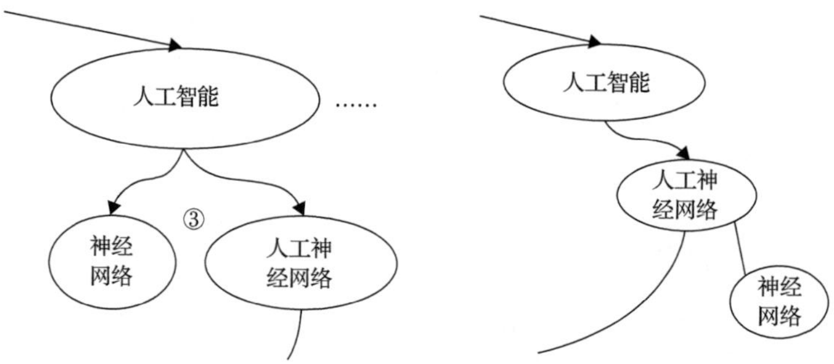

(c) 去除语义冗余前　　(d) 去除语义冗余后

图 2.37　去除语义冗余前后

示。此外，通过语义判断得到的无关节点，也应当在此步骤中去除，以提高知识图谱的正确性和精确程度。

(4) 保留关键路径。判断一对节点间是否存在多条路径，若存在同层间的相互指向，则从被指向节点起，至实例节点间，所有该路径上的节点下移一层，并去除被指向节点与上层类型节点间的关系，如图 2.38 (a) 和 (b) 所示。若存在从高层节点到低层节点的重复路径，由于此前已对高层节点进行了排序，因此，可删除次要节点与底层节点间的关系，如图 2.38 (c) 和 (d) 所示。

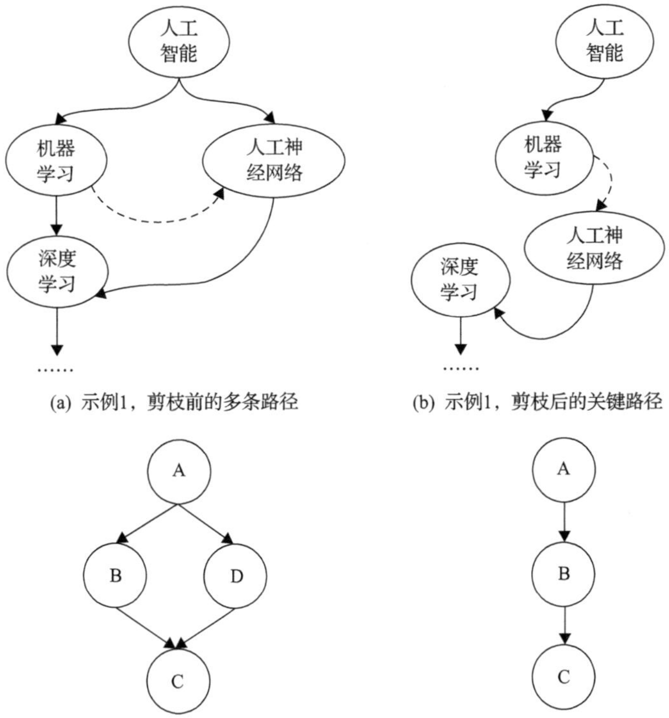

(a) 示例1，剪枝前的多条路径　(b) 示例1，剪枝后的关键路径

(c) 示例2，剪枝前的多条路径　(d) 示例2，剪枝后的关键路径

图 2.38　保留关键路径示意

(5) 对实例节点属性进行处理。实例节点可能具有多种属性，以决策树分类算法为例，属性中可以包含提出者、提出时间、相关著作、实现原理、改进算法、调用方法等，不同身份的用户的侧重点也不同，例如，科研人员更倾向于浏览相关的论文著作和衍生算法，程序员关注使用什么函数来实现算法，因此针对不同的用户身份，可以对属性进行精简，如图 2.39 所示。

相比上面提到的相关算法，剪枝算法由于加入了语义比较和层次算法，无须进行预处理，减少了遍历知识图谱的次数，不需要计算多路径节点间的路径数量

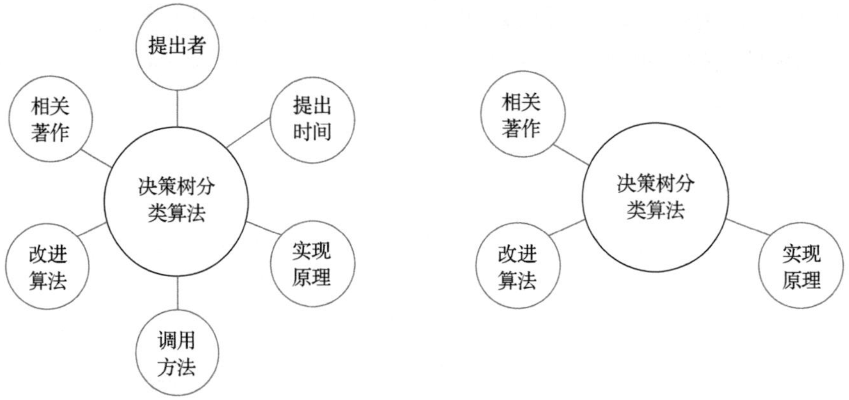

(a) 属性处理前　　(b) 属性处理后

图 2.39　属性处理前后

和长短，也无须对包含重复实体的节点对进行语义判断，降低了计算复杂度，进而能够提高查询的效率和查询结果的准确度。

3. 基于用户需求结合语义的知识图谱概念层次剪枝算法的详细流程

算法的输入为带有噪声的，具有非自反的、非对称的、可传递的关系的知识图谱 G，输出为子图 G_p。算法首先将全部节点的层次数赋值为–1，并将根节点加入第 0 层，层次数赋值为 0，根节点是最高层级的概念节点。接下来，对于第 1 层中的所有节点，将其层次值赋值为 1，并根据用户兴趣语义相关性或搜索频度对当前层次节点由高到低进行排序，存入候选列表 R，对当前层次中的实体名称进行语义判断，若存在冗余，则删除实体及相关关系。完成本层处理后，按照列表中的实体顺序，依次将与其相连的下位词加入新的候选列表。对于第 2 层及之后的层次，除进行语义判断和实体排序外，还需要对层次信息进行判断。可能出现的层次信息情况有以下三种。

(1) 赋值前节点层次信息为–1，说明此节点在此前并未被访问过，因此可直接赋值为当前层次值。

(2) 赋值前节点已有层次信息，并且与当前候选列表所在层次数相同，此时需对下一节点进行判断，如果指向的下一节点是自身，则说明存在自身环路，去掉自身到自身的关系即可，否则，说明此节点有多个上位词，由于上位词已按语义相关度进行排序，因此，去掉当前节点与上位词之间的关系，保留与语义相关度较高的节点之间的关系。

(3) 赋值前节点已有层次信息，并且层次数小于当前候选列表所在层次，说明在此前的某一层次，该节点已经被访问并加入过候选列表，在本算法中，这类情况可能是分类不细致造成的。因此，去除节点与此前上位词之间的关系，并将节点层次赋值为当前层次数。

接下来，重复语义判断、实体排序、层次信息判断等过程，直至最后一个叶节点完成层次赋值。如果此时节点列表 V 中还有未遍历过的节点，则证明有从非根节点出发的节点，或该节点不与任何一个领域相关节点相连，去除此节点即可。最后，如果叶节点包含属性信息，则对属性信息进行领域相关度处理。

以一个实际的例子说明本算法的工作过程。初始的知识图谱如图 2.40 所示。显而易见，图谱中包含不从根节点出发的节点 J、自身环路节点 H 以及多条冗余路径。为了全面展示算法工作过程，规定 E 节点和 F 节点为语义重复节点。

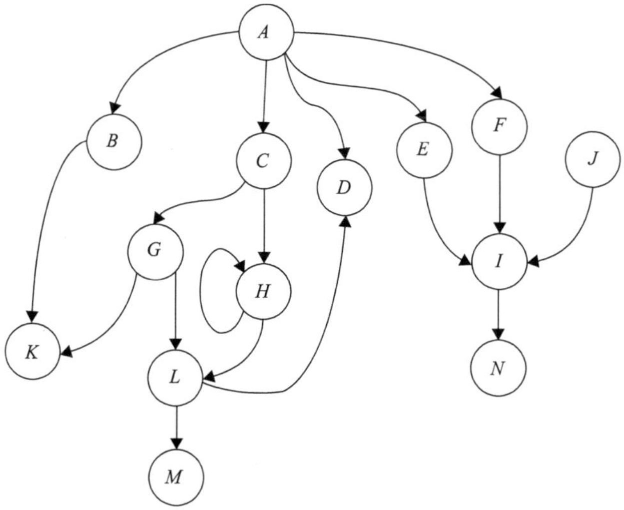

图 2.40　初始知识图谱

首先，将所有节点层次值赋值为–1，维护一个节点列表 V，V 中包含初始知识图谱中的全部节点。接下来将 A 节点，即根节点加入第 0 层，将 A 节点从列表 V 中删除。将 A 节点的所有下位词 B、C、D、E、F 加入第 1 层候选列表，按照语义相关度进行排序，并从列表 V 中删除。由于 E、F 为语义重复节点，故保留相关度较高的节点(此处假设为 F)，删除 E 节点和与之相关的关系，如图 2.41 所示。

完成第 1 层节点的处理后，继续向下推进，此时层次数为 2，将与第 1 层节点相连的下位词 K、G、H、I 加入第 2 层候选列表，首先判断这些节点均没有层次信息，接下来进行语义相似度排序，并且将候选列表中的节点层次信息均赋值为 2，将这些节点从列表 V 中删除。第 2 层处理后的知识图谱如图 2.42 所示。

完成第 2 层节点的处理后，接下来将第 2 层所有相连的下位词 K、L、H、N 加入第 3 层候选列表。依次遍历这些节点，K 节点已有层次信息 2，根据算法，应该去掉 K 节点与其此前的上位词之间的关系，并赋予新的层次值；L 节点没有

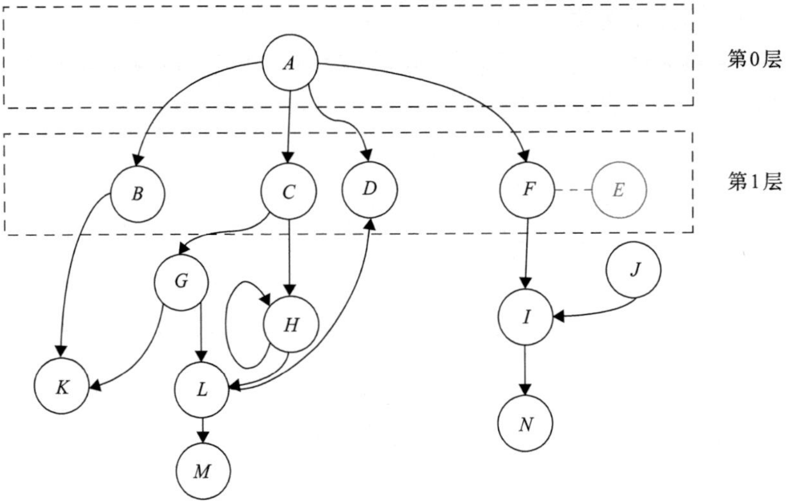

图 2.41　处理过第 1 层的知识图谱

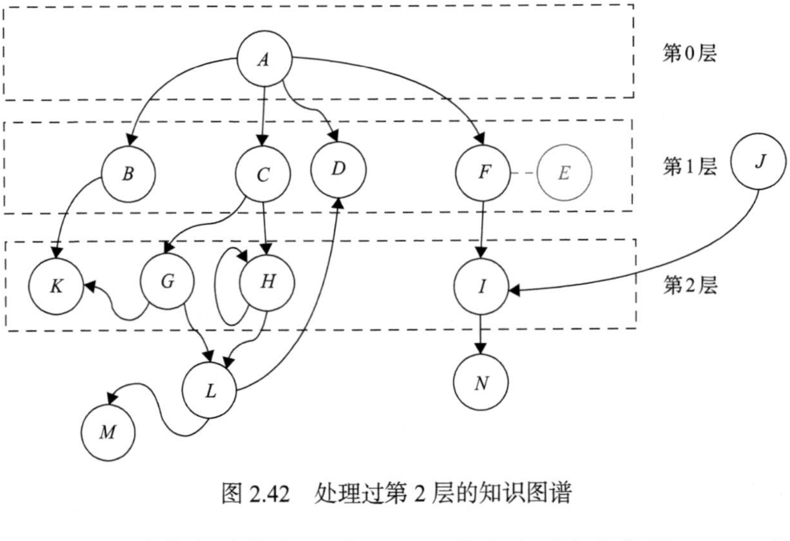

图 2.42　处理过第 2 层的知识图谱

层次信息，因此层次信息赋值为 3，但由于 L 节点有两个上位词 G、H，因此候选列表中有两个 L 节点，第 2 次访问 L 节点时，由于已有层次信息，故删去 H 节点，以及 L 节点与 H 节点间的关系；H 节点已有层次信息，且由自身指向了自身，故存在自身环路，去掉自身的关系即可；N 节点没有层次信息，因此层次信息赋值为 3。接下来对该层节点进行语义排序，并按新的顺序将其相关的下位词加入第 4 层的候选列表中。此时知识图谱如图 2.43 所示。

接下来，将 M、D 节点加入第 4 层次候选列表中，由于 D 节点已有第 1 层的层次信息，因此要去除 A 节点与 D 节点间的关系，并将 D 节点的层次信息更改为

4。并将 M、D 节点从列表 V 中删除。由于 M、D 节点没有下位词，因此知识图谱遍历到此结束。此时知识图谱如图 2.44 所示。

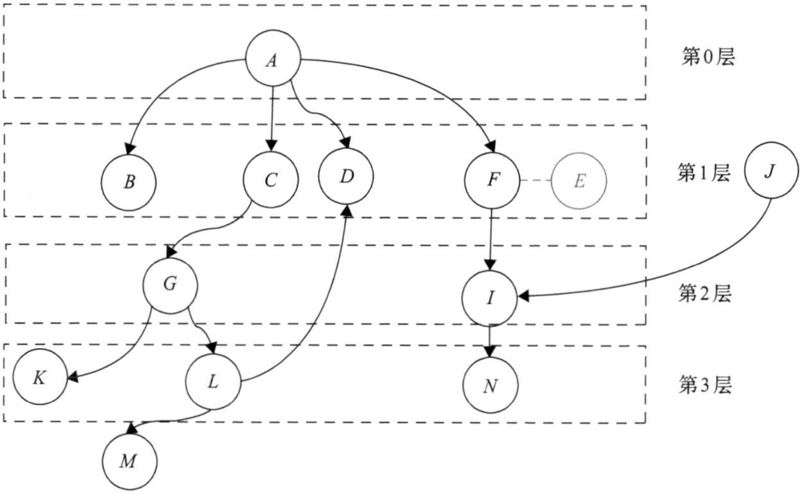

图 2.43　处理过第 3 层的知识图谱

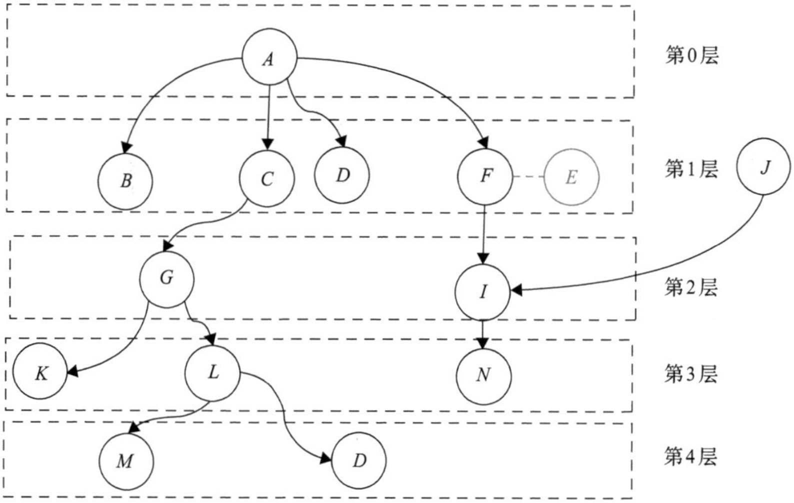

图 2.44　处理过第 4 层的知识图谱

在所有节点遍历结束后，节点列表 V 中仍然存在层次数为–1 的节点 J，因此可以判断 J 不是由根节点出发所能到达的节点，应删除 J 节点。最终剪枝完成的知识图谱如图 2.45 所示。共包含 0～4 五个层次，14 个节点经剪枝后剩余 11 个，18 条关系经剪枝后剩余 10 条。

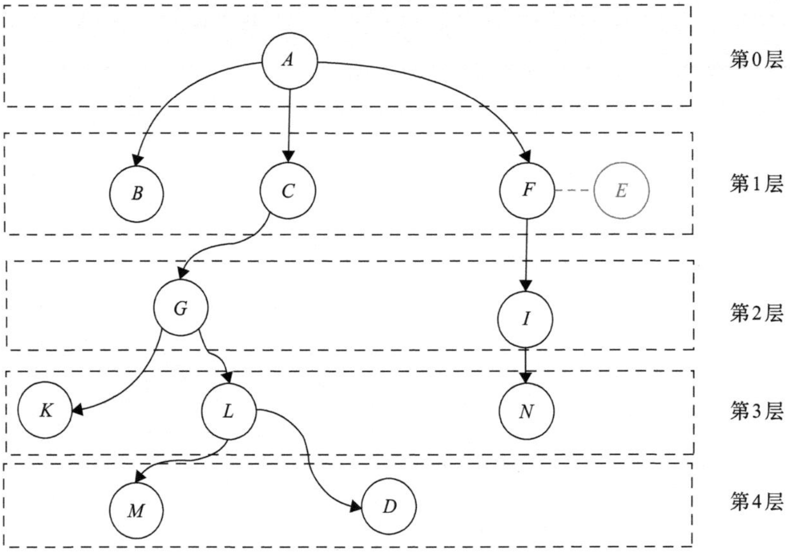

图 2.45　完成剪枝任务的知识图谱

2.5 小　结

本章针对电力系统仿真计算中人工参与度高的问题，以电网潮流不收敛调整为例，构建了电力系统仿真分析领域的知识图谱表示模型，将仿真分析过程中的人工经验知识进行了抽象，结合电力系统人工智能分析中的经验知识和发现知识、定性知识和定量知识、关联知识与事理知识，设计了电力系统仿真分析知识图谱建模方法。为了获得更多的知识，以满足知识协同推理、自动迁移、扩充和质量保障等知识驱动的电力系统仿真人工智能分析的需求，提出了基于文本、调整动作、人机协同的知识获取技术。同时，设计了基于表示学习和图匹配的知识自动推理技术挖掘知识的内在关系，发现高层知识来扩充知识库中的知识。根据电力系统人工智能的特点，介绍了错误知识检测、错误知识修复、冗余知识剔除等知识清洗方法来保证对知识库中的知识进行行之有效的管理。因此，本章从知识建模、知识获取、知识推理、知识清洗等方面详细展示了在电力系统仿真分析中，通过知识规则直接指导仿真自动分析和有效管理知识的方法。

参 考 文 献

[1] Hussein A, Gaber M M, Elyan E, et al. Imitation learning: A survey of learning methods[J]. ACM Computing Surveys (CSUR), 2017, 50(2): 1-35.

[2] Springenberg J T, Dosovitskiy A, Brox T, et al. Striving for simplicity: The all convolutional net[J]. arXiv preprint arXiv:1412.6806, 2014.

[3] Bach S, Binder A, Montavon G, et al. On pixel-wise explanations for non-linear classifier decisions by layer-wise relevance propagation[J]. PLOS ONE, 2015, 10(7): e0130140.

[4] Sundararajan M, Taly A, Yan Q. Axiomatic attribution for deep networks[C]//International Conference on Machine Learning, Singapore, 2017: 3319-3328.

[5] Smilkov D, Thorat N, Kim B, et al. Smoothgrad: Removing noise by adding noise[J]. arXiv preprint arXiv:1706.03825, 2017.

[6] Torabi F, Warnell G, Stone P. Behavioral cloning from observation[J]. arXiv preprint arXiv:1805.01954, 2018.

[7] Mohammedalamen M, Khamies W D, Rosman B. Transfer learning for prosthetics using imitation learning[J]. arXiv preprint arXiv:1901.04772, 2019.

[8] Rajeswaran A, Kumar V, Gupta A, et al. Learning complex dexterous manipulation with deep reinforcement learning and demonstrations[J]. arXiv preprint arXiv:1709.10087, 2017.

[9] Fu J, Luo K, Levine S. Learning robust rewards with adversarial inverse reinforcement learning[J]. arXiv preprint arXiv:1710.11248, 2017.

[10] Ratliff N D, Bagnell J A, Zinkevich M A. Maximum margin planning[C]//Proceedings of the 23rd International Conference on Machine Learning, Pittsburgh, 2006: 729-736.

[11] Zucker M, Ratliff N, Stolle M, et al. Optimization and learning for rough terrain legged locomotion[J]. The International Journal of Robotics Research, 2011, 30(2): 175-191.

[12] Ziebart B D, Maas A L, Bagnell J A, et al. Maximum entropy inverse reinforcement learning[C]//AAAI Conference on Artificial Intelligence, Chicago, 2008: 1433-1438.

[13] Finn C, Abbeel P, Levine S. Model-agnostic meta-learning for fast adaptation of deep networks[C]//International Conference on Machine Learning, Singapore, 2017: 1126-1135.

[14] Cai Q, Hong M, Chen Y, et al. On the global convergence of imitation learning: A case for linear quadratic regulator[J]. arXiv preprint arXiv:1901.03674, 2019.

[15] Goodfellow I, Pouget-Abadie J, Mirza M, et al. Generative adversarial nets[J]. Advances in Neural Information Processing Systems, Montreal, 2014: 2672-2680

[16] Kuefler A, Morton J, Wheeler T, et al. Imitating driver behavior with generative adversarial networks[C]//2017 IEEE Intelligent Vehicles Symposium (Ⅳ), Los Angeles, 2017: 204-211.

[17] Ho J, Ermon S. Generative adversarial imitation learning[J]. Advances in Neural Information Processing Systems, 2016, 29: 4565-4573.

[18] Baram N, Anschel O, Caspi I, et al. End-to-end differentiable adversarial imitation learning[C]//International Conference on Machine Learning, Sydney, 2017: 390-399.

[19] Henderson P, Chang W D, Bacon P L, et al. OptionGAN: Learning joint reward-policy options using generative adversarial inverse reinforcement learning[C]//Proceedings of the AAAI conference on artificial intelligence, Los Angeles, 2018: 3199-3206.

[20] Bastani O, Pu Y, Solar-Lezama A. Verifiable reinforcement learning via policy extraction[J]. arXiv preprint arXiv:1805.08328, 2018.

[21] Xie R B, Liu Z Y, Jia J, et al. Representation learning of knowledge graphs with entity descriptions[C]//Proceedings of the 30th AAAI Conference on Artificial Intelligence, Phoenix City, 2016: 2659-2665.

[22] Xu J C, Chen K, Qiu X P, et al. Knowledge graph representation with jointly structural and textual encoding[C]// Proceedings of the 26th International Joint Conference on Artificial Intelligence, Melbourne, 2017: 1318-1324.

第 3 章　电力系统仿真分析知识发现

中国电网是世界上最大的交直流混联电网，也是一个强物理联系的系统。为了保障电网的安全稳定运行，需要深入了解其内在特性，诊断和预测电网异常故障，优化电网仿真方法。然而，由于中国电网运行安全保障得力，真实电网运行过程出现故障少等特点，难以获得大量异常样本。因此，电力系统仿真分析成为电网安全性和稳定性研究的必要途径[1]。此外，电网仿真计算的调整(如潮流收敛)，也需通过分析计算结果，才能获得优化的结果。

中国电网包含 5 万个以上节点，其仿真运行的结果是一个海量、高维、时变、强相关物理系统的数值计算数据集。单纯从电网物理特性出发，依靠人工和经验的方式，一方面耗费大量的人力，另一方面也很难及时发现新的电网稳定问题，这对系统安全构成了隐患。因此，为了实现在电力系统仿真分析中发现新的知识以及对所发现知识进行评价分析，急需将先进的深度学习、强化学习、知识计算等方法融合或交叉研究。另外，电网行业的安全性要求高，行业相对封闭独立，极少有信息学科的研究者关注于电网仿真数据的知识发现，绝大多数数据挖掘和知识发现的算法，起源于对互联网数据(搜索、电子商务等)的研究，而这些研究成果难以直接用于电力系统仿真分析知识中发现。

综上所述，要分析电力系统的复杂特性，人工智能还需综合电网行业专家知识，才能从海量的仿真数据中发掘电力系统未知的运行特性，在包含 5 万个以上节点的电力系统仿真数据上发现新知识、新模式、新规律，指导发现电力系统潮流调整的新方法和系统演变内在趋势，确保全国电网的安全稳定运行，并用于国分省三级电网的安全稳定性研究和分析。

3.1　复杂形态电力系统仿真数据与表征学习

基于复杂形态电力系统仿真数据的知识计算，尚是一个新兴的研究领域，因此缺乏成体系的知识表达和计算的理论与方法。研究的第一步是探索复杂形态电力系统仿真数据的表达学习方法，将海量、高维、时变、异构、集合型的电力系统仿真数据，转换为易于表达、计算、分析的数据表达形式，包括但不限于网格表达、向量化表达、文本型表达、图像型表达等。

近年来，大数据中的机器学习方法更加强调自动从数据中学习重要特征。表征学习利用机器学习技术将原始数据转换成向量化表达，从而避免传统特征工程人工提取特征的麻烦，让计算机学习算法在使用特征的同时也学习如何提取特征[2]。因此，本节将着重讨论与复杂电网密切相关的几种表征学习模型与方法。

3.1.1 基于记忆网络的动态网络表征学习模型

复杂形态的电力系统所构成的电网具有时序异构的特征。时序异构图建模的是不同类型节点之间的时序交互信息，它是一种更加复杂、通用的数据结构。现有的大部分表征学习工作仅仅关注于静态的同构图，然而很多现实场景下的应用往往涉及时序异构图上的模式挖掘，如时序商品推荐问题中用户和商品是两种不同类型的节点且其交互信息具有时序性。本节研究的重点是如何有效捕获时序异构图中潜在的语义以及时序信息。基于此，本节提出了时序异构图表征学习方法即基于耦合记忆网络的时态交互图嵌入(temporal interaction graph embedding via coupled memory network)，它通过两个耦合的记忆网络模块(memory network module)来存储、更新节点表征，具有较高的灵活性以及可以捕获长序列中的时序信息。通过在五个公开数据集上进行验证，TigeCMN 在节点分类以及时序推荐任务上均取得了大幅度的效果提升。接下来，本节将详细展开这一研究的背景、符号及问题定义、算法框架。

1. 背景描述

近年来，基于表征学习的图挖掘技术引起了研究的热潮。通过为每个节点学习出一个低维表征向量，图表征学习提供了一种有效的方式来挖掘图中的模式，并在各种下游任务中均取得了不错的效果。最近的图表征学习技术主要聚焦于静态的同构图，如深度游走[3]通过游走的方式来生成上下文信息建模节点表征，GCN[4]通过图卷积的方式来对节点的邻居信息进行变换和聚合操作生成节点表征。然而，在很多现实场景中，复杂的图结构不是一蹴而就的，它实际上是一个添加或者删除节点和边的动态过程。因此，观测到的静态图结构其实是特定时间段内节点交互信息累积的结果，上述静态图表征学习方法不可避免地忽略了不同节点之间的时序交互信息。本节重点研究了时序异构二部图中节点的表征学习，具有较高的实际应用价值。许多实际应用中的图结构本质上是基于时序交互的异构图，如推荐系统、问答系统、搜索系统。时序异构二部图是二部图的一种特殊形式，它涉及两种类型的节点，它们的边按事件交互的时间顺序进行排列。图 3.1 展示了一个包含 4 个用户节点和 4 个商品节点的简单时序异构二部图，图中的边表示的是两个异构节点之间的交互行为，边的属性表示交互的内容，它可以提供丰富的上下文信息。例如，在点评网站 Yelp 上，用户和商家的交互行为自然地形成了一个时序异构二部图，其中图的边指的是用户对商家的评论行为，评论信息除纯文本外还可能包含照片等多媒体信息。图 3.1 右子图为建模的表征向量示意。

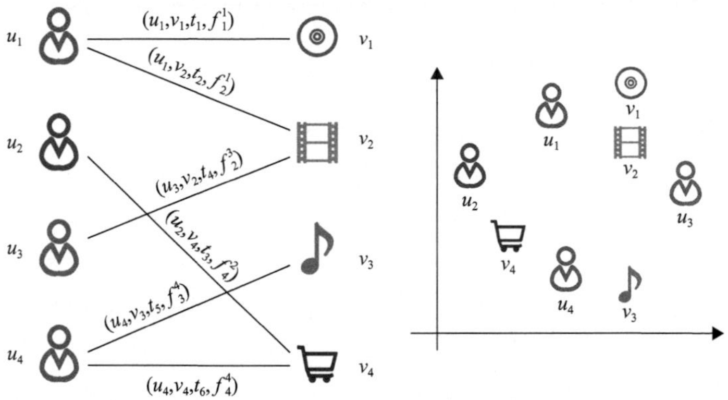

图 3.1　时序异构二部图表征学习示例[5]

尽管时序异构二部图广泛存在于各个领域，但在这种复杂数据结构上的表征学习仍停留在初级阶段。一个简单的解决方案是忽略掉节点的类型信息、边上的时序信息以及属性信息，然后再利用现有静态同构图上的表征学习技术来挖掘时序异构图中的模式。这样简单的处理方式存在以下两个缺点：①损失了大量有用的信息，并不能很好捕获到用户兴趣的迁移、商品流行度的更替等。例如，某个研究员一开始可能专注于一个特定领域，如数据挖掘算法的研究，因此主要将其论文提交给 KDD (ACM (Association for Computing Machinery's) SIG (Special Interest Group) on Knowledge Discovery and Data Mining) 和 ICDM (International Conference on Data Mining) 会议。但是，当深度学习在学术界变得越来越流行时，他可能会将他的研究兴趣转移到深度学习技术上，因此他发表的论文则可能主要出现在 NeurIPS (Conference on Neural Information Processing Systems) 和 ICLR (International Conference on Learning Representations) 上。基于此，捕获时序异构二部图中节点的动态性以及多面性非常重要。②无法区分异构节点类型以及无法利用边上的属性信息。异构节点之间的交互行为通常会在它们之间形成复杂的影响和依赖性，因此应该区别对待不同类型的节点。此外，不同于属性图，这里的属性信息指的是边上的属性而不是节点的属性，且边上的属性信息也可能是异构的并涉及数字、文本甚至图片等数据。所以，非常有必要将边上的属性信息融合到节点表示中，因为仅通过探索图结构信息很难捕获其潜在语义信息。

为了克服上述缺点，本节提出了一种新颖的模型 TigeCMN 来捕获节点的多面性和其潜在的时序交互模式。现有部分时序图表征学习方法[6]根据时间线将时序图划分为一系列离散子图快照，然后再对该子图序列进行建模，该类模型并不适用于连续时间域交互的场景。在这里，TigeCMN 利用了记忆网络来动态存储和更新节点的表征，它主要由两大模块组成：①通过增广记忆矩阵(augmented memory matrix)来存储交互信息；②通过控制网络(controller network)来操作记忆矩阵中的信息。与物理计算机类似，增广记忆矩阵允许控制网络进行写入和读取操作以擦除旧信息并添加新信息，从而增强了其跟踪动态信息的能力。此外，它还为每个节点都引入了记忆矩阵来维护其时序交互信息而不是简单地将其多面性的交互信息压缩到单个潜在向量中。当模型进行推理时，通过自注意力机制[7]来动态读取记忆矩阵中的相关信息，该机制获取了存储在记忆矩阵中的时序交互模式并形成了动态节点表征。同时，为了捕获节点的固有属性信息，TigeCMN 还将节点的 ID 信息映射为低维向量形成其静态节点表征。最后，节点的表征向量是其静态和动态表征的非线性变换。

2. 符号及问题定义

(1)时序异构二部图：是二部图的一种特殊形式，可以定义为 $G=(U,V,E)$，其中 U 和 V 指的是两种不同类型节点的集合，E 描述的是边的集合。u_i 和 v_j 分别表示的是 U 和 V 中第 i 个和第 j 个节点。图中的边 $e\in E$ 描述的是两类节点之间的交互信息，可以将其定义为一个四元组 $e=\left(u,v,t,f_v^u\right)$，它表示的是节点 u 和节点 v 在时间 t 发生了交互行为，交互内容用 f_v^u 来描述。在这里，$f_v^u\in\mathbb{R}^D$ (D 为维度) 指的是边上的高维异构属性信息，它既可以是文本评论，也可以是图片或数字等特征。

为了使描述更加清晰，本节将 U 中的节点称为用户节点，将 V 中的节点称为商品节点。时序异构二部图建模的是用户和商品之间随时间推进而发生的交互序列(如评论和交易行为)。通常，静态图结构仅仅表示的是一定时间段内的子图快照，其中任何两个节点之间的关系只能由一个单一的边表示，交互的次数建模为边的权重。然而在时序交互图中可以通过探索时间交互序列来更明确地描述节点之间的关系。

(2)时序边列表：给定时序异构二部图 $G=(U,V,E)$，用户 $u\in U$，将由用户 u 生成的时序边列表定义为 $L_u=\{e_1,e_2,\cdots,e_n\}$，该列表中的元素按交互的时间顺序排列。类似地，可以用同样的方式定义由商品 v 生成的时序边列表 L_v。

根据上面的定义，值得注意的是，同一商品节点可能会重复出现在时序边列表中，以表示其与用户节点的多次交互。例如，某个作者可能连续几年都在同一会议上发表论文，顾客可能每周都会去他们喜欢的餐馆。用户的时序边列表可以看作他的互动历史记录，随着时间的流逝，他的兴趣爱好可能发生迁移。

时序异构二部图表征学习：给定时序异构二部图 $G=(U,V,E)$，其目标是通过

追踪每个节点的时序交互信息来学习出映射函数$\phi:U\rightarrow\mathbb{R}^d$和$\psi:V\rightarrow\mathbb{R}^d$将节点映射到低维空间，其中$d\ll|U|$且$d\ll|V|$，该表征向量可以捕获到节点的语义以及时序信息。

3. 算法框架

1) 总体框架

图 3.2 描述了 TigeCMN 的整体架构，它通过两个记忆网络模块来捕获用户和商品的时序交互模式。这两个记忆网络模块彼此紧密耦合，因为它们从不同的视图来建模节点的交互序列：用户时序边列表和商品时序边列表。记忆网络模块为每个节点维护一个增广记忆矩阵，并顺序地处理节点的时序边列表。以用户记忆网络模块为例，首先它将用户 u 和商品 v 之间的边属性信息 $f_v^u\in\mathbb{R}^D$、商品的表征向量 v 以及交互时间间隔 $\varDelta_u$ 传入针对用户节点的边特征编码模块，将这三类信息映射到一个低维向量空间中生成表征向量 $h^{u,v}\in\mathbb{R}^D$，其中 $d\ll D$。然后，$h^{u,v}\in\mathbb{R}^D$ 将通过写操作来更新用户增广记忆矩阵 M_t^u，首先擦除其中的旧信息然后再根据注意力权重添加新的信息。具体来说，$h^{u,v}\in\mathbb{R}^{K\times d}$ 描述的是用户以及时间感知的增广记忆矩阵，K 和 d 表示的是增广记忆矩阵的大小和维度信息。接着，利用多头注意力机制从增广记忆矩阵中读取信息来追踪数据的变化模式，从而形成了动态表征向量 $M^u\in\mathbb{R}^D$。同时，用户和商品的 ID 信息也被输入嵌入查找层中转换为低维稠密向量来表示节点的固有属性信息。接着，TigeCMN 将 u 和 m^u (动态记忆嵌入)拼接后进行非线性变化形成最终的节点表征 $M^*\in\mathbb{R}^D$。

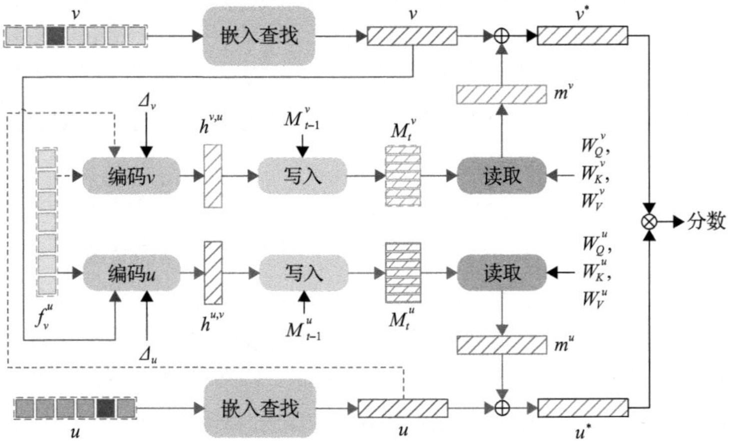

图 3.2　TigeCMN 整体架构[5]

W_Q^v、W_K^v、W_V^v 为转换矩阵

同样地，针对商品的记忆网络模块也通过类似的流程生成商品节点的表征。最后，模型使用了一个二元交叉熵损失函数来进行优化。接下来，本节将进一步解释所提出模型的具体细节，并详细介绍边特征编码模块、增广记忆矩阵写入和读取模块的工作原理。

2) 边特征编码模块

正如前文阐述，边特征 f_v^u 可以是异构类型的数据，如文本、图片以及评分等信息。因此，该编码模块可以根据输入的数据类型进行针对性的设计，如使用循环神经网络建模文本数据，使用卷积神经网络建模图片数据或者采用混合的建模方式。

为简单起见，这里使用基于随机失活（Dropout）模式的多层前向传播网络来对边特征信息进行编码。接下来将对用户节点的边特征编码模块进行详细的介绍。具体来说，针对用户 u 在时间 t 的交互行为，该模块将边属性信息 $f_v^u \in \mathbb{R}^D$、商品的表征向量 v 以及距离上次交互的时间间隔 $\varDelta_u$ 拼接后作为多层前向传播网络的输入，具体公式如下：

$$h^1 = g\left(W^1\left[f_v^u \oplus v \oplus \varDelta_u\right] + b^1\right) \tag{3.1}$$

$$h^l = g\left(W^l \ \text{Dropout}\left(h^{l-1}\right) + b^l\right), \quad l = 2, \cdots, L \tag{3.2}$$

其中，$g(\cdot)$ 是激活函数，如 ReLU、sigmoid、tanh 等；$\oplus$ 是拼接操作；L 是神经网络的层数；W^l、b^l 是神经网络第 l 层的参数。Dropout 函数以固定的概率随机移除神经网络中的神经元，起到了防止过拟合的作用。

同样地，针对商品节点的边特征编码模块输入可以建模成如下形式：

$$h^1 = g\left(W^1\left[f_v^u \oplus u \oplus \varDelta_v\right] + b^1\right) \tag{3.3}$$

该模块与用户边特征编码模块共享相同的参数。为了使公式表达更加紧凑，后面省略了上标 1 并用 $h^{u,v}$ 来表示用户边特征编码模块中最后一个隐藏层的输出，其维度为 d。同样地，$h^{v,u}$ 被用来表示商品边特征编码模块的输出。在实验中，该模块使用四层前馈神经网络对边属性进行编码，其中每层的神经元数量设置为 512、256、128、64，在所有数据集中 tanh 被用作激活函数。

3) 记忆网络写模块

用户记忆网络写模块框架如图 3.3 所示（商品记忆网络写模块的工作原理与其类似）。受键值记忆网络（key-value memory network）工作[8]的启发，假设存在一个全局的键记忆(key memory)矩阵 $M^k \in \mathbb{R}^{K\times d}$ ，它包含 K 个潜在特征并由用户和商品节点共享。然后，该模块对每个节点维护一个值记忆(value memory)矩阵 $M^u \in \mathbb{R}^{K\times d}$ 来建模其对键记忆矩阵中潜在特征的特定偏好。通过将增广记忆矩阵集成到模型中，可以大大提高模型的表达能力。

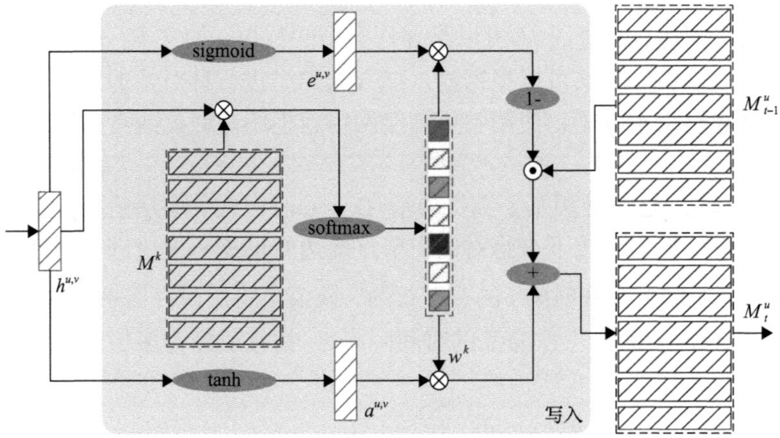

图 3.3　用户记忆网络写模块

权重 w 编码了用户对当前内容的潜在偏好[5]

通过以下方式来建模 $h^{u,v}$ 与键记忆矩阵中潜在特征的相关性：

$$s_i = \frac{M^k(i)\cdot\left(h^{u,v}\right)^{\mathrm{T}}}{\left\|M^k(i)\right\|_2\cdot\left\|h^{u,v}\right\|_2},\quad w_i = \frac{\exp\left(\beta s_i\right)}{\sum_{j=1}^{K}\exp\left(\beta s_j\right)},\quad i=1,2,\cdots,K \tag{3.4}$$

其中，β 是一个可以放大或者减弱相关性的强度参数；K 是增广记忆矩阵的大小。在实验中将 β 设置为 1，并用余弦相似度来计算 s。值得注意的是，其他的相似度计算方法，如倒数欧几里得距离(reciprocal Euclidean distance)或者高斯核(Gaussian kernel)也适用于该模块。函数 softmax 用来对 s 进行归一化，并获得大小为 K 的注意力权重向量 w。该权重向量 w 编码了用户对当前记忆矩阵中内容的潜在偏好，可以将该软注意力机制理解为基于内容的物理计算机体系结构内存寻址过程。

一旦获取到了注意力权重 w，记忆网络写模块就可根据该权重信息对值记忆矩阵进行擦除以及添加操作。增广记忆矩阵从 M_{t-1}^u 更新到 M_t^u 主要涉及旧信息的擦除以及新信息的添加这两个步骤，首先将 $h^{u,v}$ 进行非线性变换后生成以下擦除向量：

$$e^{u,v} = \mathrm{sigmoid}\left(E^{\mathrm{T}} \cdot h^{u,v} + b^{e}\right)^{\mathrm{T}} \tag{3.5}$$

其中，E 和 b^e 是非线性变换的权重矩阵和偏置向量。所得到的擦除向量 $e^{u,v}$ 被限制在(0,1)范围内，然后先前时间步的值记忆矩阵将会按照如下方式进行元素值擦除操作：

$$\hat{M}_{t-1}^{u}(i) = M_{t-1}^{u}(i) \odot \left(1 - w_i \cdot e^{u,v}\right) \tag{3.6}$$

其中，1 是一个全 1 向量，表示的是元素级相乘；$M_{t-1}^{u}(i)$ 是用户增广记忆矩阵的第 i 行。因此，如果相应的权重和擦除向量元素均为 1，则将增广记忆矩阵中的值重置为 0；如果它们中任意一个为 0，则增广记忆矩阵中的元素将保持不变。在擦除操作之后，该模块用类似的方式生成了添加向量，具体公式如下：

$$a^{u,v} = \tanh\left(A^{\mathrm{T}} \cdot h^{u,v} + b^{a}\right)^{\mathrm{T}} \tag{3.7}$$

其中，A 和 b^a 是非线性变换的权重矩阵和偏置向量。接着，增广记忆矩阵将会按照如下的方式更新：

$$M_{t}^{u}(i) = \hat{M}_{t-1}^{u}(i) + w_i \cdot a^{u,v} \tag{3.8}$$

通过这种擦除后添加操作，模型可以动态控制节点表征学习过程，有些类似于 LSTM 网络[9]中的输入门和忘记门机制。

4) 记忆网络读模块

记忆网络读模块如图 3.4 所示。正如在记忆网络写模块中讨论的那样，值记忆矩阵中的每个元素都是在整个过程中以不同的速度变化，其中的局部变化反映了其动态模式。在这里，记忆网络读模块的目标是从增广记忆矩阵中读取并捕获其多方面的属性信息。

基于最近提出的自注意力机制[10,11]，TigeCMN 设计了一种新颖的注意力读取模块。总的来说，自注意力机制的输入由三个矩阵组成：query、key 和 value，其输出是 value 矩阵的加权和，其中的权重信息由 query 和 key 计算得到。在当前的例子中，自注意力机制将 M_t^u 作为用户记忆网络读取模块的输入，并将 query、key 和 value 投影到相同的低维空间中，具体公式如下：

$$Q = M_t^u \cdot W_Q, \quad K = M_t^u \cdot W_K, \quad V = M_t^u \cdot W_V \tag{3.9}$$

其中，W_K 、W_Q 和 W_V 是三个转换矩阵。接下来，权重近似矩阵将按照如下公式进行计算：

$$S = \text{softmax}\left(\frac{Q \cdot K^{\mathrm{T}}}{\sqrt{d}}\right) \tag{3.10}$$

其中，$S \in \mathbb{R}^{K \times K}$ 是 M_t^u 在低维空间中的交互信息。值得注意的是，除以 $\sqrt{d}$ 是为了避免内积值过大，尤其是在维数较高时(如在实验中将其设置为 64)，这会使得 softmax 的值进入梯度极小的区域。

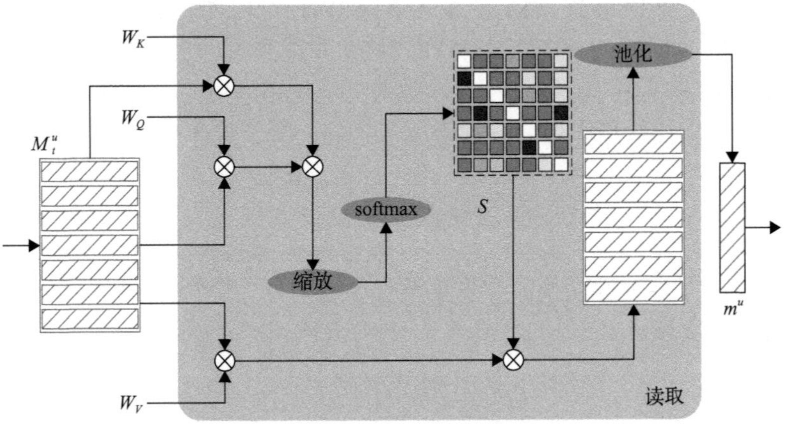

图 3.4　记忆网络读模块[5]

自注意力机制的输出为其权重和 value 矩阵的乘积，紧接着对输出进行一个平均池化操作，具体过程如下：

$$m = \text{MeanPooling}(S \cdot V) \tag{3.11}$$

在这里，注意力模块输出 $m \in \mathbb{R}^{d_k}$ (d_k 为维度)可以看作用户节点的动态意图表示。除了平均池化操作外，还可以使用其他操作(如求和、最大池化、最小池化)。为了稳定学习过程，记忆网络读模块中采用了多头注意力，具体来说，它执行 H 个独立的注意力模块，并将它们的输出表示进行如下的拼接操作：

$$m^u = m_1 \oplus m_2 \oplus \cdots \oplus m_H \tag{3.12}$$

其中，$m^u \in \mathbb{R}^d$；$\oplus$ 是拼接操作。

将 u 与 m^u 拼接起来，并通过非线性变换来生成用户最终的表示向量，具体过程如下：

$$u^* = \sigma\left(W^u \cdot \left(u \oplus m^u\right)\right) \tag{3.13}$$

其中，$W^u \in \mathbb{R}^{d\times 2d}$ 是一个变换矩阵；$\sigma(\cdot)$ 是非线性激活函数；u 是从 ID 编码转换而成的静态嵌入，不会随着时间的变化而变化，表示用户的固有属性；m^u 是从 value 矩阵中生成的多面嵌入表征向量，它反映了用户的动态模式。因此，合并这两种嵌入生成一个单一的表示形式，使其具有捕获用户的长期稳定和短期动态属性的能力。

5) 二元交叉熵损失函数

这里采用了二元交叉熵损失函数来学习模型 TigeCMN 的参数。直观上说，用户节点的表征应该靠近其交互过的商品表征，并且要远离没有交互过的商品表征。因此，该损失函数旨在为正节点对提供更大的值，而在负节点对之间提供较小的值。由于每个用户的非互动商品通常很多，因此需要对用户采样其没有互动过的 T 个负样本(如实验中的 10 个)。二元交叉熵损失函数的定义如式(3.14)所示，其目标是使其似然函数最大化。由于时序异构二部图可以生成用户和商品边列表，因此可以将损失函数设为这两个对数似然函数的加权和。

$$\mathcal{L} = \alpha\mathcal{L}_u + (1-\alpha)\mathcal{L}_v - \lambda\|\Theta\|_F^2 \tag{3.14}$$

其中，λ 是超参数；Θ 是模型的参数；$\alpha \in [0,1]$ 是用来控制用户和商品列表重要性的超参。具体来说，用户和商品边时序列表的对数似然函数可以定义为如下形式：

$$\mathcal{L}_u = \sum_{u\in\mathcal{U}}\sum_{v^+\in\mathcal{I}_u}\log r_{uv^+} + \sum_{u\in\mathcal{U}}\sum_{v^-\in\frac{\mathcal{V}}{\mathcal{I}_u}}\log\left(1-r_{uv^-}\right) \tag{3.15}$$

$$\mathcal{L}_v = \sum_{v\in\mathcal{V}}\sum_{u^+\in\mathcal{I}_v}\log r_{vu^+} + \sum_{v\in\mathcal{V}}\sum_{u^-\in\frac{\mathcal{U}}{\mathcal{I}_v}}\log\left(1-r_{vu^-}\right) \tag{3.16}$$

其中，$\mathcal{L}_u$ 和 $\mathcal{L}_v$ 分别是用户和商品的边时序列表；下标中“+”和“−”表示正、负样本；v^+ 和 u^+ 分别是用户和商品时序边列表中的正样本；$\frac{\mathcal{V}}{\mathcal{I}_u}$ 和 $\frac{\mathcal{U}}{\mathcal{I}_v}$ 是没有交互过的负样本集；r_{uv} 是用户和商品节点之间的相关度，这里使用用户和商品表征的内积来计算。为了使 $\mathcal{L}$ 最大化，随机梯度下降算法被用来优化这两个耦合的模块，直到模型收敛为止。

6) 时间复杂度分析

为了保持交互序列中的时序性，本节设计了一种序列并行的批处理方式以进行有效的训练。图 3.5 展示了一个简单的序列并行批处理示例。由于每个序列互

动的长度可能非常不同，因此如果任何序列结束，则将下一个可用序列放在其位置。这种方式可以根据交互顺序有效地更新记忆网络数据。模型 TigeCMN 的计算时间复杂度主要来自以下三个部分：①边特征编码模块是一个前馈神经网络，其复杂度为 $O(Dd)$，其中 D 和 d 分别表示的是边特征和节点表征的维度；②记忆网络写操作的时间复杂度为 $O(Kd+d^2)$，其中 K 指的是增广记忆矩阵的大小；③记忆网络读操作需要花费 $O\left(H\left(K^2d_k+Kdd_k+K^2d\right)\right)$ 的时间复杂度，其中 H 表示的是注意力头的个数，d_k 指的是注意力头表征的维度。因此，总的时间复杂度为 $O\left(|I|E\left(Dd+d^2+HK^2d\right)\right)$，其中 $|I|$ 和 E 指的是迭代的次数和边的个数。

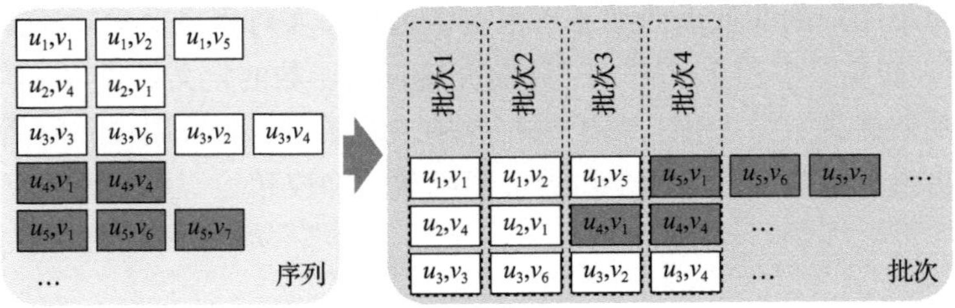

图 3.5　序列并行批处理示例[5]

3.1.2　带属性异构信息网络表征学习模型

异构信息网络(heterogeneous information network，HIN)是指包含不同类型节点和边的网络，许多现实世界的网络都可以建模为异构信息网络，如论文引用网络、社交网络和生物信息网络。与只有单一节点和边类型的同构信息网络相比，异构信息网络更符合真实场景中的复杂场景。异构信息网络具有捕获丰富的元结构信息的能力，它在许多实际场景中实现了广泛的应用，如推荐系统和聚类等。异构信息网络通常用不同类型节点之间的邻接矩阵来表示，直接挖掘这种包含多种类型的节点和边的邻接矩阵效率非常低，并且会丢失网络中的重要信息。近年来，网络表征学习由于能够捕获网络结构和节点邻近关系而备受关注。通过网络表征学习得到的节点低维向量可被用于下游机器学习与数据挖掘任务，并应用于节点分类、节点聚类和链接预测等任务。最近网络表征学习的应用已经从同构信息网络逐渐扩展到异构信息网络[12]。

与同构信息网络表征学习相比，异构信息网络表征学习主要难点在于如何利用节点之间丰富的关系类型和网络结构。为了解决这个问题，由一系列节点类型和/或边类型组成的元路径(meta-path)被广泛用于表示节点对之间的复杂连接关系。将这些包含丰富语义信息的元路径纳入网络表征学习模型中可以获得更好的节点低维向量表示。以用户观看电影的社交网络为例，用户之间的邻近关系可以通过观看相同电影、观看具有相同标签的电影和观看具有相同音乐风格的电影等关系来度量。捕捉和理解这些元路径可以帮助理解异构信息网络中的语义含义。每个元路径都指向一个语义空间，通过保留语义空间中节点的邻近度可以学习基于元路径的节点低维向量表示。但是仅捕获一种关系对应的邻近度不能完整地反映用户的偏好，一个综合的节点低维向量表示应该能够保留所有这些基于元路径的语义信息。

为了保留所有元路径对应的语义空间中节点的邻近度，一种简单的做法是首先利用每个元路径将异构信息网络映射为对应的同构信息网络，然后在同构信息网络上利用传统的网络表征学习方法学习每个节点的低维向量表示，最后将学到的多个低维向量表示进行拼接或者组合作为节点的综合低维向量表示。但是，基于不同元路径的低维向量在组合为综合低维向量(特别是针对特定任务)时具有不同的重要性，而要求用户为关系的选择提供明确的偏好也难以实现。因此，如何自动学习每个元路径的权重是异构信息网络表征学习的一个问题。虽然已经有部分异构信息网络表征学习方法对不同元路径进行了区分，但是大部分是考虑了全局的偏好，忽略了节点对不同元路径的个性化偏好。

异构信息网络表征学习的另一个问题是随着数据规模的增大，对大规模网络进行训练面临巨大的时间和空间复杂度。对于网络中新出现的节点，现有大部分异构信息网络表征学习方法都需要对整个网络进行训练以获得这些节点的低维向量表示。而这种训练方式受到时间和空间复杂度的影响难以在真实场景中使用，为了解决这个问题，增量式学习(inductive learning)被提出并引起了广泛的注意。它通过对新节点的特征变换和整合快速学习低维向量表示，而不需要对整个网络进行重新训练。然而现有的大部分增量式网络表征学习方法研究的都是同构信息网络[13]，异构信息网络上进行增量式学习依然存在巨大的挑战。

为了解决上述问题，本章提出了一种基于多层注意力机制的异构信息网络表征学习模型，即多层注意力异构信息网络嵌入(hierarchical attentive heterogeneous information network embedding，HAHE)，通过精心设计的多层注意力机制，该模型可以建模节点对不同元路径类型的个性化偏好以及在只有邻居节点信息时有效更新节点的嵌入信息。同时 HAHE 模型支持增量式学习以满足实际场景需求。HAHE 模型的基本思想是，每种元路径均指向一个语义空间，其中每个节点通过元路径类型连接并共享不同的结构特征。语义空间对应的节点低维向量表示通过加权聚合邻居节点的特征来学习，使得语义空间中相近的节点在低维向量空间中比较接近。在学习了每个节点基于元路径的低维向量之后，通过建模节点对元路径类型的个性化偏好得到综合性更强的低维向量表示。注意力机制在 HAHE 模型中用于以下目的：建模节点在不同元路径下对邻居节点的个性化偏好，注意力权重用于加权聚合邻居节点的特征；建模节点对不同元路径类型的个性化偏好，注意力权重用于加权聚合不同元路径的向量表示。

在异构信息网络上使用注意力机制具有如下优势：注意力机制使模型能够避免或忽略网络中的噪声节点，提高局部信息聚合的准确性；注意力机制得到的权重直观地反映了节点的个性化偏好，使得表征学习的过程具有更好的可解释性。

1. 问题背景与定义

异构信息网络[14]定义为$G=\{\mathcal{V},\mathcal{E}\}$，其中$\mathcal{V}$是节点的集合，$\mathcal{E}$是边的集合。异构信息网络还与节点类型映射函数$f_v$:$\mathcal{V}\to\mathcal{O}$（$\mathcal{O}$为预定义节点类型）和边类型映射函数$f_e$:$\mathcal{E}\to\mathcal{R}$（$\mathcal{R}$为预定义边类型）关联，节点映射函数将节点映射为预定义的节点类型，边类型映射函数将边映射为预定义的边类型。异构信息网络中边通常连接不同类型的节点并用邻接矩阵$\mathcal{M}$[15]表示，其中$\mathcal{M}_{ij}^{\pi}\in 0,1$表示节点$v_i$和$v_j$在元路径$\pi$下的连接关系。所有类型的元路径对应的邻接矩阵组成了一个集合$\left\{\mathcal{M}^1,\mathcal{M}^2,\mathcal{M}^3,\cdots\right\}$。

异构信息网络的模板和元路径是用于描述异构信息网络结构特征的工具。网络模板是针对节点类型定义的结构图，通常表示为$T_G=\{\mathcal{O},\mathcal{L}\}$。在网络模板$T_G=\{\mathcal{O},\mathcal{L}\}$上进一步定义了元路径$\pi$：$o_1\xrightarrow{l_1}o_2\xrightarrow{l_2}\cdots\xrightarrow{l_{m-1}}o_m$（$l_1$, l_2,$\cdots$, l_{m-1}为边）。对于$\forall i=1,\cdots,m,o_i=f_v\left(v_i\right)$。通常情况下，用户会给出元路径的类型定义，目前已有少量的工作集中在自动生成元路径的类型定义上。但是，因为这不是本节的主要研究内容，所以假设元路径是由用户事先定义的，而本书专注于发现这些元路径之间的差异并对不同的路径赋予不同的权重。

目标类型节点$\mathcal{V}_T$定义为学习低维向量的节点类型，通常是伴有半监督标签信息的节点。上下文类型节点$\mathcal{V}_C$定义为与目标类型节点连接的其他类型的节点，这一类节点的主要作用是构建元路径以及对应的语义空间并帮助学习目标类型节点的低维向量表示。如果想要学习异构信息网络中所有类型节点的低维向量，用户只需选择针对类型的节点开始和结束的元路径。本章中仅学习针对异构信息网络中一种特定类型节点的低维向量。

异构信息网络表征学习的目标是：给定异构信息网络$G=\{\mathcal{V},\mathcal{E}\}$和相应的节点类型映射函数$f_v:\mathcal{V}\to\mathcal{O}$和边类型映射函数$f_e:\mathcal{E}\to\mathcal{R}$，学习函数$f$:$V\to\mathbb{R}^d$，将$V$中的每个节点$v$投影到$d$维空间$\mathbb{R}^d$，其中$d\ll|\mathcal{V}|$。

本节使用的数学符号及含义见表 3.1。

2. 模型框架

图 3.6 显示了基于多层注意力机制的异构信息网络表征学习模型。它主要由

表 3.1　本节使用的数学符号及含义

符号	含义
G	异构信息网络
$\mathcal{V}$	节点集合
$\mathcal{V}_T$	目标类型节点
$\mathcal{V}_C$	上下文类型节点
$\mathcal{E}$	边的集合
π	元路径
N_π	元路径数量
A^π	基于元路径的邻接矩阵
W^π	基于元路径的计数矩阵
X^π	基于元路径的结构特征矩阵
α^π	基于元路径的邻居注意力因子
h_i^π	节点 v_i 基于元路径 π 的低维向量表示
h_C	上下文低维向量表示
γ^π	元路径 π 的注意力因子
h	节点的综合向量表示
W_f	特征变换参数矩阵
W_C	拼接变换参数矩阵
W_T	偏好变换参数矩阵
b_T	偏好变换的偏差

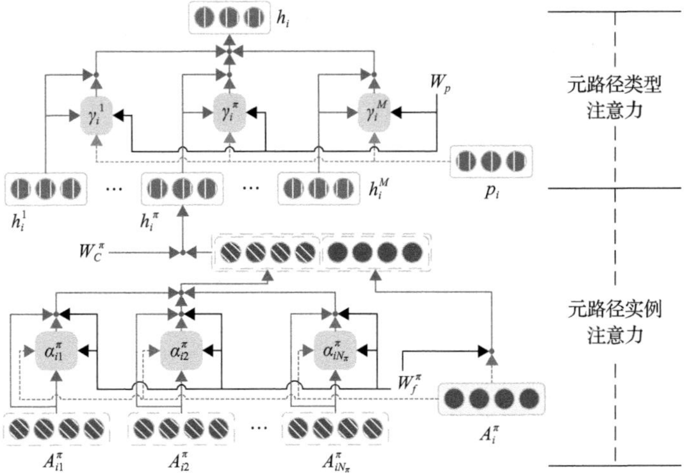

图 3.6　基于多层注意力机制的异构信息网络表征学习模型[16]

三个部分组成：基于元路径的语义空间提取、基于元路径的邻居注意力层和个性化元路径注意力层，接下来将对这几个部分进行介绍。

1）基于元路径的语义空间提取

给定一个异构信息网络 $G \equiv \{\mathcal{V},\mathcal{E}\}$ 和一组元路径类型 $\{\pi_1,\pi_2,\cdots,\pi_m\}$ ，目标类型节点 $v_i \in V_T$ 与上下文类型节点通过多种元路径类型连接。每一种元路径类型都对应一个语义空间，节点在不同语义空间中表现出不同的拓扑结构特性。HAHE 模型首先通过挖掘语义空间中的拓扑结构特征来帮助学习节点低维向量表示。由于异构信息网络挖掘的主要难点在于异构信息网络的拓扑结构，因此在本章中仅研究没有节点属性的异构信息网络表征学习问题。但是模型很容易扩展到带属性异构信息网络(AHIN)[17]，本书将它留作将来的研究。

给定元路径 π ，目标类型节点之间的连接强度可以通过元路径中对应的转移概率矩阵 $\{\mathcal{M}_1,\mathcal{M}_2,\mathcal{M}_3,\cdots\}$ 得到。这里使用矩阵 $M^{\pi} \in \mathbb{R}^{|V_T|\times|V_T|}$ 表示节点之间基于元路径的连接关系，其中 $M_{ij}^{\pi}=|P|, P=\left\{p_1^{\pi},p_2^{\pi},\cdots,p_m^{\pi}\right\}$ 是两个目标类型节点 v_i 和 v_j 之间的元路径实例的集合，$|V_T|$ 代表节点数量。利用矩阵 M^{π} 可以定义基于元路径 π 的邻接矩阵 A^{π} ：

$$A_{ij}^{\pi}=\begin{cases}1, & M_{ij}^{\pi}>0\\ 0, & \text{其他}\end{cases} \tag{3.17}$$

基于元路径 π 的邻接矩阵 A^{π} 用于判断节点之间能否通过元路径 π 相连，而基于元路径的关系强度可以更精确地描述节点之间的关系。对于元路径 π ，可以通过以下的候选指标对节点之间的关系强度进行度量。

①元路径实例个数：目标类型节点 v_i 和通过元路径 π 与任何其他目标类型节点 v_j 之间的元路径实例数。②路径数：通过元路径 π 、目标类型节点 v_i 和任意其他目标类型节点 v_j 之间的路径实例数。③正点互信息(PPMI)：与元路径 π 之后的随机游走所产生的图上下文统计有关，包括节点在图上下文中的出现次数以及节点之间的共现次数。

为了支持增量式学习，HAHE 模型使用路径技术来学习基于元路径的结构化特征，从而支撑增量式学习和高效提取结构特征。已有工作[15]已经证明，在异构信息网络中具有较高可见性(节点的度较大)的节点可能会影响节点之间的相似性度量。为了平衡节点的可见性，使用归一化的相邻矩阵作为元路径 π 的节点特征：

$$X_{ij}^{\pi}=\frac{M_{ij}^{\pi}}{\sum\limits_{k\in\mathcal{V}_T} M_{ik}^{\pi}} \tag{3.18}$$

基于元路径的结构特征 X^{π} 捕获了节点在语义空间中的拓扑结构特征。以作者为目标节点类型的引用网络为例，给定元路径为作者-论文-作者（APA）和作者-论文-会议-论文-作者（APVPA），从异构信息网络中提取两个语义空间，并以同构信息网络 G_1、G_2 表示。引用网络中作者关系强度既可以通过合作发表论文的数量来衡量，也可以通过在同一个会议上发表论文的数量来判断。在 G_1 中，如果两个作者是一篇论文的共同作者，则基于元路径的邻接矩阵 A^1 和基于元路径的结构特征矩阵 X^1 可以捕获这种关系。在 G_2 中，如果作者在同一会议发表论文，则基于元路径的邻接矩阵 A^1 和基于元路径的结构特征矩阵 X^1 可以捕获这种信息。

2）基于元路径的邻居注意力层

给定元路径 π，通过基于元路径的语义空间提取，HAHE 模型得到了基于元路径的邻接矩阵 A^{π} 和基于元路径的结构特征矩阵 X^{π} 图神经网络。该方法的成功应用表明，在给定邻接关系和节点特征的网络中，节点的低维向量表示可以通过整合邻居节点特征与节点本身特征得到。而在语义空间中，节点对不同的邻居存在个性化偏好。受到 GAT[18]的启发，HAHE 模型使用邻居注意力层学习语义空间中节点的低维向量表示并保留节点在元路径对应语义空间中的邻近性。

$$s_{ij}^{\pi} = \frac{\left(W_f^{\pi} x_i^{\pi}\right)^{\mathrm{T}} \cdot W_f^{\pi} x_j^{\pi}}{\left|W_f^{\pi} x_i^{\pi}\right| \cdot \left|W_f^{\pi} x_j^{\pi}\right|} \tag{3.19}$$

其中，s_{ij}^{π} 是节点 v_i 和 v_j 在经转换的特征空间的相似度；W_f^{π} 是元路径 π 的特征变换矩阵；x_i^{π} 是元路径的结构特征。为每个元路径学习不同的变换的原因是，每个元路径对应的潜在空间具有不同的语义信息，并且每个空间的稀疏度可能不同。

为了区分不同邻居节点在学习低维向量表示时的重要性，HAHE 模型使用注意力机制为语义空间中的邻居节点学习注意力权重，并使用 softmax 函数进行归一化操作：

$$\alpha_{ij}^{\pi} = \frac{\exp s_{ij}^{\pi}}{\sum\limits_{k \in \mathcal{N}_i^{\pi}} s_{ik}^{\pi}} \tag{3.20}$$

其中，$\mathcal{N}_i^{\pi}$ 是基于元路径 π 的节点 v_i 的邻居节点集合。通过注意力机制，在语义空间中具有相似结构特征的邻居节点会得到更高的权重。

在得到基于元路径的注意力邻居节点权重后，HAHE 模型通过对邻居节点特征的线性组合得到基于元路径的邻居特征：

$$h_{N_i}^{\pi} = \sigma\left(\sum_{j \in \mathcal{N}_i^{\pi}} \alpha_{ij}^{\pi} W_f^{\pi} x_j^{\pi}\right) \tag{3.21}$$

其中，N_i是节点v_i的邻居节点；$\sigma(\cdot)$是激活函数，在这里使用 tanh 函数。为了同时保留基于元路径的节点信息和聚合后的邻居节点信息，HAHE 模型使用线性变换的级联将两者结合，得到了基于元路径 π 的节点低维向量 h_i^{π}：

$$h_i^{\pi} = W_C^{\pi}\left[h_{N_i}^{\pi}; W_f^{\pi} x_i^{\pi}\right] \tag{3.22}$$

其中，W_C^{π} 是将节点的特征映射到低维向量空间的线性变换的权重。与现有基于邻居聚合的网络表征学习方法相比，HAHE 模型基于元路径的邻居注意力层具有以下优势：①与图采样与聚合(graph sample and aggregate, GraphSAGE)[14]相比，邻居注意力层在聚集邻居特征方面的重要性有所不同。②与 GAT[10]相比，基于元路径的邻居注意力层不仅加权聚合邻居特征，而且还通过级联保留节点自身特征的信息。③基于元路径的邻居注意力层可以同时保留元路径对应空间中的一阶和二阶邻近性。HAHE 模型中基于元路径的邻居注意力层同时具有如下几个特性：整合邻居信息的过程是高效的，因为它在节点-邻居对之间计算，所以可以支持大规模并行计算；通过向不同元路径的不同邻居赋予不同的权重，基于元路径的邻居注意力层可以同时捕获不同元路径和不同节点的个性化偏好；该模型可以直接用于增量式学习问题，为没有出现在网络中的节点学习低维向量表示。

3)个性化元路径注意力层

HAHE 模型通过基于元路径的邻居注意力层捕获了每个元路径对应的空间中节点对邻居的个性化偏好。在异构信息网络中，节点之间会通过多种元路径连接，不同元路径反映了异构信息网络不同的语义特征。建模节点对不同元路径类型的个性化偏好，一方面可以帮助对异构信息网络的语义特征进行解释，另一方面可以提高节点低维向量表示的表达能力。

HAHE 模型设计了一个元路径注意力层以区分基于不同元路径的低维向量，并通过加权组合学习节点的综合向量表示。元路径注意力层的输入是不同元路径的一组节点低维向量：

$$H^{\text{meta}} = \left\{H^1, H^2, \cdots, H^{\pi}\right\} \tag{3.23}$$

HAHE 模型使用元路径偏好向量 $h_c \in \mathbb{R}^{1\times k}$ 表示数据集对元路径的偏好，其中 k 是隐藏偏好的维数。元路径偏好向量 h_c 被异构信息网络中的所有目标类型节点共享，它在训练过程中随机初始化并与节点的低维向量表示一起学习。

为了计算元路径偏好向量与基于元路径的低维向量之间的相似性，HAHE 模型使用具有非线性激活的线性变换：

$$h_i^{\pi'} = \tanh\left(W_T h_i^{\pi} + b_T\right) \tag{3.24}$$

其中，$W_T \in \mathbb{R}^{d\times k}$ 是从低维向量空间到隐藏偏好空间的线性变换的权重；b_T 是变换的偏差向量。每个节点对不同元路径的偏好权重系数由这个节点的基于元路径的邻居信息向量与转换后的元路径的低维向量之间的相似性决定：

$$\gamma_i^{\pi'} = \frac{h_c^{\mathrm{T}} \cdot h_i^{\pi'}}{\left\|h_c\right\| \cdot \left\|h_i^{\pi'}\right\|} \tag{3.25}$$

$$\gamma_i^{\pi} = \frac{\exp \gamma_i^{\pi'}}{\sum_{k=1}^{|P|} \exp \gamma_i^{k}} \tag{3.26}$$

其中，$\|\cdot\|$ 是向量的 L2 归一化；γ_i^{π} 是元路径 π 上的个性化注意力权重。

在得到每个节点对不同元路径的注意力权重后，HAHE 模型对基于元路径的低维向量加权组合以获得综合低维向量：

$$h_i = \sum_{\pi=1}^{|P|} \gamma_{\pi} h_i^{\pi} \tag{3.27}$$

4）模型推断和预训练策略

给定异构信息网络，HAHE 模型通过少量标签信息引导学习模型的参数。通过标签进行训练的目标是最小化真实标签和预测标签之间的交叉熵损失：

$$L = -\sum_{i=1}^{|V|} y_i \log\left(w \cdot h_i\right) \tag{3.28}$$

其中，w 是分类器的参数；y_i 是节点 v_i 的标签。在标签数据的指导下，可以使用小批量随机梯度下降和反向传播算法来优化 HAHE 模型。对于多标签分类，使用以下损失函数进行参数学习：

$$L = z \times (-\log \sigma(x)) + (1-z) \times (-\log(1-\sigma(x))) \tag{3.29}$$

其中，$\sigma(x)$ 是 softmax 函数；z 是节点的标签。基于分层注意力机制的异构信息网络表征学习模型的训练流程如下：

算法 3.1　基于分层注意力机制的异构信息网络表征学习

输入： 异构信息网络 $G=\{\mathcal{V},\mathcal{E}\}$，元路径组合为 $\{\pi_1,\pi_2,\cdots,\pi_M\}$，变换向量的维度为 d，偏好向量的维度为 k

输出： 异构信息网络中节点的低维向量表示 H

```
初始化 W_f 、 W_C 、 W_T
for v_i ∈ V do
    for π ∈ {1,2,…,M} do
        通过式(3.20)学习基于元路径的节点邻居权重 α^π
        通过式(3.21)和式(3.22)学习节点的综合表示
    end for
end for
for walk ∈ walks do
    for 在 walk 中窗口大小 k 内的节点对(i,j) do
        计算层次分数 s_ij
        随机采样负样本对(i,k)
    end for
    for π ∈ {1,2,…,M} do
        通过式(3.25)和式(3.26)学习元路径的注意力权重 γ^π
        通过式(3.27)，学习节点的综合低维向量表示 H
    end for
end for
更新参数 p 、 W_f 、 W_C 、 W_p 、 b_p
Return 节点的低维向量表示 H
```

3.1.3　深度生成嵌入框架

网络数据是表示真实世界数据的一种常用形式，社交网络、学术论文网络以及生物信息网络等都可以用网络的形式表示。随着越来越多的信息被搜集和利用，实际网络中的节点通常伴随有丰富的属性信息，这种节点带有属性的网络称为带属性网络。分析和挖掘带属性网络促进了包括用户画像、社交网络分析、社交推荐等多个任务的发展。带属性网络表征学习的主要目的是将带属性网络中的节点映射为低维空间中的向量，使得输入网络中相近的节点在低维空间中也相近。许多数据挖掘和机器学习的任务都可以从网络表征学习的结果中获益，如节点的分类、链接预测、网络数据可视化等。

大多数现有的带属性网络表征学习方法将输入网络投影到潜在表征学习空间中，并希望保留一阶/二阶接近度、基于属性的相似度以及全局的结构信息等特征。

尽管现有方法明确考虑了节点属性和网络拓扑结构，但它们假设网络中相邻节点倾向于共享相似的属性，即假设节点属性和网络拓扑结构之间存在相关性(commonality)，忽略了两种信息之间更复杂的关系。事实上，真实世界的网络中拓扑结构和节点属性可能表现出相反的模式，这种现象也称为网络拓扑结构和节点属性之间的独立性(individuality)。在社交网络中，边反映了用户之间的社交关系，节点属性反映了用户的偏好。由于收集数据存在的困难或实体彼此之间没有足够的曝光程度等，具有相似偏好的用户可能在社交网络上无法连接。在论文引用网络、生物信息网络等其他网络数据中，也可以观察到类似现象。以论文引用网络为例，尽管一篇论文引用了另一篇内容相似的论文，但由于语料库规模和引用次数的限制，没有引用关系的论文也可能相似。

上述观察表明，网络拓扑结构和节点属性之间除了存在相关性之外，还存在独立性。在潜在的表征学习空间中同时捕获相关性和独立性是一项艰巨的任务，因为它们本质上是互斥的，强制合并两种信息可能会限制低维向量的表示能力。一些现有的带属性网络表征学习方法通过将来自两个信息源的表示进行合并来兼顾相关性，或者在目标函数中直接保留两个信息源的属性来保留两种信息之间的独立性。一些方法通过对输入属性信息进行变换和拟合网络拓扑结构来学习节点的低维向量表示，但这些方法忽略了节点属性和网络拓扑结构之间的相关性。因此，如何在一个低维向量中同时保留节点属性和网络拓扑结构之间的相关性和独立性是一个巨大的挑战。

最近，深度生成模型(deep generative model)[19,20]作为一种有效的表征学习方法引起了广泛的关注。它通过捕获数据的潜在分布来分析和理解数据并且可以生成在现有数据集中未观察到的样本。深度生成模型的许多变体已被广泛研究并应用于图像和文本数据等各种表征学习任务中。尽管已经有部分深度生成模型研究了网络数据上的应用，但它们在带属性网络中的应用受到的关注相对较少。

鉴于将节点属性和网络拓扑结构在不损失信息的前提下整合到表征学习空间中所面临的挑战，研究人员尝试从相反的角度解决这个问题：假设节点属性和网络拓扑结构是通过低维向量表示生成的，而不是将节点属性和网络拓扑结构映射到一个低维向量中，这个生成过程通过如下的假设捕获两种信息之间的相关性和独立性：存在一个低维的向量空间，网络中每个节点都服从这个低维空间中的概率分布。节点属性和网络拓扑结构都从潜在表示中生成。具有相似潜在表示的节点趋向于共享相似的属性并且相互连接(相关性)。节点属性和网络拓扑结构从相互独立且参数不同的分布中生成。概率分布的随机性和生成过程的随机性导致节点在两个信息源上的表现形式存在差异(独立性)。

为了同时捕获节点属性和网络拓扑结构的相关性和独立性，本节提出了一种基于深度生成模型的带属性网络表征学习方法，即深度生成式表征(deep generative embedding, DGE)模型。两种信息源之间的相关性通过共享相同的先验参数产生，独立性通过独立的生成过程产生。使用变分贝叶斯优化模型来有效地训练模型参数，并在多个真实的数据集和多个实际任务中验证了 DGE 模型的有效性。

1. 问题定义和预备知识

(1)带属性网络：令 $G=\{\mathcal{V},\mathcal{E},X\}$ 为带属性网络，其中 $\mathcal{V}=\{v_1,v_2,\cdots,v_n\}$ 表示网络中 n 个节点的集合，而 $\mathcal{E}$ 表示节点之间的边的集合。$X\in\mathbb{R}^{n\times m}$ 表示节点的属性信息，其中 m 是属性的维度，X_i 表示节点 v_i 的属性向量。

(2)带属性网络表征学习：给定带属性网络 $G=\{\mathcal{V},\mathcal{E},X\}$，带属性网络表征学习旨在学习每个节点 $v_i\in\mathcal{V}$ 的低维向量表示 $h_i\in\mathbb{R}^d$，使得学习的低维向量表示可以同时保留网络拓扑结构和节点属性，其中 d 是学习表示的维数，通常满足 $d\ll n$。

2. 节点属性信息和数据集分析

本节使用 Cora、CiteSeer 和 Pubmed 数据集对节点属性和网络拓扑结构之间的相关性和独立性进行数据集统计和分析。

图 3.7 显示了在三个真实数据集上的数据分析结果。图 3.7(a)表明，随着网络拓扑结构距离(最短路径长度)的增加，节点平均属性相似度降低。网络中距离相近的节点比网络中距离较远的节点具有更高的平均属性相似度。这说明了节点属性和网络拓扑结构之间的相关性。图 3.7(b)中，每个盒状图代表基于网络拓扑结构距离(最短路径长度)的节点对属性相似度的分布。盒状图中心标记表示中位数，上下边界表示 25%和 75%百分位数，延伸到上下端的数据点视为异常值。从盒状图中可以观察到许多在网络拓扑结构上比较接近的节点对的属性相似度较

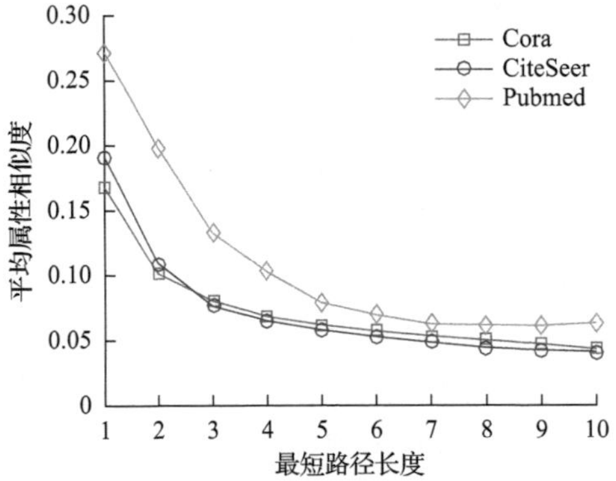

(a) 相关性

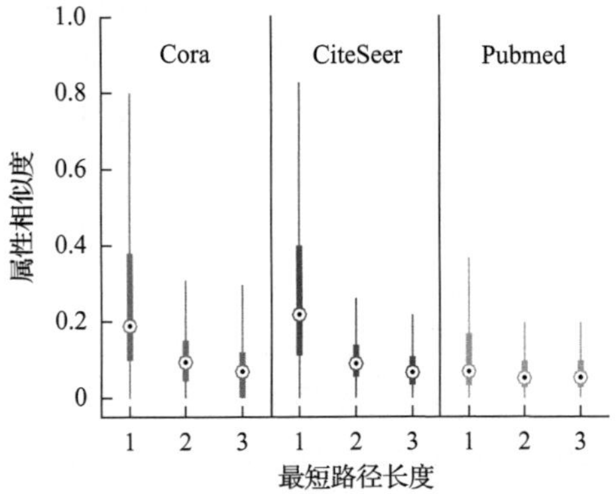

(b) 独立性

图 3.7　带属性网络中，节点属性和网络拓扑结构之间的相关性和独立性[12]

低。对比图中相邻的盒状图，可以看到许多网络拓扑结构上更接近的节点对的属性相似度比网络拓扑结构上距离较远的节点对的属性相似度更小。这说明了节点属性和网络拓扑结构之间存在的独立性。综上所述，节点属性和网络拓扑结构都描述了节点之间的关系，并且两种信息之间存在相关性和独立性。

3. 基于相关性和独立性的带属性网络表征学习模型

本小节描述了 DGE 模型，首先将介绍节点属性和网络拓扑结构的生成过程，然后使用随机梯度变分贝叶斯(SGVB)来推断潜在参数以及节点表示，最后使用两个具体的例子来说明模型如何捕获节点属性和网络拓扑结构之间的相关性和独立性。

生成式带属性网络表征学习：给定一个带属性网络 $G=\{\mathcal{V},\mathcal{E},X\}$ ，生成式带属性网络表征学习旨在模拟节点属性和边的生成过程，并将每个节点 $v_i \in \mathcal{V}$ 表示为低维向量 $h_i \in \mathbb{R}^L$ ，使得节点之间的关系可以在向量空间中表示。L 是满足 $L \ll N$ 和 $L \ll D$ 的表征学习维度。

1) 带属性网络的生成过程

节点属性的生成模型已在现有工作[21]中得到了广泛研究。一些早期的工作[22]假设属性是从简单的概率分布中生成的，而真实的属性信息往往是通过更复杂的分布生成。得益于深度神经网络强大的拟合能力，DGE 模型提出了利用深度神经网络来捕获潜在变量与观察到的属性之间的复杂关系，尤其是非线性关系。现有的很多前沿方法都是通过类似的结构对属性信息进行建模。与节点属性相比，网络中的边反映了节点两两之间的成对关系，因此边的生成应与两个节点均有关。网络中的边是离散变量，因此通常假设它是由伯努利分布生成的，伯努利分布的参数由低维向量表征之间的相似性决定。低维向量的相似性度量有多种选择，这里使用经典的余弦相似度作为度量方法。值得注意的是，DGE 模型可以通过使用不同的概率分布扩展到加权网络和有向网络，这些将在以后的工作中进一步研究。

基于以上生成过程假设，DGE 模型希望统一建模带属性网络两方面的特性：①节点属性和网络拓扑结构的似然；②节点属性和网络拓扑结构之间的相关性和独立性。

在 DGE 模型中，同时考虑了二值化属性和连续属性。二值化属性是从伯努利分布中生成的，连续属性是由高斯分布生成的。网络中的边假设是由伯努利分布生成的。其中伯努利分布的参数由节点低维向量的相似度决定。节点属性和网络拓扑结构的分布参数由节点低维向量表示通过深度神经网络生成。

带属性网络 $G=\{\mathcal{V},\mathcal{E},X\}$ 中节点属性和网络拓扑结构可以通过如下的过程生成。

对于网络中的每个节点 $v_i \in \mathcal{V}$ 从低维空间的分布中抽取向量 $z_i \sim \mathcal{N}\left(\mu_0,\sigma_0^2 I\right)$。

对于有二值化属性的节点，其生成过程如下。

(1)计算分布的期望 μ_i：

$$\mu_i = f\left(z_i;\theta\right) \tag{3.30}$$

(2)从分布中采样节点的属性 $x_i \sim \mathrm{Ber}\left(\mu_i\right)$。

对于有连续属性的节点，其生成过程如下。

(1)计算高斯分布的均值和方差：

$$\left[\mu_i,\sigma_i^2\right] = f\left(z_i;\theta\right) \tag{3.31}$$

(2)从高斯分布中采样节点的属性 $x_i \sim \mathcal{N}\left(\mu_i,\sigma_i^2 I\right)$。

对于节点对 v_i、v_j 按照伯努利分布采样边 $E_{ij} \sim \mathrm{Ber}\left(\sigma\left(z_i^{\mathrm{T}} z_j\right)\right)$。

上述内容中，z_i 是节点 v_i 的低维向量表示，$\mathcal{N}\left(\mu,\sigma^2 I\right)$ 是以 μ、σ^2、I（μ 是均值、σ^2 是方差、I 是单位矩阵）为参数的多元高斯分布。$f(\theta)$ 是一个映射函数，它是以 θ 为参数的。$\mathrm{Ber}(\cdot)$ 是多元伯努利分布，σ 是 Sigmoid 激活函数。

根据生成过程和独立假设，联合概率 $p(X,E,Z)$ 可分解为

$$p(X,E,Z) = p(X|Z)p(E|Z)p(Z) \tag{3.32}$$

$$p(Z) = \mathcal{N}\left(\mu_0,\sigma_0^2 I\right) \tag{3.33}$$

$$p(X|Z) = \mathrm{Ber}\left(X|\mu_i\right) \text{ or } \mathcal{N}\left(X\middle|\mu_i,\sigma_\mu^2 I\right) \tag{3.34}$$

$$p(E|Z) = \mathrm{Ber}\left(E\middle|\sigma\left(Z^{\mathrm{T}} Z\right)\right) \tag{3.35}$$

2)模型推断

本小节将介绍 DGE 模型的参数推断方法。由于随机变量之间存在非线性、非共轭等问题，因此后验概率难以精确计算。为了解决这个问题，利用变分推断的思想，将模型似然函数的变分下界作为目标函数来约束变分后验概率逼近真实后验概率。基于上述思想，DGE 模型的目标是根据网络中的边 E 和节点属性 X 最大化节点低维向量表示 Z 的似然函数，其中 Z 的后验概率可以写作：

$$p(Z|X,E) = \frac{p(X,E|Z)p(Z)}{p(X,E)} \tag{3.36}$$

由于似然函数以及后验概率的分布形式未知，因此计算似然概率 $p(X,E|Z)$ 以及后验 $p(Z|X,E)$ 非常困难，这里引入了变分后验 $q_\phi(Z|X,E)$ 来逼近真实后验

$p_\theta(Z|X,E)$，并使用KL散度来测量两个分布之间的距离：

$$\begin{aligned}&\mathrm{KL}\left(q_\phi(Z|X,E)\|p_\theta(Z|X,E)\right)=\log p(X,E)\\&-E_{q_\phi(Z|X,E)}\left[\log p_\theta(X,E,Z)-\log q_\phi(Z|X,E)\right]\end{aligned}\tag{3.37}$$

其中，ϕ 和 θ 是变分后验和真实后验的参数。引入变分参数后，网络拓扑结构和节点属性的对数似然可以描述为

$$\begin{aligned}\log p(X,E)&\geqslant E_{q_\phi}\left[\log p(X,E,Z)-\log q_\phi(Z|X,E)\right]\\&=E_{q_\phi}\left[\log p_\theta(X,E|Z)-\mathrm{KL}\left(q_\phi(Z|X,E)\|p_\theta(Z)\right)\right]\\&=\mathcal{L}_{\mathrm{ELBO}}(X,E)\end{aligned}\tag{3.38}$$

其中，$\mathcal{L}_{\mathrm{ELBO}}(X,E)$ 是变分下界(ELBO)。按照经典的变分推断方法，变分后验 $q_\phi(Z|X,E)$ 假设为具有对角协方差结构的多元高斯分布：

$$\log q_\phi(Z|X,E)=\sum_i\log\mathcal{N}\left(z_i;\tilde{\mu}_i,\tilde{\sigma}^2I\right)\tag{3.39}$$

其中，$\tilde{\mu}_i$ 和 $\tilde{\sigma}^2$ 是变分后验的均值和方差。变分下界的第二项经过简单的高斯变换改写为

$$\begin{aligned}&\mathrm{KL}\left(q_\phi(Z|X,E)\|p_\theta(Z)\right)\\&=\frac{1}{2}\sum_i\sum_{j=1}^{L}\left[1+\log\left(\tilde{\sigma}_i^j\right)^2-\left(\tilde{\mu}_i^j\right)^2-\left(\tilde{\sigma}_i^j\right)^2\right]\end{aligned}\tag{3.40}$$

为了计算变分下界的第一项，使用了重参数化技巧(reparameterization rick)与蒙特卡罗采样进行推断。若节点属性是二值属性，变分下界的第一项可以写为

$$\begin{aligned}&E_{q(Z|X,E)}[\log p(X,E|Z)]\\&\simeq\frac{1}{S}\sum_{s=1}^{S}\left[\sum_i\log p\left(x_i\middle|z_i^s\right)+\sum_{ij}\log p\left(E_{ij}\middle|z_i^s,z_j^s\right)\right]\\&=\frac{1}{S}\sum_{s=1}^{S}\left\{\sum_{i=1}^{N}\sum_{d=1}^{D}x_{id}\log\mu_{id}+\left(1-x_{id}\right)\log\left(1-\mu_{id}\right)\right.\\&\quad\left.+\sum_{ij}E_{ij}\log\sigma\left(\left(z_i^s\right)^{\mathrm{T}}z_j^s\right)+\left(1-E_{ij}\right)\log\left[1-\sigma\left(\left(z_i^s\right)^{\mathrm{T}}z_j^s\right)\right]\right\}\end{aligned}\tag{3.41}$$

其中，$z_i^s=\tilde{\mu}_i+\tilde{\sigma}_i\odot\epsilon^s,\epsilon^s\sim\mathcal{N}(0,I)$；$S$ 是蒙特卡罗采样的数量；D 是节点属性的维度；N 是节点数。若节点属性是连续属性，变分下界的第一项可以写为

$$
\begin{aligned}
&E_{q(Z|X,E)}[\log p(X,E|\ Z)]\\
&\approx \frac{1}{S}\sum_{s=1}^{S}\left\{\sum_{i}\sum_{d=1}^{D}-\log\left(\sqrt{2\pi}\sigma_{id}\right)+\frac{\left(x_{id}-\mu_{id}\right)^{2}}{2\sigma_{id}^{2}}\right.\\
&\left.+\sum_{ij}E_{ij}\log\sigma\left(\left(z_{i}^{s}\right)^{\mathrm{T}}z_{j}^{s}\right)+\left(1-E_{ij}\right)\log\left[1-\sigma\left(\left(z_{i}^{s}\right)^{\mathrm{T}}z_{j}^{s}\right)\right]\right\}
\end{aligned}
\tag{3.42}
$$

在得到变分下界两项的具体形式后，二值属性的带属性网络表征学习损失函数可以写为

$$
\begin{aligned}
\mathcal{J}_{r}&=-\mathcal{L}(X,E)\\
&=-\frac{1}{S}\sum_{s=1}^{S}\left\{\sum_{i}\sum_{d=1}^{D}x_{id}\log\mu_{id}+\left(1-x_{id}\right)\log\left(1-\mu_{id}\right)\right.\\
&+\sum_{ij}E_{ij}\log\sigma\left(\left(z_{i}^{s}\right)^{\mathrm{T}}z_{j}^{s}\right)+\left(1-E_{ij}\right)\log\left[1-\sigma\left(\left(z_{i}^{s}\right)^{\mathrm{T}}z_{j}^{s}\right)\right]\\
&\left.-\frac{1}{2}\sum_{i}\sum_{j=1}^{L}\left[1+\log\left(\tilde{\sigma}_{i}^{j}\right)^{2}-\left(\tilde{\mu}_{i}^{j}\right)^{2}-\left(\tilde{\sigma}_{i}^{j}\right)^{2}\right]\right\}
\end{aligned}
\tag{3.43}
$$

连续属性的带属性网络表征学习损失函数可以写为

$$
\begin{aligned}
\mathcal{J}_{r}&=-\mathcal{L}(X,E)\\
&=-\frac{1}{S}\sum_{s=1}^{S}\left\{\sum_{i}\sum_{d=1}^{D}-\log\left(\sqrt{2\pi}\sigma_{id}\right)+\frac{\left(x_{id}-\mu_{id}\right)^{2}}{2\sigma_{id}^{2}}\right.\\
&+\sum_{ij}E_{ij}\log\sigma\left(\left(z_{i}^{s}\right)^{\mathrm{T}}z_{j}^{s}\right)+\left(1-E_{ij}\right)\log\left[1-\sigma\left(\left(z_{i}^{s}\right)^{\mathrm{T}}z_{j}^{s}\right)\right]\\
&\left.-\frac{1}{2}\sum_{i}\sum_{j=1}^{L}\left[1+\log\left(\tilde{\sigma}_{i}^{j}\right)^{2}-\left(\tilde{\mu}_{i}^{j}\right)^{2}-\left(\tilde{\sigma}_{i}^{j}\right)^{2}\right]\right\}
\end{aligned}
\tag{3.44}
$$

3）模型优化

以下将讨论高斯分布参数和节点低维向量表示推断的方法。对于生成输入网络的概率分布 $p_{\theta}(X,E|Z)$，给定节点 v_i 的低维向量表示 z_i 和高斯分布的期望 μ_i，节点属性可以由 K 层非线性神经网络生成，具体为

$$
\begin{aligned}
&h_{i}^{1}=f\left(W^{1}z+b^{1}\right)\\
&h_{i}^{k}=f\left(W^{k}h_{i}^{k-1}+b^{k}\right),\quad k=1,2,\cdots,K-1\\
&\mu_{i}=\sigma\left(W^{K}h_{i}^{K-1}+b^{K}\right)
\end{aligned}
\tag{3.45}
$$

其中，$f(\cdot)$是非线性激活函数；K 是层数；W 和 b 是神经网络的参数。节点之间的边可以通过伯努利分布 $E_{ij}=\sigma\left(z_i^{\mathrm{T}}z_j\right)$生成。

对于变分后验 $q(Z|X,E)$，本节方法设计了一个神经网络，将节点属性和网络拓扑结构结合起来以推断后验概率。与 DGE 模型相比，诸如 Graph2Gauss、SEANO 和 Plantoid-Ⅰ等现有方法也采用自编码器结构进行表征学习。但这些方法仅编码了节点属性，忽略了网络拓扑结构。因此这些方法非常依赖于节点属性的质量，并且节点属性与网络拓扑结构之间的交互没有被捕获。尽管 RINAE 对节点属性和网络拓扑结构都进行了编码，但该方法将输入属性向量和邻接矩阵向量直接拼接，忽略了节点属性和网络拓扑结构之间的差异。

为了解决上述问题，首先使用多层前向传播网络转换输入量，然后将低维向量和自编码器的输入特征连接起来：

$$
\begin{aligned}
& h_{x,i}^{1}=f\left(W_x^1 x_i+b_x^1\right) \\
& h_{x,i}^{k_x}=f\left(W_x^{k_x} h_{x,i}^{k_x-1}+b_x^{k_x}\right),\quad k_x=1,2,\cdots,K_x \\
& h_{E,i}^{1}=f\left(W_E^1 E_i+b_E^1\right) \\
& h_{E,i}^{k_E}=f\left(W_E^{k_E} h_{x,i}^{k_E-1}+b_E^{k_E}\right),\quad k_E=1,2,\cdots,K_E \\
& h_i'=\operatorname{concat}\left[h_{x,i}^{K_x},h_{E,i}^{K_E}\right] \\
& h_i'^{k}=f\left(W_x^k h_i'^{k-1}+b^k\right),\quad k=1,2,\cdots,K' \\
& \tilde{\mu}_i=f\left(W^{\mu} h_i'^{K'}+b^{\mu}\right) \\
& \log\tilde{\sigma}_i=f\left(W^{\sigma} h_i^{K'}+b^{\sigma}\right)
\end{aligned}
\tag{3.46}
$$

其中，concat 表示拼接。

DGE 模型的整体框架如图 3.8 所示。

4) 节点属性和网络拓扑结构之间相关性和独立性的解释

本小节通过具体的例子讨论 DGE 模型如何建模节点属性和网络拓扑结构之间的相关性和独立性。由于节点属性和网络拓扑结构都是从节点的低维向量生成的，从总体趋势上来说，具有相似低维向量表示的节点更有可能形成边和共享相似属性。这个趋势对应于两种信息之间的相关性。节点属性和网络拓扑结构之间的独立性可以从以下两个方面解释。

节点属性和边是从概率分布中生成的，概率分布的随机性使得具有相似甚至

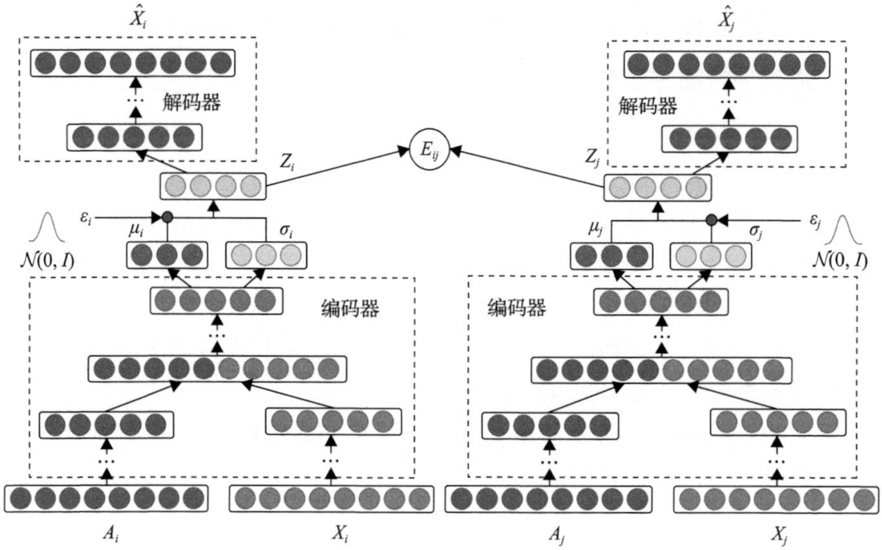

图 3.8　DGE 模型整体框架[12]

相同潜在表征学习的节点也可能具有不同的属性或者节点之间没有边；节点属性和边是从独立的生成过程生成的，两种生成过程中的独立性进一步带来生成结果的差异性。

图 3.9 说明了节点属性和网络拓扑结构独立性的两种具体情况。每条曲线表示节点连续属性的高斯分布，曲线上的点表示观察到的节点的属性，均值由节点的低维向量生成。对于具有相似均值和低维向量表示的节点对，生成边的概率较高，这说明了两种信息之间的相关性。在第一种情况下(图 3.9(a))，两个分布的均值不同，这意味着节点之间可能没有边，但属性可能很相似，如节点 1 和节点 2；在第二种情况下(图 3.9(b))，两个分布的均值很接近，这意味着存在边的可能性很高，但属性可能不相同，如节点 1 和节点 2。

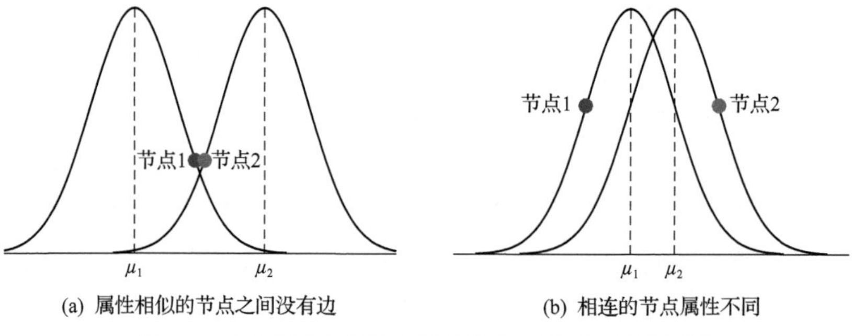

图 3.9　节点属性和网络拓扑结构之间的独立性举例[12]

3.2　基于复杂约束强化学习的仿真分析知识发现

3.2.1　基于马尔可夫博弈的强化学习建模

强化学习可以用来解决序列决策问题。强化学习的两个重要概念是智能体(agent)和环境(environment)。做决策的实体称为智能体，除智能体之外的其他要素称为环境。强化学习的过程便是智能体与环境一次次交互的过程。在任一时刻 t，智能体观察环境当前的状态(state)，并通过策略(strategy)选择将要执行的动作(action)。而环境则根据智能体的动作更新自身的状态，并给予智能体相应的反馈，也就是奖励(reward)。奖励的设置主要是为了体现智能体所选择的动作是成功还是失败，或者是对智能体的优化目标的贡献程度。强化学习通过每个动作的奖励来不断修正动作选择策略，从而达到优化决策的目的。

与机器学习算法中的监督学习不同的是，智能体必须在与环境交互的过程中进行自我学习，通过学习到的知识进一步改进行动方案以适应环境。总的来说，强化学习算法是一个“试错”的过程，并且在“试错”的过程中学习。

下面以调整断面为例子，来阐述基于马尔可夫博弈建模的强化学习要素定义。

(1)环境：断面功率调整中，以电力系统仿真环境作为智能体的交互环境，环境基于电力系统分析综合程序(PSASP)文件格式的电网潮流数据，能够为智能体提供决策参考的电网各类属性、状态值。环境能根据决策中的动作，修改电网中的相关电力参数，并进行潮流计算更新电网状态和断面功率计算。

(2)智能体：作为发电机调度策略的提供者和学习者，智能体能通过与环境交互来获得经验，并从中不断学习来获得最优策略。在复杂的电网环境下，适用于某一断面的功率调整策略很可能不适用于其他断面，因此将每个断面都分配给一个智能体负责监管，并期望各个智能体通过合作与竞争不断学习到最优的全局策略。在本问题中，N 个断面将分别由 N 个智能体负责，一对一进行关注。

(3)状态：状态是智能体可观测到的信息，在多断面功率调整问题中，状态变量应该反映某一时刻电力系统的运行状态。将与断面功率调整问题最为相关的系统参数，如发电机有功功率、无功功率，负荷有功功率、无功功率和输电线路上的有功功率作为当前系统特征。对任一智能体，可观测的状态 S 包括公共状态 S^{pub} 和专有状态 S^{spe}，具体包含

$$S^{\text{pub}}=\begin{bmatrix}S_{\text{G}} & S_{\text{L}} & S_{\text{AC}}\end{bmatrix}=\begin{bmatrix}P_{\text{G}} & P_{\text{L}} & P_{\text{AC}}\\ Q_{\text{G}} & Q_{\text{L}} & Q_{\text{AC}}\end{bmatrix} \tag{3.47}$$

$$S^{\mathrm{spe}}=\begin{bmatrix}P^{\mathrm{C}}\\P^{\mathrm{tar}}\end{bmatrix} \tag{3.48}$$

其中，S_{G}是发电机的状态量，包含发电机有功出力P_{G}和无功出力Q_{G}；S_{L}是负荷的状态量，包含负荷的有功消耗P_{L}和无功消耗Q_{L}；S_{AC}是交流线的状态量，包含交流线的有功功率P_{AC}和无功功率Q_{AC}。专有状态S^{spe}包含目标断面的当前功率P^{C}和目标功率P^{tar}。

(4)动作：本任务通过修改发电机有功出力来调整断面功率，因此输出动作为所有可调发电机的调整量。动作A表示为

$$A=\left[a_1,a_2,\cdots,a_{N_{\mathrm{G}}}\right] \tag{3.49}$$

其中，N_{G}是可调发电机的数量；A中的每一个元素代表了每个可调发电机的有功出力调整量，对于单次调整动作，其元素大小限制在$[-0.5,0.5]$范围内。动作的执行则是对各个可调发电机进行再调度，对于发电机$j\left(1\leqslant j\leqslant N_{\mathrm{G}}\right)$，其有功出力$P_j$在调整后更新为$P_j'=P_j+a_j$。若发电机属于PQ节点类型，则其无功出力也允许调整，为降低有功出力调整后潮流计算不收敛的风险，也对PQ节点类型的发电机同比例地修改无功出力。其无功出力Q_j在调整后更新为$Q_j'=Q_j+\dfrac{Q_j}{P_j}\cdot a_j$。

(5)奖励：奖励用于智能体执行动作后的反馈，合适的奖励能引导智能体高效、正确地学习。在多断面功率调整问题中，基于调整任务和经验知识设置了三类奖励函数。

(6)距离奖励：根据断面当前值和目标值之间的差距给予奖励。对于第i个智能体(关注第i个断面)，其距离奖励公式为

$$R_1^i=f(x)=\begin{cases}0.1, & \text{断面}\,i\,\text{调整成功}\\ 5, & \text{所有断面均调整成功}\\ (1-k)D\left(M_i\right)+\dfrac{k\sum\limits_{j\in\Omega、\,j\neq i}D\left(M_j\right)}{N-1}, & \text{其余中间情况}\end{cases} \tag{3.50}$$

$$D\left(M_i\right)=-\left|P_{M_i}-P_{M_i}^{\mathrm{tar}}\right| \tag{3.51}$$

其中，k是超参；Ω是N个输电断面(或智能体)编号集合；P_{M_i}是当前功率；$P_{M_i}^{\mathrm{tar}}$是目标功率。

(7)约束奖励：根据潮流计算是否收敛给予奖励(惩罚不收敛的情况)以及平衡

节点的出力变化量给予奖励(期望平衡节点发电机出力尽可能保持初始值,减轻平衡节点的负担)。

$$R_2^i = \begin{cases} 0, & \text{收敛} \\ -5, & \text{不收敛} \end{cases} \tag{3.52}$$

$$R_3^i = -\left|\Delta P_{\text{slack}}\right| \tag{3.53}$$

其中，ΔP_{slack} 是电网平衡节点承担的功率偏离量。

(8)最终奖励：$R^i = R_1^i + R_2^i + R_3^i$。因此，只有在调整成功的情况下，奖励才可能为正数，其他情况一律为负数。

3.2.2　基于多智能体强化学习的多断面功率调整

传统 Q 学习系列方法是基于价值的强化学习方法，通常适用于离散动作空间问题。发电机功率调整量是在连续动作空间内的，即使离散化处理，动作选择上也有限制，且造成动作维度的增长，尤其是多断面任务上，模型的训练难度很大。因此，本节采用基于连续动作空间的多智能体深度确定性策略梯度(multi-agent deep deterministic policy gradient，MADDPG)算法。

该算法中每个智能体都包括策略网络(actor network)和价值网络(critic network)两部分。其中策略网络根据智能体观测的局部状态值 S，输出动作 A；价值网络用于拟合最优动作价值函数 Q^*，其输入为全局状态 S_g 和全局动作 A_g，得到的是估计的动作价值 $Q(S_g, A_g)$。

为了在训练中保持稳定，算法采用双网络(目标策略网络和目标价值网络)解构以消除目标 Q 值与估计 Q 值之间的相关性。两个网络采用不同的损失函数，其中，价值网络使用估计 Q 值与目标 Q 值之间的均方误差(MSE)作为损失函数，而策略网络使用价值网络估值的负值，以使预期 Q 值最大化。

MADDPG 通过经验回放(experience replay)机制进行学习。在训练过程中，智能体利用策略网络输出动作与环境进行交互，交互的记录保存在经验池(memory pool)中，当经验池中的记录达到一定量时，每步交互都将从经验池中取出一批交互记录进行学习，并更新策略网络和价值网络的参数。对于目标网络，算法并不直接更新，而是每隔一定回合从现实网络进行参数软更新。

对于每个智能体，基于行为者-评论者(actor-critic)结构，首先构造策略，其输入为当前智能体的局部观测状态量，输出为每个可调发电机的功率调整量；然后构造价值网络，其输入为全体智能体的局部观测状态量及预测动作，输出为该状态的预估价值。网络均由若干全连接层和 ReLU 激活函数层组成。

1. 分布式训练加速

电力系统背景下，基于 MADDPG 方法的多断面功率调整任务是一项耗时的工作。一方面，电网数据中涉及的参数量大，需要对复杂的深度神经网络进行拟合，计算量大；另一方面，仿真实验包含了大量的输入/输出(I/O)操作，这影响了序列训练的效率。本小节引入了分布式训练框架，来加速 MADDPG 的训练过程即分布式 MADDPG，该分布式训练框架中主要包含两种角色：工作者(worker)和学习者(learner)。其中工作者负责与环境交互，获取交互记录并存入共享经验池中。每个工作者中包含一个策略网络，通过多进程方式分布到不同的中央处理器(CPU)运算核上进行并行探索。学习者包含一套网站的 actor-critic 结构，负责从共享经验池中获取交互经验用于网络的训练。每隔一定周期，学习者将为工作者更新策略网络的参数。

算法训练流程如下。

(1)构造工作者-学习者分布式框架，包含若干个工作者、1 个学习者和 1 个共享经验池。每个工作者中包含 N 个策略网络(对应 N 个智能体)，负责并行地与环境交互。学习者包含完整的 N 个 actor-critic 结构，负责从共享经验池中获取交互经验用于网络的训练。

(2)用学习者中的策略网络参数权重初始化所有工作者中的策略网络参数。

(3)对于每个工作者，重置环境获取新的初始潮流数据，智能体分别获取各自的观测变量作为输入，分别输出发电机调度动作，将各个智能体的动作以算术平均的方式进行融合，传入环境执行。不同工作者通过多进程方式分布到不同 CPU 核上并行运算。

(4)执行动作后更新环境状态，依据定义的奖励函数反馈每个智能体的奖励。将包含各智能体观测状态、动作、奖励的交互记录存储到公共经验池中。

(5)重复执行步骤(3)和(4)直到达到最大预设次数。工作者每隔一定次数获取学习者中的策略网络参数更新自身的策略网络。

(6)对于学习者，重复地从经验池中随机采样一个批次的数据，学习并更新策略网络和价值网络。该过程与步骤(5)并行执行。

2. 多断面功率调整实例结果

将分布式 MADDPG 方法在东北电网数据上进行实验。由电网专家定义各断面的支路组成和目标功率值，以目标值的±3%作为允许的合理误差范围。实验数据包括不同初始潮流状态的东北电网潮流数据样本 3200 个(均为潮流收敛样本)，每组数据的发电机出力、负荷需求等均不相同，其中 2500 个划分为训练数据，700 个作为测试数据。

初始潮流数据集构造规则如下。

(1) 随机挑选 M 个负荷，负荷的有功功率和无功功率按 10%的步长逐步增长增加，范围为初始值的 1～4 倍。

(2) 随机挑选 K 个发电机，平均分配总体负荷增加量。

(3) 筛选生成数据中潮流收敛的初始运行状态数据作为方法的训练数据。

以东北电网多断面功率调整为例，按照强化学习算法提供的策略进行发电机调度后，绝大多数断面功率都成功调整到了目标区间内。基于±3%的调整误差范围，东北电网多断面功率自动调整的成功率如表 3.2 和表 3.3 所示，可以发现，基于多智能体强化学习的方法相比于传统的单智能体方法，更适合复杂的电网多断面功率调整场景，效果更优。同时，分布式 MADDPG 方法很大程度地降低了训练所需的时间，提高了算法的训练效率，表明了分布式 MADDPG 方法的有效性和优越性。

表 3.2　东北电网 2 断面功率自动调整成功率

测试目标组别	方法	成功率/%	平均回合用时/s
东北电网-组 1	DDPG	29.86	3.21
	MADDPG	86.57	3.54
	分布式 MADDPG	87.00	0.35
东北电网-组 2	DDPG	32.14	3.10
	MADDPG	87.28	3.95
	分布式 MADDPG	89.14	0.31
东北电网-组 3	DDPG	31.29	3.17
	MADDPG	88.14	3.70
	分布式 MADDPG	89.85	0.32

注：DDPG 表示深度确定性策略梯度。

表 3.3　东北电网 3 断面功率自动调整成功率

测试目标组别	方法	成功率/%	平均回合用时/s
东北电网-组 4	DDPG	19.57	4.54
	MADDPG	87.43	5.27
	分布式 MADDPG	81.00	0.41
东北电网-组 5	DDPG	16.86	4.37
	MADDPG	78.14	5.18
	分布式 MADDPG	80.71	0.39
东北电网-组 6	DDPG	16.29	4.59
	MADDPG	80.14	4.98
	分布式 MADDPG	81.29	0.38

3.3 面向差异化电力系统场景的知识迁移

前沿的知识迁移方法往往不局限于电力系统场景，还主要用于基于图像分类等任务。为了更好地阐述这些前沿工作，在下面章节，不拘泥于电力系统场景，以求更好地阐明相关工作。

近年来，随着高性能计算(high performance computing)硬件，如GPU、张量处理器(TPU)、神经网络处理器(NPU)等的迅速发展和应用，结合各个领域积累的海量数据，深度学习(deep learning，DL)开始在诸多应用场景展现出卓越的效果，如计算机视觉、语音识别、自然语言处理、推荐系统、信息检索等[23]。深度神经网络与传统的浅层模型相比，拥有更强大的非线性表达能力，能够端到端(end-to-end)地从复杂的数据中提取出与任务相关的低维特征，但其庞大的参数数量也使得训练模型时需要更强性能的硬件平台、更大的存储空间以及海量的数据以防止模型陷入过拟合状态[24]。

这里以 2016 年获得 ImageNet 多项竞赛冠军并获得国际计算机视觉与模式识别会议(CVPR)最佳论文的深度残差网络(ResNet)[25]为例。在 CIFAR-10 数据集[26]上训练模型时，当输入的图片大小为 32 像素×32 像素，类别为 10 类，批处理大小(batch size)为 128，训练周期(epoch)为 300 时，表 3.4 给出了 32 层的 ResNet-32 和 110 层的 ResNet-110 具有的参数数目、存储空间、在一块 NVIDIA Titan Xp 显卡上训练模型的时间以及分别在该 GPU 和在 4 核 Intel® Core™ i7-6700HQ CPU @ 2.60GHz 上测试一张图片所需的时间、浮点运算数。

表 3.4 ResNet 模型各项指标统计结果

模型名称	参数数目/10^6个	存储空间/MB	训练时间(GPU)/min	测试时间(GPU)/ms	测试时间(CPU)/ms	浮点运算次数(FLOPs)/10^6
ResNet-32	约 0.47	约 3.62	约 73.6	约 6.65	约 16.63	约 35.03
ResNet-110	约 1.17	约 8.98	约 580	约 18.20	约 58.99	约 87.01

而卷积算子具有共享权重而不共享计算的特点，以及实际应用场景输入的图片像素往往更大，因此在部署深度学习模型时需要留有更大的存储空间及计算资源。如图 3.10[27]所示，当输入图片类别为 1000 类，图片大小为 224 像素× 224 像素时，具有大于 75%准确率的模型的参数数目高达 3.5×10^7～9.5×10^7，对应需要 200～700MB 的存储空间，且其所需的计算量也无法满足嵌入式设备低功耗、低延时的要求。例如，ResNet-34 具有约 7.5GFLOPs、ResNet-101 具有略大于 15GFLOPs，按比例计算得到在 CPU 上测试一张图片分别需要 3.5s、10.6s。

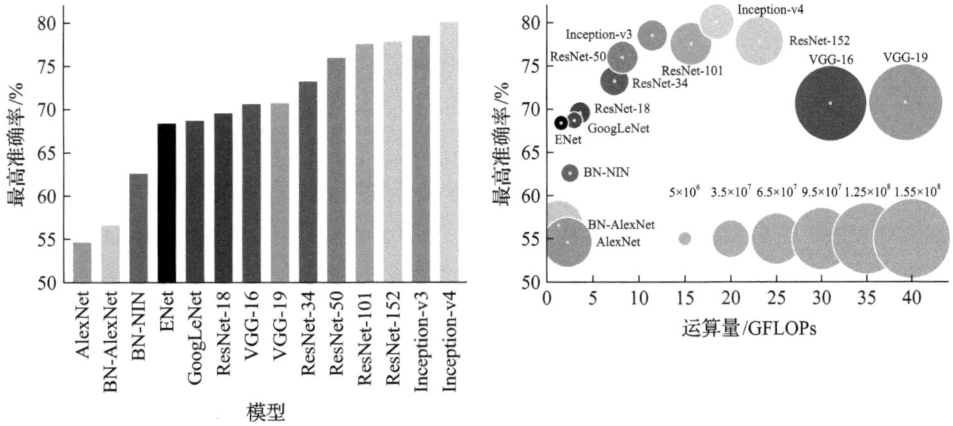

(a) 不同神经网络模型在ImageNet 数据集上的最高准确率　　(b) 模型对应的参数数目和浮点计算量

图 3.10　深度学习模型最高准确率、参数数目与运算量示意图[27]

另外，越来越多的嵌入式设备如手机、车载电脑等出于实时性、信息隐私等方面的考虑，希望能够直接在移动端运行模型进行推理而不是将数据上传到云端处理。在移动手机上，期望可以运行许多图像识别类的应用，如利用人脸识别技术进行手机解锁、移动支付、精细修图；利用场景识别与分割技术、图像增强与虚化技术提高拍摄照片的质量；利用图像聚类技术自动对海量手机相册图片进行归档、生成标签，方便用户检索等。另外，还可以利用深度学习模型在自然语言处理和语音处理上的成果，如利用实时翻译、机器翻译技术方便不同语言用户交流，提高用户阅读外文文档效率；利用语言识别技术推出个人助理如 Siri、Cortana 以提高用户生活、办公效率；利用自动写诗、自动生成对话技术推出智能机器人以增加用户生活中的乐趣等。如今迅速发展的自动驾驶技术同样需要利用车载嵌入式设备运行多种深度学习模型，并结合各类传感器以完成对行人、车辆、交通标志等的识别[28]。

但是上述嵌入式设备往往会受到存储容量小、运算性能不足、带宽通信受限以及能耗不能过大等限制而无法运行复杂的深度学习模型。另外，过于简单的模型又往往不能达到令人满意的准确率。因此，急需设计一种高效的模型压缩算法使得能够同时获得复杂模型准确率高和简单模型易于使用的优点。

知识蒸馏在不改变网络结构的同时，利用深层模型提供的正则项直接提高浅层模型的准确率，使得浅层模型在占用更少存储量的情况下达到接近深层模型的效果，在近些年来逐渐引起学术界及工业界的关注。接下来，对知识蒸馏进行简要介绍。

知识蒸馏(knowledge distillation)的概念由欣顿(Hinton)等在 2014 年神经信息处理系统(NIPS)会议上提出，现已经被广泛应用到计算机视觉、自然语言处理、语言识别等多个领域。

该方法认为神经网络在给定样本上输出的预测概率分布蕴含了类别之间的相似性信息，而传统的分类模型仅仅利用概率分布中的最大值的对应编号作为模型预测的该样本所属类别，因而未能充分利用模型在训练数据时得到的信息。例如，在处理五分类任务时，神经网络在某个真实标签为“Class-1”的训练样本上输出的 logits 向量(softmax 层的输入向量)为[20, 10, 5, 3, 1]，经过 softmax 层后得到向量 $[9.99954249\times10^{-1}, 4.53978527\times10^{-5}, 3.05888325\times10^{-7}, 4.13974831\times10^{-8}, 5.60254011\times10^{-9}]$，即该预测结果除了显示该样本应该被分为预测概率最大的标签“Class-1”以外，还体现了模型认为该样本更接近“Class-2”而不是“Class-3”(预测概率相差了约 150 倍)。类似地，在图像识别任务中，就很有可能出现当输入样本为“猫”的图片时，模型预测为“狗”或者“老虎”的概率就远大于“汽车”或者“房子”。因此，有效地利用这些类间相似性信息往往可增大预测概率分布的熵[29-31]，使得模型收敛到更平(flatter)的局部最小值，从而提高模型准确率。另外，由于原始的知识蒸馏指的是从一个复杂的“教师”网络迁移知识到一个简单的“学生”网络，因而其还具有模型压缩的功能[32]。

1) 离线知识蒸馏

深层的模型或者对多个模型进行集成往往能够得到更好的泛化能力，即在测试集上取得更高的准确率，但大量的参数使得其无法很好地应用在存储、计算、传输、能源受限的场景下，而浅层模型虽然更易使用但往往达不到所需的准确率。因此，最早 Hinton 等提出的知识蒸馏形式就尝试将复杂模型训练完成后得到的软标签(soft label)用于指导简单模型的训练，实验证明该方式的确能较大幅度地提升简单模型的效果。具体来说，先预训练一个复杂的“教师”网络，其具有大量的参数并需要大量的时间来训练模型与搜索超参数，然后从头开始训练一个实际应用时需要的“学生”网络，该网络具有更少的参数、推理速度更快。由于该过程为两阶段(two-stage)模式，因此被称为离线知识蒸馏。

对于经典的任务，如在加拿大高等研究院(Canadian Institute for Advanced Research, CIFAR)、ImageNet 数据集上做图像分类、语义分割等，由于现有大量开源且已经预训练完成的深层神经网络，可以将其直接作为“教师”网络发挥知识蒸馏的作用。但对于许多实际应用来说，往往并不存在一个强大的预训练模型，此时若在离线知识蒸馏框架下耗费大量的计算资源和时间去训练、调试一个复杂的“教师”网络就降低了该方法带来的效益。因此，近年来学者提出了在线知识蒸馏的方式。

2) 在线知识蒸馏

在线知识蒸馏考虑了一个更加通用的情况，即如何在不存在预训练模型的情况下同样提升模型的效果。目前主流的方法是同时训练“虚拟教师”和“学生”网络，使其通过相互学习或者集成学习提升各个网络的准确率。此时“虚拟教师”网络本身的泛化能力可以与“学生”网络相同或是类似，即采用相同或类似的神经网络架构，甚至仅仅是“学生”网络预测结果的某种加权形式，因而称之为“虚拟”。由于在线知识蒸馏方法有着更广阔的应用，接下来对其进行详细介绍。

3.3.1 基于图神经网络的知识蒸馏

近年来，知识提取已成为提高卷积神经网络模型泛化能力的一种常用技术。然而，由于图的拓扑结构和节点属性可能会发生动态变化，静态的教师模型在指导学生训练方面还不够充分，因此它对图神经网络的效果并不理想。通过在线知识蒸馏方式同时训练一组图神经网络来应对这一挑战，其中组知识扮演着类似于预训练教师的角色，以提高学生的学习成绩，并且在模型训练中有效地捕捉到图神经网络的动态变化。同时，两种类型的知识在学生之间相互传递以增强：反映图形拓扑和节点属性信息的局部知识以及反映类预测的全局知识。用 KL 散度传递全局知识，就像普通的知识蒸馏一样。同时利用局部知识的复杂结构进行对抗性循环学习。大量实验验证了本节提出的在线对抗蒸馏方法的有效性。

CNN 在图像分类[25]和目标检测[33]等领域取得了巨大的突破。然而，现代 CNN 的成功通常需要数百万个参数，这在资源有限的移动设备上很难实现。因此，知识提炼(KD)被提议通过训练一个轻量级的学生模型来与教师的预测保持一致[34]，从而压缩和加速那些烦琐的教师模型。除了预测对齐外，还可以通过对齐教师和学生模型之间的中间表示[35,36]和样本关系[37,38]来实现知识提取。

最近，知识提取引起了 GNN 社区的注意，在该社区中，通过从一个预先训练过的大型教师 GNN 模型[39,40]中提取知识来训练一个很小的学生 GNN 模型。然而，直接采用普通的知识蒸馏方式将受到图形数据动态性的困扰。也就是说，图形拓扑和节点属性可能会随时间而变化。这表明教师和学生模型的训练集分布可能会有所不同。因此，静态教师模型不适合在多变的环境中传授知识。考虑到昂贵的成本和变化的频率，在图表发生变化时重新训练重量级教师 GNN 是不切实际的。因此，用静态教师的过时知识训练的学生模型可能会导致次优解。

为了缓解这一问题，不训练单一的重量级教师 GNN，而是同时训练一组学生 GNN，并将群体知识作为预训练教师模型的有效代理。通过这种方式，每个 GNN 学生将从其他同学那里提取知识，以提高其表现。当图表更新需要重新训练时，轻量级学生模型比重量级教师模型产生的成本要少得多。更具体地说，每个学生 GNN 都使用来自地面真值标签的常规交叉熵损失以及来自其他组成员的两种类型的知识进行训练，这对应于图形数据的两个特征：局部知识和全局知识。局部知识反映了包含在图拓扑和节点属性中的信息，它被实例化为学习的节点嵌入来自相邻节点的聚集属性。由于局部知识的复杂结构，将采用对抗式循环学习来有效地实现学生之间的嵌入对齐。全局知识反映了半监督分类器对类的预测，就像一般的知识蒸馏一样，用 KL 散度传递这类知识。

本节在具有不同 GNN 架构的基准数据集上进行了大量实验，以验证提出的在线对抗性蒸馏(OAD)框架的泛化性。消融实验也旨在证明每个模型组件的必要性。

综上所述，本节的贡献总结如下。

(1)提出了一个新的 OAD 框架，通过鼓励 GNN 在同时训练的团队中向其他同行学习来提高 GNN 的性能。

(2)提出了两种 GNN 组知识：反映类预测的全局知识和捕捉 GNN 的图形拓扑和节点属性信息的局部知识。

(3)在基准数据集上进行的大量实验证明了该框架的有效性。

1. 模型

本小节将详细介绍提出的用于图神经网络的 OAD 框架。一般来说，将利用在线知识提炼范式来同时训练一组学生模型，并鼓励每个学生向其他同学学习。

更具体地说，从一组具有随机初始化参数的未经训练的学生模型开始。每个具有不同初始化信息的学生都希望捕获图形数据的不同特征，这些特征主要分为两类。

(1)结合局部邻域结构和节点特征的局部知识，由学习的节点嵌入自然表示。

(2)GNN 模型预测的标签分布的全局知识，决定每个节点的相应类别。

这两种知识类型都是在学生之间转移的，但它们的提炼方式不同。由于全局知识是由标签上的分布表示的，因此遵循一般的知识提取，并使用 KL 散度来测量距离。然而，局部知识结合了图的拓扑结构和节点属性，这相比于标签分布更加复杂。更重要的是，每个学生模型被期望捕获不同的图属性。将嵌入用 L2 或 KL 度量严格对齐会损害多样性并使学生模型之间传递的知识退化。受对抗式训练在学习复杂分布方面的成功启发，本节训练了几个鉴别器来区分所学习的嵌入分布之间的差异，从而得到更准确的结果。此外，利用循环训练策略来提高训练效率。图 3.11 说明了 OAD 框架，该框架包含三个主要组件：局部知识蒸馏、全局知识蒸馏和对抗循环训练。

1)局部知识蒸馏

学习到的图表征可以有效地表示节点 v_i 周围的本地信息。v_i 将通过提剩余 GNN 组成员生成的 h_t 的“虚拟”教师节点的知识来进一步细化。对于每个学生，将 GNN 模型 $G_m(m=1,2,3,\cdots,M)$ 作为生成器来生成 h_i，并分配相应的鉴别器 $D_m: R^{N\times D'} \to R^N$，以区分节点嵌入源于学生还是教师。在该模型中，鉴别器聚合

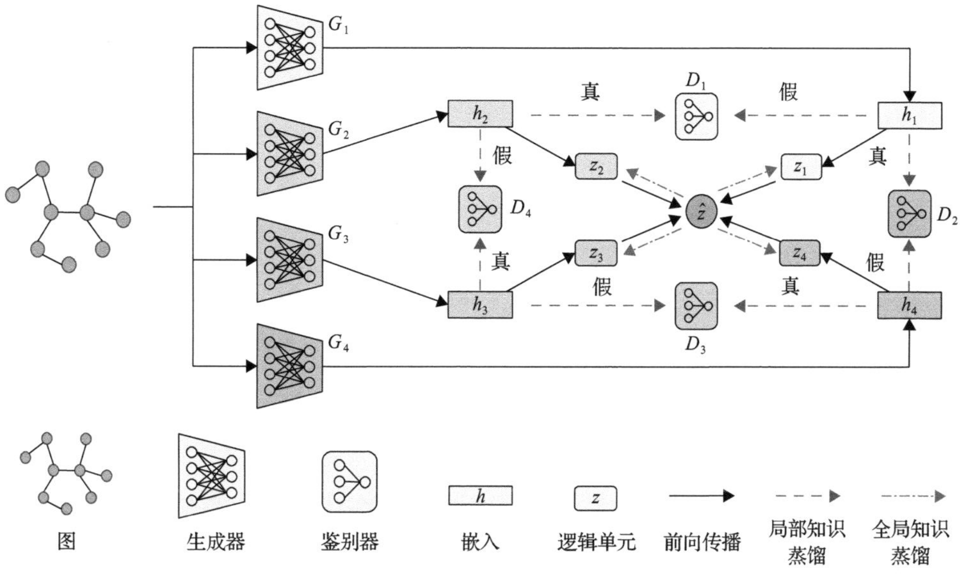

图 3.11　OAD 框架

图中展示了使用四个学生 GNN 模型的情况。每个学生模型被分配一个 GNN 发生器和一个鉴别器。鉴别的顺序是循环的

由学生和教师模型学习的中心节点及其邻居的节点嵌入，并输出介于 0(假)和 1(真)之间的标量，表示输入源于教师的概率。嵌入 h_i 的学生经过培训，在鉴别后获得高分(接近老师)。

然而，区分所有 M 个学生模型对需要 $M(M-1)/2$ 次，这对有效的训练是不友好的，尤其是当学生模型数量增加时。为了在保持性能的同时提高培训效率，遵循文献[41]并利用循环培训策略将判别数量减少到 M。对于 D_i，它将 G_i 和 G_{i+1} 作为输入，并学习区分 G_i 为假，G_{i+1} 为真。通过这种方式，每个学生 GNN 生成器都经过训练，以混淆 D_i，并生成遵循其他学生模型分布的嵌入。对于整个学生组，节点嵌入的知识在一个循环内转移：$m \to m-1, m-1 \to m-2, \cdots, 1 \to m$。使用原始的生成式对抗网络框架，其中鉴别器和生成器都经过训练，以最大限度地减少以下损失：

$$\mathcal{L}_D = \sum_{m=1}^{M-1}\left[\log D_m\left(G_m(X)\right) - \log D_m\left(G_{m+1}(X)\right)\right] + \log D_M\left(G_M(X)\right) - \log D_M\left(G_1(X)\right) \tag{3.54}$$

$$\mathcal{L}_G = \sum_{m=1}^{M-1} - \log D_m\left(G_m(X)\right) \tag{3.55}$$

在训练阶段，顺序更新鉴别器 D_i 和 GNN 编码器 G_i 将破坏计算图，因为 G_i 也

将加入 D_{i+1} 的损失计算中。相反，首先固定生成器并更新所有鉴别器，然后固定鉴别器并更新所有生成器，这种优化方式不会增加训练负担。

2) 全局知识蒸馏

考虑到第 m 个 GNN 生成器学习到的节点的嵌入 h_i^m，使用图卷积层 Θ 和 softmax 函数将表示转换为 logits z_i^m，计算如下：

$$z_i^{mk} = \frac{\exp \frac{\Theta\left(h_i^{mk}\right)}{\mathcal{T}}}{\sum_{j=1}^{K} \exp \frac{\Theta\left(h_i^{mj}\right)}{\mathcal{T}}} \tag{3.56}$$

其中，z_i^{mk} 是节点 v_i 在第 m 个学生模型预测的 k 类中的概率；K 是类别数；$\mathcal{T}$ 是温度。

在全局知识蒸馏中，对于第 m 名学生，剩余 $m-1$ 名学生模型的预测平均值作为培训的全局指南，其公式如下：

$$\widehat{z_i^m} = \frac{1}{M-1} \sum_{j, j \neq m}^{M} z_i^j \tag{3.57}$$

使用这两个软化类分布之间的 KL 散度差异作为全局知识蒸馏损失：

$$\mathcal{L}_B = \mathcal{T}^2 \sum_{i=1}^{N} \sum_{m=1}^{M} \mathrm{KL}\left(z_i^m, \widehat{z_i^m}\right) \tag{3.58}$$

其中，乘以 $\mathcal{T}^2$ 以保持梯度。当 $\mathcal{T}$ 改变时，该损失项大致不变。

3) 整体训练

学生 GNN 模型的整体训练损失公式如下：

$$\mathcal{L}_{\text{total}} = \mathcal{L}_{\text{CE}} + \alpha \mathcal{L}_G + \beta \mathcal{L}_B \tag{3.59}$$

其中，$\mathcal{L}_{\text{CE}}$ 是监督交叉熵损失；α 和 β 是相应蒸馏损失的系数。在本节中，每个学生在最初的训练阶段并没有从其他同龄人身上提取知识，也就是说，他们只从标签上学习。在热身阶段后，每个学生都对映射结构有自己的感知，然后将有意义的知识提炼给其他人。

2. 实验

为了评估提出的 OAD 框架的性能，在引文数据集、蛋白质-蛋白质相互作用

(PPI)数据集上执行节点分类任务，并在 ModelNet40 数据集上执行对象识别任务。本小节测试了各种经典 GNN 架构以评估 OAD 框架的通用性，包括 GCN[4]、GAT[18] 和 GraphSAGE[14]。此外，还比较了 OAD 和传统 KD 方法在动态图上的性能。结果表明，提出的 OAD 方法比传统 KD 方法对图的剧烈变化具有更强的鲁棒性。本小节还进行了一项消融实验，以评估 OAD 框架中每个模块和小组相互学习策略的有效性。此外，还分析了在线知识提取中使用的组成负数量对模型性能的影响。最后，可视化了由不同模型生成的特征空间，这表明提出的 OAD 框架可以生成更有效的表示。

算法 3.2　针对图神经网络的在线对抗蒸馏

输入：

图 $G=\{\mathcal{V},\mathcal{E}\}$；节点属性矩阵 $X=\{x_1,x_2,\cdots,x_N\}\in\mathbb{R}^{N\times D}$；邻接矩阵 $A\in\mathbb{R}^{N\times N}$；前向传播 M 个学生 GNN 模型来生成预测 $\{f_m\}_{m=1}^{M}$；M 个分辨器 $\{D_m\}_{m=1}^{M}$；独立学习轮次 epoch_t，在线知识蒸馏轮次 epoch_o，损失权重 α、β

输出： 训练完毕的图神经网络集成

```
for t=1 to epoch_t do
    前向传播 M 个学生 GNN 模型来生成预测 {f_m}_{m=1}^M
    为每个 GNN 计算交叉熵损失 L_CE
    反向传播 L_CE 以更新 M 个学生的参数
end for
for t=1 to epoch_o do
    前向传播 M 个学生 GNN 模型来生成预测 {f_m}_{m=1}^M 以及隐含嵌入 {G_m(X)}_{m=1}^M
    前向传播 M 个分辨器 D_m_{m=1}^M
    计算 L_D
    反向传播 L_D 以更新 M 个分辨器的参数
    为每个学生 GNN 计算交叉熵损失 L_CE
    计算全局知识蒸馏损失 L_B
    计算局部知识蒸馏损失 L_G
    反向传播 L_total 以更新 M 个学生 GNN 的参数
end for
```

1) 引文数据集的节点分类

首先在三个引文数据集(Cora、Pubmed 和 CiteSeer)上通过转换节点分类任务对模型进行评估。在这些数据集中，节点表示出版物，边表示它们之间的引用。Cora 数据集包含 2708 个节点、5429 条边、1433 个特征和七个可能的类。Pubmed

数据集有 19717 个节点、44338 条边、500 个特征和三个可能的类。CiteSeer 数据集包含 3327 个节点、4732 条边、3703 个特征和六个可能的类。按照与现有方法相同的实验设置[42]，每班选择 20 个节点进行培训、500 个节点用于验证、1000 个节点用于测试。在转导(transductive)的训练设置中，模型可以访问整个图形上的所有节点。本小节比较了普通 GNN 和相应的 OAD 变体(表示为“特定模型+OAD”)的性能。具有 OAD 框架的每个学生 GNN 都具有与其对应的普通 GNN 相同的网络体系结构。实验结果还包括与 OAD 框架具有相同组大小和网络架构的 GNN 集成的性能。请注意，在推理阶段，集成模型平均所有学生的预测，而提出的 OAD 方法的输出是单个学生 GNN 的预测。

表 3.5 展示了节点分类任务在引文数据集上的实验结果。可以观察到，所有采用 OAD 框架的 GNN 都比普通 GNN 模型得到了改进。具体而言，在 CiteSeer 数据集上，模型可以分别为 GCN 和 GraphSAGE 带来 3.50%和 3.24%的性能改进。这证明了所提出的 OAD 框架的有效性。

表 3.5　三个引文数据集上传导节点分类任务的最高准确率　(单位：%)

模型	Cora	Pubmed	CiteSeer
普通 GNN	80.0	78.9	65.7
GNN+OAD	**81.4**	**79.3**	**68.0**
集成模型	80.3	79.0	66.0
提升幅度	1.75	0.51	3.50
GAT	81.9	77.0	68.9
GAT+OAD	**82.2**	**78.5**	**69.6**
集成模型	82.1	77.5	69.9
提升幅度	0.37	1.95	1.02
GraphSAGE	80.3	76.5	68.0
GraphSAGE+OAD	**82.0**	**77.4**	**70.2**
集成模型	81.2	77.1	69.4
提升幅度	2.12	1.18	3.24

2) PPI 数据集节点分类

下面通过 PPI 数据集上的归纳节点分类任务来评估提出的 OAD 框架。PPI 数据集包含 24 个对应于不同人类问题的图表。每个图的平均节点数为 2372。每个节点有 50 个特征，编码位置基因集和免疫学特征的信息。边的总数为 818716，由文献[14]提供的预估值数据构成。类别总数为 121。遵循与文献[18]相同的数据分割方案，其中用于训练、验证和测试的图的数量分别为 20、2 和 2。请注意，测试图在训练期间是完全不可检测的。对于 PPI 数据集，每个节点可能属于多个类别，评估整个图的总体 F1 值。

对比实验包括 KD[34]、适应网络(FitNet)[36]、注意力迁移(AT)[42]和局部结构保持(LSP)[43]，所有这些都遵循普通师生模式，还包括深度互学习(DML)[44]，它是一种经典的在线知识提取方法。

采用 GAT[18]和 GraphSAGE[14]作为骨架模型。在本实验中，预先训练了一个更大的教师模型，该模型的表现明显好于学生，使足够的知识得以转移。在实验中，所有学生模型都保持相同的体系结构。

表 3.6 总结了 PPI 数据集上的结果。可以观察到，采用预训练教师进行蒸馏会对 GNN 的表现产生负面影响，而提出的 OAD 方法可以提高 GNN 的绩效。具体而言，与单一 GNN 模型相比，所提出的 OAD 方法对 GAT 和 GraphSAGE 的 F1 值分别提高了 0.85 个百分点和 2.27 个百分点。此外，在 GAT 和 GraphSAGE 中，OAD 比其他普通的知识提炼变体高出 2 个百分点以上，表明“虚拟”教师范式对 GNN 更有效。与 DML 相比，提出的 OAD 方法捕获了 GNN 的局部知识和全局知识，GAT 和 GraphSAGE 的 F1 值分别提高了 0.35 个百分点和 1.27 个百分点。

表 3.6　PPI 数据集上归纳节点分类的 F1 值　　(单位：%)

方法	GAT	GraphSAGE
学生模型	90.13±0.30	76.03±0.61
FitNet	87.63±0.37	67.75±0.96
AT	85.60±1.20	74.45±1.18
LSP	89.60±0.62	74.83±0.66
KD	90.35±0.33	76.28±0.66
DML	90.63±0.50	77.03±0.33
OAD	**90.98±0.46**	**78.30±0.36**
教师模型	97.0	86.3
集成模型	94.8	80.1

3) ModelNet40 数据集上的对象识别

对象识别任务采用 ModelNet40 数据集，包括来自 40 个类别的 12311 个网格计算机辅助设计(CAD)模型(9843 个模型用于培训，2468 个模型用于测试)。每个模型由一系列具有 (x, y, z) 坐标的点构成。按照文献[45]的实验设置，为每个模型统一采样 1024 个点，然后丢弃原始点。使用动态图卷积网络(dynamic graph convolntional neural network，DGCNN)作为骨架模型，并使用 K 近邻(KNN)算法在特征空间中构造图[46]。值得注意的是，图表在不同的层次和不同的训练阶段有所不同。为了公平比较，使用了与 LSP 相同的学生架构。

表 3.7 总结了 ModelNet40 数据集上的对象识别结果。可以观察到，提出的模型的性能超过了所有的比较方法。此外，与教师模型相比，OAD 可以获得相似的最高准确度分数和相同的平衡准确度分数。这表明，使用数量明显较少的参数堆叠多个轻量级模型，其性能几乎与教师模型一样好。另外一个有趣的观察结果是，大多数基线方法的性能比学生模型差，这是可以解释的，因为图形在训练期间会发生变化。这进一步表明了 OAD 框架在适应图结构变化方面的优势。

表 3.7 ModelNet40 数据集上不同方法的比较 (单位：%)

方法	最高准确度	平衡准确度
学生模型	92.3	88.8
FitNet	91.1	87.9
AT	91.6	87.9
LSP	91.9	88.6
OAD	**92.7**	**89.3**
教师模型	92.9	89.3
集成模型	93.2	90.0

4) 动态图实验

本小节比较了单一 GNN、传统知识提取和提出的 OAD 模型在动态图上的性能。为了模拟动态图的情况，在 PPI 数据集的节点属性上添加了随机噪声。噪声均匀分布，平均值为零，频率范围为 0.2～1.2。采用 GAT 和 GraphSAGE 作为骨架网络。

对于知识提取，在原始图上预先训练一个更大的教师 GNN，然后将其关于 logits 分布的知识转移给一个在动态图上训练的学生 GNN。对于 OAD 和单个 GNN，训练过程完全基于动态图。这里计算了 KD 相对于单个学生 GNN(表示为“KD”)的改善情况，以及 OAD 相对于单个学生 GNN(表示为“OAD”)的改善情况，结果如图 3.12 所示。从图 3.12 中观察到，随着图形的更剧烈变化，“KD”的值会下降。这是因为在静态图上学习的知识在动态图上已经过时。当随机噪声的频率超过 0.6 时，静态教师传授的知识甚至对学生有害。另外，提出的 OAD 模型在所有动态图上都超过了学生 GNN(图中的虚线)，特别是当动态图与原始图有很大差异时。这一现象背后的原因可能是，由于在本模型中，所有学生都同时在同一动态频率的图上进行训练，因此他们可以捕获动态图的不同特征，并保持知识的一致性。

5) 消融实验

为了进一步评估 OAD 框架中每个组件的有效性，对 PPI 数据集进行了消融实验。结果见表 3.8，每个组成部分的贡献如下。

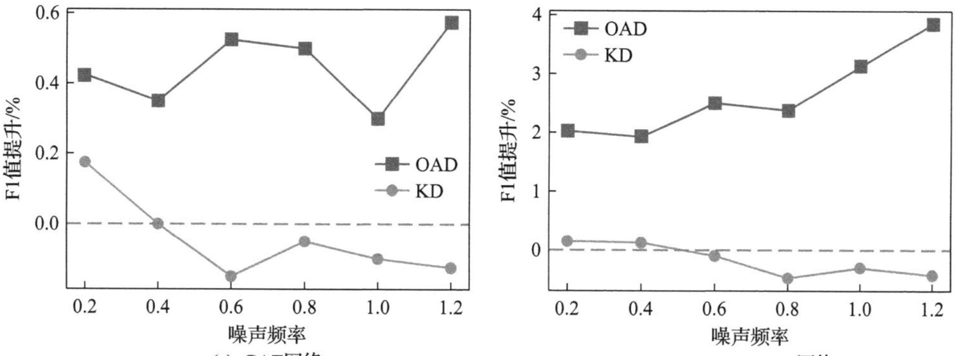

(a) GAT网络　　(b) GraphSAGE网络

图 3.12　动态图实验结果对比

表 3.8　不同消融设置在 PPI 数据集上的 F1 值　　（单位：%）

方法	GAT	GraphSAGE
无 $\mathcal{L}_B$	90.58±0.35	77.10±0.56
无 $\mathcal{L}_G$	90.80±0.34	77.08±0.54
OAD	90.98±0.46	78.30±0.36

(1)无 $\mathcal{L}_B$ 指删除 OAD 框架的全局知识蒸馏模块（$\mathcal{L}_B$）。在 PPI 数据集上，该模块的消融使 GAT 和 GraphSAGE 的 F1 值分别降低 0.4 个百分点和 1.2 个百分点。这表明，全局知识蒸馏可以为所提出的框架带来好处。

(2)无 $\mathcal{L}_G$ 指的是删除 OAD 框架的局部知识蒸馏模块（$\mathcal{L}_G$）。因此，所有外部鉴别器都被移除，并且禁止在节点嵌入空间上进行知识转移。此设置将使 GAT 和 GraphSAGE 的性能分别降低 0.18 个百分点和 1.22 个百分点。因此，包含局部知识蒸馏模块可以提高 OAD 框架的性能。

6) 组成员数量的影响

本小节评估了群体规模(学生 GNN 模型数量)对提出的 OAD 框架性能的影响。图 3.13 说明了与组大小范围为 1～10 有关的性能。观察到，随着学生群体的扩大，GAT 和 GraphSAGE 的 F1 值通常会增加。这表明，添加更多的学生模型可以使小组中的知识更丰富，便于相互学习。还观察到，当群体规模超过特定阈值时，由于容量饱和，收益逐渐变得边际化，直至收敛。

7) 可视化

本小节将可视化由不同的学生 GNN 模型学习的特性。提取学生 GNN 模型的最后一层作为特征，并可视化随机选择的点(锚点)与模型上其他点之间的距离。图 3.14 展示了输入空间中点的欧几里得距离(输入特征)、单个学生 DGCNN 模型的特征空间(学生 DGCNN)、带 OAD 框架的 DGCNN(DGCNN+OAD)和教师 DGCNN 模型。使用教师 DGCNN 模型的特征空间作为参考，可以观察到，DGCNN+OAD 的特征结构与教师 DGCNN 模型的特征结构相似。这展现了由 OAD 框架学习得到的表征的能力。

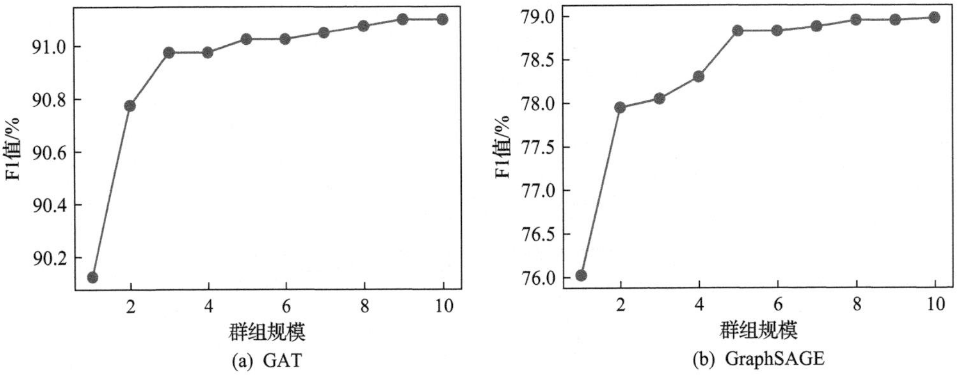

图 3.13　群组规模不同时 F1 值的变化趋势

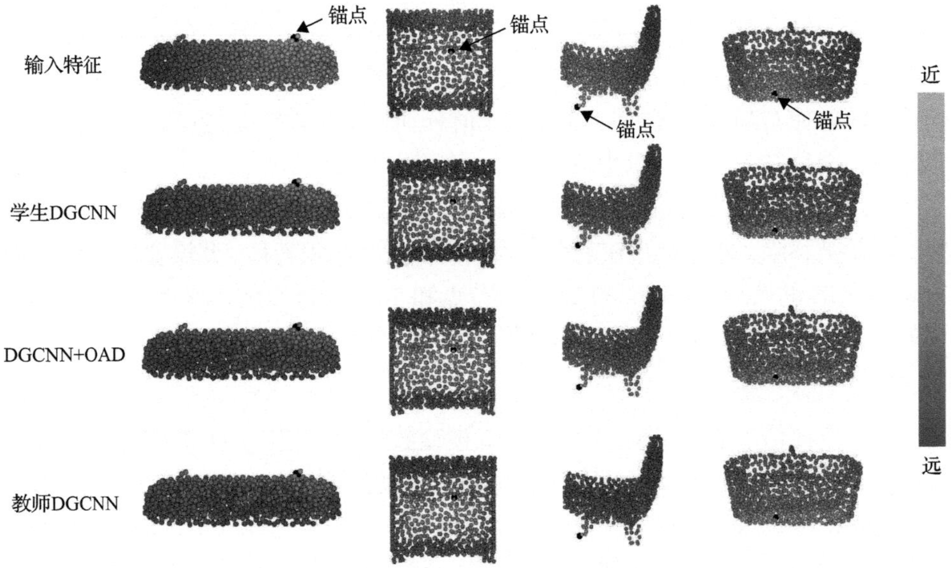

图 3.14　不同模型效果对比

3. 总结

知识提取已成为提高 CNN 性能的一种很有前景的技术。然而，由于拓扑或节点属性的变化，传统的师生知识提取范式在应用于图形数据时可能无效。我们首次尝试在线知识提取的图神经网络来解决这一问题。更具体地说，同时培训一组学生 GNN 模型，并通过从其他同行中提取局部和全局知识来增强每个模型。对抗性循环学习用于有效地利用包含在图形拓扑和节点属性中的复杂信息。在引文数据集、PPI 数据集和 ModelNet40 数据集上的大量实验证明了所提出的 OAD 框架的有效性。

3.3.2　电网级联故障下的脆弱性分析发现

分析电力系统在级联故障中的脆弱性通常被认为是一个具有挑战性的问题。尽管可以从现有的研究中提取出一些关键的规则，但它们无法捕捉到不同运行条件下的复杂细微差别。近年来，一些深度学习方法被用于解决这一问题。然而，大多数现有的深度学习方法只考虑电力系统在拓扑连接方面的电网拓扑，但没有包含电气距离之类的电力系统空间信息来增加图卷积过程的准确性。本节构建了一种新颖的电力加权线图，它利用电力系统拓扑结构和空间信息来优化线图的边权分配。然后提出基于图分类任务的多图卷积网络(MGCN)，它保留了电力系统的空间相关性并捕获了物理组件之间的关系。该模型可以更好地处理具有平行线的电力系统的问题。

1. 背景

近年来，分析电力系统在级联故障中的脆弱性一直是许多研究者关注的焦点。许多研究人员探索了采用结构脆弱性分析和功能缺陷分析的一系列模型和方法。结构脆弱性分析主要关注拓扑逻辑中的弱点，将电力系统抽象为复杂的网络，研究电力系统的拓扑结构和物理行为之间的关系。功能缺陷分析则通过纳入底层物理技术和高级网络模型来考虑更为详尽的动态级联故障过程。尽管有不少研究都致力于分析电网的脆弱性，但它们都没能捕捉到不同运行条件下的复杂细微差别(如负荷模式和支流模型)。因此，拓扑结构、容量设置和其他参数在故障影响方面通常产生不一致甚至相互矛盾的实验结果。为了更好地理解电力系统的脆弱性，我们的分析模型应该更加关注数据中的相关特征。

随着人工智能技术的兴起，一种基于数据驱动的故障检测和分类技术展现出了比过往方法更好的性能。深度学习是机器学习和人工智能技术的一个分支，它模仿人类获取知识的方式，只需要通过一个不需了解数据所代表特征的模型，就能得到某些类型的知识。深度学习技术已经被应用到了故障诊断、级联故障搜索、场景生成、最佳甩负荷和停电预测等电力系统的多个领域。GCN 是在图领域的一种基于深度学习的方法。它是一种强大的神经网络模型，可以直接利用图的结构信息并且在图上运行。

尽管 GCN 有很强的特征提取能力，并且可以捕捉到网络的拓扑结构，但使用这种方法来考虑电力系统的属性仍然需要进一步研究。为了更好地使用深度学习模型，还需要解决三个关键问题。首先，在捕捉电力系统空间信息时，GCN 输入简单的图连接表示法(用 0 表示不连接，用 1 表示连接)不够高效。其次，GCN 的一个常用假设是任何一对节点之间最多只有一条边。由于电力系统的复杂性，节点之间可能有多种关系，具有不同的语义、物理或抽象含义，如发电机与客户或客户之间的连接。最后，GCN 被看作一个“黑箱”模型，因此我们很难了解系统怎样或为什么能够得到某一特定结果。

本节重点关注电力系统的脆弱性，将其视为基于分支信息的级联故障图。特殊的图结构(如线图)从不同的图角度改进了图神经网络中的信息传递。为了更好地理解来自分支关系角度的信息，将电力系统拓扑转换为线图拓扑，并通过调整权重来考虑描述信息边缘的空间信息。然后，提出了 MGCN 模型来对级联故障下电力系统的脆弱性等级进行划分。与现有的深度学习模型不同，MGCN 模型支持两点间具有多条边的多图概念。该模型的结构保留了电力系统的空间相关性，并通过将给定电力系统转换为加权线图来利用线图概念进行边表示。为了提高模型的可解释性，使用层级相关性传播(layer-wise relevance propagation, LRP)算法解释 MGCN 模型，并量化模型预测的影响因素。从给定的数据中，LRP 产生的模式可以识别支持或反对预测目标的证据。此外，对四个真实数据集的实验结果表明，MGCN 模型可以有效地捕获电力系统的拓扑和特征相关性，并且基于电力加权线图的 MGCN 模型优于各种现有方法。

2. 模型方法

1) 级联故障数据模拟

根据近年来电力系统的实际运行情况，级联故障对电力系统安全性和运行可靠性构成了威胁。$N-1$ 应急是电网可靠性分析中常用的方法。OPA(ORNL (Oak Ridge National Laboratory), PSerc (Power System Engineering Research Center of Wisconsin University), and Alasga University)模型已被广泛采用。

该模型包含两层迭代。内部迭代与快速变化相关，模拟电力潮流，而外部迭代关注慢速变化，模拟电网的增长(如发电和负荷的增加、输电线路的更新)。本节只考虑内部迭代。

图 3.15 为经过改进的 OPA 模型的内部迭代图。两个阴影块显示和原来 OPA 模型的差异。改进后的 OPA 模型考虑了调度中心由一些突发事件导致的故障，如通信中断。在矩形阴影部分中，第一部分表示过载线路跳闸的方法，原始和改进的 OPA 模型都使用这种方法，也就是说，电力潮流超过一定比例的线设置为过载线路，并以 β 的概率跳闸。第二部分仅用于改进的 OPA 模型，该模型表示由隐藏故障引起的正常线路的跳闸，ξ 是发生预期外的保护措施的基础概率。

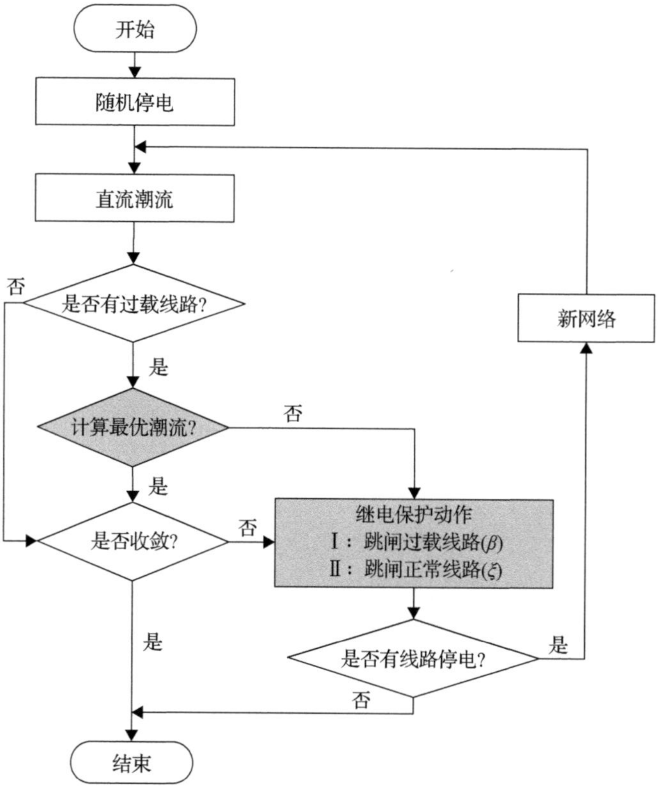

图 3.15　改进的 OPA 模型的内部迭代

在完成模拟之后，可以得到了一个级联故障样本的结构和特征。每个样本包括五个元素，即拓扑连接、分支流、母线负载、保护继电器和组件中断，作为 GCN 的一部分。作为此工作的预测目标的组件中断分为三类：整体线路跳闸的低、中和高水平。所有的特征信息都来自专家的建议。

2) 线图转换

GNN 通过在节点之间传递消息来捕获节点之间的交互作用；然而，本节的重点是在级联故障中触发的分支。电力系统的分支由 OPA 模型产生的特征表示。因此，我们创建了一个线图，将分支转换成线图。当电网域中的两个分支具有普通总线时，图域中的两个节点被连接起来。考虑一个无向图 $G=(N,E)$，其中 N 是节点集，E 是无序的 N 集合的元素对。线图 $L(G)$ 是一个图，其中每个节点都是 G 中的一条边，当且仅当两个节点在 G 中对应的边共享一个终端顶点时，这两个节点才是邻居。图向线图的转换过程如图 3.16 所示。因此，简单的线图不足以包含所有的电力系统信息。$L(G)=\left(N_L,E_L\right)$，其中 $N_L=\left\{\left(n_u,n_v\right):\left(n_u,n_v\right)\in E\right\}$，$E_L=\left\{\left(\left(n_u,n_v\right),\left(n_v,n_w\right)\right):\left(n_u,n_v\right)\in E,\left(n_v,n_w\right)\in E\right\}$，$n_u$、$n_v$、$n_w$ 是某个满足后续条件的节点。

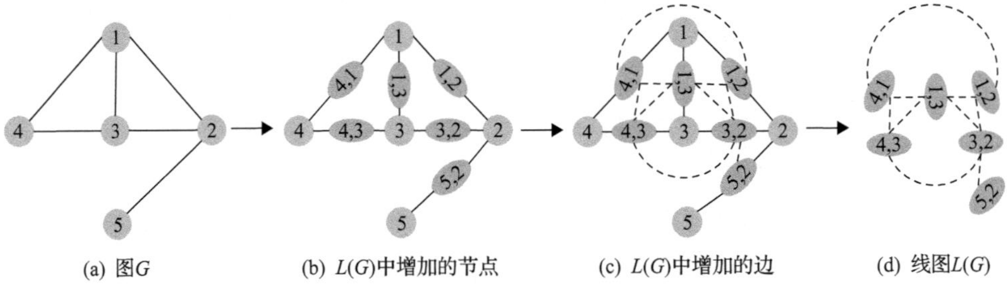

图 3.16 从图到线图的转换过程

3) 加权的线图

本小节开发了直接将边嵌入信息网络中的图表示算法，以这种方式使用图可以解决网络嵌入环境中的一些问题，并帮助实现超越节点嵌入的网络表征学习。

在$L(G)$中，我们对原始图G的拓扑信息进行了编码，但其动力学和拓扑信息没有得到正确的表示。每条边的属性包括其两个端节点的属性。在原始图G中，一个度为d的顶点在线图$L(G)$中有$d(d-1)/2$条边。相比之下，$L(G)$的拓扑结构会夸大图中高度节点特征的重要性，低估了低度节点特征的重要性，导致线图中拓扑信息有偏差。通过结合节点度和边权重，我们构造了一个新的加权线图来修正偏差。为了便于在$L(G)$上进行随机行走，定义了边权重。直观地说，如果我们从节点$n_{uv} \equiv (n_u, n_v) \in L(G)$开始随机游走，并希望转移至$n_{vw} \equiv (n_v, n_w) \in L(G)$，这就等价于从$(n_u, n_v)$中选择点$n_v \in G$然后移到点$n_w \in G$。如果$G$是无向的，定义选择$n_v$的概率和$d_{n_u} / (d_{n_u} + d_{n_v})$成正比，这里$d_{n_u}$和$d_{n_v}$是度。总体来说，相比和低度的端点，一条边和高度的端点更加相关。

将线图$L(G)$的边(e_{uv}, e_{vw})的边权重定义如下：

$$w_{(e_{uv}, e_{vw})} = \frac{d_u}{d_u + d_v} \cdot \frac{w_{vw}}{\sum\limits_{r \in \mathcal{N}(v_v)} w_{vr} - w_{uv}}$$

其中，d_u和d_v分别为原始图G中节点u和v的度；w_{vw}、w_{vr}和w_{uv}是根据原始图得到的权重；$\mathcal{N}(v_v)$为与节点v_v相邻的节点集合。

4) 建立电力系统拓扑结构

加权线图的概念可以基于图的结构捕获边的重要性，但不能识别电力系统的空间信息。在电力系统中，阻抗(Z)是交流电的总阻抗。阻抗以欧姆为单位，包括电阻(R)、电感电抗(X_L)和电容电抗(X_C)。我们可以用一种简单的矢量方式结合电阻和电抗作为阻抗（图 3.17）。从这个概念出发，我们可以确定“电距离”

为阻抗值，即对电力系统的空间相关性的量化。新的线图权重如下：

$$e_{uv} = \begin{cases} \dfrac{1}{\sqrt{R_{uv}^2 + X_{uv}^2}}, & \text{如果节点}u\text{和}v\text{相连} \\ 0, & \text{其他} \end{cases}$$

其中，R_{uv} 和 X_{uv} 分别是总线节点 u 和 v 的线路电阻和电抗。

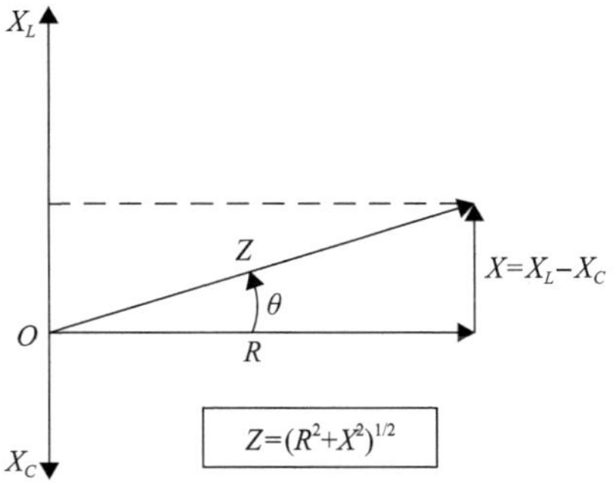

图 3.17　将阻抗识别为电距离

阻抗(Z)是电路阻碍电荷流动程度的量度。阻抗可分为两部分：电阻 R(恒定的部分，不论频率如何)和电抗 X（由于电容和电感而随频率变化的部分）

较长的距离或较大的阻抗表明节点之间的相关性较小

最后，我们结合上面两个公式从而得到输入 GCN 模型的一个新的加权邻接矩阵。图 3.18 显示了具有不同类型加权线图的 IEEE 9 总线系统。

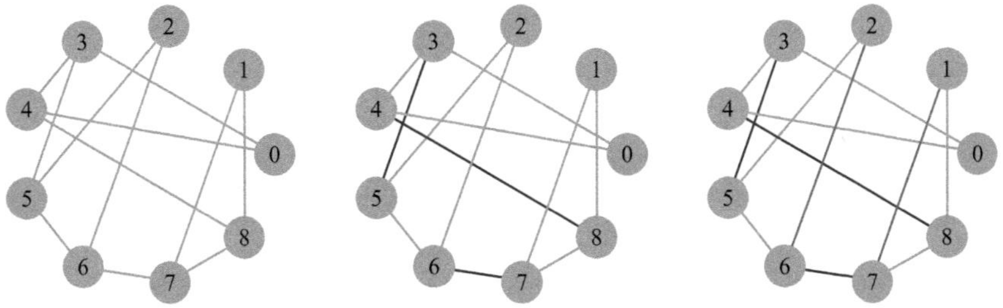

(a) 原始线图　(b) 加权线图，捕获结构度　(c) 功率加权线图，捕获结构度和电距离

图 3.18　IEEE 9 总线系统

权重较大的边显示的颜色较深

5) 多图卷积网络

在一个典型的电力系统中，通常大规模拓扑有部分线平行存在(图 3.19)，这些结构代表了一种帮助防止广泛停电的策略：如果电网有高冗余度，我们可以断开任何线路，而不用担心连接到该线路的其他线路，这样可以确保问题或定期维

护只在小的受控区域造成停电。从这个问题来看，我们的模型关注多图，其中每个图都允许有多个边。MGCN 的系统体系结构如图 3.20 所示，图中 X_{out} 为输出维度；N_{classes} 为类别数。如图 3.20 左侧所示，将构建的节点特征和电力加权线图作为模型的输入，然后使用 MGCN 来捕获电力系统的空间依赖性。

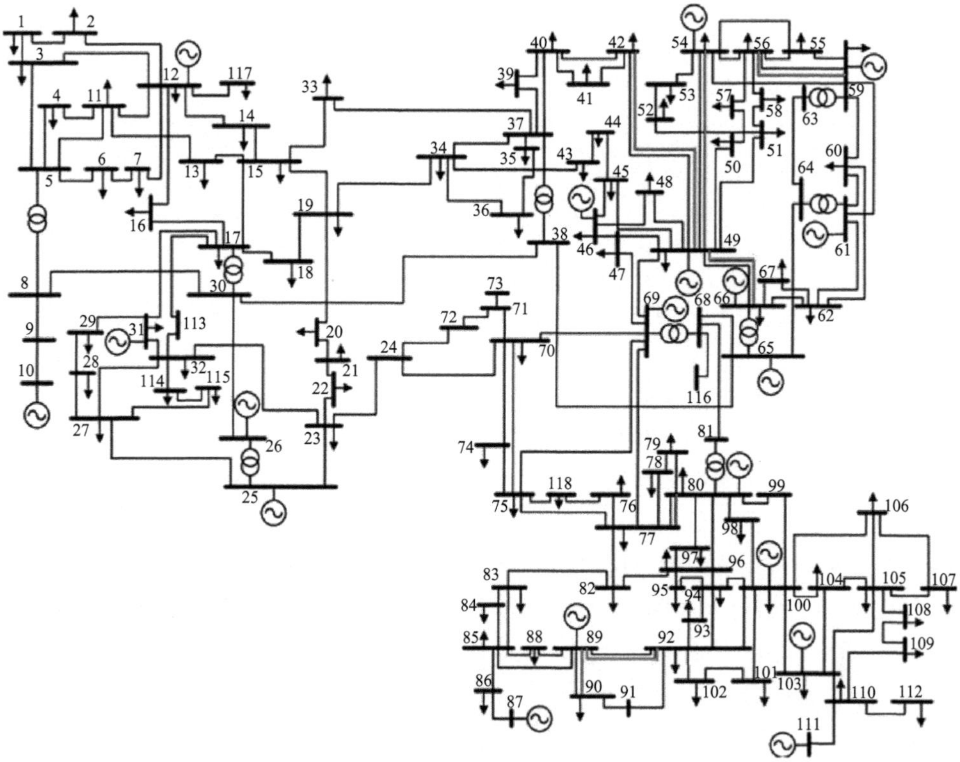

图 3.19　IEEE 118 的平行(双)线

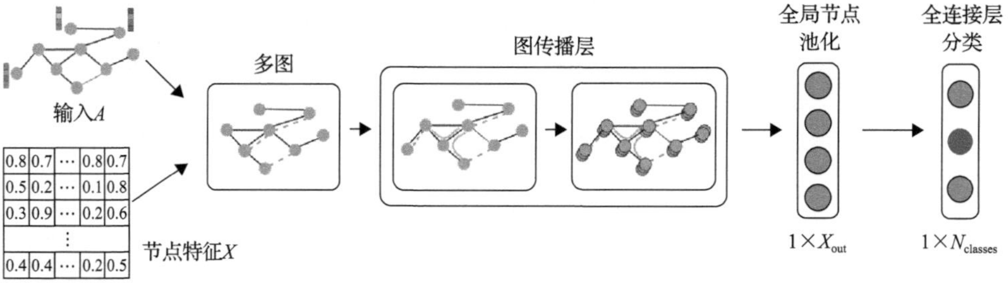

图 3.20　图分类的流程

网络通过第 1 个卷积层产生一个具有相同节点和边的图。随着接受域的增大，线图的节点特征变得越来越全局化，但边保持不变。因此，图中的每个节点都包含了关于它的邻居和在多个图卷积之后的完整图的信息。我们通过池化来汇聚每个节点获得的数据，全连接层使用全局池化

对于无向图，假设 A 是该图的邻接矩阵，D 是带有 $D_{ii}=\sigma_j\left(A_{ij}\right)$ 的节点度的对角矩阵。图拉普拉斯矩阵被定义为 $L=D-A$。归一化的拉普拉斯矩阵被定义为 $L^{\mathrm{sym}}=D^{-1/2}LD^{-1/2}=I-D^{-1/2}AD^{-1/2}$，这是一个图的矩阵表示，可以用来识别图的各种重要特性（I 是一个单位矩阵）。L^{sym} 是对称的和正半定的。利用这些性质，归一化的拉普拉斯矩阵 L^{sym} 可以被分解为 $L^{\mathrm{sym}}=\left(U\Lambda U^{\mathrm{T}}\right)^K$，其中 $U\in\mathbb{R}^{N\times N}$ 是由特征值排序的特征向量矩阵，Λ 是特征值的对角矩阵，K 是切比雪夫滤波器的大小。

将卷积定理应用于图的傅里叶变换，我们可以将图上的谱卷积解定义为 x 与滤波器 $g\in\mathbb{R}^N$ 在傅里叶域内的乘法：

$$x*g=F^{-1}(F(x)\odot F(g))=U\left(U^{\mathrm{T}}x\odot U^{\mathrm{T}}g\right) \tag{3.60}$$

其中，$x\in\mathbb{R}^N$ 是图中节点的特征向量；“$*$”表示卷积运算；“$\odot$”表示阿达马乘积。通过定义过滤器 g 为 $g_\theta=\operatorname{diag}\left(U^{\mathrm{T}}g\right)$，式(3.60)可以简化为

$$x*g_\theta=Ug_\theta U^{\mathrm{T}}x \tag{3.61}$$

在这里，可以将 g_θ 理解为 L^{sym} 特征值的函数，即 $g_\theta(\Lambda)$。

Kipf 和 Welling 提出了 ChebNet 的一阶近似，并得到一个线性函数。信号 x 与滤波器 g_θ 的卷积式(3.61)可简化为

$$x*g_\theta=\theta_0x-\theta_1D^{-1/2}AD^{-1/2}x \tag{3.62}$$

其中，θ_0 和 θ_1 是参数。

此外，假设 $\theta=\theta_0=-\theta_1$，图卷积的定义为

$$x*g_\theta=\theta\left(I_N+D^{-1/2}AD^{-1/2}\right)x \tag{3.63}$$

其中，I_N 是 N 维单位矩阵。

最后，可以总结得到图卷积层的定义：

$$Z=\tilde{D}^{-1/2}\tilde{A}\tilde{D}^{-1/2}X\Theta \tag{3.64}$$

其中，带有“~”的变量表示归一化的变量；X 是特征矩阵；Θ 是权重矩阵。

在近似频域卷积中，图拉普拉斯编码了节点之间的单一关系类型，扩展式

(3.64)到一个多图，即一个在相同节点之间有多个($R \geqslant 1$)边(关系)的图，我们将其编码为一组图拉普拉斯$\left\{\tilde{L}^{(r)}\right\}_1^R$，其中$R$是每个对偶边数的上界。我们直接拼接了所有$R$关系类型的特征$X^{(r)}$，并学习了一个单一的权重矩阵$\Theta \in \mathbb{R}^{(X_{\text{in}}KR)\times X_{\text{out}}}$：

$$Z = \tilde{D}^{-1/2}\tilde{A}\tilde{D}^{-1/2}\left[X^{(0)}, X^{(1)}, \cdots, X^{(R-1)}\right]\Theta \tag{3.65}$$

为了研究多图，我们与 GCN 联合设计了抽象学习边。使用一个可训练的相似度函数，在任意一对具有X_u和X_v特征的节点n_u和n_v之间学习一个新的边$e_{uv}^{(r)}$：

$$e_{uv}^{(r)} = \frac{\exp\left(f_{\text{edge}}\left(X_u, X_v\right)\right)}{\sum_{w=1}^{|N|}\exp\left(f_{\text{edge}}\left(X_u, X_w\right)\right)} \tag{3.66}$$

其中，$|N|$是节点集N中的节点数，使用 softmax 函数来强制稀疏连接；f_{edge}可以是任何可微函数，如本方法所使用的多层感知器。

为了简化模型，同时保持分类的准确性，排除了卷积层之间的池化层，并在最后一个卷积层之后的节点上执行最大的全局池化。

3. 实验

实验使用标准的IEEE测试数据，包括IEEE 14、IEEE 30、IEEE 39和IEEE 118。数据集的统计数据总结在表 3.9 中。为了模拟负载的不确定性，在每条总线的负载上均匀地乘以一个随机因子[0.9, 1.1]。本小节将N–1 和N–2 突发事件作为随机初始故障。把数据样本分为训练集、验证集和测试集。

表 3.9 数据集特征

数据集	节点数	边数	类别数	平均节点数	平均边数	样本数		
						训练集	验证集	测试集
IEEE 14	14	20	3	20	36.94	10125	3375	1500
IEEE 30	30	41	3	39.03	90.85	10004	3335	1483
IEEE 39	39	46	3	44.02	74.45	6321	2108	937
IEEE 118	118	186	3	184	572.34	6599	2200	978

(1) IEEE 14 测试案例代表了 1962 年 2 月美国电力系统的一个模拟近似值。它有 14 条母线、5 台发电机、11 个负荷和 20 条支路。

(2) IEEE 30 测试案例代表了 1961 年 12 月美国电力系统的一部分(在美国

中西部)。这个测试案例包括 15 条母线、2 个发电机、3 个同步电容器和 41 条支路。

(3) IEEE 39 测试系统是众所周知的 10 台机器的新英格兰电力系统。它包含 39 条母线和 46 条支路。

(4) IEEE 118 电力系统代表了 1962 年 12 月美国电力系统(在美国中西部)的一个简单近似。它包含 118 条母线和 186 条支路。

为了提高分类结果的准确性，有必要在训练 GCN 之前探索最佳参数。图卷积层的大小为 128、64 和 32。图卷积层的所有激活函数都是 ReLU。为了减轻过拟合，图卷积层之后有一个概率为 0.25 的退出层。卷积过滤器的大小和剔除层的概率都是在一个案例研究中通过许多经验发现的最佳值。分类交叉熵被用作损失函数。我们使用 Adam 优化器训练所有的模型，学习率为 0.005，有 200 个 epoch，批处理大小为 32。为了与 MGCN 进行公平的比较，我们使用了相同的网络结构、批量规范化和全局最大池。我们对不同的切比雪夫滤波器大小(K=4)进行了实验。

为了评估 MGCN，对图分类任务进行了实验。为了减小评估结果的偏差，在训练集上进行 10 折交叉验证。使用 10 次测试结果中的平均准确率，并报告其方差。

将 MGCN 应用于几个基准模型，包括 GCN[47]、ChebNet 频谱卷积图(ChebConv)[48]以及 U 网络(UNET)[49]。此外，为了确保 MGCN 是一个好的、能够捕捉电力系统拓扑结构和提高准确率的方法，选择了基本邻接矩阵(原始 ADJ (adjacency matrix))和加权邻接矩阵(W-ADJ)与电力加权邻接矩阵(PW-ADJ)(MGCN)进行比较。

表 3.10 展示了基于这四个数据集的不同拓扑结构的 MGCN 模型和其他基线模型的结果，把模型比较分为两类：结构比较和模型比较。

表 3.10　不同模型在 IEEE 测试系统上的准确率　(单位：%)

拓扑结构	准确率					
	IEEE 14			IEEE 30		
	原始 ADJ	W-ADJ	PW-ADJ	原始 ADJ	W-ADJ	PW-ADJ
GCN	64.20 (±1.1)	75.58 (±1.0)	75.98 (+1.2)	59.57 (±1.7)	63.31 (±1.3)	62.71 (±1.5)
ChebConv	82.23 (±1.2)	81.49 (±0.5)	81.76 (±0.5)	68.01 (±1.3)	67.46 (±1.3)	67.38 (±0.9)
GCN (K=4)	80.31 (±1.6)	79.81 (±1.5)	80.81 (±1.1)	67.93 (±1.3)	68.57 (±2.0)	68.32 (±1.1)
MGCN	73.21 (±7.9)	79.76 (±2.5)	79.59 (±2.1)	64.63 (±1.5)	64.74 (±1.2)	65.15 (±1.0)
MGCN-ChebConv	84.06 (±3.0)	**84.12 (±1.9)**	82.51 (±1.1)	**69.10 (±1.3)**	68.81 (±1.5)	68.41 (±0.9)

续表

拓扑结构	准确率					
	IEEE 14			IEEE 30		
	原始 ADJ	W-ADJ	PW-ADJ	原始 ADJ	W-ADJ	PW-ADJ
MGCN（K=4）	81.16（±0.8）	80.77（±5.0）	81.70（±1.3）	68.67（±1.0）	68.95（+1.0）	68.50（±1.1）
UNET	66.90（±2.0）	71.43（±2.2）	69.56（±2.5）	56.35（±1.5）	57.79（±2.7）	56.83（±3.7）

拓扑结构	准确率					
	IEEE 39			IEEE 118		
	原始 ADJ	W-ADJ	PW-ADJ	原始 ADJ	W-ADJ	PW-ADJ
GCN	80.13（+2.0）	84.42（±3.5）	91.08（+1.1）	83.65（±1.8）	84.53（+3.9）	89.58（±1.0）
ChebConv	86.28（±1.1）	86.88（±1.7）	94.63（±1.5）	91.14（±1.2）	90.91（±0.9）	92.49（±0.6）
GCN（K=4）	93.49（±0.7）	93.44（±1.3）	94.09（±1.2）	91.69（±1.2）	92.40（±0.8）	94.01（±0.8）
MGCN	90.71（±4.7）	89.01（±6.4）	95.44（±2.4）	89.64（±0.8）	88.14（±1.4）	88.90（±1.1）
MGCN-ChebConv	95.84（±0.8）	95.26（±1.0）	96.61（±0.7）	93.33（±0.7）	92.95（±0.7）	93.17（±1.0）
MGCN（K=4）	95.04（±3.3）	95.90（±2.5）	**97.03（±1.1）**	93.89（±0.3）	94.07（+0.6）	**94.21（±0.6）**
UNET	80.34（±3.2）	82.24（±3.9）	86.00（±4.3）	78.59（±2.3）	78.41（±6.4）	82.77（±5.8）

结构比较展示了考虑空间信息的图卷积模型的影响。IEEE 14 和 IEEE 30 显示，拓扑结构的变化并不明显影响模型的准确率，而 IEEE 39 和 IEEE 118 数据集的结果显示，PW-ADJ 可以捕获关键的信息，极大地提高了模型的准确性。由于拓扑结构稀疏，仅考虑图结构时很难深入识别电力系统的边缘重要性。正如预期的那样，空间信息有助于通过拓扑结构进行学习。

模型比较表明，MGCN 的准确性高于 GCN 和 UNET。虽然 IEEE 14 和 IEEE 30 的准确率不是很好，但 MGCN 的准确率仍然高于其他模型。通过观察和与专家的讨论，发现 IEEE 14 和 IEEE 30 中的继电保护不是实际数据，因此影响了准确性。此外，目标等级的元件停电情况也很相似，因此，模型很难对这种情况进行明确分类。为了观察 MGCN 的训练过程，图 3.21 展示了 IEEE 39 数据集上随着迭代次数的增加训练损失的变化趋势。IEEE 118 显示，MGCN 模型比 GCN 模型更适合于对平行线的分类。与 GCN 相比，MGCN 的准确性增加了 5%～10%。此外，可以发现，具有较大 K 的多图比 MGCN 模型获得更好的结果。然而，对于更大的 K，由于参数数量的二次增长，模型的复杂性变得过高，性能将下降。

根据表 3.10 所示的准确率结果，选择 IEEE 39 和 IEEE 118 样本作为案例研究。图 3.22 展示了 IEEE 39 数据集上使用 MGCN 模型得到的每个输入特征的相关性

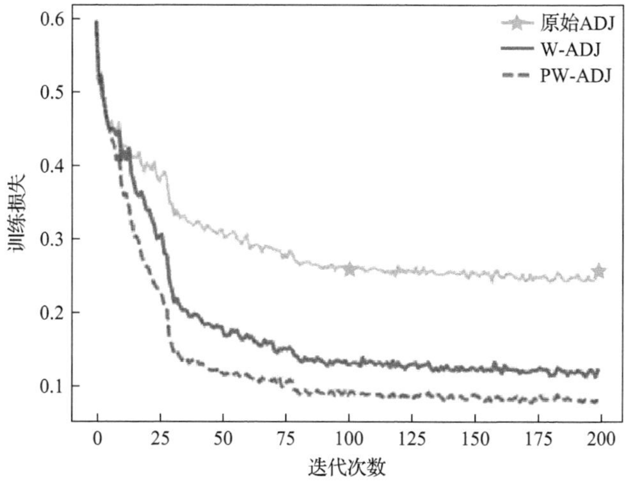

图 3.21　MGCN 模型在 IEEE 39 测试系统上的损失曲线

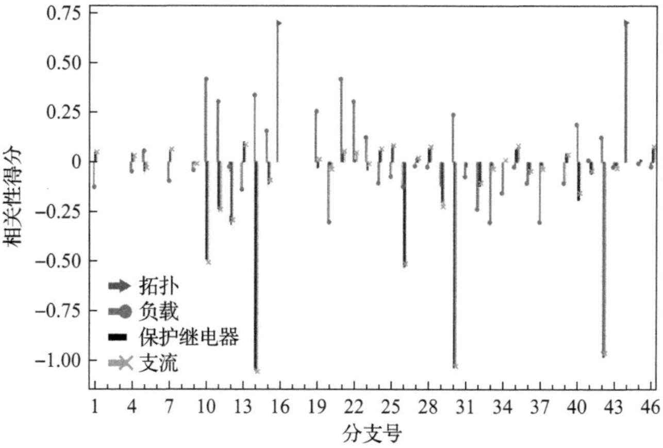

图 3.22　在 L16 和 L44（IEEE 39）初始故障时触发的 MGCN 模型的每个输入的相关性得分

得分。这种解释的主要思想是确定对 MGCN 模型有贡献的最相关/最不相关的特征输入。可以看到，保护继电器与支流正相关，与负载负相关。保护继电器是一种继电器装置，设计用于在检测到故障时使断路器跳闸。我们发现，当支流（功率流）异常波动时，该保护继电器会动作，并会生成使断路器跳闸的命令，而负载与保护继电器没有直接的动作关系。这里考虑了来自 IEEE 39 数据集的两种情况。在第一种情况下，在触发分支 L16 和 L44 之后，这种情况被模型预测为中级组件故障（图 3.23）。在第二种情况下，在触发分支 L9 和 L44 后，这种情况被模型预测为高级组件故障（图 3.24）。可以观察到高相关性得分出现在初始故障区域周围（图 3.23 和图 3.24）。对于这两种情况，最初有两个分支失效，其中 L44 是共同的，可以发现 L14（6-31）、L26（16-17）和 L30（17-18）受到影响。

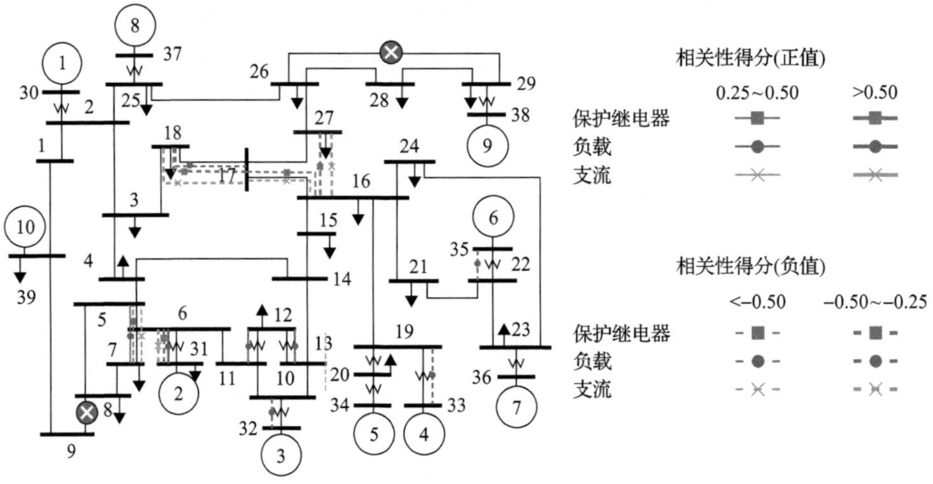

图 3.23　L16 和 L44 触发后 IEEE 39 的一部分拓扑图(目标类被预测为中级组件故障)

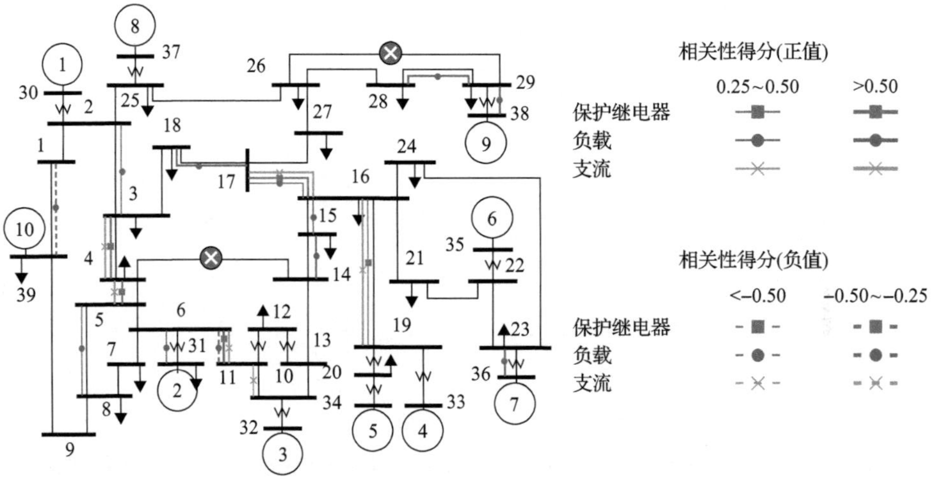

图 3.24　L9 和 L44 触发后 IEEE 39 的一部分拓扑图(目标类被预测为高级组件故障)

图 3.25 显示，对于 IEEE 118 数据集，在 L31(19-20)发生故障后，支流和保护继电器将反应转移到整个系统，而不仅仅是故障区域。可以发现，支流和保护继电器的位置会在连接到发电机的节点周围产生影响。此外，系统的多个负载值以相同的方向变化，具有较高的正相关性得分，而电力系统中每个分支的功率流在这种情况下不受影响。还可发现，具有并行分支的总线节点对这种情况没有直接影响。

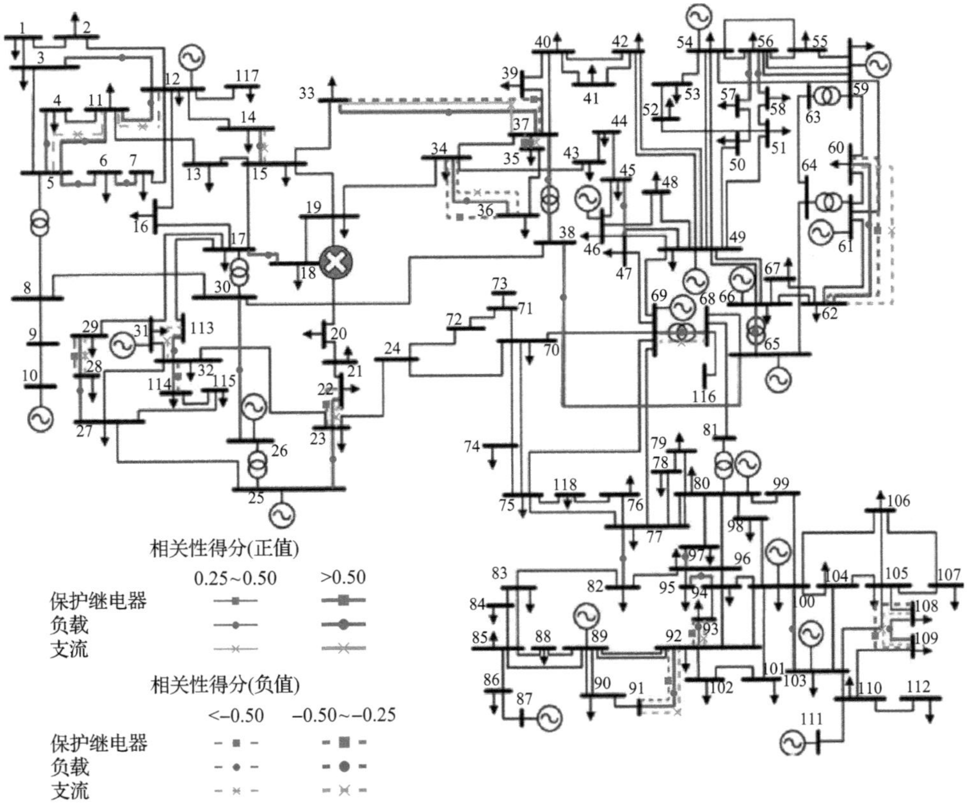

图 3.25　L31 触发后 IEEE 118 的一部分拓扑图(目标类被预测为低级组件故障)

3.4　交互式知识提取与评估

3.4.1　交互式仿真分析知识标注

1. 背景

图表是一种计算机生成的视觉形式，它通过形状、位置、颜色、大小和布局等视觉编码的组合来表示数据。一个设计良好的图表通过利用人类的感知和理解来促进有效的信息交流，特别是当从原始数据中提取预期或意外的模式时。事实证明，当数据模糊、不规则或复杂时，阅读图表比使用数字更有效。在许多情况下，图表是表示数据的优选形式。成熟的可视化编写软件或工具箱，如 Tableau、Microsoft Power BI 和 D3.js，极大地缓解了可视化图表的创建。这就使得新闻栏目、商业报告、研究论文等中图表资源无处不在。从图表中提取和注释模式的需求在商业智能、e-learning(电子学习)、科学报告和媒体传播等许多领域都在急剧增加。

虽然人们可以很容易地识别图表中的模式，但这仍然是一个费力的过程。为了解决这个问题，一些先驱性的工作已经证明了应用监督数据挖掘方法来分析图表图像的可行性。例如，Ma 等[50]提出了一种基于深度学习的模型，用于从标记数据中学习散点图的视觉认知。Poco 和 Heer[51]采用卷积神经网络从图表中自动恢复视觉编码。尽管这些工作取得了成功，依靠一些标记数据实例来学习图表特征，但在很少或没有监督的情况下，仍然很难对图表进行模式识别。

本节利用表征学习中深度因子模型，对解决这一问题进行了尝试。它在无监督的情况下工作，通过将数据拆解为解释因子来学习隐藏在数据中的特征，并以此为基础建立数据。深度因子模型强大的解释能力可以让我们深入了解潜在的模式。特别是，其解决了前人工作没有揭示的两个挑战：①给定一个具体的数据集，人们往往对目标一无所知，难以确定模式的具体定义。因此，从图表中进行模式识别需要加入人的知识，更倾向于采用交互式方法而不是自动方法。②模式识别提出了大海捞针式的查询，目的是从整个数据集(一个更大的干草堆)中提取部分数据(干草堆)而不是单个案例所表现的有趣模式。

本节提出了一个针对无标签可视化图表的新型交互式模式识别和标注框架，表示为 ChartSeer。如图 3.26 所示，它由三个主要部分组成：①一个对图表敏感的深度因子模型，它将高维图表数据映射成高质量的低维表示，从中可以重建图表(图 3.26(a))；②一套可视化工具，支持交互式探索和分析因子空间中的模式(图 3.26(b))；③一个无监督或半监督的算法，帮助注释整个数据集与识别的模式(图 3.26(c))。据知，这是该领域第一次尝试对图表进行交互式模式识别和注释，同时也是该领域第一次尝试学习模式的精炼表示。

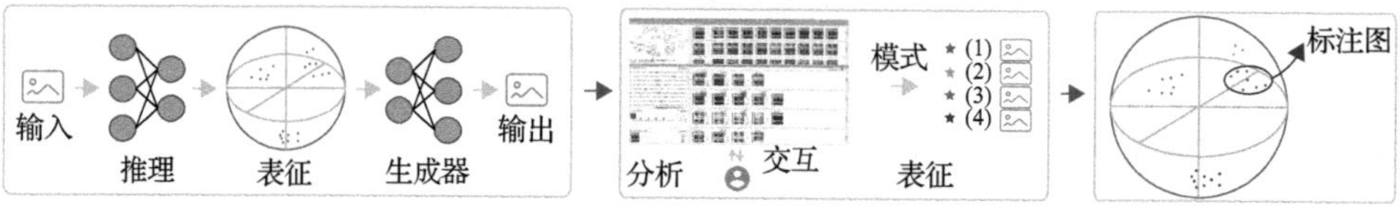

(a) 表征　(b) 识别　(c) 标注

图 3.26　ChartSeer 的工作流程

(a)一个用于学习图表因子表示的增强型深度因子模型；(b)一个可视化界面，用于将学习到的因子表达可视化，识别模式并为模式生成有效表达；(c)一个标注模块

2. 深度因子模型

通过最大化 ELBO，变分自编码器(variational autoencoder，VAE)模型可以学习输入数据的因子分布。然而，直接将其应用于图表可能无法捕捉到有意义的因子，并导致不满意的 ELBO 值。为了解决这个问题，本节提出了最优传输 VAE(OT-VAE)，这是一个对图表敏感的模型，通过利用最优传输方案来捕捉图表中

的有意义因子，还提出了一系列因子操作，支持图表敏感的提取和重组图表中的特征。

对于传统的 VAE，ELBO 值有一个“隐藏”的阈值，在这个阈值之后继续优化模型，几乎不能改善推理结果。原因是 ELBO 只提供了推断因子分布与真实因子之间的推理余量的上限。当 ELBO 达到阈值时，推理余量仍然可以很大。

OT-VAE 应用最佳传输方案来估计推理余量。估计分两步实现。首先，将经验分布 p_{emp} 扩展为混杂分布 p_{mixup}，从中抽取一些虚拟实例 X_λ：

$$X_\lambda=(1-\lambda)*X_0+\lambda*X_1,\quad \lambda\sim\beta(\alpha,\alpha) \tag{3.67}$$

其中，X_0、X_1 是随机从数据集 D 中抽取的数据实例；$\beta(\alpha,\alpha)$ 是参数为 α 的贝塔分布。

其次，考虑到数据空间中的这种插值过程可以映射到因子空间中，应用基于范数 norm-2,的最优传输方案来创建后置分布 $p\sim\left(z|X_\lambda\right)$ 作为真实后置 $p(z|X)$ 的近似值。根据最优传输方案，对于因子 $z\sim N\left(\mu,\sigma^2\right)$，$z_0\sim N\left(\mu_0,\sigma_0^2\right)$ 与 $z_1\sim N\left(\mu_1,\sigma_1^2\right)$ 之间的最短路径为

$$\mu_\lambda=(1-\lambda)\mu_0+\lambda\mu_1;\quad \sigma_\lambda=(1-\lambda)\sigma_0+\lambda\sigma_1 \tag{3.68}$$

其中，$\lambda\in[0,1]$。

如算法 3.3 所示，估计的推理边界表示为 L_{M_z}。通过在 ELBO 损失中加入 L_{M_z}，将传统的损失函数修改为 $L=L_{\text{ELBO}}+w_{M_z}*L_{M_z}$，其中，$w_{M_z}$ 为最优传输估计权重。

算法 3.3　OT-VAE 的最优传输估计过程

输入：

$p_{\text{emp}}(X)$ 采样的一批次数据 X；

推理因子 $q_\phi(z|X)=\mathcal{N}(z;\mu(X;\phi),\sigma^2(X;\phi))$；

混合分布 $p_{\text{mixup}}(X)$ 的超参数 α

输出：

从 $p_{\text{mixup}}(X)$ 采样的 X_λ；

边缘分布 $D_{\text{KL}}(q_\phi(z|X_\lambda)\|p(z|X_\lambda))$ 的估计 L_{M_z}

1: $\hat{X}$，$\hat{\mu}$，$\hat{\sigma}^2$ =随机打乱（X,μ,σ^2）

2: $X_\lambda=(1-\lambda)*X+\lambda*\hat{X},\lambda\sim\beta(\alpha,\alpha)$

3: $\left(\mu_\lambda,\sigma_\lambda^2\right)$ =最优传输$\left((\mu,\sigma^2),(\hat{\mu},\hat{\sigma}^2),\lambda\right)$

$q_{\phi}(z \mid X_{\lambda}) = \mathrm{VAE}(X_{\lambda})$

$\tilde{p}(z \mid X_{\lambda}) = \mathcal{N}(z; \mu_{\lambda}, \sigma_{\lambda}^{2})$

$L_{M_z} = D_{\mathrm{KL}}(q_{\phi}(z \mid X_{\lambda}) \| \tilde{p}(z \mid X_{\lambda}))$

返回 X_{λ}, L_{M_z}

3. ChartSeer 框架

给定任何输入数据实例 X，OT-VAE 模型会生成一个三元组 (X, μ, σ)，其中 μ 和 σ 是因子 z 的高斯分布参数，然后 ChartSeer 界面将一组可视化图表和它们对应的三元组作为输入。用户需要对输入的三元组进行因子运算，并分析这些运算带来的重建图表的语义变化。通过这种方式，ChartSeer 界面将模式输出为新的三元组 (X', μ', σ')，其中 X' 是模式的视觉表示，受参数 μ'、σ' 的高斯分布制约。通过比较原始的三元组和新的三元组，ChartSeer 用识别出的模式对整个数据集进行标注。

图 3.27 展示了 ChartSeer 界面。它通过界面上方列出的四个连续步骤来实现上述过程：数据加载、寻找候选者、表示模式和标注。

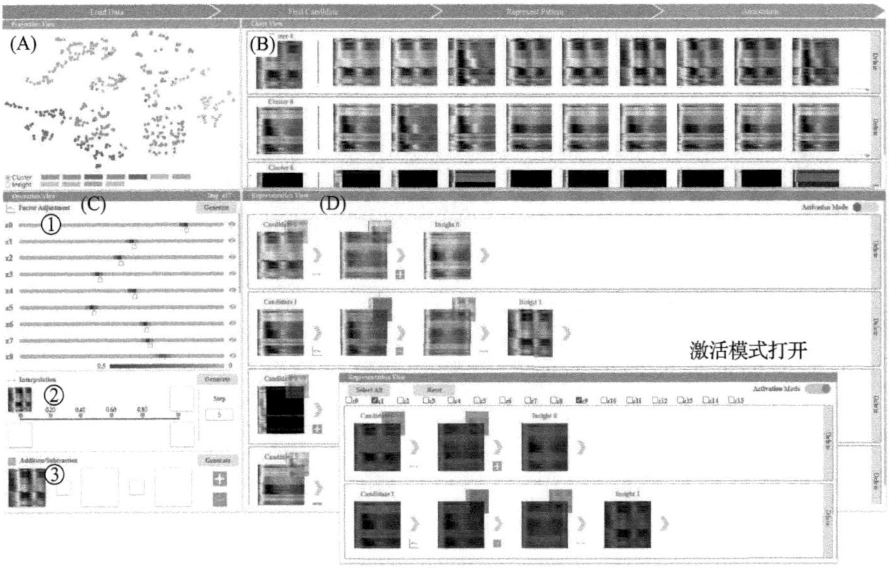

图 3.27　ChartSeer 界面

(A)投影视图，将可视化图表投射到二维空间；(B)图表视图，显示数据集中的原始图表；(C)操作视图，支持因子表达的算术运算；(D)表示视图，显示执行的算术操作带来的语义变化。所示示例为 PG-S 数据集

1) 数据加载

启动界面时，用户首先需要加载一个图表数据集及其对应的由 OT-VAE 导出

的三元组。然后利用 K 均值对加载的数据进行聚类。给定一对图表 $X_0, X_1 \in D$ ，通过对它们的推断因子 z_1 和 z_2 应用最优传输方案，得出 X_0 和 X_1 之间的距离：

$$\text{dist}^2{}_{\text{OT}}(X_0, X_1) = \| \mu(X_0;\varphi) - \mu(X_1;\varphi) \|^2 + \| \sigma(X_0;\varphi) - \sigma(X_1;\varphi) \|^2 \quad (3.69)$$

投影视图（图 3.27（A））通过将所有数据实例投射到一个二维空间中，并采用 t-分布式随机邻域嵌入（t-distributed stochastic neighbor embedding，t-SNE）的方式来说明聚类的结果。

2）寻找候选者

一旦数据被加载，用户就会期望找到包含模式的图表候选。为了解决这个问题，允许用户选择感兴趣的聚类，并在图表视图中显示这些聚类的图表（图 3.27（B））。同一聚类的图表被捆绑在一起。由于空间的限制，只为每个聚类显示 10 个图表，用户可以单击右下角的倒三角按钮，查看每个聚类中更多的图表。将每个聚类的类中心点显示在其束的最左侧，并根据其与类中心点的距离将该聚类中的图表显示在右侧。集群 $T = \{X_i\}_{i=1}^{m}$（m 为实例数量）的类中心点 X_{ctd} 被定义为最优的基于运输的重心。

这样一来，用户更容易找到以下两种类型的候选者：①能够代表相当大一部分数据的主要候选者，如聚类的中心点；②可能是数据的离群值的罕见候选者，如一个与类中心点和其他附近图表完全不同的图表。

3）表示模式

所选的候选者被显示在表示视图中（图 3.27（D））。考虑到每个候选者可能包含多个模式，在操作视图中引入了三种类型的因子操作（图 3.27（C））以及因子激活热力图，以帮助用户理解推断因子的语义。所有这些方法都是基于最优传输方案，通过找到更准确的因子表示和每个独立模式的可视化表示，有助于创建一个图表敏感的模型。

（1）因子操作。因子调整是最直接、最直观的操作（图 3.27（C）中①）。它允许用户交互式地调整每个图表的因子值，以生成新的图表。给定一个候选 X 及其因子分布 $p(z \mid X) \sim N\left(\mu, \sigma^2\right)$，每个 $z_i \in z$ 的分布由一个水平热力图轴编码，其颜色表示 z_i 取此值的概率。颜色越深表示概率越高。用户可以灵活调整每个分布的均值。特别是，用户可以通过单击每个轴右侧的隐藏按钮来隐藏不那么感兴趣的因素。然后，被隐藏的因素会被一个三角形按钮记下，并可以随时单击它重新显示。

插值在基于最优运输的因子空间（图 3.27（C）中②）中执行一对图 $\left(X_i, X_j\right)$ 之间的线性插值。算法 3.4 显示了线性插值过程的细节。默认的插值步长设置为 5，用户可以灵活调整。用户还可以通过改变水平轴上的标记位置来调整插值点。

算法 3.4 OT-VAE 线性插值

输入：

实例 $X_0, X_1 \in D$；

推理因子 $\mathcal{N}(z_i;\mu(X_i;\phi), \sigma^2(X_i;\phi)), i=0,1$；

插值参数 $t \in [0,1]$；

生成函数 $f(z;\theta)$

输出：

插值结果 X_t

1: $\mu_t = (1-t)\mu(X_0;\phi) + t\mu(X_1;\phi)$

2: $\sigma_t = (1-t)\sigma(X_0;\phi) + t\sigma(X_1;\phi)$

3: $X_t = \mathbb{E}_{z\sim\mathcal{N}(\mu_t,\sigma_t^2)} f(z;\theta)$

4: 返回 X_t

加法/减法对选定的图表 $\{X_i\}$ 进行线性变换（图 3.27（C）中③））。算法 3.5 显示了这个过程的细节。通过这种方式，用户可以获得现有图表的任意组合。

算法 3.5 OT-VAE 线性变换

输入：

实例 $X_i \in \mathbb{D}, i=1,\cdots,m$；

参数 $w_i \in \mathbb{R}, i=1,\cdots,m$；

因子 $\mathcal{N}(z_i;\mu(X_i;\phi), \sigma^2(X_i;\phi)), i=1,\cdots,m$；

OT-VAE 生成函数 $f(z;\theta)$

输出：

线性变换结果 X_T

1: $\mu_T = \sum_{i=1}^{m} w_i \mu(X_i;\phi)$

2: $\sigma_T = \sqrt{\sum_{i=1}^{m} w_i^2 \sigma^2(X_i;\phi)}$

3: $X_T = \mathbb{E}_{z\sim\mathcal{N}(\mu_T,\sigma_T^2)} f(z;\theta)$

4: 返回 X_T

对于表征视图中的每一个选定的候选者，上述任何操作的执行都将通过 OT-VAE 模型生成一个候选者的重构图。这个图表是由相应的操作所修正的因子分布重构出来的。通过重复这个过程，用户最终有望找到最准确的因子表示和候选者中包含的模式的相应视觉表示。

(2) 因子激活图。本节还引入了一个因子激活图，以突出每个图表中不同因子激活的区域。这为不同因素提供了可视化的解释。将有监督的加权梯度类激活映射(Grad-CAM)推广到的无监督 OT-VAE 中，并提出了基于梯度的因子激活图(Grad-FAM)。给定一个实例 X 和它的因子 $z=\left(z_1,\cdots,z_k\right)$，Grad-FAM 在两个步骤内得到。首先，按照 Grad-CAM，产生一个粗粒度的因子激活图 M_{c}。其次，计算最后卷积层中实例的梯度，并将其与 M_{c} 结合，产生一个细粒度的因子激活图 M_{f}。图 3.28 显示了粗粒度 FAM 和细粒度 FAM 的一个例子。

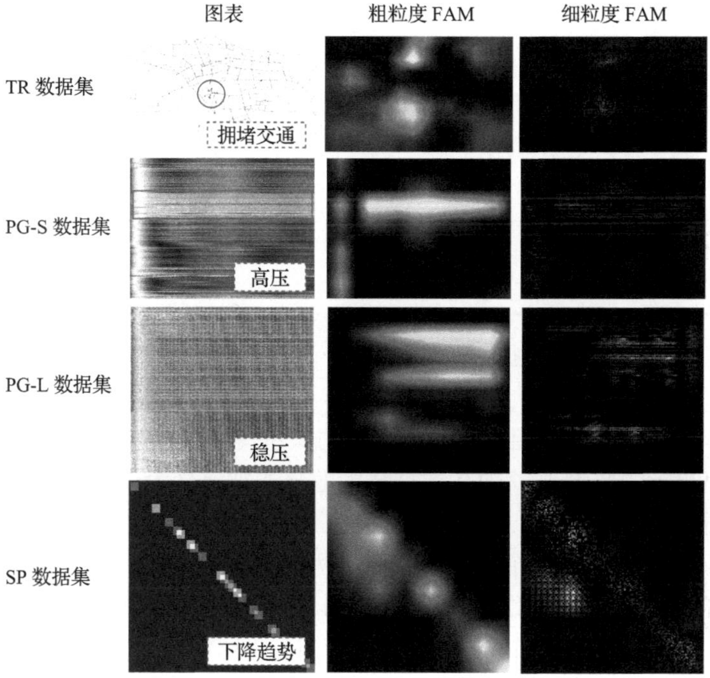

图 3.28　不同数据集的 Grad-FAM 例子

4) 标注

一旦确认了模式的因子表示(X',μ',σ')，用户就可以右击相应的图表并记录下来，可以添加模式的描述。记录的模式显示在项目视图的底部。每当有一个模式被记录下来，ChartSeer 界面就会用现有的模式对整个数据集进行注释。提出以下两种方法来注释数据集。

(1)半监督方法。对于半监督方法，在 ChartSeer 界面中识别模式，但不一定为其生成新的因子表示。相反，用户在探索过程中可以直接用识别出的模式类别手动标注数据集中的部分图表。其余的数据集则以半监督方法自动标注，OT-VAE 模型从标注的数据中学习，并对未标注的数据进行分类。

(2)无监督方法。对于无监督方法，通过计算每个图表 X_i 和每个模式 X_i' 之间的相似度来标注数据集。在实验中，使用 2-沃瑟斯坦(Wasserstein)距离来计算 X_i 和 $X_i^{'}$ 的因子分布之间的距离。

一旦数据集被注释，投影视图中每个点的颜色将表示模式类别而不是聚类类别。

3.4.2 实验

1. 数据描述

针对四个数据集进行实验。表 3.11 显示了这些数据集的基本信息。

表 3.11　用于评估 ChartSeer 框架的四个真实世界数据集的细节

数据集	图表数	图表大小/(像素×像素)	模式数	每个图表模式数
TR	744	512×352	5	1
PG-S	3504	368×464	8	2.5
PG-L	25925	650×800	—	—
SP	831	128×128	7	1

(1)轨迹数据集。该数据集(TR)是一个真实世界的数据集，它包含一组描述中国某城市一个月出租车轨迹分布的热图。数据集以小时为单位进行分区，每张热图代表本月某小时的出租车轨迹。热图的颜色代表了经过的出租车数量。颜色越深表示出租车的数量越多。TR 数据集中的模式被定义为市中心的大交通、旅游区的大交通等。

(2)电网数据集。从两个真实世界的电网收集了两个模拟数据集：一个是小规模的电网(PG-S)，一个是大规模的电网(PG-L)。这两个数据集都包含了一组像素图，描述了当电网发生不同类型的电力故障时，母线电压的变化。每个像素图中，横轴代表时间，纵轴代表母线，按其 ID 排序。像素(i,j)的灰度表示母线 i 在时间 j 时的电压，灰度越高表示电压值越高。这两个数据集中的模式被定义为某组母线的电压突然下降/上升。

(3)散点图数据集。数据来自散点图(SP)数据集，它是从一些真实世界的数据集中精心挑选出来的。每个散点图都有 Wilkinson 等提出的一种模式，如离散、偏斜、稀疏、瘦弱等。

邀请领域专家对 TR 和 PG-S 数据集进行人工标注。TR 数据集由两位城市轨迹分析专业的博士研究生进行标注。数据集中确定了五个模式，每张图都标注了其中的一个模式。PG-S 数据集由四位来自电网行业的工程师标注了八种见解。数据集中的每张图表平均包含 2.5 种见解。考虑到给 PG-L 数据集贴标签非常耗时，只在 TR、PG-S 和 SP 数据集上进行大部分的定量实验。

2. 因子表示效果

1) 因子模型效果

通过 ELBO 值和生成的图像质量对 OT-VAE 模型在上述三个基准数据集上的性能进行评估。

(1) 基线。将两个先进的 VAE 模型作为基线：变分自编码器(VAE)和分层 VAE(ladder-VAE)模型。考虑了深度学习模型中广泛使用的四种框架，即多层感知器(MLP)、宽残差网络(WideResNet)、前残差网络(PreActResNet)和密集连接网络(DenseNet)。为了公平起见，所有模型的参数都在同一数量级上(约 10×10^6)。

(2) 实验设置。在训练过程中，使用 Adam 作为优化器，设置学习率为 1×10^{-5}。对于 OT-VAE 模型，用指数调度器将权重 w_{M_z} 从 0 逐渐增加到 1。实验在 GeForce RTX 2080Ti GPU 上进行，所有模型都经过充分训练，以达到最佳 ELBO 值。

(3) 实验结果。测试集上的 ELBO 呈现在表 3.12 中。通过最优的传输估计，VAE 模型几乎可以在所有情况下实现更严格的 ELBO 下限，除了 TR 数据集中的 DenseNet121 情况，这证明了我们的假设。

表 3.12　VAE 为基线的 ELBO 比较结果

骨干网络	模型	PG-S 数据集	PG-L 数据集	TR 数据集	SP 数据集
MLP	VAE	314.87 (±6.42)	345.16 (±2.72)	1333.43 (±42.42)	64.88 (±8.15)
	ladder-VAE	430.62 (±9.75)	83.58 (±3.06)	2546.83 (±130.11)	119.48 (±8.08)
	OT-VAE	**288.15 (±1.32)**	**77.79 (±1.86)**	**1292.00 (±58.87)**	**62.24 (±7.79)**
WideResNet-28-2	VAE	106.16 (±5.25)	43.49 (±1.40)	1169.59 (±3.66)	58.04 (±0.82)
	OT-VAE	**88.85 (±3.01)**	**36.79 (±1.74)**	**1152.2 (±4.44)**	**55.11 (±1.42)**
PreActResNet18	VAE	101.57 (±3.75)	41.90 (±1.50)	1244.06 (±12.72)	58.15 (±1.99)
	OT-VAE	**82.97 (±6.21)**	**38.08 (+1.44)**	**1151.67 (±8.40)**	**56.42 (±2.82)**
DenseNet121	VAE	104.92 (±9.48)	40.72 (±2.58)	**1198.08 (±34.02)**	58.46 (±1.73)
	OT-VAE	**101.46 (±5.87)**	**36.23 (±0.81)**	1203.13 (±55.59)	**57.29 (±2.18)**

注：所呈现的 ELBO 值均为负值，考虑到阅读的清晰性，不显示每个结果的负号。最好的结果用粗体标出。

2) 因子操作效果

分别在三个基准数据集上评估 OT-VAE 导出的因子算子运算的性能。对于每个数据集，选择表 3.12 中达到最佳 ELBO 的实验设置。

(1) 聚类。基于最优传输的聚类提供了聚类标签以及每个聚类的中心点，如图 3.29 所示。OT-VAE 模型使用中心点作为因子空间中最优传输方案的重心，它代表了每个簇的共同特征。

(2) 线性插值与变换。用广泛使用的#图(即图像结构跟#一样)来评估线性插值

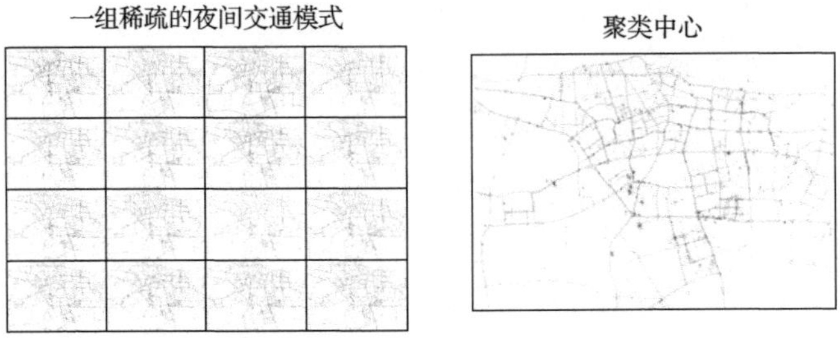

(a) TR数据集

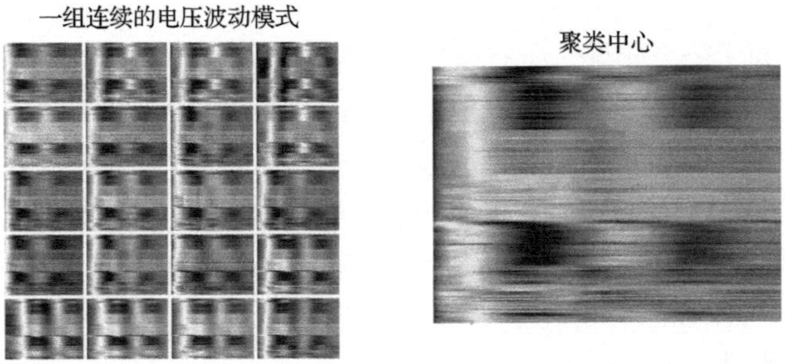

(b) PG-S数据集

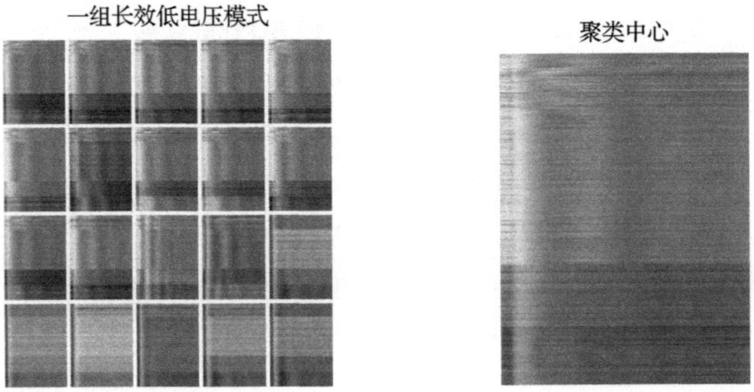

(c) PG-L数据集

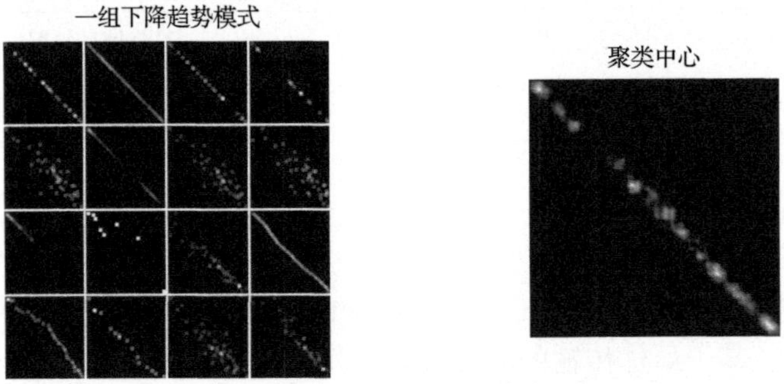

(d) SP数据集

图 3.29　OT-VAE 在四个基准数据集上的聚类性能

左：数据实例属于一个簇。右：对应的簇中心点与变换操作。对于每个基准数据集，选择两组数据，其中一组的特征平滑变化，另一组的特征急剧变化，如图 3.30 所示。对于前一组，推导的算术运算将插值视为两个因子分布之间的最优传输，代表了平滑变化过程。而对于急剧变化的一组，运算则是在变换过程中找到断点，这对模式识别过程很有帮助。

3）模式寻找

展示一个使用 ChartSeer 界面识别图案的综合例子，如图 3.31 所示，选择图表(A)来定义一个只包括其上右侧点的模式。为了达到这个目的，选择一个只有左侧点的图表(B)，并从(A)中减去(B)以去除左侧点。然而，结果是一组无序和聚合的点(图 3.31 中的“结果 1”)。调整一些因子来重新排列这些点，得到“结

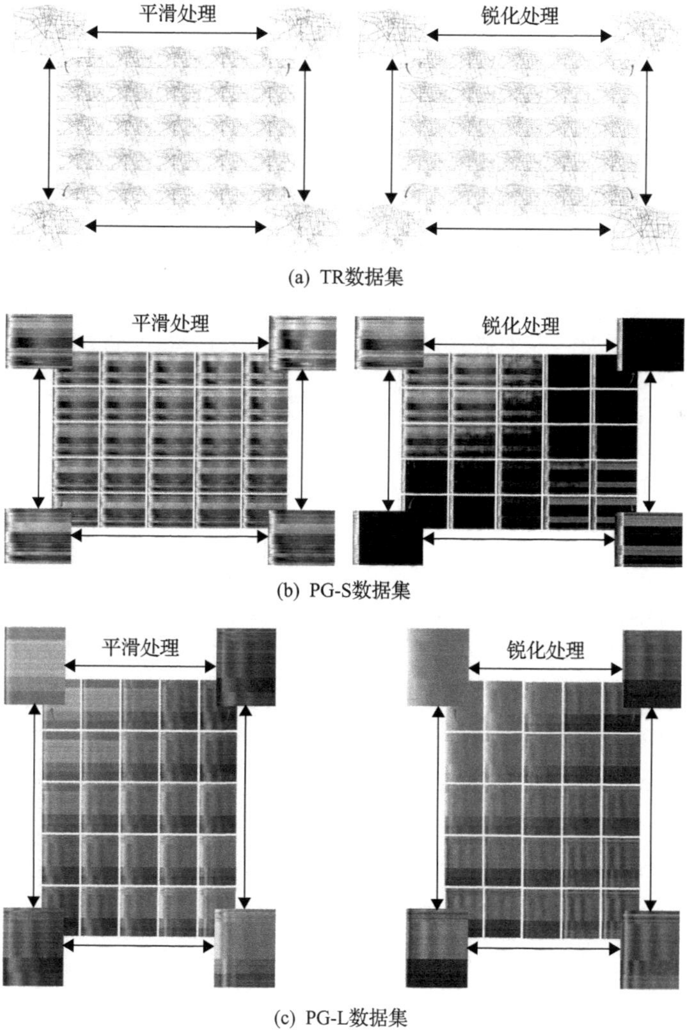

(a) TR数据集

(b) PG-S数据集

(c) PG-L数据集

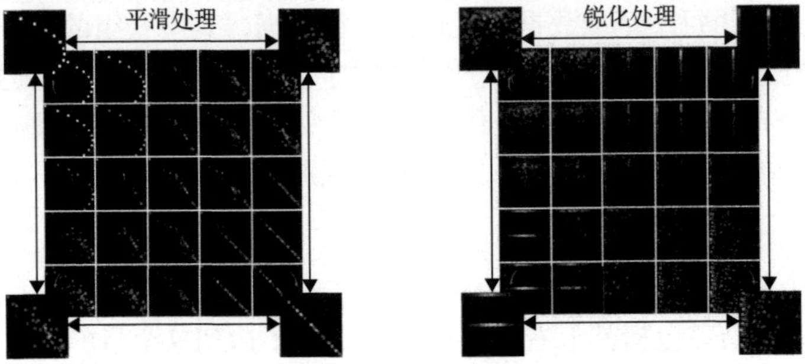

(d) SP数据集

图 3.30　OT-VAE 在四个基准数据集上的#图

左：平滑变化的过程。右：急剧变化的过程

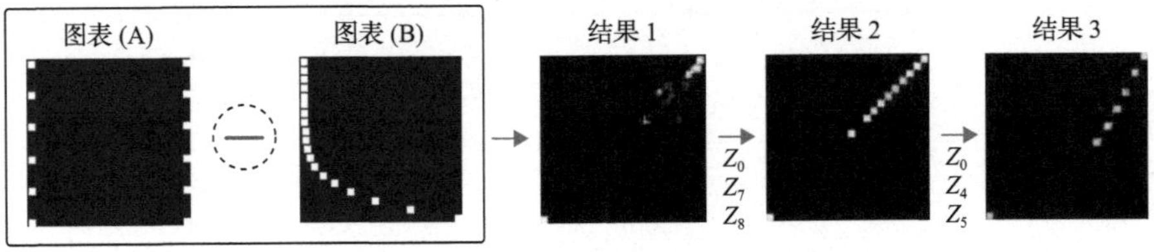

图 3.31　模式识别的综合实例

果 2”。目前，在左上角有一组有序的点，其方向仍然不正确。因此，继续调整因子来改变点的方向。发现通过调整因子(Z_0, Z_4, Z_5)，点会逐渐向右倾斜(图 3.31 中的“结果 3”)。最后，确定所需的图案。

4)模式标注

本节通过实验评估了 ChartSeer 框架的标注准确性，它是在 PG-S 和 TR 这两个标注数据集上进行的。

(1)基线。将 OT-VAE 与其他非超视觉数据挖掘和深度因子模型进行比较。非参数实例识别(NPID)是 ImageNet 分类的最新技术，而前述的 VAE、ladder-VAE 也是如此。为了公平比较，使用同样的 DenseNet-121 作为 NPID 的 CNN 骨干。

(2)评估度量。直接比较 TR 数据集的标注精度，因为它是一个单标签数据集。对于 PG-S 数据集，使用接收者工作特征曲线下的面积(area under the receiver operating characteristic curve，AUC)指标来评估注释性能，这在多标签学习算法中被广泛使用。

(3)半监督结果。为了公平比较，使用所有模型的学习因子表示建立 KNN 分类器来注释数据集。这里展示了 OT-VAE 模型的 5 倍交叉验证结果，并展示了从其他三个模型中获得的最佳结果。标注数据集占整个数据集的 1%～10%。图 3.32 显示，OT-VAE 在两个数据集上都以较大的优势优于其他模型。还注意到，当只有 10%的数据集被标注时，OT-VAE 可以实现相当大的平均 AUC，非常接近 100%

标注情况下的平均 AUC，而其他模型对标注比例很敏感。这一优势可以显著降低 ChartSeer 框架的标注成本。

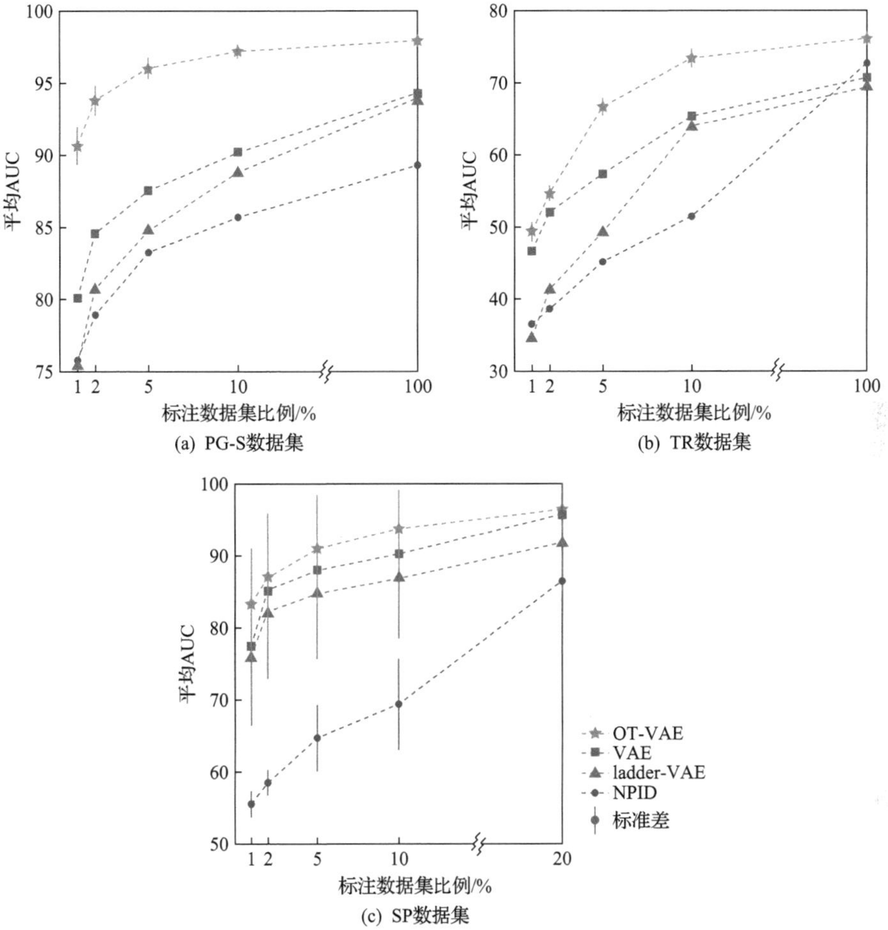

(a) PG-S数据集

(b) TR数据集

(c) SP数据集

图 3.32 比较结果

半监督标注方法的平均 AUC 随着标注数据比例的增加而增加(横轴)

(4)无监督的结果。为了评估无监督标注性能，首先通过使用 ChartSeer 框架来识别标注模式的因子表达。然后，让所有模型学习从识别的因子表示中重新构建的图表。表 3.13 和表 3.14 分别显示了 PG-S 和 TR 数据集的标注结果。如表 3.13 所示，OT-VAE 在大多数模式类别上实现了最好的 AUC 值，并实现了最好的平均 AUC。至于表 3.14 中的 TR 数据集，OT-VAE 以 10 个百分点的较大优势优于其他模型。还注意到，OT-VAE 实现的平均 AUC 与 1%标记的半监督标注情况相当。这说明在 ChartSeer 框架的支持下，识别出的模式的因子表示有效地接近真实水平。

表 3.13 PG-S 数据集上 AUC 和平均 AUC 的比较结果 (单位：%)

模型	P1	P2	P3	P4	P5	P6	P7	P8	平均 AUC
VAE	64.29	**60.13**	71.71	51.96	52.80	51.78	63.37	49.88	58.24
NPID	49.93	48.85	54.14	49.02	**58.61**	49.30	42.99	49.85	50.34
ladder-VAE	60.80	59.25	70.13	49.92	49.84	50.43	62.08	49.63	56.52
OT-VAE	**65.62**	59.15	**76.51**	**52.03**	49.92	**53.58**	**64.86**	**50.51**	**59.02**

注：P1～P8 表示模式 1～模式 8。

表 3.14 TR 数据集的准确率比较结果 (单位：%)

模型	准确率
VAE	41.33
NPID	33.18
ladder-VAE	40.00
OT-VAE	**53.33**

3.5 小 结

为了实现在电力系统仿真分析中发现新的知识以及对所发现知识进行评价分析，本章分别就复杂形态电力系统仿真数据与表征学习、基于复杂约束强化学习的仿真分析知识发现、面向差异化电力系统场景的知识迁移、交互式知识提取与评估进行阐述。

复杂形态电力系统仿真数据的知识计算，依靠表征学习技术将原始数据转换成向量化表达，刻画数据内部的复杂关联；基于复杂约束强化学习的仿真分析知识发现方法，将电力决策场景建模成强化学习环境，通过智能体算法进行交互，实现自动决策控制；面向差异化电力系统场景的知识迁移，根据电力场景的特点，基于知识蒸馏和图神经网络技术，进行模型的泛化和内部知识迁移；交互式知识提取与评估利用计算机可视化技术，引入无标签可视化图表的新型交互式模式识别和标注框架，实现交互式的知识提取与评估。

用人工智能的方法对电力系统仿真进行知识发现与分析目前仍处于初始阶段，新的进展和发现对电力系统都有积极的意义。

参 考 文 献

[1] 田芳，黄彦浩，史东宇，等. 电力系统仿真分析技术的发展趋势[J]. 中国电机工程学报，2014，34(13)：2151-2163.

[2] Bengio Y, Courville A, Vincent P. Representation learning: A review and new perspectives[J]. IEEE Transactions on Pattern Analysis and Machine Intelligence, 2013, 35: 1798-1828.

[3] Perozzi B, Al-Rfou R, Skiena S. Deepwalk: Online learning of social representations[C]. Proceedings of the 20th

ACM SIGKDD International Conference on Knowledge Discovery and Data Mining, New York: 2014, 701-710.

[4] Kipf T N, Welling M. Semi-supervised classification with graph convolutional networks[J]. arXiv preprint arXiv: 1609.02907, 2016.

[5] 张震. 基于神经网络的多粒度图表征学习方法研究[D]. 杭州: 浙江大学, 2021.

[6] Zhou L K, Yang Y, Ren X, et al. Dynamic network embedding by modeling triadic closure process[C]. Proceedings of the AAAI Conference on Artificial Intelligence, New Orleans, 2018: 571-578.

[7] Graves A, Wayne G, Danihelka I. Neural turing machines[J]. arXiv preprint arXiv:1410.5401, 2014.

[8] Miller A, Fisch A, Dodge J, et al. Key-value memory networks for directly reading documents[J]. arXiv preprint arXiv:1606.03126, 2016.

[9] Hochreiter S, Schmidhuber J. Long short-term memory[J]. Neural Computation, 1997, 9(8): 1735-1780.

[10] Veličković P, Cucurull G, Casanova A, et al. Graph attention networks[J]. arXiv preprint arXiv:1710.10903, 2017.

[11] Vaswani A, Shazeer N, Parmar N, et al. Attention is all you need[C]. Advances in Neural Information Processing Systems, Long Beach, 2017: 5998-6008.

[12] 周晟. 基于信息融合的富信息网络表示学习研究[D]. 杭州: 浙江大学, 2020.

[13] Dong Y X, Chawla N V, Swami A. Metapath2vec: Scalable representation learning for heterogeneous networks[C]. Proceedings of the 23rd ACM SIGKDD International Conference on Knowledge Discovery and Data Mining, Halifax, 2017: 135-144.

[14] Hamilton W, Ying Z T, Leskovec J. Inductive representation learning on large graphs[C]. Advances in Neural Information Processing Systems, Long Beach, 2017: 1025-1035.

[15] Sun Y Z, Han J W. Mining Heterogeneous Information Networks: Principles and Methodologies[M]. Cham: Springer Nature Switzerland A G, 2012.

[16] Sun Y Z, Han J W, Yan X F, et al. Pathsim: Meta path-based top-*k* similarity search in heterogeneous information networks[J]. Proceedings of the VLDB Endowment, 2011, 4(11): 992-1003.

[17] Li X, Wu Y, Ester M, et al. Semi-supervised clustering in attributed heterogeneous information networks[C]. Proceedings of the 26th International Conference on World Wide Web, Perth, 2017: 1621-1629.

[18] Veličković P, Cucurull G, Casanova A, et al. Graph attention networks[J]. arXiv preprint arXiv: 1710.10903, 2017.

[19] Goodfellow I, Pouget-Abadie J, Mirza M, et al. Generative adversarial nets[C]. Advances in Neural Information Processing Systems, Montréal, 2014: 2672-2680.

[20] Lindsay B G. Mixture Models: Theory, Geometry and Applications[M]. Michigan: Institute of Mathematical Statistics, 1995.

[21] Dai Q Y, Li Q, Tang J, et al. Adversarial network embedding[J]. arXiv preprint arXiv:1711.07838, 2017.

[22] Arjovsky M, Chintala S, Bottou L. Wasserstein gan[J]. arXiv preprint arXiv:1701.07875, 2017.

[23] 王磊, 赵英海, 杨国顺, 等. 面向嵌入式应用的深度神经网络模型压缩技术综述[J]. 北京交通大学学报, 2017, 41(6): 34-41.

[24] 雷杰, 高鑫, 宋杰, 等. 深度网络模型压缩综述[J]. 软件学报, 2018, 29(2): 251-266.

[25] He K, Zhang X, Ren S, et al. Deep residual learning for image recognition[C]. Proceedings of the IEEE Conference on Computer Vision and Pattern Recognition, Las Vegas, 2016: 770-778.

[26] Krizhevsky A, Hinton G. Learning multiple layers of features from tiny images [R]. Toronto: Canadian Institutes for Advanced Research, 2009.

[27] Canziani A, Paszke A, Culurciello E, et al. An analysis of deep neural network models for practical applications[C]. arXiv preprint arXiv: 1605.07678, 2016.

[28] Cheng Y, Wang D, Zhan P, et al. Model compression and acceleration for deep neural networks: The principles, progress, and challenges[J]. IEEE Signal Processing Magazine, 2018, 35(1): 126-136.

[29] Pereyra G, Tucker G, Chorowski J, et al. Regularizing neural networks by penalizing confident output distributions[J]. arXiv preprint arXiv:1701.06548, 2017.

[30] Chaudhari P, Choromanska A, Soatto S, et al. Entropy-SGD: Biasing gradient descent into wide valleys[C]. International Conference on Learning Representations, Toulon, 2017.

[31] Keskar N S, Mudigere D, Nocedal J, et al. On large-batch training for deep learning: Generalization gap and sharp minima[C]. International Conference on Learning Representations, Toulon, 2017.

[32] Bucilua C, Caruana R, Niculescu-Mizil A. Model compression[C]. Proceedings of the 12th ACM SIGKDD International Conference on Knowledge Discovery and Data Mining, Philadelphia, 2006: 535-541.

[33] He K, Gkioxari G, Dollár P, et al. Mask R-CNN[C]. International Conference on Computer Vision, Venice, 2017: 2980-2988.

[34] Hinton G, Vinyals O, Dean J. Distilling the knowledge in a neural network[J]. arXiv preprint arXiv:1503.02531, 2015.

[35] Chen D, Mei J P, Zhang Y, et al. Cross-layer distillation with semantic calibration[J]. arXiv preprint arXiv: 2012.03236, 2020.

[36] Romero A, Ballas N, Kahou S E, et al. FitNets: Hints for thin deep nets[J]. arXiv preprint arXiv:1412.6550, 2014.

[37] Park W, Kim D, Lu Y, et al. Relational knowledge distillation[C]. Proceedings of the IEEE Conference on Computer Vision and Pattern Recognition, Long Beach, 2019: 3967-3976.

[38] Passalis N, Tefas A. Learning deep representations with probabilistic knowledge transfer[C]. European Conference on Computer Vision, Munich, 2018: 283-299.

[39] Yang C, Liu Y, Shi C. Extract the knowledge of graph neural networks and go beyond it: An effective knowledge distillation framework[J]. arXiv preprint arXiv:2103.02885, 2021.

[40] Yang Y D, Qiu J Y, Song M G, et al. Distilling knowledge from graph convolutional networks[C]. Proceedings of the IEEE/CVF Conference on Computer Vision and Pattern Recognition, 2020: 7074-7083.

[41] Chung I, Park S, Kim J, et al. Feature-map-level online adversarial knowledge distillation[C]. International Conference on Machine Learning, 2020: 2006-2015.

[42] Zagoruyko S, Komodakis N. Paying more attention to attention: Improving the performance of convolutional neural networks via attention transfer[J]. arXiv preprint arXiv:1612.03928, 2016.

[43] Yang Z, Cohen W, Salakhudinov R. Revisiting semi-supervised learning with graph embeddings[C]. International Conference on Machine Learning, New York, 2016: 40-48.

[44] Zhang Y, Xiang T, Hospedales T M, et al. Deep mutual learning[C]. Proceedings of the IEEE Conference on Computer Vision and Pattern Recognition, Salt Lake City, 2018: 4320-4328.

[45] Qi C R, Su H, Mo K, et al. PointNet: Deep learning on point sets for 3d classification and segmentation[C]. Proceedings of the IEEE Conference on Computer Vision and Pattern Recognition, Honolulu, 2017: 652-660.

[46] Wang Y, Sun Y, Liu Z, et al. Dynamic graph CNN for learning on point clouds[J]. ACM Transactions on Graphics (tog), 2019, 38(5): 1-12.

[47] Knyazev B, Lin X, Amer M R, et al. Spectral multigraph networks for discovering and fusing relationships in molecules[J]. arXiv preprint arXiv:1811.09595, 2018.

[48] Defferrard M, Bresson X, Vandergheynst P. Convolutional neural networks on graphs with fast localized spectral filtering[J]. Advances in Neural Information Processing Systems, 2016, 29: 3844-3852.

[49] Gao H, Ji S. Graph u-nets[C]//International Conference on Machine Learning, Long Beach, 2019: 2083-2092.

[50] Ma Y, Tung A K H, Wang W, et al. ScatterNet: A deep subjective similarity model for visual analysis of scatterplots[J]. IEEE Transactions on Visualization and Computer Graphics, 2018, 26(3): 1562-1576.

[51] Poco J, Heer J. Reverse-engineering visualizations: Recovering visual encodings from chart images[J]. Computer Graphics Forum, 2017, 36(3): 353-363.

第4章　电力系统潮流收敛与运行方式调整的人工智能方法

潮流方式分析与调整是电网仿真分析最基础的工作，为判别电网运行及规划设计方案的合理性、安全可靠性及经济性提供了定量分析的依据[1]。从数学角度看，潮流计算的本质就是求解非线性方程组，潮流方程解不存在或是潮流方程接近病态导致求解过程难以收敛，这两种情况统称为潮流不收敛[2-7]。潮流不收敛就没有结果，无法进行后续的分析，实际工程实践中经常出现潮流不收敛情况，需要将不收敛潮流调整至收敛状态。目前潮流收敛主要依靠人工进行调整，调整过程繁杂且依靠人工经验，效率很低。收敛后的潮流结果往往不满足实际计算人员的要求，如潮流断面功率未达到指定要求、母线电压超过运行的上下限范围、静态 N–1 扫描结果出现线路过载、暂态 N–1 故障后系统失稳等情况，需要计算人员反复调整元件参数使得潮流结果满足实际要求，这一工作目前基本依靠人工进行，调整工作量非常大。

以往电网潮流收敛调整和潮流方式调整的研究方法以灵敏度分析方法、优化算法等传统方法为主，由于电网规模的庞大和问题的复杂性，常规传统方法还无法完全解决电网潮流方式智能分析与调整问题。人工智能方法应用于电网潮流方式分析与调整目前已有一些尝试，取得了一定的效果，展现出非常好的应用前景。随着知识图谱技术和以表征学习、强化学习等为代表的知识推理的发展，利用新兴人工智能技术能够有效提高电网潮流方式智能分析与调整工作的效率和准确性，实现真正的潮流方式人工智能生成。

本章在第 2、3 章基础上，结合电力系统潮流收敛和运行方式调整的具体问题展开深入讨论。首先，人工智能算法研究往往需要大量的样本，电力系统仿真分析中的历史潮流数据有限，潮流样本数量远远不能满足电力系统人工智能潮流仿真分析研究的需要，4.1 节主要介绍潮流样本集自主生成方法，获得多样、均衡且分布合理的潮流样本集。4.2 节重点介绍电力系统潮流收敛人工智能调整方法，从不同技术路径探讨不同方案的效果。4.3 节重点介绍电力系统潮流方式人工智能调整方法，探讨有功类目标、电压类目标等不同潮流方式调整目标的人工智能调整方法。

4.1　潮流样本集自主生成

4.1.1　潮流样本自动生成方法

潮流计算程序可以随调随用，因此可以通过自动化方法来实现潮流样本自动生成，即以较少数量的初始潮流母样本为基础，按照一定规则不断调整潮流母样本形成大量新的潮流数据，然后批量进行潮流计算仿真，产生足够的潮流样本。潮流样本自动生成分为三步。

(1) 可调元件集合生成：首先确定各类元件的调整范围，在负荷生成方案 SAMP.Load 等文件中定义了各类元件的可调范围，读取这些配置文件生成发电机、负荷等各类元件的可调集合。

(2) 潮流数据修改：调整负荷、发电机、并联电容电抗器等元件的参数(包括有效标志、有功、无功等)，生成新的潮流数据，每一套潮流数据成为一个样本，海量样本组成一个样本集，按照规定的目录要求组织数据。

(3) 样本自动标注：对生成的潮流样本进行一次潮流计算和静态安全分析计算(如有必要)，对每个潮流样本的潮流结果和静态安全分析结果进行标注。

1. 可调元件集合生成

流程如图 4.1 所示。

1) 读取当前母样本潮流数据

读取当前母样本数据，文件格式参考国内主流的电力系统仿真分析程序 PSASP 和 PSD-BPA 的潮流数据格式。

2) 读取当前样本生成方案

同一个潮流样本集可以有多个样本生成方案，如要生成一个省级电网的潮流样本集，省内不同地市的负荷和发电参数变化范围往往是不同的，因此需要配置不同的生成方案，使得生成的样本符合实际电网数据特点。

样本生成方案的参数包括负荷生成方案个数、发电机生成方案个数、并联电容电抗器生成方案个数、交流线生成方案个数、变压器生成方案个数、直流生成方案个数、负荷变化步数、相同负荷其他元件变化方案个数。

3) 确定可调负荷、发电机、并联电容电抗器、交流线、变压器和直流线集合

分别确定负荷、发电机、并联电容电抗器、交流线、变压器和直流线的变动范围，构成相对应的可调集合。确定方法有四种。

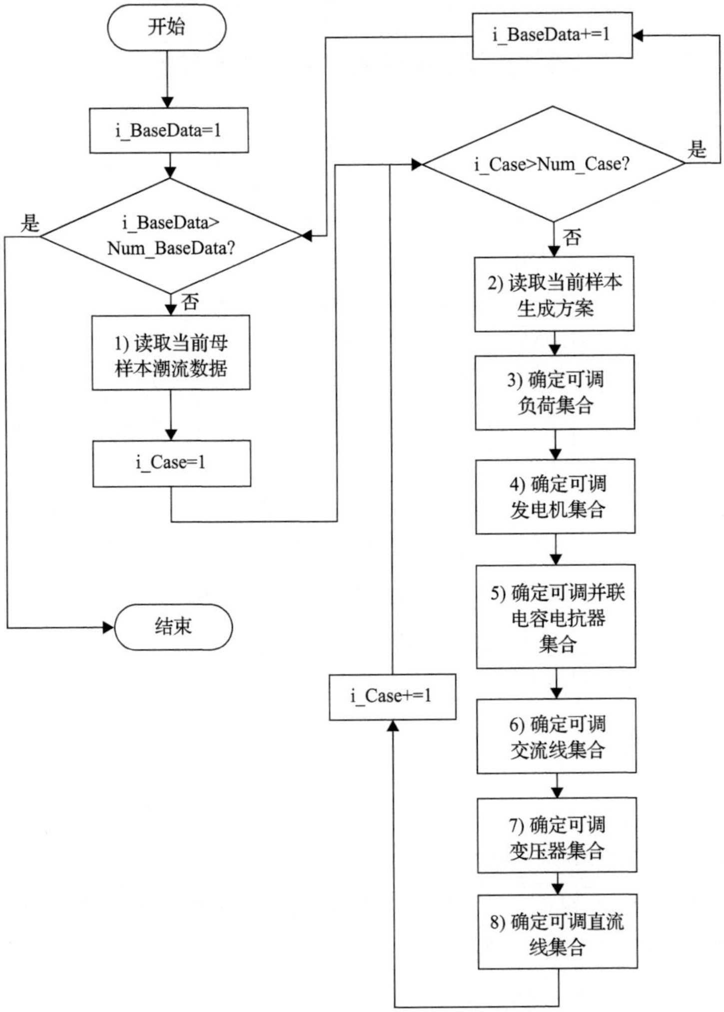

图 4.1　可调元件集合生成流程图

i_BaseData 为母样本号，Num_BaseData 为母样本总数，i_Case 为方案号，Num_Case 为方案总数

(1)全网：若范围为全网，取电网潮流样本数据中全部对应元件。

(2)指定区域：指定可调元件所在的区域，取所连母线的所属区域名在指定区域列表中的全部元件。

(3)指定分区：指定可调元件所在的分区，取所连母线的所属分区名在指定分区列表中的全部元件。

(4)指定元件：指定具体的可调元件，取元件名在指定元件列表中的元件。

2. 潮流数据修改

流程如图 4.2 所示。

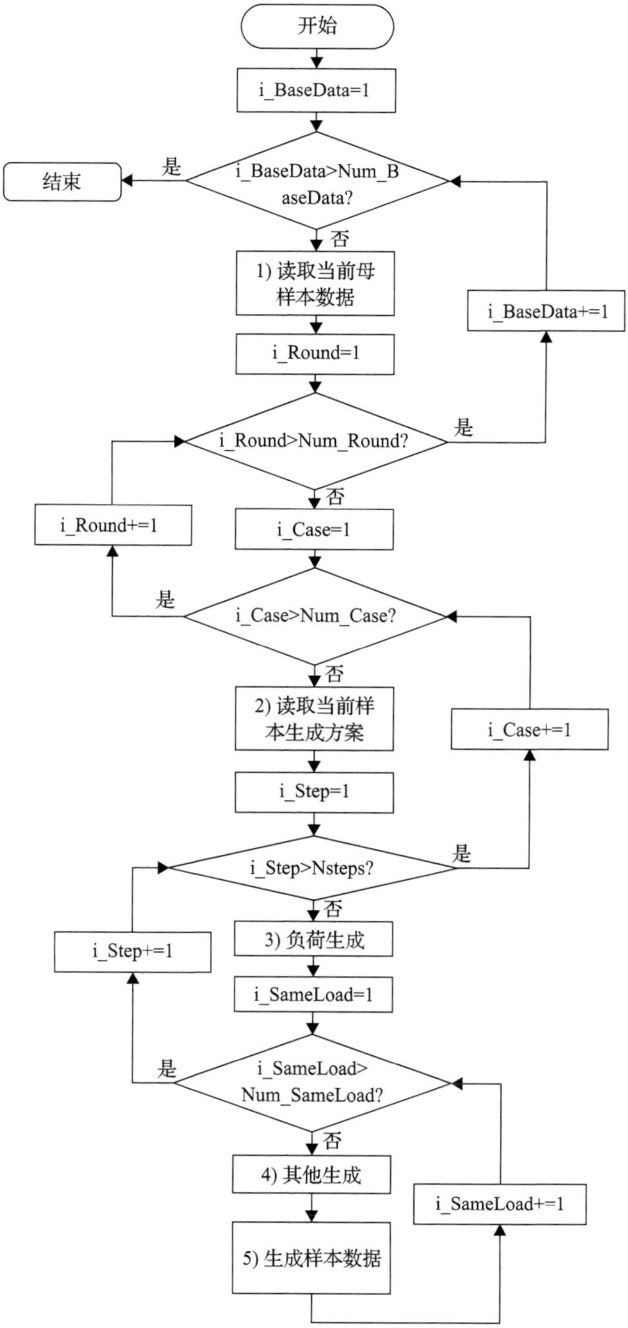

图 4.2　潮流数据修改流程图

i_BaseData 为母样本号，i_Round 为轮次号，Num_Round 为轮次总数，i_Case 为方案号，Num_Case 为方案总数，i_Step 为步数，Nsteps 为步数上限，i_SameLoad 为相同负荷轮次号，Num_SameLoad 为相同负荷轮次总数

1) 读取当前母样本数据

2) 读取当前样本生成方案

3) 负荷生成

按照负荷生成方案，在可调负荷集合内随机选择 N 个负荷按照给定的最小变化比例、最大变化比例和步长不断改变负荷的有功功率和无功功率，生成新的负荷。

4) 其他生成

在负荷已经重新生成的条件下，再按照发电机、并联电容电抗器、交流线、变压器、直流线生成方案，在可调元件(发电机等)集合内改变可调元件的参数，生成新的发电机、并联电容电抗器、交流线、变压器、直流线。

5) 生成样本数据

(1) 新建一个数据目录，相对地址为/i_BaseData/i_Round/i_Case/i_Step/i_SameLoad/，将当前母样本数据(SAMP. BaseData 的第 i_BaseData 行的数据地址)全部复制到此目录下。

(2) 按照负荷生成方案修改电网负荷数据文件。

(3) 按照发电生成方案修改电网发电机数据文件。

(4) 按照并联电容电抗器生成方案修改电网并联电容电抗器文件。

(5) 按照交流线生成方案修改电网交流线文件。

(6) 按照变压器生成方案修改电网变压器文件。

(7) 按照直流线生成方案修改电网直流线文件。

3. 潮流样本自动标注

电网潮流数据执行潮流计算后，电网所有元件的状态栏都可以通过潮流结果获得，因此可以对潮流样本进行自动标注，流程如图 4.3 所示。

1) 潮流计算

对生成样本数据执行一次潮流计算，判断计算是否收敛。

2) 静态安全分析计算

对生成样本数据执行一次静态安全分析计算。

3) 潮流收敛统计

通过读取潮流结果里的收敛标志位判断当前潮流样本是否收敛，标注当前潮流样本的收敛信息：收敛或不收敛。

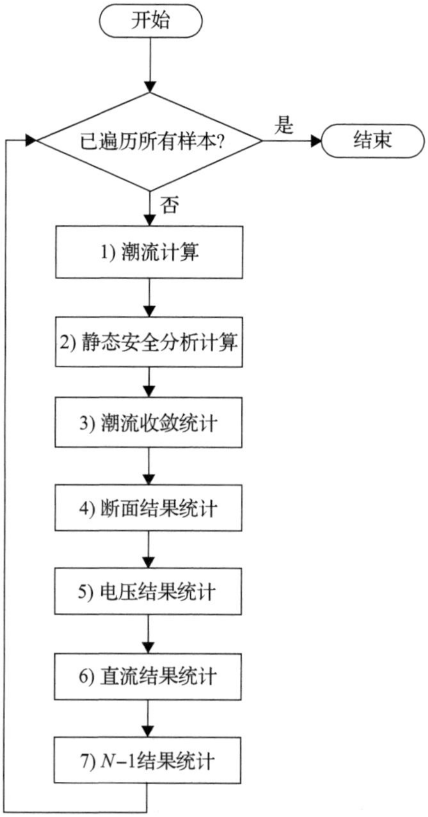

图 4.3　潮流样本自动标注流程图

4) 断面结果统计

对每个潮流计算收敛的样本，读取断面结果文件，标注当前潮流样本的断面名称和断面功率值(单位：MW)。

5) 电压结果统计

对每个潮流计算收敛的样本，读取母线结果文件，对每个母线确定母线的电压、所属分区号、母线的基准电压和电压等级。电压等级通过表 4.1 确定。

表 4.1　电压等级与基准电压范围对应表

电压等级	基准电压范围/kV
1	≤2
3	[2,5)
6	[5,9)
10	[9,26)
35	[26,51)

续表

电压等级	基准电压范围/kV
110	[51,151)
220	[151,251)
330	[251,371)
400	[371,451)
500	[451,551)
750	[551,851)
1000	≥851

标注当前潮流样本的厂站名称、电压等级名称和母线电压平均值(单位：p.u.)。

6)直流结果统计

对每个潮流计算收敛的样本，读取直流线结果文件，标注当前潮流样本的直流名称、直流功率(单位：MW)。

7)N–1 结果统计

对每个静态安全分析计算收敛的样本，读取越限结果文件，标注当前潮流样本的 N–1 平均支路越限数量。

4.1.2　潮流收敛调整样本集生成

潮流收敛人工智能调整问题需要大量潮流计算收敛和不收敛的电网潮流数据样本作为研究基础。样本集生成主要满足以下几个方面要求：①样本数量足够多，实际电网运行工况较多，需要覆盖电网运行可能出现的运行情况。②样本数量不宜过多，电网仿真数据规模一般较大，每套万级节点潮流数据(PSASP 数据文本格式)占用硬盘空间几十兆字节的空间；潮流数据生成和仿真计算耗时也较长，万级节点潮流数据数生成和执行潮流计算时间为十几秒甚至几十秒；即使采用计算机群进行数据存储和计算，也难以支撑超过百万级的潮流数据需求，因此，样本规模需要控制。③样本分布均衡，避免出现样本集中在某一特征分布过多情况。

单纯采用蒙特卡罗等随机方法生成的样本集难以满足上述需求，本书提出了一种基于已有知识经验的扩展边界潮流样本方法，具体如下。

(1)将电网数据依据地理信息划分为 M 个区域，设定在指定区域内的母线集合，确定方法如下：首先确定活岛母线集合，即有母线电压结果的母线，后面所有涉及的母线集合限定在活岛母线集合内。然后根据母线所属厂站找到厂站信息，再根据厂站所属分区找到分区信息，据分区所属区域确定区域信息。

(2)设定可调整负荷集合(确定方法为所连母线在第(1)步确定母线集合内的负荷)，随机选择 N 个(N 为可调整负荷集合内负荷总数的 10%～30%随机数)，负荷有功和无功增长，增长范围为 100%～300%，步长为 10%，共 30 个负荷方案。

(3) 设定可调整发电机集合(确定方法为发电机所连母线在第(1)步确定的母线集合内)。将可调整发电机集合分为 PQ 节点类型发电机集合和非 PQ 节点类型发电机集合。随机在非 PQ 节点类型发电机集合中选 1 个无效的发电机设为有效，检查发电总有功增加量是否大于负荷总有功增加量，若没有则重复上述过程，直到满足条件或者全部发电机都设为有效。若非 PQ 节点类型发电机集合全部选完了，再在 PQ 节点类型发电机集合中重复上述过程。相同负荷增长下随机生成 K 个发电方案。

(4) 设定可调整并联电容器集合(确定方法为并联电容器所联母线在第(1)步确定的母线集合内，母线基准电压<220kV，退运的，电抗值 $X<0$)。统计负荷总无功增加量(QL_ALL)，再统计第(3)步设为无效的发电机总无功增加量(QG_ALL)，QL_ALL–QG_ALL 为并联电容器总无功需求。然后调整并联电容器时，随机选择 1 个无效的电容器设为有效，计算并联电容器无功 Qc=–1/X，检查设为有效的电容器无功 Qc 之和是否大于 QL_ALL–QG_ALL，若不大于则继续重复上述过程，直到 Qc 之和大于 QL_ALL–QG_ALL。相同负荷增长下随机生成 K 个并联电容器方案。

(5) 调整后，执行一次潮流计算，读取潮流计算结果的收敛信息，判断潮流计算是否收敛，自动对样本进行标注。

(6) 每一个区域内第(2)～(4)步重复 N 次，一共 $30\times K\times M\times N$ 个潮流数据样本。

4.1.3　潮流方式调整样本集生成

潮流方式人工智能调整问题需要大量不同潮流状态的电网潮流数据样本作为研究基础。生成方法主要有两类：①直接采用潮流收敛调整问题中潮流计算收敛的样本，再进行样本重新标注即可；②结合潮流方式人工智能调整问题需求，参考潮流收敛调整样本集生成方法，重新设计潮流方式调整样本集生成方法。对于前者，由于没有结合潮流方式调整问题本身的需求，存在生成样本分布不均衡的严重缺陷。后者针对潮流断面功率调整这一典型的潮流方式调整场景，设计了潮流断面调整样本集生成方法，具体方法如下。

(1) 选择 1 个断面，确定断面送端和断面受端包含的区域，如西北数据中，甘送宁断面的断面送端区域为甘肃、新疆、青海、陕西，断面受端区域为甘肃。

(2) 在断面送端选择 1 个区域，区域内的活岛母线构成断面送端区域母线集合；在断面受端选择 1 个区域，区域内的活岛母线构成断面受端区域母线集合。

(3) 设定可调整断面送端发电机集合(确定方法为发电机所连母线在第(2)步确定的断面送端区域母线集合内，有效标志为无效的)；按照 0.5p.u.间隔设定 21

个挡位，即 $0\leqslant x<0.5$p.u.范围为第 1 挡，0.5p.u.$\leqslant x<1.0$p.u.范围为第 2 挡，依次类推，最后一挡为 $x\geqslant 10$p.u.；按照发电机有功数值从小到大排序并归入属于的挡位，从挡位 1(若该挡位没有可调发电机则调高 1 个挡位，若还没有继续调高，直到没有高挡位可选时调低 1 个挡位，若还没有继续调低，直到挡位 1，跳到步骤(5))中随机挑选 1 台发电机设为有效。

(4)设定可调整断面受端发电机集合(确定方法为发电机所连母线在第(2)步确定的断面受端区域母线集合内，有效标志为有效的)；按照 0.5p.u.间隔设定 21 个挡位，即 $0\leqslant x<0.5$p.u.范围为第 1 挡，0.5p.u.$\leqslant x<1.0$p.u.范围为第 2 挡，依次类推，最后一挡为 $x\geqslant 10$p.u.；按照发电机有功数值从小到大排序并归入属于的挡位，从和步骤(3)挑选的相同挡位中(若该挡位没有可调发电机则调低 1 个挡位，若还没有继续调低，若调到挡位 1 还没有，则调高 1 个挡位，若还没有继续调高，直到没有挡位可选)随机挑选 1 台发电机设为无效。

(5)执行一次潮流计算，读取潮流结果，统计断面功率，自动对样本进行标注。

(6)将挡位增加 1，若挡位大于 21 则跳到步骤(7)，否则跳到步骤(3)重复执行。

(7)将每次挑选的发电机数量依次增加到 2、3、4、5，重复执行步骤(3)～(5)。

(8)重新选择 1 个断面送端区域、受端区域组合，回到步骤(2)，直到所有断面送端区域、受端区域组合均选择过。

(9)重新选择 1 个断面，回到步骤(1)，直到所有断面均选择过。

4.2　潮流收敛人工智能调整

4.2.1　知识驱动的潮流收敛智能调整

1. 潮流收敛调整方法及流程

在电力系统潮流计算过程中，新电源的投入与切除、电网结构的变化和负荷的增加等情况会造成潮流计算不收敛。导致潮流不收敛的主要原因包括数据错误、有功功率不平衡、无功功率分布不合理三个方面。根据长期积累的人工经验，可以从以下方面进行分析和处理。

1)数据检查

检查的基本内容包括以下几方面。

(1)检查元件参数是否符合潮流计算的参数范围。例如，对于交流线，其正序阻抗不能为 0，并记录阻抗比大于 1 的支路；对于并列运行的变压器，其变比和阻抗参数不能相差太大。

(2)网络的连通性检查。检查是否有死岛，如有则将死岛中所有元件设置为无效；检查活岛中是否有平衡机，如没有则将该岛中有功出力最大的发电机设为平衡机。

(3) 检查功率平衡情况。检查全网和各区域的发电出力和负荷功率的统计数据，判别全网及各区域发电和负荷是否基本平衡。

以上数据输入正确是潮流计算得出收敛结果的必要条件，所以应在常规潮流计算前对它们进行检查。如果发现出现错误，应提醒分析人员对错误数据做出修改。

2) 有功平衡调整

有功平衡为全局平衡，需保证所有发电机和负荷的有功平衡，以及输送通道不越限。具体方法如下。

(1) 分区统计有功功率，检查区域间有功功率交换是否过大。如果交换功率越限，则增加受端分区的开机，减少送端分区的开机，从而减少联络线的输送功率。

(2) 检查平衡机承担的有功功率是否合理。如果平衡机的有功出力超过了承受范围，则增加发电机出力，使平衡机的有功出力在合理范围内。

(3) 在调整时，还需检查发电机出力是否越限。如果发电机已经达到允许的有功功率最大值，在增加发电机出力时，则需投入新的发电机；如果发电机已经达到允许的有功功率最小值，在减少发电机出力时，则需退出运行的发电机。

3) 无功平衡调整

无功平衡分为分层分区平衡，需要在无功不平衡的位置加装无功补偿设备。具体方法如下。

(1) 根据电压等级或者分区检查无功平衡情况。如果无功发电大于无功负荷，则退出并联电容器或者投入并联电抗器；如果无功发电小于无功负荷，则退出并联电抗器或者投入并联电容器。

(2) 将无功可能不平衡的节点设为 PV 节点，包括最大误差母线节点、重负荷母线节点、多出线母线节点、与直流换流器相连的交流母线节点以及新能源汇集站母线节点。

综上，潮流收敛调整的流程如图 4.4 所示。

2. 潮流收敛调整知识抽取

潮流收敛调整可以看作状态转移过程，即根据数据特征来判断电网当前状态，遵循一定的调整规则选择相应调整操作，通过修改具体元件参数到达另一后续状态的过程。因此，将潮流收敛调整过程中的知识分为潮流数据、数据特征、电网状态、调整规则和调整操作 5 类进行抽取。

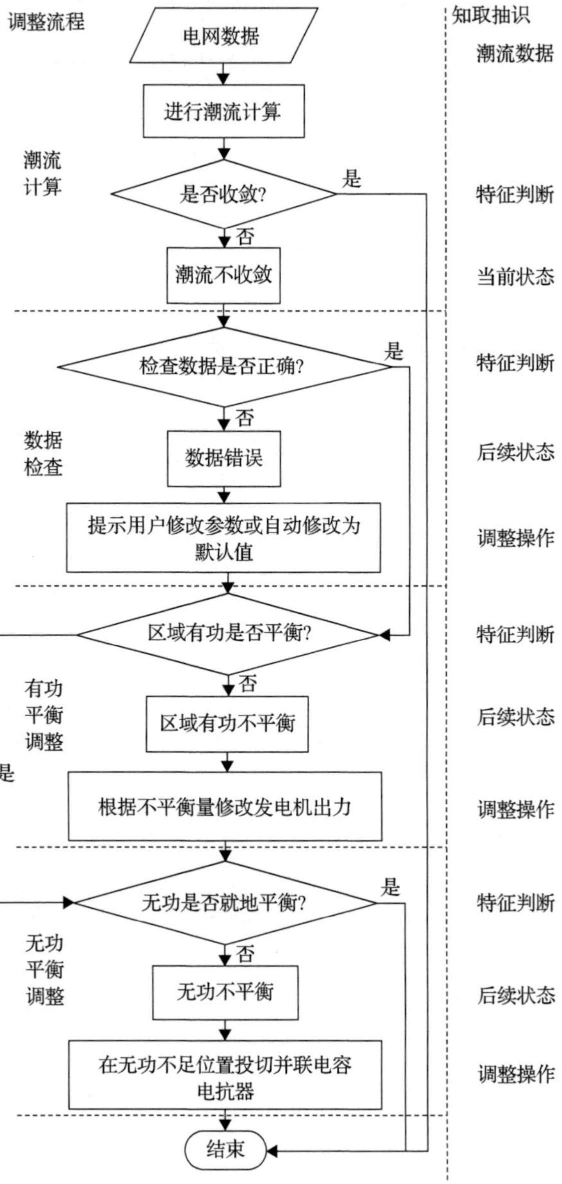

图 4.4　潮流收敛调整流程示意图

1) 潮流数据

潮流数据是指在潮流收敛调整过程中所有涉及的数据集合，包括电网拓扑结构、元件参数、给定运行条件、计算结果和迭代过程信息，如母线电压、线路阻抗、变压器变比、发电机出力、并联电容电抗器投切标志、收敛标志等。

2) 数据特征

数据特征是指为了表征电网特点潮流数据所需满足的约束条件，如“潮流计算不收敛”特征满足收敛标志=0。

3) 电网状态

电网状态是指描述电网符合某些数据特征的抽象表示，如不收敛状态、数据检查状态、区域有功不平衡状态、无功分布不合理状态等。

4) 调整规则

调整规则是指根据电网状态应该执行哪些操作以及各操作执行优先级的依据。例如，当电网处于区域有功不平衡状态时，调整规则为：首先，执行“查找区域内可调发电机”操作，然后执行“修改发电机有功出力”操作。

5) 调整操作

调整操作是指修改某些具体元件参数的动作，如增加发电机有功出力、退出并联电抗器等。

3. 潮流收敛调整知识表示

知识表示是知识工程中的一个核心问题，是对知识的一种描述，或者说是一组约定，是一种计算机可以接受的、用于描述知识的数据结构，对知识进行表示就是把知识表示成便于计算机存储和利用的某种数据结构。目前使用较多的知识表示方法主要有谓词逻辑表示法、产生式表示法、框架表示法、语义网络表示法、面向对象表示法等。不同的知识表示方法会直接影响对知识的高效利用和推理模式。为了方便地描述电网中各元件、元件属性和元件之间的关系，以及电网状态、调整操作和状态之间遵循的调整规则，采用语义网络对潮流收敛调整中的知识进行表示。

基于语义网络的 RDF，是一种用于知识表示的本体语言，主要描述实体/资源。其本质是由节点和节点间带标记边组成的一个数据模型，可以方便地描述实体之间的关系。RDF 所描述的关系实质上是实体间的二元关系，但由于复杂的关系都可以通过拆分成多个二元关系组来描述，因此，RDF 数据模型也是一种基础模型。一般来说，在 RDF 中的二元关系被表示为如图 4.5 所示的 SPO 形式，通常称满足这样形式要求的一个 (h, r, t) 三元组为一个语句，在知识图谱中也被称为一条知识。其中 h 和 t 分别表示头、尾实体，r 表示头、尾实体之间的关系。

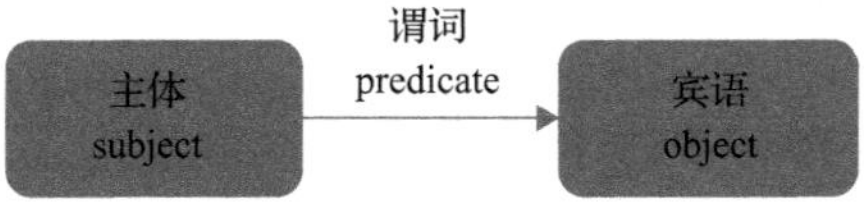

图 4.5　SPO 形式

(实体, 关系, 实体)三元组是知识图谱中知识表示的基本单位。在潮流收敛调整过程中存在不同种类的知识，所定义的实体和关系也有所不同。

1)潮流数据的知识表示

潮流数据知识用(实体, 有属性, 参数)来表示，其中，实体包括潮流数据中各电网元件和基本概念。例如：

(母线, 有属性, 电压)

(线路, 有属性, 电阻)

(变压器, 有属性, 变比)

(发电机, 有属性, 有功出力)

(并联电容电抗器, 有属性, 投切标志)

(收敛结果, 有属性, 收敛标志)

2)数据特征的知识表示

数据特征知识用(特征, 有条件, 约束表达式)来表示，其中，约束表达式由实体、参数、常量和运算符组成。例如：

(潮流计算不收敛, 有条件, 收敛标志=0)

(线路阻抗比过大, 有条件, 线路电阻/电抗＞1)

(区域有功功率平衡, 有条件, 满足有功功率平衡方程)

3)电网状态的知识表示

电网状态知识由(状态, 有特征, 特征)来表示。例如：

(收敛状态, 有特征, 潮流计算收敛)

(数据检查状态, 有特征, 线路阻抗比过大)

(区域有功平衡状态, 有特征, 区域有功功率平衡)

为了更加清晰地描述调整过程，还需要能够表达状态转移先后顺序的知识，这种知识由(状态 1, 有后续状态, 状态 2)来表示。例如：

(不收敛状态, 有后续状态, 数据检查状态)

(无功平衡状态, 有后续状态, 调整结束状态)

4) 调整规则的知识表示

调整规则知识由 (状态, 有操作, 操作) 和 (操作, 有权重, 权重值) 共同来表示，其中，(状态, 有操作, 操作) 表示该状态下应该执行哪些操作，(操作, 有权重, 权重值) 表示各操作执行优先级。例如：

(区域有功不平衡状态, 有操作, 查找区域内可调整发电机)

(区域有功不平衡状态, 有操作, 修改发电机有功出力)

(查找区域内可调整发电机, 有权重, 2)

(修改发电机有功出力, 有权重, 1)

5) 调整操作的知识表示

调整操作知识由 (操作, 有对象, 参数) 和 (参数, 有目标, 目标值) 共同来表示，其中，(操作, 有对象, 参数) 表示修改的具体元件参数，(参数, 有目标, 目标值) 表示将该元件参数修改为目标值。

例如，“将发电机有功出力修改为 60MW”表示如下：

(修改发电机有功出力, 有对象, 发电机有功出力)

(发电机有功出力, 有目标, 60MW)

“退出并联电抗器”表示如下：

(退出并联电抗器, 有对象, 并联电抗器投切标志)

(并联电抗器投切标志, 有目标, 0)

除了调整操作，还有一些计算操作或者查找操作需要执行，将这些操作封装为独立的功能函数，通过调用程序来实现。这些知识由 (操作, 有调用, 功能函数) 来表示。例如：

(进行潮流计算, 有调用, 潮流计算程序)

4. 潮流收敛调整知识图谱的构建

大规模电网潮流调整知识图谱的构建，是指按照一定的组织方式，将知识构建成一个相互关联、符合大规模潮流调整逻辑及流程的知识库。

1) 潮流收敛调整知识图谱的组织结构

将潮流收敛调整过程看作由多个不同状态组成的过程，如图 4.6 所示，由知识(状态, 有特征, 特征)来判断当前电网状态具有的特征，由(状态 1, 后续状态, 状态 2)来决定是否进入下一个状态。

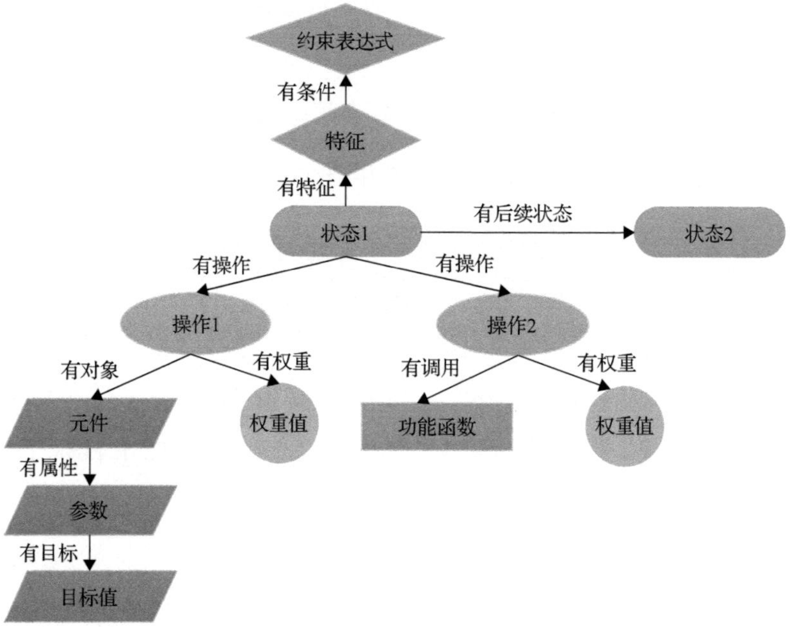

图 4.6 知识图谱组织结构

每个状态对应多个和该状态相关的操作，由知识(状态, 有操作, 操作)来选择为了改变该状态所采取的调整手段, 由(操作, 有权重, 权重值)来确定各个操作执行的先后顺序，由(操作, 有对象, 参数)实现具体元件参数的调整。

2) 潮流收敛调整知识图谱的构建

潮流收敛调整知识图谱的核心是状态，包括不收敛状态、数据检查状态、区域有功不平衡状态、无功不平衡状态、调整结束状态。

对于不收敛状态(图 4.7)，其特征为潮流收敛标志=0，该状态对应的操作为进行潮流计算，后续状态为数据检查状态。

对于数据检查状态，其特征为潮流数据存在错误，包括线路阻抗比过大、发电机电压不合理、变压器变比不合理、连通区域内没有平衡机等，该状态对应的操作包括修改线路阻抗为默认值、修改发电机电压为默认值、修改变压器变比为默认值、将连通区域内容量最大发电机节点类型修改为平衡节点等。后续状态为区域有功不平衡状态。数据检查状态相关知识图谱如图 4.8 所示。

对于区域有功不平衡状态，其特征为区域有功不平衡量。该状态对应的操作包括查找区域内可调发电机、修改发电机有功出力为目标值等。后续状态为无功不平衡状态。区域有功不平衡状态相关知识图谱如图 4.9 所示。

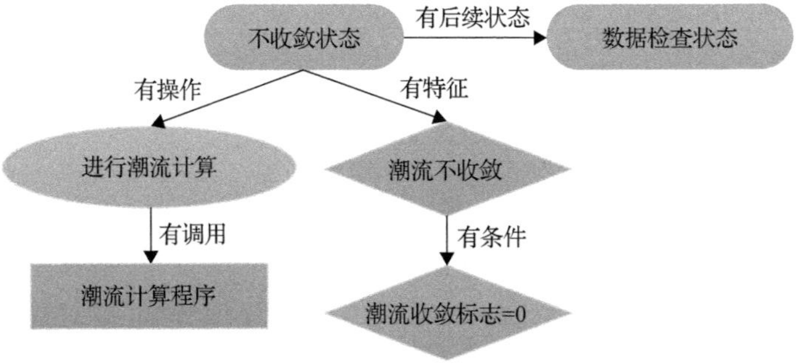

图 4.7　不收敛状态相关知识图谱

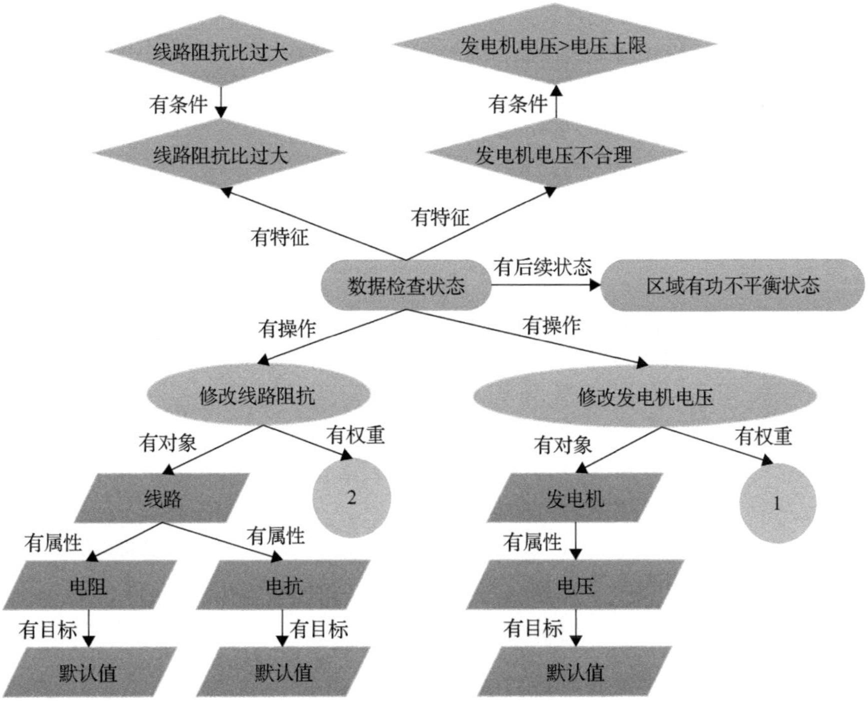

图 4.8　数据检查状态相关知识图谱

对于无功不平衡状态，其特征为按电压等级或分区无功功率不平衡，该状态对应的操作包括查找无功可能不平衡位置、查找附近无功补偿设备、投切并联电容电抗器等。后续状态为结束状态。无功不平衡状态相关知识图谱如图 4.10 所示。

各个状态通过关系“有后续状态”相互连接，最终构成了完整的潮流收敛调整知识图谱。

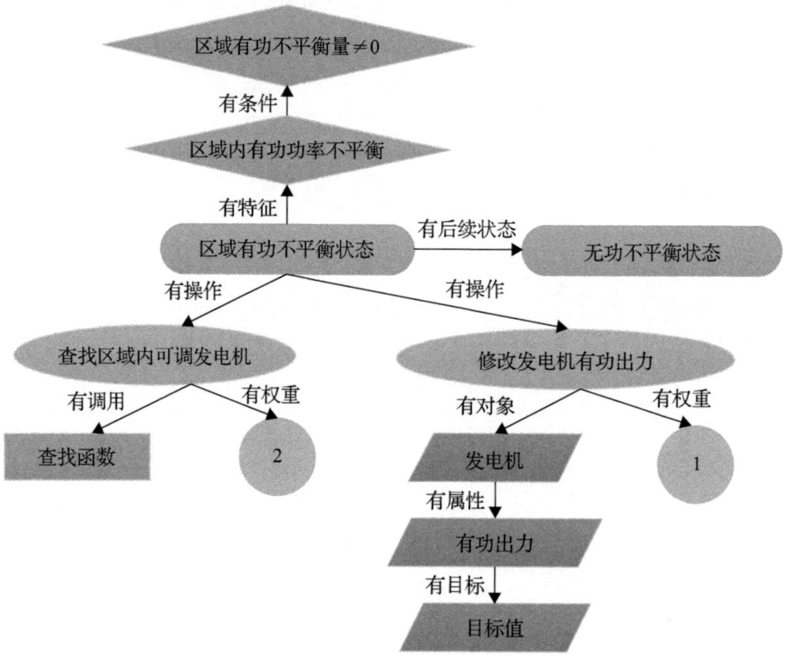

图 4.9　区域有功不平衡状态相关知识图谱

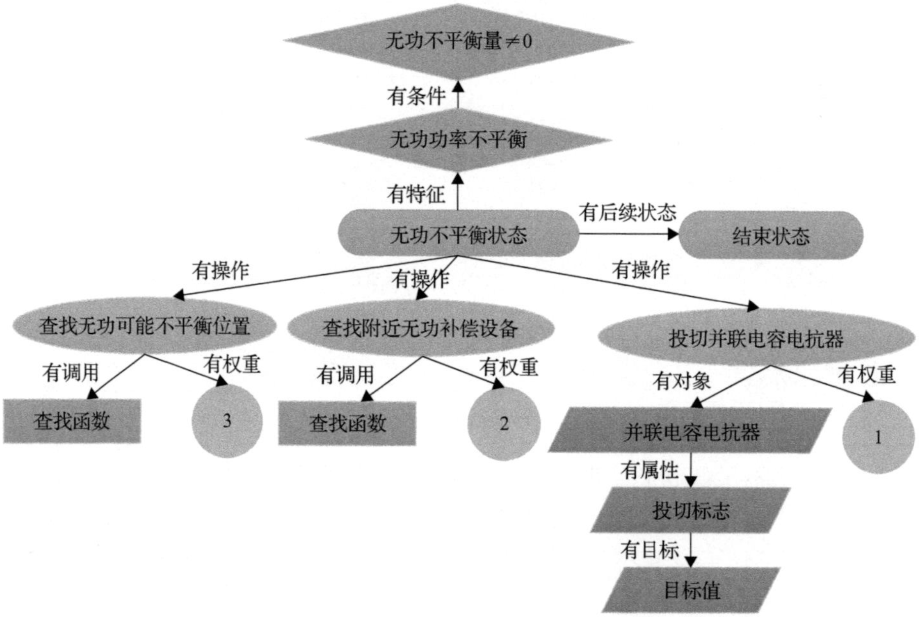

图 4.10　无功不平衡状态相关知识图谱

5. 基于知识图谱的潮流收敛智能调整

构建潮流收敛调整知识图谱后，需要让知识库中的知识能够运转起来，直接指导潮流调整而不需要人工参与。作为知识图谱和潮流收敛调整的纽带，基于知识图谱的潮流收敛智能调整方法不仅能够从知识图谱中选择合适的知识，还能够将知识解析后进行调整操作，其具体步骤如下。

(1)读取电网潮流数据，提取关键数据特征。

(2)根据提取到的特征查询知识图谱中满足特征的状态并匹配。

(3)根据匹配到的状态查询可执行的操作构成可选动作集。

(4)按照优先级依次执行可选动作集中的操作，对相关元件参数进行修改。

(5)调用潮流计算程序依照新条件重新计算潮流，判断敛散性。

循环执行这 5 个环节，直到潮流数据达到终止状态为止，即潮流计算收敛，或在所有相关知识都已尝试后潮流仍然不收敛，视为调整失败。电网潮流收敛智能调整方法流程图如图 4.11 所示。

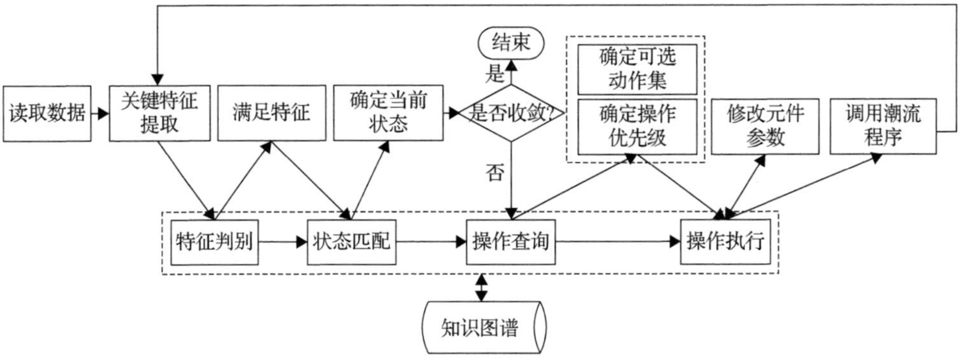

图 4.11　电网潮流收敛智能调整方法流程图

6. 算例验证

为了验证基于知识图谱的潮流收敛智能调整方法的正确性和有效性，本小节在 CEPRI-36 节点系统和实际电网系统进行了算例测试。

1)CEPRI-36 节点系统

CEPRI-36 节点系统包含 8 台发电机组、26 条交流线路、3 台三绕组变压器以及 10 个负荷。为了模拟不同场景下潮流不收敛情况，通过在初始收敛潮流基础上修改计算数据，生成 4105 组不收敛数据作为测试集。不收敛样本生成方式如表 4.2 所示。

表 4.2　不收敛样本生成方式

场景	生成方式	不收敛样本数/组
数据错误	随机修改变压器变比、线路阻抗、发电机电压、节点类型	57
有功不平衡	按区域等比例修改负荷有功出力、随机投退发电机	2786
无功不平衡	随机投退无功补偿、随机增加负荷无功出力	1262

以其中 1 组数据为例对调整过程进行说明，并检验调整结果的合理性。具体调整步骤如表 4.3 所示。

表 4.3　可调收敛样本的调整步骤

调整步骤	特征	状态	操作	调整后状态
1	LFcal=0	初始状态	潮流计算	不收敛
2	Tk＜0.7p.u. V0＞1.2p.u.	数据检查	修改 Tk、V0	不收敛
3	Dp＜0p.u.	区域有功不平衡	增加 Pg	不收敛
4	存在重负荷母线	无功不平衡	退出电抗器	收敛

第 1 步，通过对该数据进行潮流计算，得到潮流收敛标志 LFcal=0，判断电网初始状态为不收敛状态。第 2 步，进入数据检查状态，发现变压器“BUS15”的变比 Tk＜0.7p.u.，发电机“BUS7”电压幅值 V0＞1.2 p.u.，将其修改为默认值，经过该状态下的调整后，潮流不收敛。第 3 步，计算各区域有功不平衡量 Dp，发现区域 2 和区域 3 的 Dp＜0 p.u.，即有功负荷大于有功发电，对这两个区域增加发电机有功出力 Pg，经过该状态下的调整后，潮流仍不收敛。第 4 步，查找到重负荷母线为“BUS20”，退出相邻母线“BUS25”和“BUS26”2 组电抗器，经过该状态下的调整后，潮流收敛。调整方案如表 4.4 所示。

表 4.4　各元件参数调整方案　　（单位：p.u.）

调整类型	调整元件	调整参数	调整前	调整后	参数范围
变压器	BUS15	Tk	0.6	1.0	[0.7,1.2]
发电机	BUS7	V0	1.5	1.0	[0.8,1.2]
发电机	BUS4	Pg	1.6	3.0	[0.0,3.0]
发电机	BUS5	Pg	4.3	5.3	[3.0,6.0]
发电机	BUS7	Pg	2.25	4.0	[0.0,4.0]
发电机	BUS8	Pg	3.06	4.11	[0.0,6.0]
并联电抗器	BUS25	Mark	1	0	0/1
并联电抗器	BUS26	Mark	1	0	0/1

注：Mark 表示有效标志。

由表 4.4 可以看出，经过调整，元件参数都在合理范围内，发电机有功出力没有越限。增加有功出力的发电机均在有功不平衡区域内，退出的并联电抗器在重负荷母线节点附近，说明该调整方案合理可行，符合实际情况。

进一步，对 4105 组不收敛数据进行调整，最终收敛数据 3595 组，调整成功率为 87.6%，调整结果如表 4.5 所示。

表 4.5　CPERI-36 节点系统不同状态调整结果

调整结果	状态	样本数/组
调整后收敛	数据检查后收敛	57
	区域有功平衡后收敛	2443
	无功调整后收敛	1095
	总计	3595
调整后不收敛	不收敛	510

2) 国内某区域电网

本小节采用国内某区域电网数据算例(2179 条母线、3955 条支路、531 台发电机、816 个负荷)样本集进行验证。该样本集共有 10470 组数据。其中，1990 组数据初始潮流收敛，8480 组数据潮流不收敛。

采用本节方法对潮流不收敛的数据进行调整，并对调整结果进行统计，如表 4.6 所示。

表 4.6　国内某区域电网算例调整结果统计表

调整结果	状态	样本数/组
调整后收敛	数据检查后收敛	0
	计算设置修改后收敛	0
	区域有功平衡后收敛	3177
	最大误差母线增设 PV 节点后收敛	4206
	重负荷母线增设 PV 节点后收敛	506
	功率因数低负荷母线增设 PV 节点后收敛	154
	总计	8043
调整后不收敛	不收敛	437

由表 4.6 可知，经过调整后，潮流收敛的数据共有 8043 组，调整成功率为 94.8%，满足工程和实际的需要。所有数据所需调整时间为 335min，平均一组数据调整时间为 0.032min，和人工调整方法相比，极大地提高了调整速度和效率，

节省了人力，减轻了工作量。

4.2.2 数据驱动的潮流收敛智能调整

潮流计算收敛的调整是先改变潮流参数，然后根据动作后的潮流状态得到反馈，进而决定下一步的动作，是典型的马尔可夫决策过程，可使用强化学习来实现。深度强化学习可通过不断地与环境交互，学习到可调整收敛的动作策略。但对于电力系统，可调变量众多、动作空间庞大，必然会导致训练速度过慢、难以收敛等情况。并且，对于潮流收敛问题，潮流调整的结果只有收敛和不收敛，没有中间结果，导致搜索过程的方向性不够，进一步降低了训练速度。

针对以上存在的问题，提出了以下几点解决方案。

(1) 在强化学习环境中加入知识经验的规则，减少可调变量，缩小动作空间。

(2) 模拟人工调整的过程，使调整具有方向性。

(3) 构建合理的网络结构和参数，让学习更加高效。

(4) 设置多重奖赏机制，使调整的方向性更加精准。

1. 强化学习环境构建

对于潮流收敛调整问题，可观测和调整的变量主要包括发电机的出力、电容器/电抗器的投切有效性、区域间的交换功率。据此，构建强化学习的状态空间和动作空间，具体如下。

1) 状态空间

状态即可观测变量，其涉及学习的效率和泛化性。在构建状态空间时，既要考虑变量的丰富性，又要考虑必要性。因此，状态空间既要包含有功功率、无功功率等重要变量，又要涉及一些区域特性，包括发电机的出力状态、电容器/电抗器投切的情况、PV 节点的增设情况以及区域间的交换功率等。多个样本的潮流状态共同构成状态空间，具体如式(4.1)所示。

$$s(k)=\begin{bmatrix} \left\{P_{\mathrm{G}j}^{1}\right\},\left\{\lambda_{\mathrm{CR}k}^{1}\right\},\left\{\beta_{\mathrm{PV}l}^{1}\right\},\left\{P_{\mathrm{EX}m}^{1}\right\} \\ \left\{P_{\mathrm{G}j}^{2}\right\},\left\{\lambda_{\mathrm{CR}k}^{2}\right\},\left\{\beta_{\mathrm{PV}l}^{2}\right\},\left\{P_{\mathrm{EX}m}^{2}\right\} \\ \cdots \\ \left\{P_{\mathrm{G}j}^{i}\right\},\left\{\lambda_{\mathrm{CR}k}^{i}\right\},\left\{\beta_{\mathrm{PV}l}^{i}\right\},\left\{P_{\mathrm{EX}m}^{i}\right\} \\ \cdots \\ \left\{P_{\mathrm{G}j}^{M}\right\},\left\{\lambda_{\mathrm{CR}k}^{M}\right\},\left\{\beta_{\mathrm{PV}l}^{M}\right\},\left\{P_{\mathrm{EX}m}^{M}\right\} \end{bmatrix} \tag{4.1}$$

其中，$P_{\mathrm{G}j}^{i}$ 是第 i 个样本的发电机 j 的有功出力；$\lambda_{\mathrm{CR}k}^{i}$ 是第 i 个样本的电容器/电抗

器 k 的有效性；$\beta_{\mathrm{PV}l}^{i}$ 是第 i 个样本所增设 PV 节点 l 的有效性；$P_{\mathrm{EX}m}^{i}$ 是第 i 个样本的区域 m 交换功率；$j=1,\cdots,x$；$k=1,\cdots,N_{\mathrm{CR}}$；$l=1,\cdots,N_{\mathrm{PV}}$；$m=1,\cdots,N_{\mathrm{E}}$；$x$、$N_{\mathrm{CR}}$、$N_{\mathrm{PV}}$ 和 N_{E} 分别是发电机、电容器/电抗器、所增设 PV 节点和区域交换通道的数量；M 是样本数量。

2) 动作空间

动作即可调整变量，其涉及系统中可调节的有功功率和无功功率。为了缩小动作空间，指定有功功率和无功功率调节的范围。可调变量主要包括发电机的出力变化量或者有效性、特定电容器/电抗器的有效性、所增设 PV 节点的有效性。这里，特定电容器/电抗器指有利于调节系统无功不平衡的电容器和电抗器，具体为重负荷、多出线母线附近的未投入电容器和已投入电抗器。因此，可构建动作空间，如式(4.2)所示。

$$a(k)=\begin{Bmatrix}\left\{\Delta P_{\mathrm{G}1},\cdots,\Delta P_{\mathrm{G}N_{\mathrm{G}}}\right\},\left\{\lambda_{\mathrm{C}1},\cdots,\lambda_{\mathrm{C}N_{\mathrm{C}}}\right\},\\ \left\{\lambda_{\mathrm{R}1},\cdots,\lambda_{\mathrm{R}N_{\mathrm{R}}}\right\},\left\{\beta_{\mathrm{PV}1},\cdots,\beta_{\mathrm{PV}N_{\mathrm{PV}}}\right\}\end{Bmatrix} \tag{4.2}$$

其中，ΔP_{G} 是发电机的有功功率改变量；λ_{C} 是电容器的有效性；λ_{R} 是电抗器的有效性；β_{PV} 是所增设 PV 节点的有效性；N_{G} 是发电机总数；N_{C} 和 N_{R} 分别是重负荷、多出线母线附近的未投入电容器和已投入电抗器数量；N_{PV} 是所增设 PV 节点数量。

强化学习的动作是离散的，而发电机的出力是连续变化的，因此需将其离散化。设离散化的采样间隔为 ΔP_{G}，则发电机 i 的离散出力集合 α_{G}^{i} 如式(4.3)所示。

$$\alpha_{\mathrm{G}}^{i}=\left\{\Delta P_{\mathrm{G}},2\Delta P_{\mathrm{G}},\cdots,k\Delta P_{\mathrm{G}},P_{\mathrm{GM}}^{i}\right\} \tag{4.3}$$

其中，P_{GM}^{i} 是发电机 i 的出力上限。

要想得到重负荷、多出线母线附近的未投入电容器或已投入电抗器，可通过以下步骤实现。

(1) 通过统计各母线的负荷、出线情况，得到重负荷、多出线母线的位置。

(2) 记录各支路以及电容器和电抗器的位置。

(3) 运用 Dijkstra 算法求取最优路径，得到重负荷、多出线母线附近的电容器和电抗器。

(4) 通过识别有效性标志位，最终得到重负荷、多出线母线附近的未投入电容器和已投入电抗器。

2. 奖赏函数设计

奖赏可分为三类，第一类是潮流计算结果得到的奖赏，第二类是符合知识经验得到的奖赏，第三类是符合约束条件得到的奖赏。

1) 潮流计算结果得到的奖赏

潮流的计算结果仅有两种：收敛和不收敛。收敛状态为调整目标，在未调整收敛时，多数情况下潮流的计算结果是不收敛。因此，收敛时，奖赏设为很大的正数；不收敛时，奖赏设为较小的负数，具体参数设置如式(4.5)所示。

$$\begin{cases} r_1 = 100, & \text{收敛} \\ r_2 = -1, & \text{不收敛} \end{cases} \tag{4.4}$$

2) 符合知识经验得到的奖赏

知识经验主要为区域内有功平衡和区域间交换功率约束，包括以下两点。

(1) 区域内有功平衡：发电机的总有功功率略大于负荷的总有功功率与区域间交换功率之和，可得到一定的奖赏。

(2) 区域间交换功率约束：若交换功率越限，会得到一定的负奖赏。

$$\begin{cases} r_3 = 10, & \sum_{i \in N_G} P_{Gi} - \sum_{i \in N_L} P_{Li} - P_{EX} < \varepsilon \\ r_4 = -10, & P_{EX} > P_{EXmax} \end{cases} \tag{4.5}$$

其中，P_{Gi} 和 P_{Li} 分别是区域内第 i 个发电机有功功率和负荷有功功率；N_G 和 N_L 分别是发电机和负荷的数量；ε 是一个较小正值；P_{EX} 是区域间的交换功率；P_{EXmax} 是区域间的交换功率上限。

3) 符合约束条件得到的奖赏

约束条件主要为额定功率限制，包括以下两点。

(1) 发电机的额定功率约束：若出力功率越限，会得到一定的负奖赏。

(2) 平衡机的出力约束：若交换功率越限，会得到一定的负奖赏。

$$\begin{cases} r_5 = -10, & P_{Gi} > P_{Gi\max} \\ r_6 = -10, & P_{Bi} > P_{Bi\max} \end{cases} \tag{4.6}$$

其中，P_{Bi} 是第 i 个平衡机的有功功率；$P_{Gi\max}$ 和 $P_{Bi\max}$ 分别是发电机和平衡机的出力上限。

综上，最终的奖赏 r 为

$$r = r_1 + r_2 + r_3 + r_4 + r_5 + r_6 \tag{4.7}$$

3. 深度学习网络构建

1) 网络构建

对于激活函数，目前应用较广的是 ReLU 函数，因其在输入为正值时是线性关系，计算速度较快，不存在梯度饱和问题。但当输入为负值时，ReLU 完全不被激活，在反向传播过程中，梯度完全为 0，造成梯度无法传播。

考虑到输入可能为负，本节采用 PReLU 作为激活函数，其为针对 ReLU 函数的一种改进。当输入为负数时，PReLU 函数会有一个很小的斜率，避免了梯度为 0 的问题。PReLU 函数的公式如式(4.8)所示。

$$f(x) = \max(\alpha x, x) \tag{4.8}$$

其中，α 的取值范围为(0,1)。

2) 训练目标的改进

由于在潮流调整过程中，中间结果匮乏，生成的样本对模型训练的有效性存在不确定性，容易对模型过拟合。因此，需采用对损失函数加正则项的方法来防止过拟合。正则项不同时模型取得的效果也不同，常见的正则项有零范数、一范数、二范数、迹范数、弗罗贝尼乌斯(Frobenius)范数和核范数等。本节采用一范数构成的 L1 正则项，则损失函数为

$$L(\omega) = \frac{1}{N}\sum_{i=1}^{N}\left(f\left(x_i;\omega\right) - y_i\right)^2 + \lambda\|\omega\|_1 \tag{4.9}$$

其中，λ 是正则项的权重；ω 为神经网络参数。

基于以上强化学习环境和深度学习网络的构建，电力系统潮流计算收敛自动调整方法的总示意图如图 4.12 所示。

根据知识经验，模拟人工调整过程，潮流收敛自动调整可形成两个方案，方案 1 是常规平衡，方案 2 是增设 PV 节点平衡。对于方案 1，首先通过动作发电机来平衡有功，然后通过动作无功可能不平衡位置附近的电容器或者电抗器来平衡无功。对于方案 2，与方案 1 不同的是，其将无功可能不平衡的位置设为 PV 节点，若潮流收敛，则各节点发出的无功为无功补偿目标值。若潮流不收敛，则增加无功可能不平衡的位置所包含的节点个数，直到潮流收敛为止。收敛并得到无功缺额后，在附近的母线投切等效的电容器或者电抗器来平衡无功功率。对于无功可能不平衡的位置，小算例主要包括进出线多、重负荷的母线，实际电网还包括新能源接入变电站、直流换流站以及区域间输送通道。

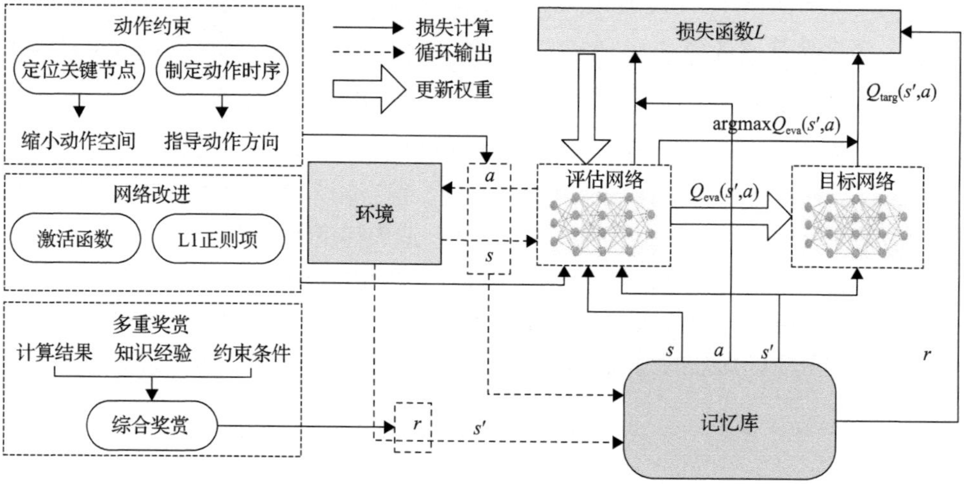

图 4.12　电力系统潮流计算收敛自动调整方法的总示意图

$Q_{targ}(s', a)$ 为状态 s' 和动作 a 下的预期累和回报，r 为回报

4. 算例分析

在小算例上测试，为接近实际工程，在 CEPRI-36 节点系统的低压母线上加入电容器和电抗器，使系统能承受更大的潮流和更多的无功不平衡。基于初始收敛潮流，在 1～4 倍之间随机改变发电机和负荷，同时改变电容电抗器的投切情况，生成 9711 组数据。经潮流计算，在 9711 组数据中，其中 4310 组数据收敛、5401 组数据不收敛。将 4000 组不收敛的数据作为训练集，1401 组不收敛的数据作为测试集。在生成的 9711 组数据中随着负荷增加比例的变大，收敛潮流与不收敛潮流的比例如图 4.13 所示，可以看出，负荷增加 10%～160%时，收敛样本居多，负荷增加 170%～400%时不收敛样本居多。并且，负荷增加 270%～400%时，收敛的样本不到 10%，此时，不收敛的样本较难调整到收敛。

表 4.7 中，100 步和 200 步表示强化学习中 1 个动作所包含的步数，也就是同一个潮流调整的最大步数。可以看出，无论为 100 步还是 200 步，方案 2 下不收敛的样本都比方案 1 的少。在方案 2 下，当每个动作包括 100 步时，52%能在 10 步内收敛，5%在 100 步内不收敛。当每个动作包括 200 步时，只有 2%不收敛，说明增加每个动作的步数，即增多每个样本调整的步数，可以提升潮流调整收敛的概率，但是效果也是十分有限的，同时会增加训练时长。

在测试集中，抽取一个可调整收敛的样本，检验其调整的合理性，结果如表 4.8 所示。通过方案 1，发电机 G2 和 G8 分别增加 3p.u.。BUS16 上加 3 个电容器，BUS9 上加 6 个电容器，BUS29 上加 3 个电容器。而通过方案 2，发电机的改变量一致，通过增设 PV 节点，得到补偿的无功，进而在 BUS16 上加 3 个电容器、BUS9 上加 6 个电容器。从系统的接线图可以看出，BUS16 为多出线母线，证明了在该母线补偿无功是合理的。对比两个方案中电容电抗器的投切情况，方案 2 在投入电容器比方案 1 少的情况下，使潮流收敛，说明方案 2 能更加精确地给出无功补偿，而方案 1 容易过度补偿。

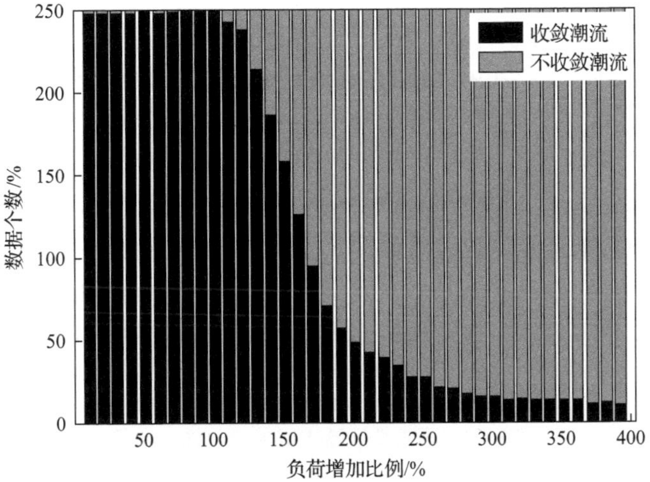

图 4.13　收敛潮流与不收敛潮流的比例变化

表 4.7　CEPRI-36 节点系统的测试样本结果　（单位：%）

方案	很快收敛	较慢收敛	不收敛
方案 1(100 步)	49	40	11
方案 1(200 步)	49	42	9
方案 2(100 步)	52	43	5
方案 2(200 步)	52	46	2

表 4.8　可收敛样本的参数调整结果

方案		调整量
方案 1	发电机	G2(+3)；G8(+3)
	电容电抗器	BUS16(–20×3)； BUS9(–6.6×6)； BUS29(–7.5×3)
方案 2	发电机	G3(+3)；G8(+3)
	电容电抗器	BUS16(–20×3)； BUS9(–6.6×6)

在实际电力系统系统上进行测试，采用国内某区域电网数据，生成数据和数据分配的方法与上述一致。相对于小算例，国内某区域电网的复杂程度高很多，其为 220kV 以上电网，有 2179 条母线、531 台发电机、816 个负荷以及 877 个并联电容电抗器。在调整有功平衡时，需要考虑区域间平衡和输送通道的功率；在调整无功平衡时，需要考虑新能源和直流附近的无功补偿。因此，在调整时调整范围更广，调整收敛的影响因素更多，调整难度更高。

表 4.9 中，相对于 CEPRI-36 节点系统，国内某区域电网在方案 1 下的结果比方案 2 的结果差很多，主要由于在电力系统中，投切电容器的范围更广，更不容易有效平衡无功。在方案 2 下，当每个动作包括 100 步时，46%能在 10 步内收敛，8%在 100 步内不收敛。当每个动作包括 200 步时，只有 3%不收敛，调整收敛的效果相对 CEPRI-36 节点系统有所降低。因为在实际系统中，平衡无功变得复杂，除了需要考虑重载变电站，还要计及新能源和直流的影响。但是在生成的样本中，不可调整收敛的样本都是潮流过重的情况，这种情况在实际工程中很难遇到，因此本节方法在实际工程中是可行的。

表 4.9 国内某区域电网的测试样本结果 （单位：%）

方案	很快收敛	较慢收敛	不收敛
方案 1(100 步)	43	39	18
方案 1(200 步)	43	46	11
方案 2(100 步)	46	46	8
方案 2(200 步)	46	51	3

4.3 潮流方式人工智能调整

4.3.1 有功类目标的潮流智能调整

有功类目标以断面功率目标最为常见，在具体应用时需要结合问题具体需求进行实用化改进和完善，具体包括以下几方面。

1. 环境设置

该问题中，以电力系统仿真环境作为智能体的交互环境，本节围绕广泛采用的 PSASP 的潮流计算程序构建环境。基于 PSASP 文件格式的电网潮流数据，环境根据决策中的动作修改相关参数，并调用 PSASP 潮流计算程序进行潮流计算，得到断面功率结果。

2. 动作空间改变

由于实际工作中，电力系统仿真分析人员往往是通过修改发电机有效标志或有挡位地调整发电机有功出力来调整断面功率，因此必须采用离散动作空间，针对发电机设计了 4 种调整行为：$[1/4P_G, 1/2P_G, 3/4P_G, P_G]$（$P_G$ 为发电机额定有功功率），即动作空间大小为 $4N_G$，其中，N_G 代表可调发电机的数量，动作 A_i 表示为从动作空间中选择的一个具体动作：

$$A_i = a, \quad i \in [0, 4N_G] \tag{4.10}$$

其中

$$a = \begin{cases} 1/4P_G, & i\text{除以4余1} \\ 1/2P_G, & i\text{除以4余2} \\ 3/4P_G, & i\text{除以4余3} \\ P_G, & i\text{可以被4整除} \end{cases}$$

根据 A 整除 4 的结果值来确定发电机编号，根据得到的余数来确定具体调整行为。

3. 奖励配置

奖励用于智能体执行动作后的反馈，合适的奖励能引导智能体高效、正确地学习。本任务设置了三类奖励机制。

(1) 距离奖励，根据断面当前功率值和目标功率值之间的差距给予负奖励：

$$R_1 = -|P_c - P_{goal}| \tag{4.11}$$

其中，P_c 是断面当前功率值；P_{goal} 是断面目标功率值

(2) 经验奖励，根据送端、受端发电机调整量是否平衡给予引导性奖励：

$$R_2 = \begin{cases} 0, & \text{平衡} \\ -1, & \text{不平衡} \end{cases} \tag{4.12}$$

(3) 约束奖励，根据潮流计算是否收敛给予奖励（惩罚不收敛的情况）：

$$R_3 = \begin{cases} 0, & \text{收敛} \\ -10, & \text{不收敛} \end{cases} \tag{4.13}$$

根据平衡节点功率改变量给予奖励（惩罚功率改变过大的情况）：

$$\Delta P_{\text{slack}} = -|P_{\text{slack}}^t - P_{\text{slack}}^0| \tag{4.14}$$

$$R_4 = \begin{cases} 0, & \Delta P_{\text{slack}} \leqslant 1.0\text{p.u.} \\ -\Delta P_{\text{slack}}, & \Delta P_{\text{slack}} > 1.0\text{p.u} \end{cases} \tag{4.15}$$

其中，P_{slack}^t是当前平衡节点有功功率；P_{slack}^0是初始平衡节点有功功率

$$\text{最终奖励：} R = \begin{cases} 10, & \text{调整成功} \\ R_1 + R_2 + R_3 + R_4, & \text{调整未成功} \end{cases} \tag{4.16}$$

因此，只有在调整成功的情况下，奖励才可能为正数，其他情况一律为负数。

4. 送受端发电机划分

强化学习的奖励函数中涉及发电机功率调整在送、受端是否平衡，需要根据发电机节点在拓扑结构上的位置来区分其处于哪一端。由于某些断面定义的线路并不满足拓扑结构上的"割集"(即移除断面线路后无法将原电网彻底划分为两个不相连的区域)，因此需要对发电机节点进行断面划分。实际电网案例中，可调整的发电机对象是断面两端上距离断面节点最近的各 100 余台发电机。这些发电机节点的搜索和划分方法如下。

1)建立网络拓扑结构

根据潮流数据文件中的信息，以交流线、变压器作为"边"来建立电网拓扑结构。

2)计算各发电机节点到断面的最短距离

首先将断面所在的几条"边"从拓扑结构中移除，然后以断面两侧的各节点为起点，通过最短路径算法计算各发电机到断面两侧的最短距离(不可达则标记为无穷大)并记录。

3)搜索发电机

(1)设置初始最大距离 D=0，两个用于记录发电机编号的空集 G_1、G_2。

(2)D 增加 1，分别统计到断面两侧距离小于或等于 D 的发电机编号并更新 G_1、G_2，若 G_1 和 G_2 存在交集，则去除重合节点。

(3)如果 G_1 中的元素数量超过 100 或没有增加，则停止对集合 G_1 的搜索，G_2 同理。若未满足停止搜索的条件，则重复步骤(2)～(3)。

(4)完成后保存两端发电机的划分结果，供后续实验使用。

5. 基于 Ape-X DQN 分布式强化学习算法改进

DQN(deep-Q network)算法适用于离散动作空间，该算法以深度神经网络来

拟合最优价值函数 Q，策略网络的输入为当前状态 S，输出为预测的各个动作 Q 值，选取 Q 值最大的动作项作为推荐的动作 A。

为了消除目标 Q 值计算与估计 Q 值之间的相关性，使算法在训练过程中更加稳定，算法中采用双网络结构，定义了策略网络和价值网络 Q'来计算目标 Q 值。在价值网络的参数更新过程中，将估计 Q 值与目标 Q 值之间的 MSE 作为损失函数。策略网络的损失函数则为价值网络估值的负值，其优化方向为预期 Q 值最大化。同时，为提升训练的稳定性，引入 DQN 中的优势函数对网络进行优化。

由于实际电网潮流数据涉及的参数量大，建模产生的状态量维度多，算法计算量大。为提升训练速度，基于分布式优先经验回放(distributed prioritized experience replay，Ape-X)架构的分布式思想，通过跨 CPU 多进程并行计算，提高了智能体交互探索的速度和训练效率。Ape-X 架构包括 1 个学习者(learner)网络和多个演员(actor)网络，演员在各自的环境副本中进行不同程度的探索，将采集到的交互记录存储到共享经验池(shared memory pool)中，学习者负责模型参数的更新，并定期同步演员中的模型参数。

DQN 通过优先级经验回放(prioritized experience replay)机制进行学习。在训练过程中，智能体利用策略网络选取动作与环境进行交互，交互的记录保存在经验池(memory pool)中，当经验池中的记录达到一定量时，每步交互都将从经验池中取出一批交互记录进行学习，并更新策略网络的参数。同时根据时间差分偏差来标记经验的价值，使得高价值的记录能以更高概率被重复学习，提高采样和学习效率。对于目标网络，算法并不直接更新，而是每隔一定回合从策略网络获取参数权重进行更新。算法整体框架如图 4.14 所示。

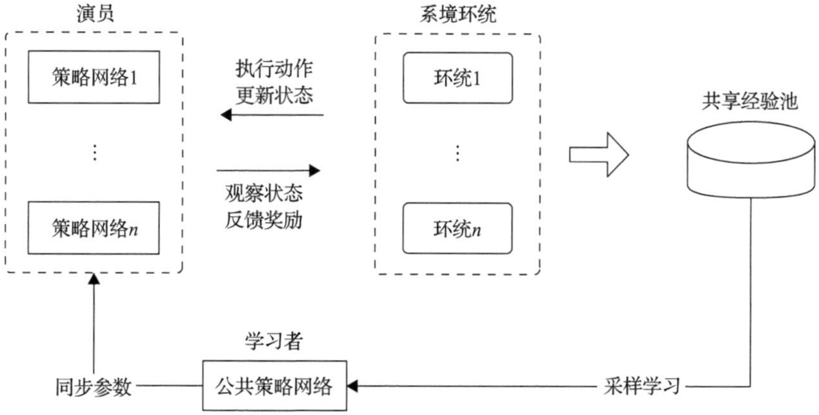

图 4.14　Ape-X DQN 算法框架

本方案通过对不同初始潮流状态下的大量样本下进行训练(预设断面和目标值)，在给定一个新的潮流状态样本时，能够快速将预设的断面功率调整到预设目标值，并给出针对发电机的调整方案。

6. 实验方案与测试结果

1) 实验数据

取国内某区域电网 2000 个节点不同初始潮流状态的电网潮流数据样本 4000 个(均为潮流收敛样本)，每组数据的发电机出力、有效标志等均存在差异，其中随机选 2000 组数据划分为训练集，2000 组数据作为测试集。

预设了两个断面及其目标功率进行实验。

断面 1 包括 3 条交流线：AC224_ac、AC223_ac、AC30853_ac

断面 2 包括 4 条交流线：AC118_ac、AC113_ac、AC112_ac、AC106_ac

2) 调整设置

调整元件：距离断面两端母线最近的各 100 余台发电机。

断面 1：105 + 101 = 206

断面 2：104 + 108 = 212

调整范围：[有效标志, 1/4P, 1/2P, P] (P 为发电机初始有功)

动作＜1＞为调整该发电机的有效标志(“无效”/“有效”切换)。

动作＜2＞、＜3＞、＜4＞为调整该发电机的有功至目标值，并将有效标志设为“有效”。

3) 实验过程

每一轮次在所有训练样本上进行训练，每次在某一数据样本上进行的多步交互过程称为一个回合，即每轮次训练 2000 个回合，训练 20 轮后保存网络参数并在测试集数据上进行验证测试成功率。

调整成功的标准：

(1) 目标断面功率调整至目标值(允许 2%的误差区间)。

(2) 平衡节点功率与调整前相差不超过 1.0p.u.。

4) 实验结果(训练 20 轮)

结果如表 4.10 所示，测试成功率均在 90%以上，成功例平均调整步数控制在 4 步以内。

表 4.10　国内某区域电网潮流断面功率调整的测试结果

断面	目标功率/MW	测试成功率/%	成功例平均调整步数
断面 1	1800	94.60	2.8
	2100	94.25	3.5
断面 2	1500	91.76	3.3
	2000	91.30	3.4

4.3.2　电压类目标的潮流智能调整

电压控制过程同样是基于实时反馈的调节决策过程，因此可以用马尔可夫决策过程(Markov decision process，MDP)表示。其马尔可夫决策过程的元素如下。

1. 状态与动作

状态空间不仅应包括系统范围的母线电压幅值 V，还应包括发电量 G 和负载 L，即 $s=[V,G,L]$。动作是可以调整的变量，包括电压调节器 VR、有载分接开关 TC 和可切换电容器/电抗器 CR。因此，动作空间可以构造为 $a(k)=[\mathrm{VR},\mathrm{TC},\mathrm{CR}]$。

2. 策略

MDP 策略是根据状态给出的，状态是动作的条件概率分布，表示为 $\pi\left(a|s\right)=p\left(a|s\right)$。该策略可作为行动的优化指标，并在强化学习中发挥重要作用。

3. 奖赏

奖赏的设置是为了评估动作的合理性，与学习效率密切相关。针对电压在不同状态下的合理程度，将奖赏分为不同的层次。节点 i 的电压在不同状态下的奖赏设置如表 4.11 所示。α_{r1}是奖赏系数。

表 4.11　不同电压区间下的奖赏设置

V_i	r_i	当 $V_i\to1.0$p.u.时 r_i 的单调性
(V_{ref},1.05p.u.]	$\frac{1.05-V_i}{1.05-V_{\mathrm{ref}}}$	$0\to1$
(0.95p.u.，V_{ref}]	$\frac{V_i-0.95}{V_{\mathrm{ref}}-0.95}$	$0\to1$
(1.05p.u., 1.25p.u.]	$\frac{V_i-V_{\mathrm{ref}}}{V_{\mathrm{ref}}-1.25}$	$-1\to-0.2$
(0.8p.u., 0.95p.u.]	$\frac{V_{\mathrm{ref}}-V_i}{0.8-V_{\mathrm{ref}}}$	$-1\to-0.25$
(1.25p.u.，∞)	$-\alpha_{r1}$	不变
[0,0.8p.u.]	$-\alpha_{r1}$	不变

电压降落一般是某一片区域的电压降低，而电压降落的节点数同样能反映系统的电压状况。因此，本书在设置奖赏时，同时考虑电压降落大小和电压降落节点数。

当电压在(0.95p.u., 1.05p.u.]时，属于正常范围，其奖赏为所有节点的奖赏平均值，为正值；当电压在(0.8p.u., 0.95p.u.]或者(1.05p.u., 1.25p.u.]时，属于摆动范围，其奖赏是所有摆动节点的奖赏平均值，为较小的负值；当电压在[0,0.8p.u.]或者(1.25p.u., ∞)时，属于发散范围，奖赏为一个最大的负值。因此，奖赏 r_{V} 的设置如式(4.17)所示。

$$r_{\mathrm{V}}=\begin{cases}\sum\limits_{i=1}^{N_{\mathrm{B}}} r_i/N_{\mathrm{B}}, & V_i\in(0.95\text{p.u.},1.05\text{p.u.}]\\ \sum\limits_{i=1}^{N_{\mathrm{VB}}} r_i/N_{\mathrm{VB}}, & V_i\in(0.8\text{p.u.},0.95\text{p.u.}]\cup(1.05\text{p.u.},1.25\text{p.u.}]\\ -\alpha_{r1}, & V_i\in[0,0.8\text{p.u.}]\cup(1.25\text{p.u.},\infty)\end{cases} \tag{4.17}$$

其中，N_{B} 和 N_{VB} 是所有节点和电压波动的节点。

在考虑电压降落节点数时，当电压在(0.95p.u., 1.05p.u.]时，奖赏为一个固定的正值；当电压在(0.8p.u., 0.95p.u.]或者(1.05p.u., 1.25p.u.]，奖赏与摆动的节点数成正比；当电压在[0,0.8]或者(1.25p.u., ∞)，奖赏与发散的节点数成正比。则奖赏 r_{N} 为

$$r_{\mathrm{N}}=\begin{cases}1, & \forall V_i\in(0.95\text{p.u.},1.05\text{p.u.}]\\ (-\alpha_{r1})\dfrac{N_{\mathrm{VB}}}{N_{\mathrm{B}}}, & \exists V_i\in(0.8\text{p.u.},0.95\text{p.u.}]\cup(1.05\text{p.u.},1.25\text{p.u.}]\\ (-\alpha_{r1})\dfrac{N_{\mathrm{DB}}}{N_{\mathrm{B}}}, & \exists V_i\in[0,0.8\text{p.u.}]\cup(1.25\text{p.u.},\infty)\end{cases} \tag{4.18}$$

其中，N_{DB} 是电压发散的节点。

此外，为了使控制结果和控制成本更加合理，计及系统运行成本和控制成本的影响，设置奖赏 r_{C} 如下：

$$r_{\mathrm{C}}=\lambda_2\left[C_{\mathrm{p}}P_{\mathrm{loss}}(t)+\sum_{i=1}^{N_{\mathrm{c}}}C_i^{\mathrm{T}}\left|T_i(t+1)-T_i(t)\right|\right] \tag{4.19}$$

其中，C_{p} 和 C_i^{T} 分别是电价和设备动作成本；$P_{\mathrm{loss}}(t)$ 是 t 时刻的有功损耗；$T_i(t)$ 和 $T_i(t+1)$ 分别是 t 和 t+1 时刻的设备动作量；N_{c} 是控制设备的当前动作数量。

综上，最终的奖励 r 为

$$r=r_{\mathrm{V}}+r_{\mathrm{N}}+r_{\mathrm{C}} \tag{4.20}$$

4. MADDPG 算法

在传统强化学习的多智能体情况下，每个智能体的环境都是动态的、不稳定

的，不能通过改变智能体的策略来适应动态的、不稳定的环境，从而导致不能直接使用 DQN 的经验，或者加剧了策略梯度算法的方差问题。针对传统多智能体强化学习的问题，MADDPG 采用集中训练、分布式执行的方式。在训练过程中，策略网络和将使用所有智能体信息进行集中训练。在执行过程中，执行者(Actor)只能使用自己的局部信息运行，这使得环境稳定，因为模型动力学是稳定的。具体模型设计如下。

1) 多智能体的策略网络和设计

对于 MADDPG，每个智能体训练一个需要全局信息的 Actor 和一个需要本地信息的判据(Critic)。因此，策略参数的梯度公式如下：

$$\nabla_{\theta_i} J(\mu_i) = E_{x,a\sim D}\left[\nabla_{\theta_i}\mu_i(a_i \mid o_i)\nabla_{a_i} Q_i^{\mu}(x,a_1,\cdots,a_n)|_{a_i=\mu_i(o_i)}\right] \tag{4.21}$$

其中，D 是经验缓冲区，其元素为$(x,x',a_1,\cdots,a_n,r_1,\cdots,r_n)$； $E_{x,a\sim D}$是预期收益；$\mu_i(a_i \mid o_i)$是连续策略参数；$Q_i^{\mu}(x,a_1,\cdots,a_n)$是集中的动作值函数；$a$ 是动作；μ 是指定动作。

2) 估计其他智能体的策略

为了减少智能体之间的连续通信，需要估计其他智能体的策略。每个智能体的 N–1 策略近似函数是对数代价函数，每个智能体的代价函数与策略熵的关系如下：

$$L(\phi_i^j) = -E_{o_i,a_i}\left[\log\hat{\mu}_{\phi_i^j}(a_j \mid o_j) + \lambda H\left(\hat{\mu}_{\phi_i^j}\right)\right] \tag{4.22}$$

其中，$H\left(\hat{\mu}_{\phi_i^j}\right)$是策略的熵；$\phi$是测试；$o$ 是观察量。

3) 策略集优化

为了解决多智能体环境的动态不稳定性问题，MADDPG 提出了一种策略集。第 i 个智能体的策略集由 K 个子策略组成，每一次训练一个子策略 $\mu_{\theta_i^{(k)}}$（缩写为 $\mu_i^{(k)}$）。对于每个智能体，最大化策略集的奖励：

$$J_e(\mu_i) = E_{k\sim\text{unif}(1,K),s\sim\rho^{\mu},a\sim\mu_i^{(k)}}\left(\sum_{t=0}^{T}\gamma^t r_{i,t}\right) \tag{4.23}$$

其中，γ 是累计衰退参数；T 是累计迭代次数。

为每个子策略建立一个内存缓冲区。每个子策略的更新梯度如下：

$$\nabla_{\theta_i^{(k)}} J_e(\mu_i) = \frac{1}{K} E_{x,a\sim D_i^{(k)}} \left[\nabla_{\theta_i^{(k)}} \mu_i^{(k)}(a_i \mid o_i) \nabla_{a_i} Q^{\mu_i}(x, a_1, \cdots, a_n) \big|_{a_i=\mu_i^{(k)}(o_i)} \right] \tag{4.24}$$

其中，D 是缓冲记忆集合。

4) 约束型 MADDPG

为了限制在控制过程中，动作无功导致电压不合理波动，需要对强化学习中的每一步动作进行限制。根据式(4.17)，电压波动的限制可等效为 $r_{\mathrm{V}} < \alpha_{r1}$。对于状态值函数，限制可以设置为：$E\left(\sum_{t=0}^{T}\gamma^t r_{\mathrm{V},i,t}\right) < \frac{1-\gamma^T}{1-\gamma}\alpha_{r1}$。则约束型 MADDPG 的最优策略为

$$\max E\left(\sum_{t=0}^{T}\gamma^t r_{i,t}\right) \quad \text{s.t} \ E\left(\sum_{t=0}^{T}\gamma^t r_{\mathrm{V},i,t}\right) < \frac{1-\gamma^T}{1-\gamma}\alpha_{r1} \tag{4.25}$$

则该优化策略的拉格朗日方程为

$$L(\lambda) = E\left(\sum_{t=0}^{T}\gamma^t r_{i,t}\right) + \lambda\left[\frac{1-\gamma^T}{1-\gamma}\alpha_{\mathrm{r1}} - E\left(\sum_{t=0}^{T}\gamma^t r_{\mathrm{V},i,t}\right)\right] \tag{4.26}$$

该约束最优策略的求解方法和收敛性证明具体见文献[8]，这里不再阐述。

5) 电压控制策略

为了缩小无功调整的范围，提升学习效率，本节通过基于物理信息的方法定位电压降低的区域，从而决定无功控制的目标，通过强化学习来决定无功控制的大小。具体的电压控制措施如图 4.15 所示。

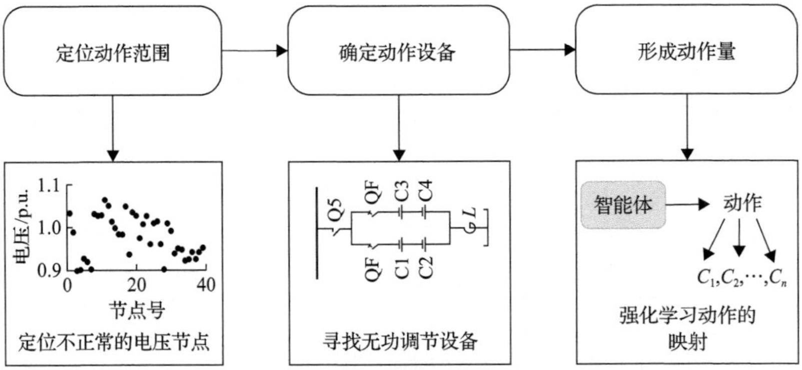

图 4.15　电压控制措施

首先，根据电压大小，筛选出电压异常的节点，形成电压异常点集 $\Omega_{NV}=\left\{\upsilon_{NV}^{i}\mid i=1,2,\cdots,N_{NV}\right\}$。

然后，寻找电压异常节点附近的无功调节设备。采用由近到远的局部补偿方法。因此，补偿对象附近的无功调节设备按从近到远的距离排序，装置按式(4.27)所示的排序动作。

$$\chi_{QR}=\left\{\delta_{QR}^{1},\cdots,\delta_{QR}^{i},\cdots,\delta_{QR}^{n_{QR}}\right\} \tag{4.27}$$

其中，δ_{QR}^{i} 是第 i 个无功调节设备所在节点的序列号；n_{QR} 是补偿对象附近无功调节设备的数量。

最后，强化学习的动作映射至不同的电压异常节点附近的无功调节设备，并行调节无功。根据第一个 x%设定调整范围。x 是电容器/电抗器的调整数量与补偿对象附近所有电容器/电抗器的比率。本节中 x 取 20。然后，可以按如下映射动作：

$$a\rightarrow\left\{\delta k_{QRj}\mid\delta k_{QRj}\in\chi_{QR}^{j}\right\} \tag{4.28}$$

图 4.16 显示了 IEEE 39 节点系统中控制前后重负荷和轻负荷下的电压结果。可以看出，在重负荷情况下，系统电压较低，大量节点的电压低于 0.95p.u.；轻负荷时，系统电压较高，部分节点电压高于 1.05p.u.。无论是重负荷还是轻负荷，控制后系统的电压都可以被控制在[0.95p.u., 1.05p.u.]的范围内。

图 4.17 显示了黑龙江电网控制前后重负荷和轻负荷下的电压结果。可以看出，在重负荷情况下，系统电压较低，大量节点电压低于 1.0p.u.；轻负荷时，系统电压较高，部分节点电压高于 1.1p.u.。无论是重负荷还是轻负荷，控制后系统的电压基本可以控制在[1.0p.u., 1.1p.u.]的范围内。

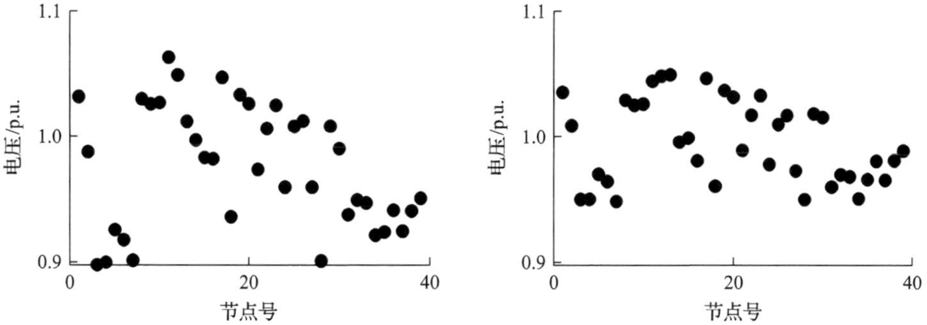

(a) 控制前的重负荷系统　　(b) 控制后的重负荷系统

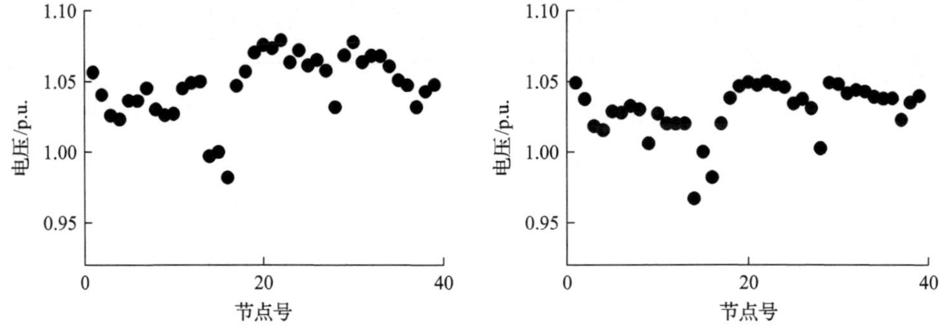

(c) 控制前的轻负荷系统　　　　(d) 控制后的轻负荷系统

图 4.16　IEEE 39 节点系统控制前后的重负荷和轻负荷电压结果

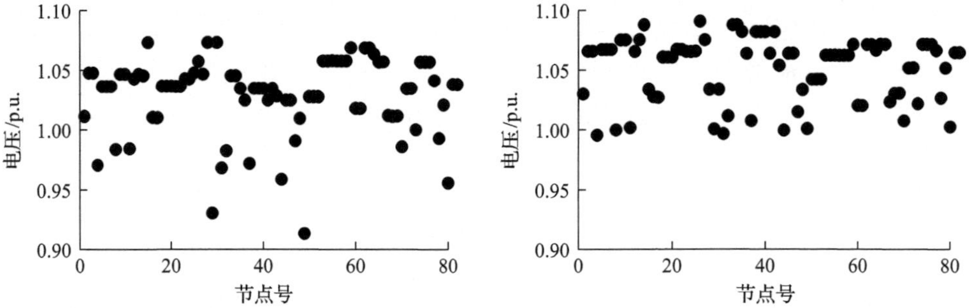

(a) 控制前的重负荷系统　　　　(b) 控制后的重负荷系统

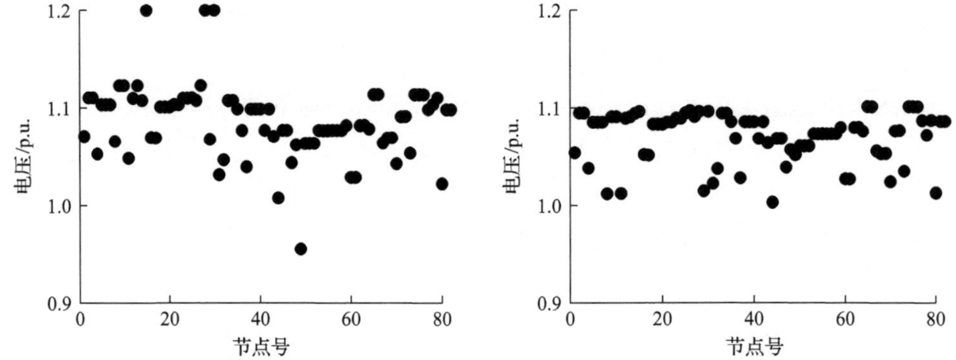

(c) 控制前的轻负荷系统　　　　(d) 控制后的轻负荷系统

图 4.17　黑龙江电网控制前后的重负荷和轻负荷电压结果

4.3.3　静态 *N*–1 约束目标的潮流智能调整

满足静态稳定约束的潮流智能调整过程如图 4.18 所示，即先对初始潮流进行 *N*–1 计算，然后根据计算结果分析线路功率和节点电压。若满足约束，则该潮流为目标潮流，否则，筛选出越限情况(包括越限的线路和节点)。接下来，根据越限情况，调整发电机和电容器/电抗器，并对调整后的数据进行静态 N–1 计算，重复以上过程，直到满足约束为止。为了使潮流能满足所有元件静态稳定 N–1 的约束，需要在潮流状态调整的过程中不断地计算 N–1。考虑到节点电压的越限易于调整，因此重点考虑线路功率越限调整。

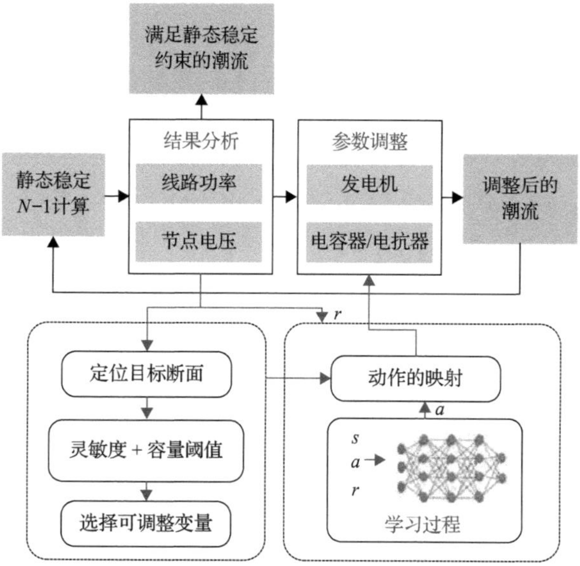

图 4.18 满足静态稳定约束的潮流智能调整方法示意图

从以上的调整过程可以看出，该问题是一个多目标、分阶段的动态规划问题，多目标指有多条线路、多个母线的调整目标，分阶段指可能进行多次调整。为降低求解难度，将该问题分为两部分，第一部分为调整目标的优化，寻找对薄弱断面影响较大的设备；第二部分为调整过程的自动化，根据调整目标的选择，将强化学习的动作映射到不同的调整量。

1. MDP 的形成

MDP 是序贯决策(sequential decision)的数学模型，用于在系统状态具有马尔可夫性质的环境中模拟智能体可实现的随机性策略与回报。潮流调整过程同样是一个根据实时反馈而进行调整的决策过程，因此该过程可以通过 MDP 来表示。

MDP 的主要因素包括状态、动作、策略、奖赏和回报，满足静态稳定约束的潮流调整对应因素可表示如下。

1) 状态(状态空间)

当前状态即潮流状态，因此需要观察的变量主要包括当前各线路的有功功率和发电机的有功输出，则状态空间可表示为

$$s=\left[\left[P_{\mathrm{L}1},\cdots,P_{\mathrm{L}i},\cdots,P_{\mathrm{L}n_{\mathrm{L}}}\right]^{\mathrm{T}},\left[P_{\mathrm{G}1},\cdots,P_{\mathrm{G}j},\cdots,P_{\mathrm{G}n_{\mathrm{G}}}\right]^{\mathrm{T}}\right] \tag{4.29}$$

其中，$P_{\mathrm{L}i}$ 和 $P_{\mathrm{G}j}$ 分别是第 i 条线路和第 j 个发电机的有功功率；n_{L} 和 n_{G} 分别是线路和发电机的数量。

2) 动作(动作空间)

根据满足静态稳定的潮流调整过程，主要通过动作发电机使潮流满足约束，因此动作空间可表示为

$$A=\left[G_1,\cdots,G_i,\cdots,G_{n_{\mathrm{G}}}\right] \tag{4.30}$$

其中，G_i 是第 i 个发电机的标志位。

根据灵敏度，可缩小发电机的调整范围，使动作作用于灵敏度高的发电机。

3) 策略

MDP 的策略 π 是根据状态给出的，是一种动作的条件概率分布 p，具体可表示为式(4.31)。该策略可以作为动作的优化指标，在后续介绍的强化学习中有重要作用。

$$\pi\left(a|s\right)=p\left(a|s\right) \tag{4.31}$$

4) 奖赏

在调整过程中，当前潮流和 N–1 潮流都有可能出现越限情况，为引导动作使潮流满足静态稳定约束，给予越限情况一定的奖赏，具体奖赏设置如下。

(1) 当前潮流越限情况。若调整过程中，当前潮流越限，则给一定的负奖赏，具体设置如下：

$$r=\begin{cases}-\lambda_{\mathrm{R}}, & P_{\mathrm{L}}^{i}>P_{\mathrm{Lmax}}^{i}\\ -\lambda_{\mathrm{R}}, & U_{\mathrm{L}}^{i}<U_{\mathrm{Lmin}}^{i}\end{cases} \tag{4.32}$$

其中，λ_{R} 是奖赏系数；P_{L}^{i} 和 P_{Lmax}^{i} 分别是第 i 条线路的当前功率和功率上限；U_{L}^{i} 和 U_{Lmin}^{i} 分别为第 i 个节点的当前电压和电压下限。

(2) N–1 潮流越限情况。经过 N–1 计算后，得到 N 个缺失一个元件的潮流，根据这 N 个潮流的越限情况，统计每条线路的累计越限数 N_{L}，可表示为

$$N_{\mathrm{L}}=\left[N_{\mathrm{L}}^{1},\cdots,N_{\mathrm{L}}^{i},\cdots,N_{\mathrm{L}}^{n_{\mathrm{L}}}\right] \tag{4.33}$$

其中，N_{L}^{i} 是第 i 条线路的累计越限数；n_{L} 是线路总数。则累计越限总数 N_{ZL}：

$$N_{\text{ZL}} = \sum_{i=1}^{n_{\text{L}}} N_{\text{L}}^{i} \tag{4.34}$$

要使潮流满足 N–1 约束，可将每次调整后的累计越限总数计入奖赏函数，体现当前的越限情况，具体可表示为

$$r_1 = (1 - N_{\text{ZL}}^{j} / N_{\text{init}}) \cdot \lambda_{\text{R}} \tag{4.35}$$

其中，N_{ZL}^{j} 和 N_{init} 分别是第 j 次调整后的越限数和初始越限数。

除了累计越限总数可以体现线路的越限情况外，每条线路在每次调整后的越限转移情况也可以说明当前状态的越限情况，具体可表示为

$$r_2 = \sum_{j=1}^{N_{\text{init}}} \left(1 - N_{\text{L}}^{j} / N_{\text{Linit}}^{j}\right) - \sum_{j=1}^{n_{\text{add}}} N_{\text{L}}^{j} / N_{\text{init}} \tag{4.36}$$

其中，N_{L}^{j} 是第 j 条线路的累计越限数；N_{Linit}^{j} 是第 j 条线路的初始越限数；N_{init} 和 n_{add} 分别是初始越限数和当前增加越限数。

除了考虑以上所述的越限数外，还需考虑越限功率的多少，体现当前的越限程度，奖赏设置可表示为

$$r_3 = \left(1 - \sum_{i=1}^{n_{\text{ol}}^{j}} P_{\text{ol}i}^{j} \middle/ \sum_{i=1}^{n_{\text{ol}}^{\text{init}}} P_{\text{ol}i}^{\text{init}}\right) \cdot \lambda_{\text{R}} \tag{4.37}$$

其中，$P_{\text{ol}i}^{j}$ 和 n_{ol}^{j} 分别是第 j 次调整后第 i 条越限线路的越限功率和越限线路数；$P_{\text{ol}i}^{\text{init}}$ 和 $n_{\text{ol}}^{\text{init}}$ 分别是初始状态下第 i 条越限线路的越限功率和越限线路数。

5) 回报

回报是奖励随时间的积累，可表示为

$$G = \sum_{t=0}^{\tau-1} \gamma r_{t+1} \tag{4.38}$$

其中，γ 是衰减系数。

综合以上各元素的定义，潮流调整的马尔可夫决策过程可表示为图 4.19。

2. 考虑静稳 N–1 约束的潮流状态调整策略

要想通过调整潮流使其满足 N–1 约束，首先，定位出调整对象，根据 N–1 计算结果的越限情况，定位出越限结果中影响较大的部分；然后，针对调整目标，

筛选可动作的设备，筛选时应考虑到动作设备与潮流改变的关系；最后，计算设备的动作量。以上调整策略的流程与实现方法如图 4.20 所示，具体实现方法如下所述。

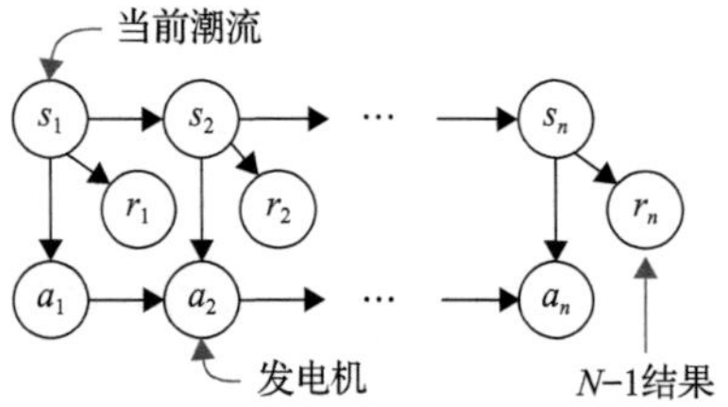

图 4.19　马尔可夫决策过程

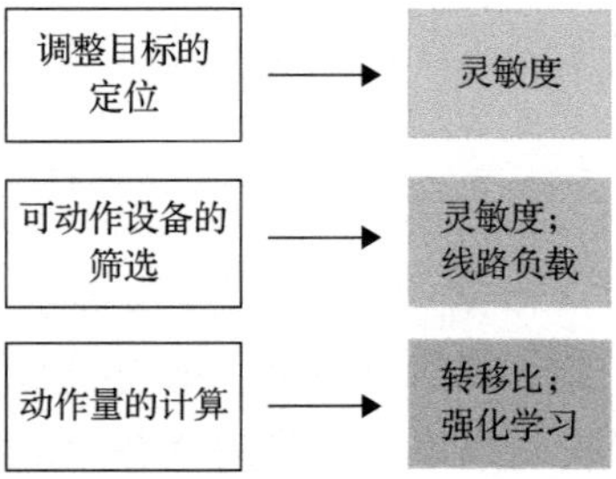

图 4.20　考虑静稳 N–1 约束的潮流状态调整策略

1) 调整目标的定位

经过一次 N–1 计算后，N 次潮流计算的结果便可得到。然后，根据各线路和各节点在 N 个潮流中的越限情况，统计各线路和各节点的越限数，并基于越限数由大到小对各线路进行排序。则基于越限数的线路排序为

$$\chi_{\mathrm{L}}=\left\{\alpha_{\mathrm{L}}^{1},\cdots,\alpha_{\mathrm{L}}^{i},\cdots,\alpha_{\mathrm{L}}^{n_{\mathrm{L}}}\right\} \tag{4.39}$$

$$\chi_{\mathrm{N}}=\left\{\beta_{\mathrm{N}}^{1},\cdots,\beta_{\mathrm{N}}^{i},\cdots,\beta_{\mathrm{N}}^{n_{\mathrm{N}}}\right\} \tag{4.40}$$

其中，α_{L}^{i} 是第 i 条线路的编号；β_{N}^{i} 是第 i 个节点的编号。

为降低调整过程中不同调整对象之间的相互干扰程度，将具有相近电源区和相近负荷区的越限线路归为同一个输电断面。一般地，支路开断后，潮流往往涌向与其具有相同电源区及相同负荷区的输电断面。因此，需要在越限的线路和节点中识别输电断面。

为识别越限线路的电源区和负荷区，引入调整灵敏度，定义如下：

$$s_{i,j}=\Delta P_{\mathrm{L},j}/\Delta P_{\mathrm{G},i} \tag{4.41}$$

其中，$\Delta P_{\mathrm{L},j}$ 是发电机 i 的有功功率变化 $\Delta P_{\mathrm{G},i}$ 时线路 j 的有功功率变化量。

若 $s_{i,j}$ 为正，则发电机 i 属于线路 j 的电源区；若 $s_{i,j}$ 为负，则发电机 i 属于线路 j 的负荷区。形成每条线路的电源区 κ_{PS} 和负荷区 κ_{LD}：

$$\begin{cases}\kappa_{\mathrm{PS}}=\left\{G_1,\cdots,G_i,\cdots,G_{n_{\mathrm{PS}}}\right\}\\ \kappa_{\mathrm{LD}}=\left\{G_1,\cdots,G_i,\cdots,G_{n_{\mathrm{LD}}}\right\}\end{cases} \tag{4.42}$$

其中，G_i 是第 i 台发电机；n_{PS} 是电源区的发电机数；n_{LD} 是负荷区的发电机数。

判断各越限线路和节点是否具有相近电源区及负荷区，若相近，则这几条线路和节点就构成了薄弱输电断面，该输电断面 μ_{C} 可表示为式(4.43)。

$$\mu_{\mathrm{C}}=\left\{\chi_{\mathrm{L}}(1),\cdots,\chi_{\mathrm{L}}\left(n_{\mathrm{CL}}\right),\chi_{\mathrm{N}}(1),\cdots,\chi_{\mathrm{N}}\left(n_{\mathrm{CN}}\right)\right\} \tag{4.43}$$

其中，n_{CL} 是薄弱断面包含的线路数；n_{CN} 是薄弱断面包含的节点数。

调整过程中，各线路和节点的越限情况会不断地变化，形成不同的断面集合，具体如下：

$$\Omega_{\mathrm{C}}=\left\{\mu_{\mathrm{C}}^{1},\cdots,\mu_{\mathrm{C}}^{i},\cdots,\mu_{\mathrm{C}}^{n_{\mathrm{C}}}\right\} \tag{4.44}$$

其中，n_{C} 是一次调整过程中的输电断面数。

2) 可动作设备的筛选

在调整某个断面的潮流时，应遵循一定的原则，避免造成过多其他线路越限，具体原则如下。

(1) 选择对当前对象影响较大的设备。

(2) 尽量减少其他线路的潮流变化，否则容易导致其他线路的越限。

(3) 避免动作负载程度大的潮流部分。

基于以上原则，为了在调整某条线路时，使调整后其他线路的潮流影响尽量小，在筛选可调整的发电机时，需考虑各发电机对各线路的功率调整变化情况，即选择前面提到的调整灵敏度。同时，在调整发电机功率时，潮流影响较大的是其周围的线路，周围线路的负载情况可能会影响调整后的越限情况，因此，需要考虑所动作发电机连接线路的负载裕度。连接线路的负载裕度指某节点所连线路的功率裕度最小值，具体可表示为

$$d_{\mathrm{L}}=\min_{i\in\Omega_{\mathrm{L}}}\left|P_{\mathrm{L}i\max}-P_{\mathrm{L}i}\right| \tag{4.45}$$

其中，Ω_{L} 是节点连接的线路集合；$P_{\mathrm{L}i\max}$ 和 $P_{\mathrm{L}i}$ 是第 i 条线路的有功上限和有功值。

根据调整灵敏度和连接线路的负载裕度，对发电机进行初步筛选，将发电机相对于某条线路的影响程度进行排序，根据调整灵敏度的正负，得到以下正向调整发电机序列 χ_{GL}^{+} 和负向调整发电机序列 χ_{GL}^{-}：

$$\begin{cases}\chi_{\mathrm{GL}}^{+}=\left\{G_1^{+},G_2^{+},\cdots,G_{n_{\mathrm{G+}}}^{+}\right\}\\ \chi_{\mathrm{GL}}^{-}=\left\{G_1^{-},G_2^{-},\cdots,G_{n_{\mathrm{G-}}}^{-}\right\}\end{cases} \tag{4.46}$$

然后，形成动作设备对 A_{match}，如式(4.47)所示。

$$A_{\text{match}} = \left\{ \left\{ G_1^+, G_1^- \right\}, \cdots, \left\{ G_{n_{G+}}^+, G_{n_{G-}}^- \right\} \right\} \tag{4.47}$$

3) 动作量的计算

对于发电机的动作量计算，首先需要确定越限线路的调整量目标。越限线路的调整量目标与断开线路的功率缺额有关，常用转移因子来描述联络线传输功率波动峰值与功率缺额之间的关系。设某条线路的功率缺额为 ΔP_{L0}，越限线路的功率波动为 ΔP_{Lf}，则转移因子 φ 为

$$\varphi = \Delta P_{Lf} / \Delta P_{L0} \tag{4.48}$$

则根据 φ，可得到越限线路的调整量目标 ΔP_{LT}：

$$\Delta P_{LT} = \varphi P_{Lop} \tag{4.49}$$

其中，P_{Lop} 是线路断开时的有功功率。

然后计算设备的动作量。调整发电机时，不仅需要考虑调整灵敏度，还需满足功率平衡，即开机量与关机量相等。发电机动作量与线路功率调整量的关系如式(4.50)所示，则可根据式(4.50)可计算出发电机的动作量。

$$s_i^+ \Delta P_G - s_i^- \Delta P_G = \Delta P_L \tag{4.50}$$

其中，s_i^+ 和 s_i^- 是目标线路的灵敏度匹配对；ΔP_G 和 ΔP_L 分别是发电机动作量和线路功率调整量。

考虑发电机的功率限额，则发电机动作量为

$$\Delta P_G = \begin{cases} \Delta P_L / \left(s_i - s_j \right), & P_{Gi} \leqslant P_{\max i}, P_{Gj} \leqslant P_{\max j} \\ P_{\max i} / \left(s_i - s_j \right), & P_{Gi} > P_{\max i} \\ P_{\max j} / \left(s_i - s_j \right), & P_{Gj} > P_{\max j} \end{cases} \tag{4.51}$$

其中，P_{Gi} 和 $P_{\max i}$ 分别是第 i 个发电机的有功功率和功率上限；P_{Gj} 和 $P_{\max j}$ 分别是第 j 个发电机的有功功率和功率上限。

3. 算例分析

对于新英格兰 39 节点系统，基于初始收敛潮流，在 0～2 倍之间随机改变发电机和负荷，同时改变电容电抗器的投切情况，生成 5000 组数据。将 4000 组数

据作为训练集，1000 组数据作为测试集。对于实际电力系统，采用国内某区域电网，生成数据的方法与上述一致。

1) 新英格兰 39 节点系统

迭代过程中平均调整步数和满足约束的比例如图 4.21 所示。可以看到，在迭代过程中，潮流调整至满足 *N*–1 约束的平均步数逐渐降低，在 1600 次迭代后趋于稳定，稳定至 5～6 步。同时，样本中满足约束的比例不断升高，1600 次迭代后逐渐收敛，最后满足约束的样本接近 98%。

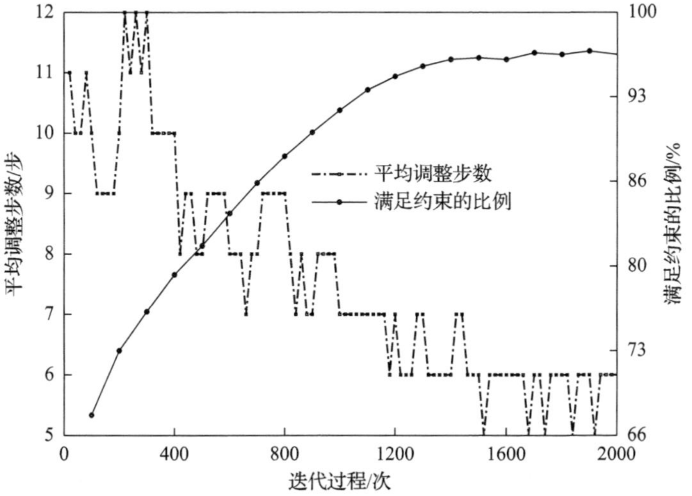

图 4.21　迭代过程中平均调整步数和满足约束的比例

图 4.22 为新英格兰 39 节点系统的负载为原始潮流的 120%、80%、140%、180%时，随着调整步数增加，累计越限总数(NZ)的变化情况。可以看出，负载为原始潮流的 120%、80%、140%时，累计越限总数均可以逐渐降低至 0，即均可调整至满足约束。但当负载为原始潮流的 180%时，累计越限总数稳定至 5 左右，无法降低到 0，即不能调整至满足 *N*–1 约束。因此，对于新英格兰 39 节点系统，在负载水平不会过高的情况下，可以将潮流在 10 步内调整至满足 *N*–1 约束。

2) 实际电网系统

仍然采用 4.2.2 节所用国内某区域电网数据进行测试，生成数据和数据分配的方法与新英格兰 39 节点系统一致。

图 4.23 为实际电网的负载为原始潮流的 100%、80%、120%、140%、160%、200%时，随着调整步数增加，累计越限总数的变化情况。可以看出，负载为原始潮流的 100%、80%、120%、140%、160%时，累计越限总数均可以在 50 步逐渐降低至 0，即均可调整至满足 *N*–1 约束。但当负载为原始潮流的 200%时，累计越限

总数稳定至 200 左右，不能调整至满足约束。因此，对于该实际电网，在负载水平不会过高的情况下，可以将潮流在 50 步内调整至满足 N–1 约束。

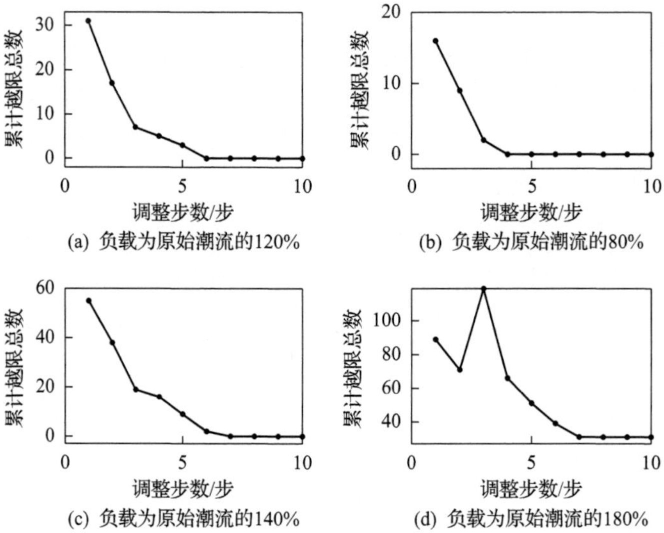

(a) 负载为原始潮流的120%　(b) 负载为原始潮流的80%

(c) 负载为原始潮流的140%　(d) 负载为原始潮流的180%

图 4.22　新英格兰 39 节点系统的不同负载程度下累计越限总数的变化

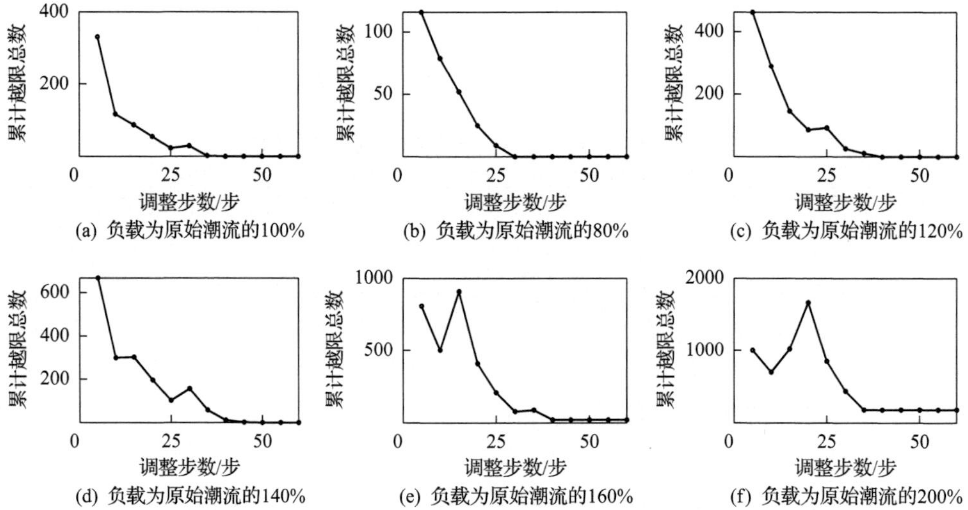

(a) 负载为原始潮流的100%　(b) 负载为原始潮流的80%　(c) 负载为原始潮流的120%

(d) 负载为原始潮流的140%　(e) 负载为原始潮流的160%　(f) 负载为原始潮流的200%

图 4.23　实际电网的不同负载程度下累计越限总数的变化

4.3.4　暂态 N–1 约束目标的潮流智能调整

1. MDP 的形成

暂态 N–1 约束目标的潮流智能调整的 MDP 参数可设置如下。

1) 状态

当前状态为潮流状态。因此，需要观察的变量包括发电机的有功功率和电容器/电抗器的开关条件。然后，状态空间如下：

$$s=\left[\left[P_{\mathrm{G1}},\cdots,P_{\mathrm{G}i},\cdots,P_{\mathrm{G}n_{\mathrm{G}}}\right]^{\mathrm{T}},\left[\xi_{\mathrm{CR1}},\cdots,\xi_{\mathrm{CR}i},\cdots,\xi_{\mathrm{CR}n_{\mathrm{CR}}}\right]^{\mathrm{T}}\right] \tag{4.52}$$

其中，$P_{\mathrm{G}i}$ 是第 i 台发电机的有功功率；$\xi_{\mathrm{CR}i}$ 是第 i 个电容器/电抗器的开关状态；n_{G} 和 n_{CR} 分别是发电机和电容器/电抗器的数量。

2) 动作

根据暂态 N–1 约束目标的潮流过程，动作映射到发电机的有功功率和电容器/电抗器的切换条件。因此，动作空间可以表示为

$$a=[0,1] \tag{4.53}$$

3) 策略

MDP 策略是根据状态给出的，是起作用的条件概率分布，可表示为式(4.54)。

$$\pi(a|s)=p(a|s) \tag{4.54}$$

4) 奖赏

在潮流调整过程中，经过 N–1 计算后的系统可能不稳定。为了引导潮流满足暂态稳定约束，根据失稳条件给予一定的奖励。具体奖励设置如下。

经过 N–1 计算，可得到 N 组暂态稳定仿真结果。根据这 N 组结果的稳定性条件，可以计算出每个仿真结果的不稳定发电机和不稳定电压母线的数量，并表示为式(4.55)。

$$N_{\mathrm{uns}}=\left[N_{\mathrm{uns}}^{1},\cdots,N_{\mathrm{uns}}^{i},\cdots,N_{\mathrm{uns}}^{N}\right] \tag{4.55}$$

其中，N_{uns}^{i} 是第 i 个仿真结果的不稳定发电机和不稳定电压母线的数量。

然后，不稳定发电机和不稳定电压母线的总数如下：

$$N_{\mathrm{ZL}}=\sum_{i=1}^{N}N_{\mathrm{uns}}^{i} \tag{4.56}$$

为了满足暂态稳定约束，应将每次重新调度后的不稳定发电机和不稳定电压母线的总数计入奖励函数，以反映潮流的不稳定情况，可表示为

$$r_1=(-N_{\mathrm{ZL}}^{k}/N_{\mathrm{L}})\cdot\lambda_{\mathrm{R1}} \tag{4.57}$$

其中，N_{ZL}^k 是第 k 次重新调度后不稳定发电机和不稳定电压母线的总数；N_L 是线路数；λ_{R1} 是奖励系数。考虑到神经网络对奖赏的敏感性，在大多数情况下，奖赏应设计在–1～1。在这里设置为 1。

此外，还应考虑不稳定程度的大小，以反映当前的不稳定状况。因此，如式(4.58)所述，选择暂态稳定指数(TSI)作为转子角稳定性评估指数。

$$\mathrm{TSI} = \frac{360 - \delta_{\max}}{360 + \delta_{\max}} \tag{4.58}$$

其中，$\delta_{\max}$ 是系统中任意两台发电机之间的最大转子角度差。从式(4.58)中可以看出 $\mathrm{TSI} \in (-1,1]$。当 $\mathrm{TSI} \geqslant 0$ 时，系统稳定；而当 $\mathrm{TSI} < 0$ 时，系统不稳定。

暂态转子角严重性指数(TRSI)可定义为式(4.59)。其中 $\mathrm{TRSI} \in [0,1)$，TRSI 越大，系统越不稳定。

$$\mathrm{TRSI} = \frac{1 - \mathrm{TSI}}{2} \tag{4.59}$$

选择暂态电压严重性指数(TVSI)作为电压稳定性评估指数，如式(4.60)所示。

$$\mathrm{TVSI} = \frac{\sum_{t=T_c}^{T} \mathrm{TVDI}_t}{T - T_c} \tag{4.60}$$

其中，T 是暂态时段；T_c 是故障清除时间；TVDI_t 是暂态电压偏差指数，由系统事故后时域模拟计算得出：

$$\mathrm{TVDI}_t = \begin{cases} \dfrac{|V_t - V_0|}{V_0}, & \dfrac{|V_t - V_0|}{V_0} \geqslant \eta \\ 0, & \text{其他} \end{cases}, \forall t \in [T_c, T] \tag{4.61}$$

式中，V_t 是时间 t 处的电压幅值；η 是评估所选电压幅值是否可接受的阈值；V_0 是初始电压幅值。从式(4.61)中可以看出，$\mathrm{TVSI} \in [0,1)$。TVSI 越大，系统越不稳定

根据上述指标，奖赏设置可表示为

$$\begin{cases} r_2 = \dfrac{1}{N}\sum_{i=1}^{N} \max\limits_{j=1,2,\cdots,n_{\mathrm{rus}i}} \mathrm{TSI}_{\mathrm{us}i}^j \\ r_3 = -\dfrac{1}{N}\sum_{i=1}^{N} \max\limits_{j=1,2,\cdots,n_{\mathrm{vus}i}} \mathrm{TVSI}_{\mathrm{us}i}^j \end{cases} \tag{4.62}$$

其中，TSI_{usi}^{j} 和 $TVSI_{usi}^{j}$ 分别是第 i 个故障下第 j 个不稳定装置的 TSI 和 TVSI；n_{rusi} 和 n_{vusi} 分别是第 i 个故障下功角不稳定和电压不稳定设备的数量。

此外，考虑到控制成本，奖赏可设置如下：

$$r_4 = -\lambda_{R2}[C_P\Delta P + C_Q\Delta Q] \tag{4.63}$$

其中，C_P 和 C_Q 分别是有功功率和无功功率的单位动作成本；ΔP 和 ΔQ 是有功功率和无功功率的动作量；λ_{R2} 是控制成本的奖赏系数。为了在与其他奖赏相同的范围内设计奖赏，设置 λ_{R2} 为 0.1。

综上，最终的奖赏为

$$r = r_1 + r_2 + r_3 + r_4 \tag{4.64}$$

2. 暂态稳定控制策略

首先需要识别失稳模式，根据 N–1 计算结果的不稳定条件，可以确定主导失稳模式和主导不稳定发电机。然后，通过计算轨迹灵敏度，筛选出可操作的设备。接下来，计算设备的动作量，该动作量可映射到强化学习的动作。最后，设置装置的动作，以纠正主导失稳模式的判断。具体实现方法如下所述。

1) 识别主导失稳模式

故障发生后，功角失稳和暂态电压失稳往往交织在一起，难以准确定位控制对象，导致控制策略失效。因此，准确区分主导失稳模式非常重要。目前，该领域的研究较少，现有研究大多从机理入手，计算复杂，不利于应用。本节从失稳发生的时间、振荡中心和电压形式三个方面来判断主导失稳模式。主导失稳模式通常比其他失稳模式更早发生。同时，对于功角失稳，两台相干发电机的振荡中心经常出现电压失稳，电压失稳的形式是在 0～1p.u.来回振荡(图 4.24)。对于电压失稳，负荷中心的电压较低且难以恢复。因此，可以根据以下规则判断主导失稳模式。

(1) 如果功角失稳早于电压失稳，且电压失稳位于振荡中心，则主导失稳模式为功角失稳。

(2) 如果电压失稳早于功角失稳，且电压失稳发生在负载区，则主导失稳模式为电压失稳。

(3) 如果功角失稳和电压失稳同时发生，则可以通过判断电压失稳是否在振荡中心(电压在 0～1p.u.来回振荡)来判断主导失稳模式是功角失稳还是电压失稳。

2) 轨迹灵敏度的计算

为了提高重调度的效率，有必要找到对不稳定分量有很大影响的设备。本节以 TRSI 和 TVSI 为因变量，以发电机有功功率和电容器/电抗器电抗值为自变量，分析自变量对因变量的影响。因此，两种轨迹灵敏度可表示为

$$\begin{cases} S_{\mathrm{TG}j}^{i} = \Delta\mathrm{TRSI}_j / \Delta P_{\mathrm{G},i} \\ S_{\mathrm{VCR}j}^{i} = \Delta\mathrm{TVSI}_j / \Delta X_{\mathrm{CR},i} \end{cases} \tag{4.65}$$

其中，$S_{\mathrm{TG}j}^{i}$ 和 $S_{\mathrm{VCR}j}^{i}$ 是第 j 次故障下第 i 台发电机对 TRSI 和第 i 台电容器/电抗器对 TVSI 的轨迹灵敏度；$\Delta P_{\mathrm{G},i}$ 和 $\Delta X_{\mathrm{CR},i}$ 是第 i 台发电机和第 i 台电容器/电抗器的微小变化；$\Delta\mathrm{TRSI}_j$ 和 $\Delta\mathrm{TVSI}_j$ 是第 j 次故障时，随着发电机和电容器/电抗器的变化，TRSI 和 TVSI 的变化量。

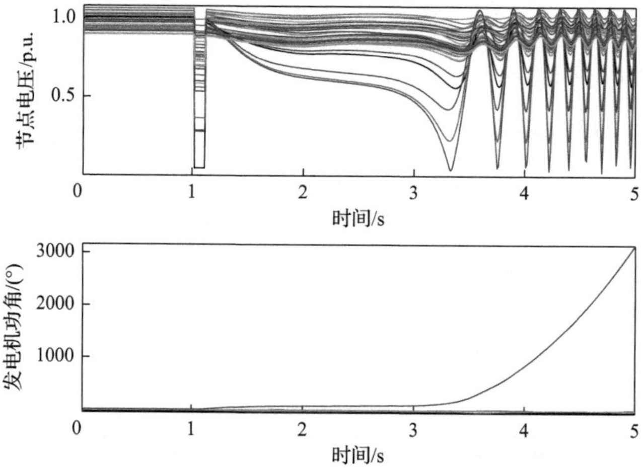

图 4.24　一次故障时节点电压和发电机功角

3) 可动作设备的筛选

计算轨迹灵敏度，可获得以下灵敏度矩阵。

$$S_{\mathrm{TG}} = \begin{bmatrix} S_{\mathrm{TG}1}^{1} & S_{\mathrm{TG}2}^{1} & \cdots & S_{\mathrm{TG}N}^{1} \\ \vdots & \vdots & & \vdots \\ S_{\mathrm{TG}1}^{M} & S_{\mathrm{TG}2}^{M} & \cdots & S_{\mathrm{TG}N}^{M} \end{bmatrix} \tag{4.66}$$

$$S_{\mathrm{VG}} = \begin{bmatrix} S_{\mathrm{VCR}1}^{1} & S_{\mathrm{VCR}2}^{1} & \cdots & S_{\mathrm{VCR}N}^{1} \\ \vdots & \vdots & & \vdots \\ S_{\mathrm{VCR}1}^{L} & S_{\mathrm{VCR}2}^{L} & \cdots & S_{\mathrm{VCR}N}^{L} \end{bmatrix} \tag{4.67}$$

计算 N 次故障后功角和节点电压的失稳情况。然后判断各故障的主导失稳模

式，选择以功角失稳和暂态电压失稳为主的故障：

$$\begin{cases}F_{\mathrm{RA}}=[\mathrm{TRSI}_1 \quad \mathrm{TRSI}_2 \quad \cdots \quad \mathrm{TRSI}_{N_{\mathrm{RA}}}]\\ F_{\mathrm{TV}}=[\mathrm{TVSI}_1 \quad \mathrm{TVSI}_2 \quad \cdots \quad \mathrm{TVSI}_{N_{\mathrm{TV}}}]\end{cases} \tag{4.68}$$

其中，N_{RA}是以功角失稳为主的故障数；N_{TV}是以暂态电压失稳为主的故障数。

根据每台发电机的灵敏度和相应故障下的TRSI，可以反映发电机对整个系统稳定性的影响。每台发电机的权重可表示为

$$\lambda_{\mathrm{TG}}=\left[\sum_{i=1}^{N_{\mathrm{RA}}}\mathrm{TRSI}_i S_{\mathrm{TG}i}^{1}/N_{\mathrm{RA}} \quad \sum_{i=1}^{N_{\mathrm{RA}}}\mathrm{TRSI}_i S_{\mathrm{TG}i}^{2}/N_{\mathrm{RA}} \quad \cdots \quad \sum_{i=1}^{N_{\mathrm{RA}}}\mathrm{TRSI}_i S_{\mathrm{TG}i}^{M}/N_{\mathrm{RA}}\right] \tag{4.69}$$

每个节点的电容器/电抗器的权重可以表示为

$$\lambda_{\mathrm{VCR}}=\left[\sum_{i=1}^{N_{\mathrm{TV}}}\mathrm{TVSI}_i S_{\mathrm{VCR}i}^{1}/N_{\mathrm{TV}} \quad \sum_{i=1}^{N_{\mathrm{TV}}}\mathrm{TVSI}_i S_{\mathrm{VCR}i}^{2}/N_{\mathrm{TV}} \quad \cdots \quad \sum_{i=1}^{N_{\mathrm{TV}}}\mathrm{TVSI}_i S_{\mathrm{VCR}i}^{L}/N_{\mathrm{TV}}\right] \tag{4.70}$$

根据发电机从高到低、从低到高的权重，得到正调整和负调整的发电机序列。

$$\begin{cases}\chi_{\mathrm{TG}}^{+}=\left\{G_1^{+},\cdots,G_i^{+},\cdots,G_{n_{\mathrm{G}+}}^{+}\right\}\\ \chi_{\mathrm{TG}}^{-}=\left\{G_1^{-},\cdots,G_i^{-},\cdots,G_{n_{\mathrm{G}-}}^{-}\right\}\end{cases} \tag{4.71}$$

其中，G_i^{+}和G_i^{-}分别是第i个正调整发电机和负调整发电机；$n_{\mathrm{G}+}$和$n_{\mathrm{G}-}$分别是正调整发电机和负调整发电机的数量。

然后，形成可动作的发电机对，如式(4.72)所示。

$$A_{\mathrm{matchG}}=\left\{\left\{G_1^{+},G_1^{-}\right\},\cdots,\left\{G_{n_{\mathrm{mG}}}^{+},G_{n_{\mathrm{mG}}}^{-}\right\}\right\} \tag{4.72}$$

其中，n_{mG}是可动作发电机对的数量。通过强化学习采取动作，相应的灵敏度对为

$$S_{\mathrm{matchG}}=\left\{\left\{S_{\mathrm{TG1}}^{+},S_{\mathrm{TG1}}^{-}\right\},\cdots,\left\{S_{\mathrm{TG}n_{\mathrm{mG}}}^{+},S_{\mathrm{TG}n_{\mathrm{mG}}}^{-}\right\}\right\} \tag{4.73}$$

同样，根据每个节点的电容器/电抗器的权重从高到低，调整后的电容器/电抗器顺序如下：

$$\chi_{\mathrm{VCR}}=\left\{\mathrm{CR}_1,\mathrm{CR}_2,\cdots,\mathrm{CR}_{n_{\mathrm{CR}}}\right\} \tag{4.74}$$

4）设备动作量

定位可动作设备，然后映射强化学习的操作，以获得设备的调整量。发电机有功功率和无功功率的动作量如下：

$$\begin{cases}\Delta P_{\mathrm{G}}=aP_{\mathrm{G}}\\ \Delta Q_{\mathrm{G}}=aQ_{\mathrm{G}}\end{cases} \tag{4.75}$$

对于电容器/电抗器，有必要对其动作进行离散化。$a_{\mathrm{CR}}=\lfloor a\cdot 10\rfloor$，其中，$\lfloor\rfloor$ 表示四舍五入。那么电容器/电抗器的动作量为

$$\Delta X_{\mathrm{CR}}=\sum_{i=1}^{a_{\mathrm{CR}}}X_{\mathrm{CR}i} \tag{4.76}$$

根据暂态稳定指标的电流值、目标值和灵敏度，得到各可动作设备的目标动作量。公式如下：

$$\begin{cases}\mathrm{TRSI_{aim}}-\mathrm{TRSI}=\sum\limits_{i=1}^{n_{\mathrm{GA}}}(S_{\mathrm{TG}i}^{+}-S_{\mathrm{TG}i}^{-})\Delta P_{\mathrm{G}i}\\ \mathrm{TVSI_{aim}}-\mathrm{TVSI}=\sum\limits_{i=1}^{n_{\mathrm{CRA}}}S_{\mathrm{VCR}}\Delta X_{\mathrm{CR}i}\end{cases} \tag{4.77}$$

其中，$\mathrm{TRSI_{aim}}$、TRSI、$\mathrm{TVSI_{aim}}$ 和 TVSI 是暂态稳定指标的目标值和当前值；n_{GA} 和 n_{CRA} 是可动作发电机对和电容器/电抗器的目标动作数。

3. 适用于暂态稳定约束潮流调整的深度强化学习

本节在马尔可夫决策过程的基础上，构建了强化学习环境。考虑到约束的复杂性，难以收敛，使用分布式深度确定性策略梯度（distributed distributional deep deterministic policy gradient，D4PG）构造深度强化学习。根据已有的研究，本节对 D4PG 的策略进行了改进。

为了避免随机策略的高计算量，Silver 等提出了确定性策略梯度（DPG），这是一种确定性行为策略。通过函数 μ 可直接获得每个步骤的行为：

$$a_t=\mu(s_t\,|\,\theta_\mu) \tag{4.78}$$

其中，μ 是最佳策略；θ_μ 是 μ 的参数；s_t 是强化学习的状态。

D4PG 需要建立四个神经网络，包括当前策略网络、目标策略网络、当前价值网络和目标价值网络。当前网络负责使用贪婪方法选择操作。将样本放入重放

缓冲区，利用贪心方法为重放缓冲区中的下一个状态选择动作，使目标网络可以计算目标 Q 值。目标网络计算出目标 Q 值后，当前网络会更新网络参数，并定期将最新的网络参数复制到目标网络。更新网络参数的方程式如下：

$$\begin{cases} \delta_t = r_t + \gamma Q^{\omega'}(s_{t+1}, \mu_{\theta'}(s_{t+1})) - Q^{\omega}(s_t, a_t) \\ \omega_{t+1} = \omega_t + \alpha_\omega \delta_t \nabla_\omega Q^\omega(s_t, a_t) \\ \theta_{t+1} = \theta_t + \alpha_\theta \nabla_\theta \mu_\theta(s_t) \nabla_a Q^\omega(s_t, a_t) |_{a=\mu_\theta(s_t)} \\ \theta' = \tau\theta + (1-\tau)\theta' \\ \omega' = \tau\omega + (1-\tau)\omega' \end{cases} \tag{4.79}$$

其中，θ'、ω' 和 θ、ω 是目标网络和当前网络的参数；α_ω 和 α_θ 是价值和策略的折扣因素；γ 是折扣因子；Q 是价值函数；τ 是参数更新因子。

D4PG 的临界值通过用 Q 分布代替 Q 函数进行了改进：

$$Q(s, \mu_\theta(s)) = EZ(s, \mu_\theta(s)) \tag{4.80}$$

其中，Z 是值的分布。

为了减小更新的方差，采用 n 步返回法进行替换。因此，目标 Q 函数为

$$\left(T_\pi^N Q\right)(s_0, a_0) = r(s_0, a_0) + E\left(\sum_{n=1}^{N-1} \gamma^n r(s_n, a_n) + \gamma^N Q(s_N, \pi(s_N)) \mid x_0, a_0\right) \tag{4.81}$$

其中，T 是拜尔曼操作；N 是更新步骤。

4. 算例分析

经过 N–1 计算，得到了图 4.25 和图 4.26 所示的故障 1 和故障 2 的失稳条件。图 4.25(a)和(b)分别显示了重新调整之前和之后故障 1 下暂态稳定计算的节点电压和发电机功角结果。可以看出，在故障 1 下，发电机功角和节点电压同时失稳。根据前述方法，电压失稳是主导失稳模式。通过增加四个电容器，可以同时控制电压失稳和功角失稳。结果表明，该方法能够准确地判断主导失稳模式。图 4.26 显示了重新调整前后故障 2 下暂态稳定计算的发电机功角结果。没有电压失稳，只有功角失稳。通过控制高灵敏度发电机，可以快速调整每个失稳发电机，使其稳定。此外，通过发电机和电容器/电抗器的功率重新调整，故障 1 和故障 2 下的功角失稳和电压失稳被控制为同时稳定。

经过 N–1 计算，得到了图 4.27 和图 4.28 所示故障 1 和故障 2 的失稳条件。对于图 4.27 和图 4.28，(a)和(b)分别显示了实际电力系统重新调整前后故障 1 和故障 2 下暂态稳定计算的节点电压和发电机功角结果。可以看出，实际电网的失

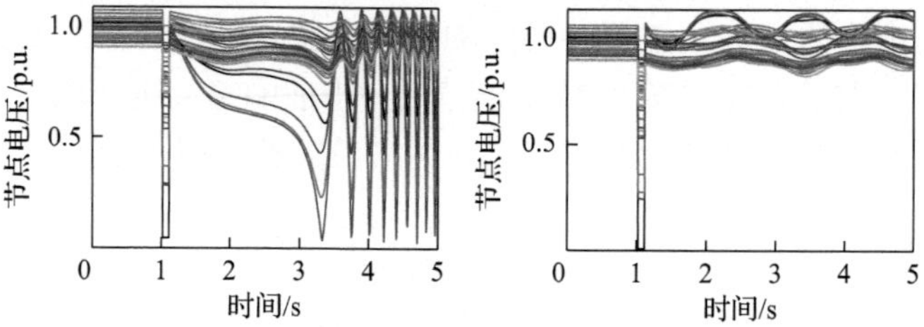

(a) 调整前后故障1下的节点电压

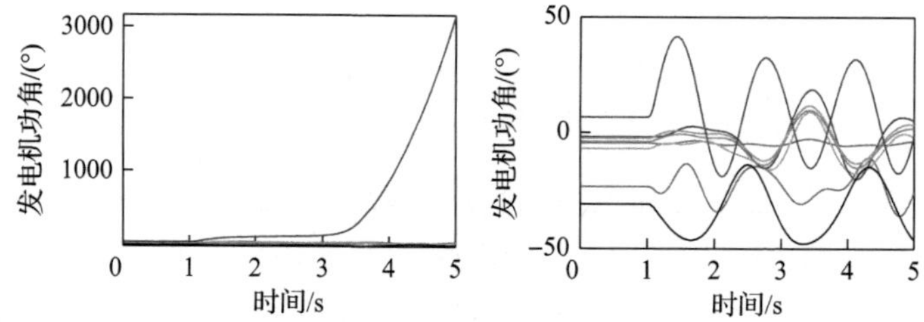

(b) 调整前后故障1下的发电机功角

图 4.25　新英格兰 39 节点系统重新调整前后故障 1 暂态稳定计算的节点电压和发电机功角

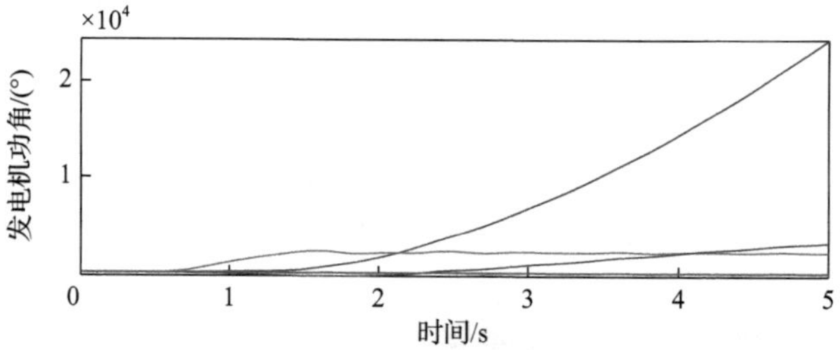

(a) 调整前

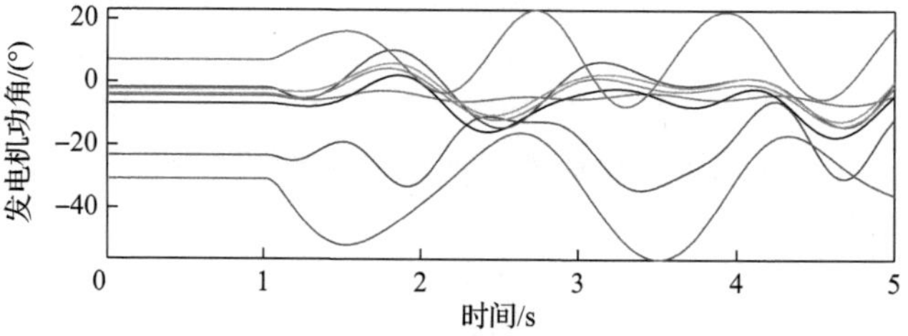

(b) 调整后

图 4.26　新英格兰 39 节点系统重新调整前后故障 2 暂态稳定计算的发电机功角

稳特性与新英格兰 39 节点系统相似。故障 1 下的电压失稳是主导失稳模式。通过增加 5 个电容器，去掉 2 个电抗器，可以同时调节电压失稳和功角失稳。对于故障 2，只有功角失稳。通过同时重新调整发电机和电容器/电抗器，将失稳的发电机和失稳的节点电压控制在稳定状态。因此，本节提出的方法也可以同时控制实际电网的功角失稳和电压失稳。

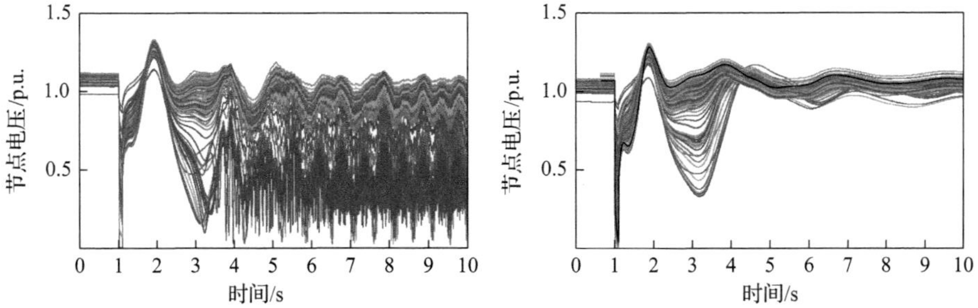

(a) 调整前后故障1下的节点电压

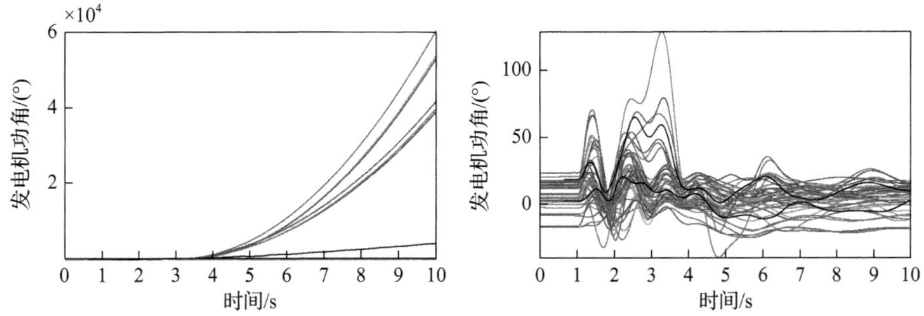

(b) 调整前后故障1下的发电机功角

图 4.27　实际电网调整前后故障 1 暂态稳定计算的节点电压和发电机功角

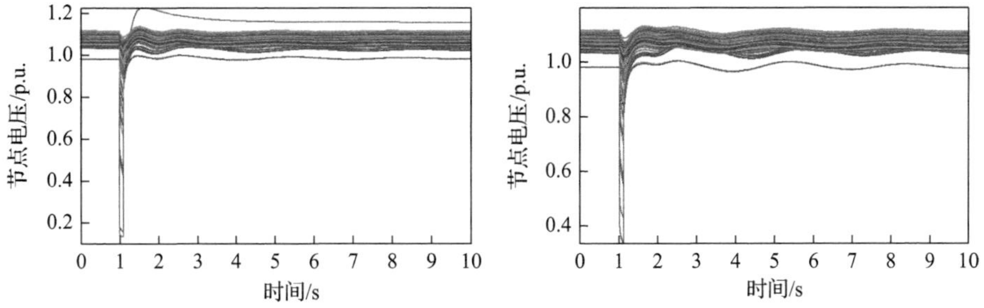

(a) 调整前后故障1下的节点电压

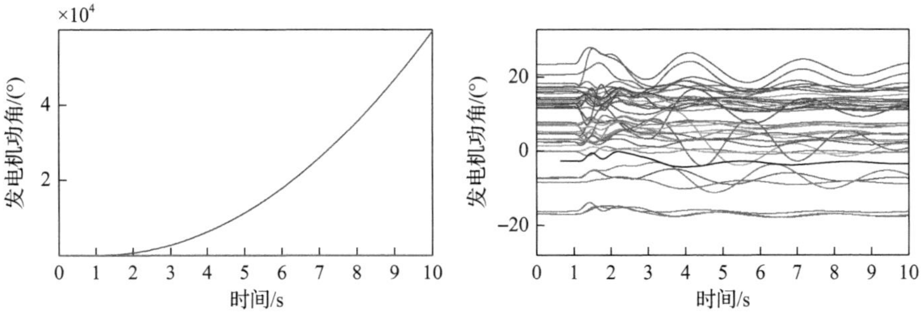

(b) 调整前后故障1下的发电机功角

图 4.28　实际电网调整前后故障 2 暂态稳定计算的节点电压和发电机功角

4.4 小　　结

本章主要对潮流样本集自主生成、潮流收敛人工智能调整、潮流方式人工智能调整等人工智能在电网潮流仿真分析领域应用最迫切需要解决的若干问题展开了深入的讨论。

针对潮流样本不足问题，介绍了潮流样本自动生成方法，在少量初始潮流数据基础上，设置潮流数据的变动范围和改变规则，生成潮流样本集；分别针对潮流收敛调整和潮流方式调整两类人工智能应用场景，介绍了潮流收敛调整样本集和潮流方式调整样本集生成方法。

本章从知识驱动和数据驱动两条不同的技术路线出发介绍了两类潮流收敛人工智能调整算法。知识驱动方法介绍了适合电力系统仿真分析的知识库，从参数检查、有功平衡、无功平衡等不同方面完善潮流收敛调整知识库。数据驱动方法注重知识经验和深度强化学习的结合，通过对 DQN 进行动作约束、网络改进、多重奖赏设置，提高强化学习算法的适应性。通过 CEPRI-36 节点系统和国内某区域电网实际系统验证了上述方法的有效性，其能够满足实际电网潮流收敛调整需要。

本章分别从有功类目标、电压类目标、静态 $N-1$ 约束目标和暂态 $N-1$ 约束目标等不同调整目标介绍了潮流方式人工智能调整方法。有功类目标构建潮流断面功率调整问题的强化学习模型，利用 Ape-X DQN 分布式强化学习算法进行求解；电压类目标构建多母线电压幅值调整问题的强化学习模型，利用约束型 MADDPG 算法进行求解；静态 $N-1$ 约束目标基于调整目标的定位、可动作设备的筛选以及动作量的计算，制定潮流状态调整策略，并通过灵敏度、转移比以及负载裕度加速调整过程，利用并行深度强化学习算法求解；暂态 $N-1$ 约束目标设计以轨迹灵敏度为基础的暂态稳定潮流调整策略，建立适用于暂态稳定约束潮流调整的深度强化学习模型。通过新英格兰 39 节点系统算例和实际电网算例验证了方法的有效性。

参 考 文 献

[1] 诸骏伟. 电力系统分析[M]. 北京：中国电力出版社, 1995.

[2] 王承民，蒋传文，侯志检．基于节点不平衡功率的病态潮流算法[J]. 上海交通大学学报，2004，38(8)：1283-1286.

[3] 赵美莲，赖业宁．电力系统潮流计算不收敛的机理分析及其在线恢复控制[J]. 南京工程学院学报(自然科学版)，2009, 7(4)：27-30.

[4] Overbye T J. A power flow measure for unsolvable cases[J]. IEEE Transactions on Power Systems, 1994, 9(3)：1359-1365.

[5] Overbye T J. Computation of a practical method to restore power flow solvability[J]. IEEE Transactions on Power Systems, 1995, 10(1): 280-287.

[6] Granville S, Mello J, Melo A. Application of interior point methods to power flow unsolvability[J]. IEEE Transactions on Power Systems, 1996, 11(2): 1096-1103.

[7] Barboza L V, Salgado R. Restoring solutions for unsolvable cases via minimum load shedding for a specified direction[C]. Proceedings of the 22nd IEEE Power Engineering Society International Conference on Power Industry Computer Applications (PICA 2001), Sydney, 2001: 374-379.

[8] Yang Q L,Wang G, Sadeghi A, et al. Two-timescale voltage control in distribution grids using deep reinforcement learning[J]. IEEE Transactions on Smart Grid, 2020, 11(3): 2313-2323.

第5章 电力系统稳定分析与控制决策的人工智能方法

稳定分析与控制决策是电力系统仿真分析中的重要工作，其目的是发现系统中潜在的稳定风险，并为其制定有效的控制措施，从而保障系统的安全稳定。具体地，稳定性分析针对电力系统实际运行中可能出现的典型预想故障集进行暂态稳定仿真计算，然后基于仿真数据判断系统的稳定性，对于失稳的情况进一步识别主导失稳模式，指导制定控制措施策略表。稳定控制决策针对失稳的工况，基于仿真数据和其他有用信息，制定有效的切机、切负荷等紧急控制措施，使系统能恢复稳定，并通过仿真校验，从而使得电网在实际运行中能应对这些故障，保证其安全稳定。

以往的电力系统稳定分析与控制决策往往依赖专家人工进行，效率很低，面对大规模电网的海量仿真数据需消耗大量的人力资源且容易出现错漏现象。对于稳定分析容易错判，对于稳定控制决策需要大量尝试且可能难以找到有效决策。现有研究提出一些基于物理机理的方法，但由于电网规模的庞大和稳定的复杂性，也尚无法完全解决电力系统稳定分析和控制决策的问题。近年来，快速发展的人工智能为解决该问题提供了新的思路，可通过数据驱动融合电网知识，发掘稳定分析和控制决策中的规律和知识，提高效率和准确性，实现真正的稳定分析与控制决策智能化。

第 2、3 章介绍了电力系统仿真分析知识利用和发现的相关研究，可为本章提供知识模型、知识和数据表征，以及机器学习等方法。本章在此方法和第 4 章的潮流分析基础上，结合电力系统稳定分析和控制决策具体问题展开深入讨论。5.1 节主要介绍电力系统稳定智能分析方法，包括稳定分析样本集自主生成、基于挤压激励卷积神经网络的主导失稳模式判别方法、基于标签平滑图注意力网络的主导失稳模式判别方法和基于马尔可夫转移场仿真数据动态特征提取的主导失稳模式判别方法。5.2 节针对稳定分析中样本标注成本高的问题，介绍基于主动学习、半监督学习、主动迁移学习、无监督迁移学习等多种弱监督学习的主导失稳模式判别方法及电网变化适应方法。5.3 节针对稳定智能决策，介绍知识融合与深度强化学习的紧急切机控制智能决策、基于知识经验引导和并行加速的智能紧急切机决策以及电力系统两阶段紧急切负荷控制智能预决策。

5.1　电力系统稳定智能分析方法

电力系统仿真分析中的一个重要内容是基于仿真数据进行电力系统稳定评估及主导失稳模式(dominant instability mode，DIM)判别。该工作针对电网实际运行中可能的典型故障集进行暂态稳定仿真计算，然后基于仿真数据判断系统的稳定性，对于失稳的情况进一步识别主导失稳模式，指导制定控制措施策略表，从而使得系统在实际运行时可应对这些故障[1]。然而，在现代电力系统中，失稳模式变得更加复杂和多样[2,3]，功角失稳和电压失稳两种失稳模式经常交织耦合在一起同时出现[4]：功角失稳会导致振荡中心低电压，电压失稳也可能引发功角失稳，二者在表象上有时候较为相似，没有准确的规则进行区分，主要依赖人工经验进行判别。另外，面对大规模电网的海量仿真数据，人工进行稳定评估和主导失稳模式识别需消耗大量的人力资源，且容易出现错漏现象。

针对这一问题，现有研究提出一些基于电力系统运行机理的主导失稳模式判别方法。文献[5]利用戴维南等值跟踪方法，通过故障后戴维南等值参数的变化判断主导失稳模式，但该方法难以应用于通过多条线路和送端相连的受端电网或环网。文献[6]根据振荡中心断面和低电压负荷区域相关特征判断主导失稳模式，但需要在暂态稳定计算的每一步进行振荡中心和负荷电压的计算和统计，计算负担较重。文献[7]提出电力系统静态功角稳定与电压稳定的统一分析原理，未涉及暂态过程。文献[8]提出了可量化的功角失稳和电压失稳耦合指标，但当耦合较强时，无法直接给出主导失稳模式。总的来说，这些机理判别方法存在原理复杂、计算负担重、难以应用到实际电力系统的弊端。

人工智能领域中快速发展的深度学习为该问题提供了新的解决方案。深度学习可避开复杂的机理分析，从原始仿真数据中自动挖掘出仿真变量到稳定性的映射关系。目前已有一些研究将深度学习应用到单一的在线功角稳定[9-11]或单一的在线电压稳定[12,13]评估中，取得了不错的效果。但尚未有研究将深度学习用于大规模仿真数据分析，尚未利用深度学习对这两种可能耦合的失稳模式进行区分，即识别主导失稳模式。因此，本节旨在介绍几种基于人工智能(深度学习)的电力系统稳定性智能分析最新方法，并在实际电力系统中验证其效果。

5.1.1　稳定分析样本集自主生成

样本集是人工智能分析方法的基础支撑，人工智能分析方法的效果也在很大程度上取决于样本集的丰富性、完备性和针对性。在电力系统稳定性分析中，应模拟真实仿真分析，使得样本集尽可能覆盖系统各种可能的运行方式、拓扑结构以及故障的地点、持续时间等，提高人工智能分析模型的适用性。

本节以 CEPRI-36 节点系统和我国某区域电网为例，提出一套稳定分析样本集自主生成方案。

1. CEPRI-36 节点系统

该系统包含 8 个发电机组、36 条母线、26 条线路和 10 个负荷，其单线图如图 5.1 所示。为了使样本集覆盖尽可能多的运行工况和故障情况，可设置负荷水平在标准工况的 90%、100%、110%之间变动，发电机出力水平相应调节，保证各母线电压在允许范围内。负荷中电动机成分占比分别设置为 50%、60%、70%、80%、90%；故障线路遍历系统中所有非变压器线路；故障位置为每一条线路全长的 2%、20%、50%、80%、98%；故障持续时间设为 0.05s、0.15s、0.25s、0.3s，生成方案列于表 5.1 中。其中设置多个故障切除时间是为了尽可能覆盖继电保护和开关的各种可能的动作情况并保证样本的充足性，在实际应用中可根据电网的情况设置具体数值。仿真时长设置为 20s，最终得到 7800 个带标签的样本。

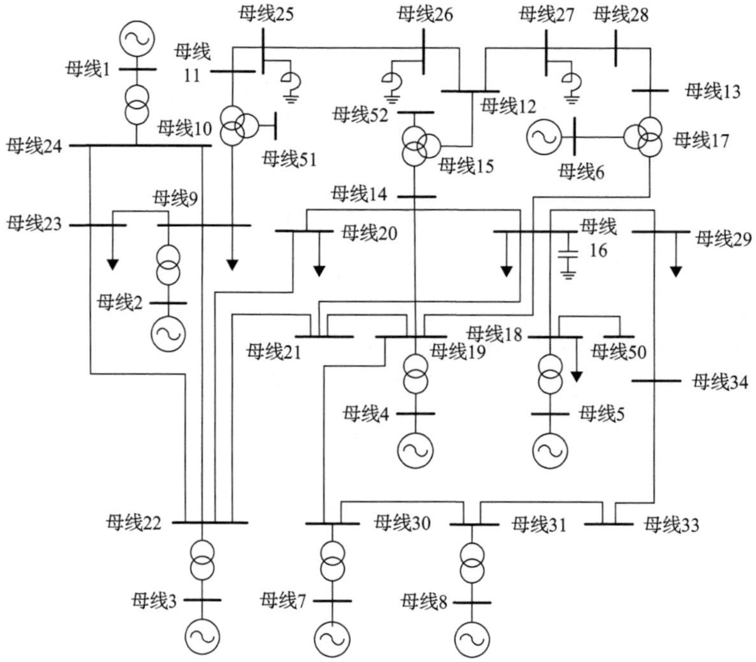

图 5.1　CEPRI-36 节点系统单线图

表 5.1　CEPRI-36 节点系统样本集生成方案

设置项目	具体设置	种类数
测试系统	CEPRI-36 节点系统	1
潮流水平	90%、100%、110%	3

续表

设置项目	具体设置	种类数
负荷中电动机成分	50%、60%、70%、80%、90%	5
故障线路	所有非变压器线路	26
故障位置	2%、20%、50%、80%、98%	5
故障持续时间	0.05s、0.15s、0.25s、0.3s	4
故障类型	三相金属性短路并切线(*N*–1)	1

电力系统主导失稳模式无法通过简单规则或定量公式直接判断，需结合电网仿真专家经验对仿真计算得到的样本进行标注。专家经验具体如下。

(1) 从时间上看，功角先跑飞通常为功角失稳，电压先崩溃通常为电压失稳。

(2) 发电机机端故障常为功角失稳。

(3) 负荷电动机成分越高越易电压失稳。

(4) 可通过控制措施的有效性反向校验主导失稳模式的识别结果：切发电机能使系统恢复稳定的为功角失稳，切负荷能使系统恢复稳定的为电压失稳。

(5) 对于切机与切负荷都难以使系统恢复稳定的情况，可通过施加相应控制后暂态稳定特性的改善情况进行判断。

(6) 当电网中存在孤立的局部系统时，孤立部分的失稳不影响主系统的稳定性。

根据以上经验对所生成的样本进行标注，最终得到 7800 个标注样本，供后面稳定性智能分析使用。

2. 我国某区域电网

在某一典型运行方式下，我国某区域电网包含 223 台发电机组、2131 条母线、1748 条交流线路。

样本生成方案与 CEPRI-36 节点系统类似，选择 4 种典型的潮流水平，负荷中电动机成分分别设置为 60%、75%、90%；故障线路遍历系统中所有 500kV 交流线路；故障位置为每一条线路全长的 2%、50%；故障持续时间设为 0.1s、0.2s、0.25s、0.3s，生成方案列于表 5.2 中。仿真时长设为 20s，同样按照上述方法进行标注，最终得到 30048 个带标签的样本。

表 5.2　某区域电网样本集生成方案

设置项目	具体设置	种类数
测试系统	某区域电网	1
潮流水平	潮流样本中选 4 种	4

续表

设置项目	具体设置	种类数
负荷中电动机成分	60%、75%、90%	3
故障线路	所有 500kV 线路	313
故障位置	2%、50%	2
故障持续时间	0.1s、0.2s、0.25s、0.3s	4
故障类型	三相金属性短路并切线(*N*–1)	1

5.1.2 基于挤压激励卷积神经网络的主导失稳模式判别方法

深度学习为稳定性分析中的主导失稳模式判别提供了一种可行方法，该方法采用数据驱动的方式，绕开复杂物理机理，基于仿真所得的发电机功角数据和节点电压数据，直接判断出系统的稳定状态和主导失稳模式，即稳定、功角失稳或电压失稳，可为控制措施制定提供指导。本节采用改进的 CNN 模型实现这一智能方法，通过在常规 CNN 中插入挤压激励网络(squeeze and excitation network，SENet)模块，显式建模 CNN 通道间相关关系，自适应调整特征通道的权重，放大有用的通道，同时抑制对当前任务用处不大的特征，进一步提高 CNN 的效果。

1. 挤压激励卷积神经网络(squeeze and excitation convolutional neural network，SE-CNN)简介

SENet 模块结构如图 5.2 所示，包含 4 个部分。

1) 变换(transformation)

通常为卷积变换，形成未加权的特征图，如图 5.2 左侧常规卷积运算所示。

2) 挤压(squeeze)

将同一通道内的信息沿空间维度聚合，形成一个消除了空间分布信息干扰而仅含通道间相关关系的多维统计量。挤压一般用全局平均池化(global average pooling，GAP)实现，如将未加权特征图 U 沿其空间维度 $H\times W$ 压缩，得到多维统计量，其中第 c 个元素为

$$z_c = F_{\text{sq}}\left(u_c\right) = \frac{1}{H\times W}\sum_{i=1}^{H}\sum_{j=1}^{W}u_c(i,j) \tag{5.1}$$

其中，u_c 是输入数据第 c 个通道；$F_{\text{sq}}(\cdot)$ 是挤压变换；$u_c(i,j)$ 是输入数据中第 i 行第 j 列的元素。

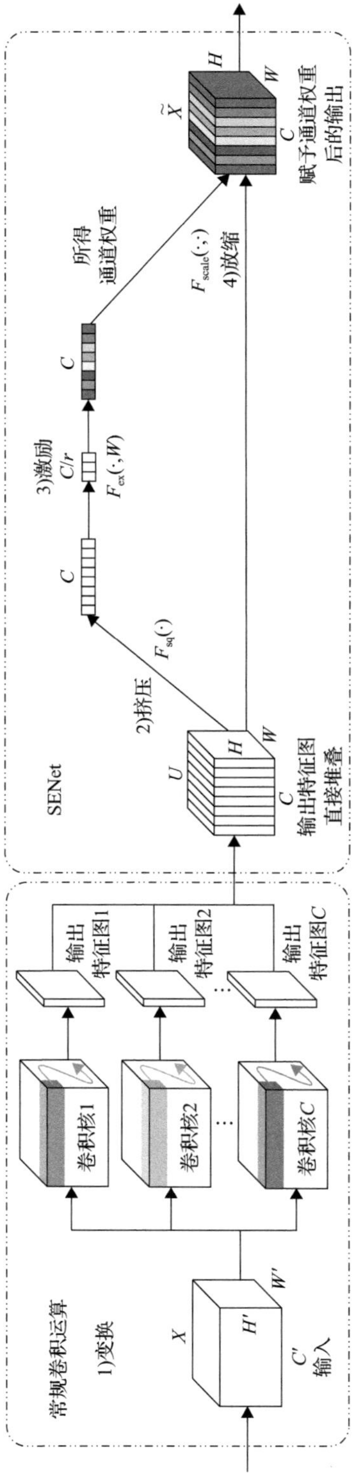

图5.2　含SENet模块的卷积神经网络示意图

3）激励（excitation）

激励通过两个全连接层实现，第一个全连接层将输入的 C 维统计量 z 压缩成 C/r 维（后跟 ReLU 激活函数），第二个全连接层将其恢复成 C 维（后跟 sigmoid 激活函数），即

$$s = F_{\text{ex}}(z,W) = \sigma(g(z,W)) = \sigma\left(W_2\delta\left(W_1 z\right)\right) \tag{5.2}$$

其中，$\sigma(\cdot)$ 和 $\delta(\cdot)$ 分别是 sigmoid 激活函数和 ReLU 激活函数；W 是两个全连接层的参数，包括 W_1 和 W_2，$W_1 \in \mathbb{R}^{(C/r)\times C}$ 和 $W_2 \in \mathbb{R}^{C\times(C/r)}$ 分别是两个全连接层的参数，r 是平衡模型性能和计算复杂度的比例参数；s 是刻画 U 中各个通道重要程度的权重；$g(\cdot)$ 是激励变换；z 是输入统计量；W 是变换参数。

4）放缩（scale）

将得到的权重 s 与未加权输出 U 按通道相乘，形成最终输出：

$$\tilde{x}_c = F_{\text{scale}}\left(u_c, s_c\right) = s_c u_c \tag{5.3}$$

$$\tilde{X} = \left[\tilde{x}_1, \cdots, \tilde{x}_c, \cdots, \tilde{x}_C\right] \tag{5.4}$$

SENet 模块对神经网络通道间相关关系进行显式建模，通过 GAP、全连接层等自适应学习神经网络各通道的权重，放大对目标任务有用的特征通道并抑制作用较小的通道，有助于提高模型性能。而对于常规 CNN，通道间相关关系隐藏在卷积核中，与通道内空间信息耦合在一起，无法准确刻画通道间信息。另外，由于其局部感受野特性，常规 CNN 还不能兼顾到整个通道，势必影响其性能。SENet 使用方便，无须重新设计网络架构和调整超参数，可直接插入现有网络中形成 SE-CNN。并且，实验表明 SENet 并不显著增加模型复杂性和计算负担[14]。

2. 基于 SE-CNN 的主导失稳模式识别模型

仿真数据本质上是多元时间序列，可排列成矩阵（网格）形状，适合使用具有强大学习能力的 CNN 处理，并且如前所述，SENet 的使用可进一步提升 CNN 的性能但并不显著增加模型复杂性和计算负担，因而本小节采用 SE-CNN 模型实现主导失稳模式的智能识别。

1）模型框架与网络架构

模型框架为通过 SE-CNN 建立起从故障后观测窗口内的暂态稳定仿真时序数据到系统主导失稳模式的映射关系。由于电压失稳与电压变量强相关，功角失稳与功角变量强相关，因此模型将二者都作为输入。具体地，从原始仿真数据中提取其对应的观测窗口内的电压和功角，排列成类似图片的两个矩阵的形式，以便于 CNN 的处理：

$$U=\begin{bmatrix} U_{1,1} & U_{1,2} & \cdots & U_{1,B} \\ U_{2,1} & U_{2,2} & \cdots & U_{2,B} \\ \vdots & \vdots & & \vdots \\ U_{T,1} & U_{T,2} & \cdots & U_{T,B} \end{bmatrix},\quad \delta=\begin{bmatrix} \delta_{1,1} & \delta_{1,2} & \cdots & \delta_{1,M} \\ \delta_{2,1} & \delta_{2,2} & \cdots & \delta_{2,M} \\ \vdots & \vdots & & \vdots \\ \delta_{T,1} & \delta_{T,2} & \cdots & \delta_{T,M} \end{bmatrix} \tag{5.5}$$

其中，$U_{i,j}$和$\delta_{i,k}$(i=1, 2,⋯, T, j=1, 2,⋯, B, k=1,2,⋯, M)分别是第 i 个采样时刻第 j 个节点电压和第 k 台发电机的功角值；T 为观测窗口长度对应的采样点数；B 为系统内节点数；M 为系统内发电机数。

模型采用如图 5.3 所示的双输入结构，分别对应功角和电压。两支路基本对

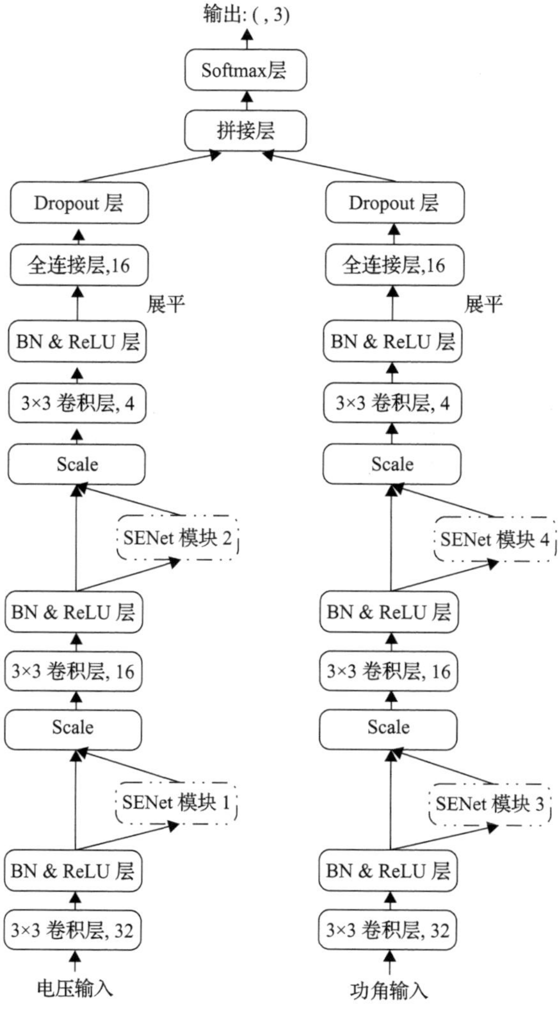

图 5.3　基于 SE-CNN 的主导失稳模式识别模型网络架构

批标准化(batch normalization, BN)；Scale 表示放缩

称，各自经过卷积层、SENet 模块、全连接层处理后再拼接形成低维稠密向量表征，从而将样本从原始高维空间压缩到了低维空间，得到了融合电压信息和功角信息的低维表征，有助于提高后续分类任务的效果。

2) 模型训练与应用

模型训练与应用的流程如图 5.4 所示。在训练时，采用 Adam 优化算法，并以交叉熵损失作为目标函数，进行监督学习。在训练过程中若 50 个训练周期内验证集损失没有下降，则将学习率减小(除以 $\sqrt{2}$)。模型训练完成后即可用于仿真分析中的主导失稳模式识别，将故障后观测窗口内对应的功角和电压数据输入，即可得到对应稳定、功角失稳、电压失稳三种类别的概率，取概率最高者作为其稳定类别，其判断结果将为后续制定控制措施提供指导。

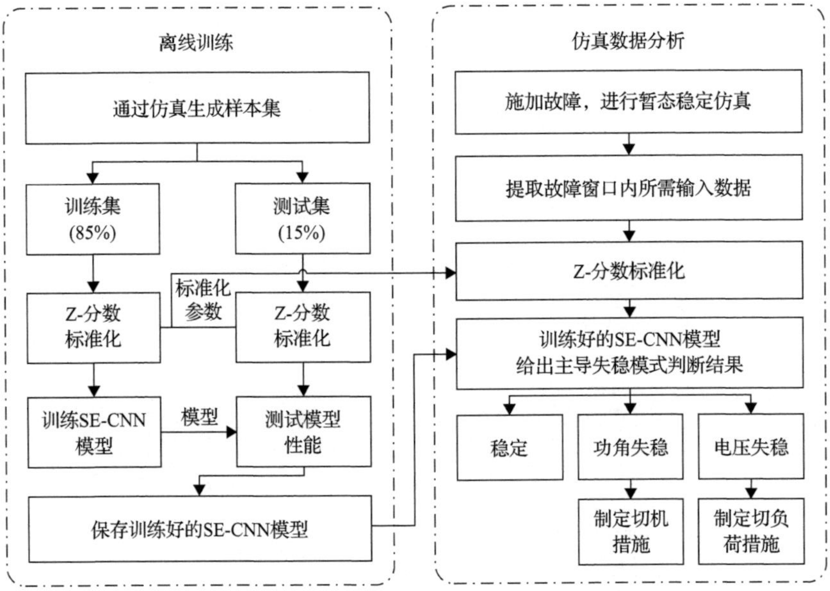

图 5.4　模型训练与应用的流程

3. 算例分析

分别选用 CEPRI-36 节点系统和我国某区域电网模型进行算例分析，验证所提主导失稳模式识别方法在有效性、准确性和适应性方面的优势。

1) CEPRI-36 节点系统

从 5.1.1 节生成的每一个样本中提取出观测窗口内的发电机功角、节点电压幅值等数据，每半周波(0.01s)采样一点，形成训练集/测试集。该方法用于仿真分析场景，并非在线触发紧急控制措施，且整个仿真时间段内的所有数据都可通过仿真准确获得，因此观测窗口的长度设置为所需的任何长度都是理论可行的。经测试，设置观测窗口为故障后 2s 时间段效果较好。将观测窗口内数据排列成类似图片的形式(如式(5.5)所述)以便于 SE-CNN 处理，则每一个样本的输入数据维度为功角 $\delta \in \mathbb{R}^{201\times7}$，电压 $U \in \mathbb{R}^{201\times36}$。

(1)模型训练与测试。

将全体样本随机划分为 85%、15%两部分，分别作为训练集和测试集，其中训练集再随机划分出一部分作为验证集。功角和电压数据输入模型前首先分别进行 Z-分数标准化，以消除不同特征之间量纲和数量级之间的差异。

采用本节第 2 部分所述方法训练 SE-CNN 模型，训练过程中损失及准确率如图 5.5 所示。从整体看，损失呈下降趋势，当训练结束时，训练集损失与验证集损失以及训练集准确率和验证集准确率差别不大，因而模型未出现明显的过拟合，训练效果较好。

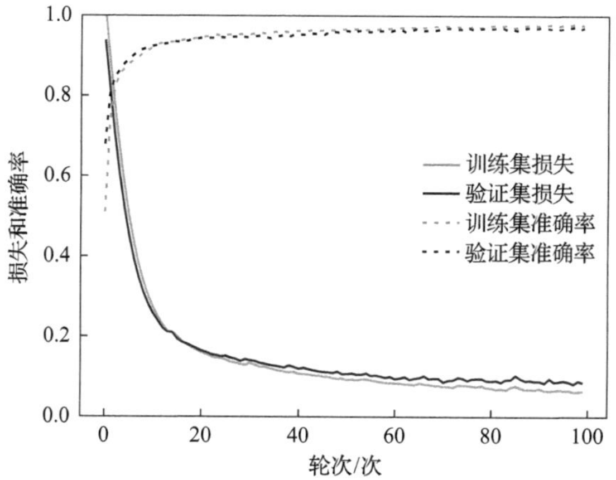

图 5.5　SE-CNN 在 CEPRI-36 节点系统训练过程中损失及准确率变化曲线

用测试集样本模拟训练好的模型在实际应用中对主导失稳模式的识别，测试准确率平均值达到 97.7%。根据测试集样本的真实类别和 SE-CNN 做出的预测类别比例绘出混淆矩阵和真正例率(true positive rate，TPR)、假负例率(false negative rate，FNR)，如图 5.6 所示，可见 SE-CNN 总体判别效果较好，仅有少数样本存在错判现象。

为进一步对比验证 SENet 的作用，用同样的标准化数据训练相同网络架构但不含 SENet 的 CNN 模型，其测试准确率平均值为 96.9%。因此可以认为，SENet 的引入有助于提高 CNN 模型的判断准确性。类似地，测试其他机器学习模型，包括决策树(decision tree，DT)、支持向量机(support vector machine，SVM)、KNN 分类器(后面用 KNN 表示)、随机森林(random forest，RF)等，测试结果列于表 5.3 中。本节提出的基于 SE-CNN 的主导失稳模式识别方法相比基于传统机器学习的模型在测试准确率上有一定的优势，这应该归因于 CNN 强大的特征提取能力和 SENet 对 CNN 通道间信息的建模和利用。

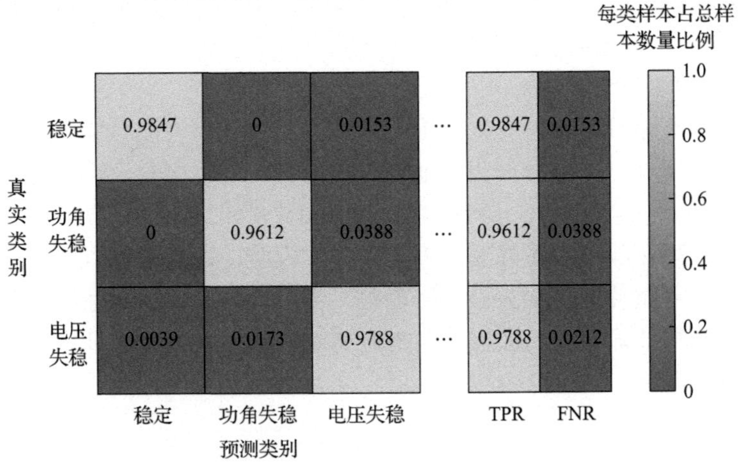

图 5.6　SE-CNN 在 CEPRI-36 节点系统中预测结果的混淆矩阵

表 5.3　CEPRI-36 节点系统中不同方法的测试准确率平均值

方法	SE-CNN	CNN	DT	SVM	KNN	RF
测试准确率平均值/%	97.7	96.9	95.2	93.7	93.6	97.2

进一步对比 CNN 和 SE-CNN 在训练和测试应用阶段的耗时，结果如图 5.7 所示。CNN 训练 500 个训练周期耗时 391.53s，而 SE-CNN 耗时 456.29s，增加 16.5%。而在测试应用阶段二者分别耗时为 0.1146s 和 0.1235s，SE-CNN 相比 CNN 仅增加 7.8%。由于模型训练离线进行，且应用于仿真数据分析场景，而非在线运行触发

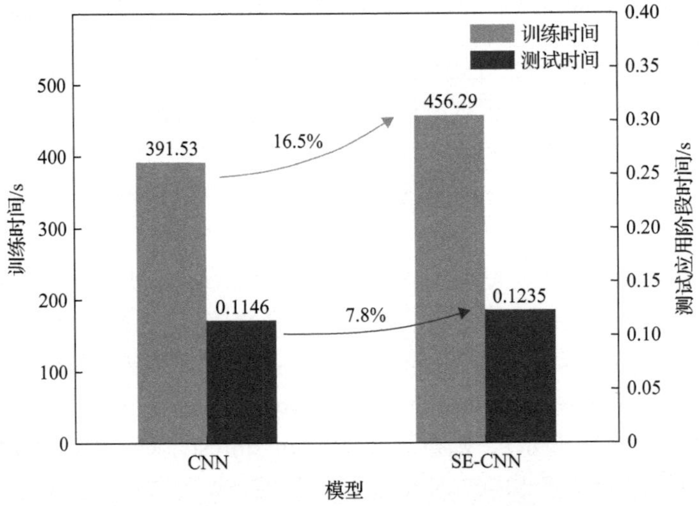

图 5.7　CNN 和 SE-CNN 的训练和测试应用阶段耗时对比

控制系统，对时间要求较低，因此用于主导失稳模式识别的 SE-CNN 在提高准确性的同时并不会显著增加计算耗时。

(2) SENet 的可视化。

为直观地说明 SENet 模块对 CNN 通道间相关关系进行显式建模并放大有用特征通道，抑制作用较小通道的过程，对 SENet 模块的输出进行可视化。

具体地，依次将每一个测试集样本分别输入训练开始的模型和训练结束后的模型，得到 4 个 SENet 模块(图 5.3)的输出值即通道权重，对所有测试集样本平均后得到平均通道权重，可表示各通道的平均重要程度。平均通道权重用热图表示绘于图 5.8 中，图中每一个小方块的颜色表示对应通道的权重大小。

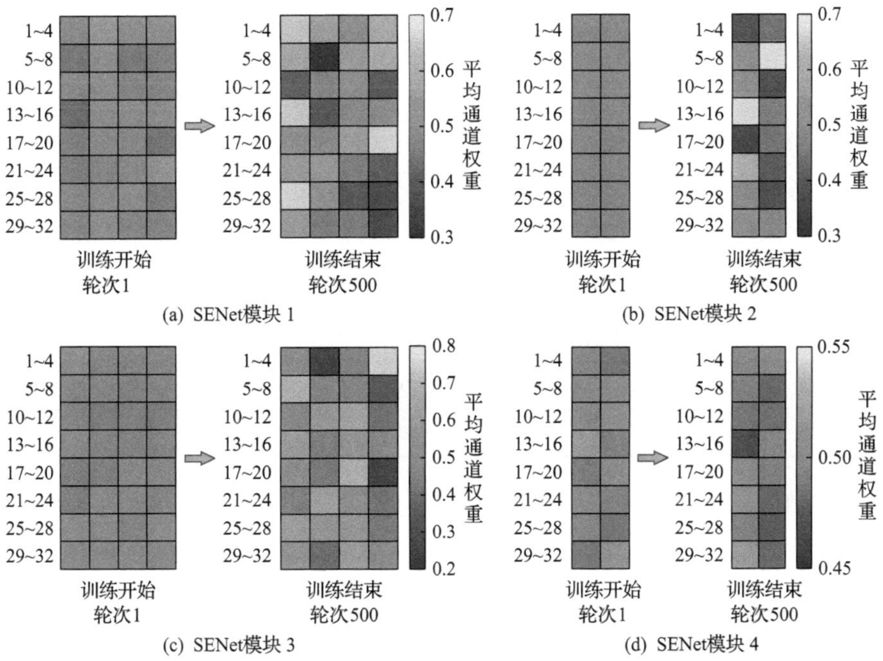

图 5.8　SENet 模块输出(平均通道权重)的可视化(训练开始和训练结束的对比)

可见，在训练开始阶段，平均通道权重差异较小。而在模型训练结束后，平均通道权重出现了较大程度的分化，相互之间差异较大，表明 SENet 模块自适应学习到了特征通道的相对重要性，并由此对不同通道赋予了不同权重，平均权重高的通道被放大，平均权重低的通道被抑制，实验验证可提高主导失稳模式识别的性能，从而进一步验证了使用 SENet 的优势。

2) 我国某区域电网

提取 5.1.1 节生成的每一样本的观测窗口内的功角和电压数据，每一个样本的输入数据维度为功角 $\delta \in \mathbb{R}^{201\times 223}$，电压 $U \in \mathbb{R}^{201\times 321}$。取出一个样本的输入以热图形式展示，如图 5.9 所示，其维度相比 CEPRI-36 节点系统样本数据有大幅提升。

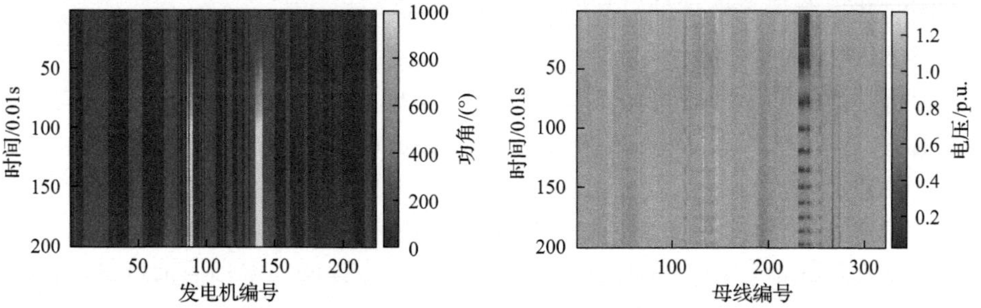

(a) 功角输入　　(b) 电压输入

图 5.9　某区域电网算例输入数据热图示意

某区域电网中 SE-CNN 模型结构与 CEPRI-36 节点系统中基本相同，但数据维度和模型参数量均有大幅提升。类似地，测试准确率平均值达到 97.7%，CNN 测试准确率平均值为 97.2%。类似地，其他机器学习模型的测试结果列于表 5.4 中。结果表明，各智能方法测试准确率平均值都在 94.5%以上，验证了基于人工智能方案实现主导失稳模式识别的可行性。特别地，采用 SE-CNN 实现人工智能方法在评估准确率上较其他机器学习模型有一定程度的优势。

表 5.4　某区域电网中不同方法的测试准确率平均值

方法	SE-CNN	CNN	DT	SVM	KNN	RF
测试准确率平均值/%	97.7	97.2	96.8	94.8	96.6	97.6

根据测试集样本的真实类别和 SE-CNN 做出的预测类别比例绘出混淆矩阵和 TPR、FNR，如图 5.10 所示，可见 SE-CNN 总体判别效果较好，仅有少数样本存

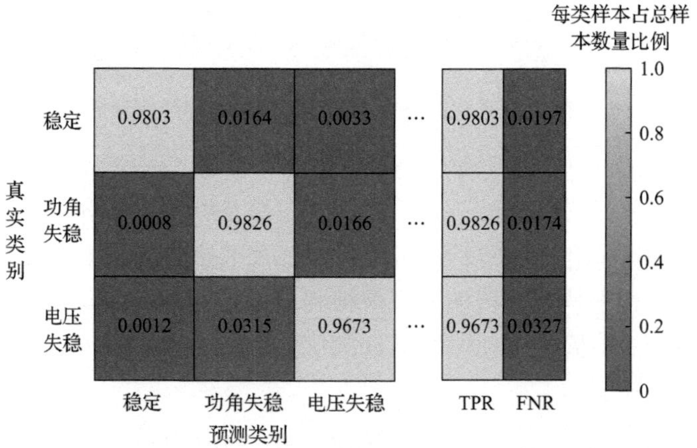

图 5.10　SE-CNN 在某区域电网中预测结果的混淆矩阵

在错判现象。

可见，在某区域电网中，本节基于 SE-CNN 的主导失稳模式识别模型仍然能达到 97.7%的准确率，其性能并不因为电网规模的变大而变差，且相比其他方法仍有一定的优势。因此 SE-CNN 主导失稳模式方法在实际电力系统中的适应性得到了验证。

5.1.3　基于标签平滑图注意力网络的主导失稳模式判别方法

近几年来兴起的深度学习方法具有很强的特征提取能力，可以实现从原始数据到目标之间的端对端学习，无须依赖专家进行烦琐的特征提取，同时现如今应用到稳定分析领域的深度学习方法，通常都忽略了电网拓扑这一重要的特征，而电网拓扑对于判断电力系统故障后的失稳模式具有很重要的参考意义。研究表明，电网拓扑经过细微改变后(如增加或切除线路、切除发电机等)就可能极大改变系统的鲁棒性，进而影响故障后的失稳模式判别。此外，电网拓扑在运行过程中不可能一直保持不变，现阶段稳定性分析领域采用的深度学习方法，如卷积神经网络、长短期记忆网络等不能很好地适应电网拓扑的改变，在拓扑改变的情况下判断准确率会明显下降。因此，如何利用考虑了电网拓扑结构的深度学习进行主导失稳模式的快速稳定判别是一个亟待填补的空缺。另外，暂态稳定仿真中获取的大量样本存在部分难以确定失稳主导性的情况，因此样本集中的部分标签可能不正确，因此如何考虑样本标注的不准确性对于提升模型的性能具有很重要的意义。为解决上述问题，本节提出了一种基于深度图神经网络的主导失稳模式判别模型，并通过标签平滑方法改造损失函数使得模型具有抵抗标签不准确的鲁棒性。

然而，以图卷积网络(GCN)[15,16]为代表的传统的图神经网络(GNN)[17]模型只能获取静态拓扑，而静态拓扑限制了图神经网络提取的特征，不利于下游分类器的学习。本节因此将注意力机制引入图神经网络，注意力机制可以将输入特征映射为每一个图中边的权重，使得构建的图结构是一个与输入特征强相关的动态拓扑，加强了 GNN 的特征提取能力。在 CEPRI-36 节点系统和某区域电网上进行算例分析，结果表明提出的基于标签平滑[18]的 GAT[19]模型可以提高模型的分类能力，同时相对于不考虑拓扑结构的机器学习方法具有更强的适应电网拓扑改变的能力。

1. 基于标签平滑的图注意力网络模型

提出的基于带标签平滑的图注意力网络模型的整体结构如图 5.11 所示，主要包含图卷积层、批标准化层[20]、全连接层和标签平滑模块。从图中可以看出，电网拓扑首先被转化为图结构，进一步可以将原始的输入数据转化为图数据。基于转化后的图数据，可以用 GCN 提取特征，最后利用全连接层进行分类。同时，

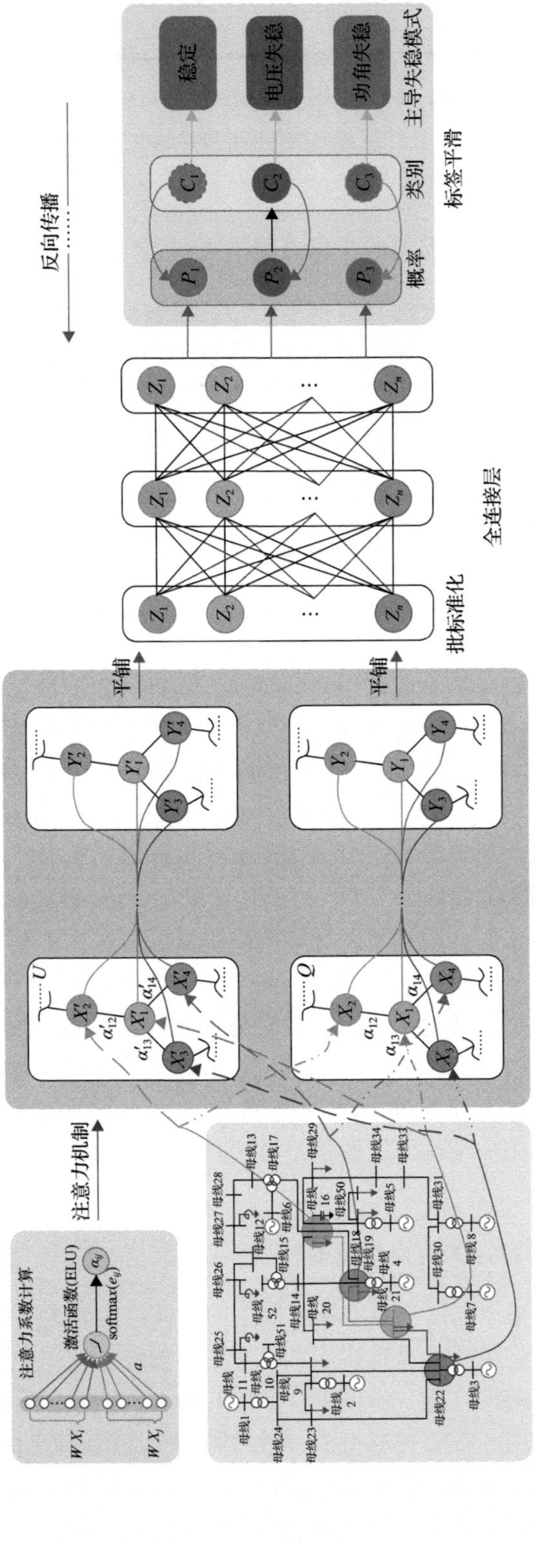

图5.11　基于带标签平滑的图注意力网络模型的整体结构

$X_1 \sim X_4$、$X'_1 \sim X'_4$、$Y_1 \sim Y_4$、$Y'_1 \sim Y'_4$为图卷积层中各神经元特征；$Z_1, Z_2, \cdots, Z_n$为全连接层各神经元特征

注意力机制从每一层 GCN 节点的表征中学习注意力系数，标签平滑方法改进了训练过程中的损失函数。本节将首先推导 GCN 的数学公式，然后将注意力机制引入 GCN 中，最后将提出改进后的基于标签平滑的损失函数。

1) 图卷积网络

在数学中，图由顶点(vertex)及连接顶点的边(edge)构成，某些情况下，为了细化顶点之间的连接关系，还会给每条边赋予不同的权重(weight)。顶点表示研究的对象，边表示两个对象之间的特定关系。图可以表示成顶点和边的集合：$\mathcal{G}=(V,E,A)$，其中 V 是顶点集合，E 是边的集合，A 是邻接矩阵，当图不考虑顶点之间的连接强度时为非加权图，而当考虑连接强度时为加权图；假定图 $\mathcal{G}$ 的顶点数目为 N，边数为 M，则 $A\in\mathbb{R}^{N\times N}$，$A$ 中的任意一个元素 a_{ij} 取值为

$$a_{ij}=\begin{cases}1, & \left(V_i,V_j\right)\in E\\ 0, & \left(V_i,V_j\right)\notin E\end{cases} \tag{5.6}$$

定义图的度矩阵 $D=(d_1,d_2,\cdots,d_n)$，其中：

$$d_i=\sum_j a_{ij} \tag{5.7}$$

则图的拉普拉斯矩阵 L 为

$$L=D-A \tag{5.8}$$

归一化的拉普拉斯矩阵为

$$\tilde{L}=I_N-D^{-1/2}AD^{-1/2} \tag{5.9}$$

其中，I_N 是 N 阶单位矩阵；$\tilde{L}$ 是实对称半正定矩阵，即 $\tilde{L}$ 有一组完全正交的特征向量，且 $\tilde{L}$ 对应的所有特征值均为非负。

GCN 的结构如图 5.11 所示，对于一个图分类问题，一层 GCN 将 $\mathbb{R}^{N\times K}$ (K 为该层输入特征数量)的输入矩阵 X 映射为 $\mathbb{R}^{N\times F}$ (F 为该层输出特征数量)的嵌入输出向量，具体表达式为

$$H^{(l+1)}=\sigma\left(\tilde{D}^{-1/2}\tilde{A}\tilde{D}^{-1/2}H^{(l)}W^{(l)}+B^{(l)}\right) \tag{5.10}$$

其中，$\tilde{A}=A+I_N$ 是增加了自连接后的邻接矩阵；$\tilde{D}$ 是对应的度矩阵；$H^{(l)}$ 是第 l 层 GCN 的输入特征矩阵，也就是第 l–1 层的输出矩阵；$W^{(l)}$ 和 $B^{(l)}$ 分别是神经网

络的权重矩阵和偏置矩阵；$\sigma(\cdot)$ 是激活函数，通常是 ReLU。

2) 图注意力网络

尽管 GCN 在处理图数据结构上相对于 CNN 等方法有很大的优势，但是其图结构的静态拓扑，对于下游的分类任务而言不能获得最佳的表征能力，如不同的故障可能导致电网的拓扑发生不同程度的改变，因此希望用一个动态的拓扑来表示每一个不同的样本，因此将注意力机制引入了 GCN 中，GAT 可以根据输入特征动态调整不同边之间的权重，图注意力机制如图 5.11 中左上角所示。

对于任意一个节点 V_i，计算它和邻居节点 V_j 之间的相似度 e_{ij}：

$$e_{ij} = a\left(\text{concat}\left(WX_i, WX_j\right)\right) \tag{5.11}$$

其中，X_i、X_j 是第 i、j 个节点的特征；W 是用来增强节点输入特征表达的线性变换矩阵；$\text{concat}(\cdot)$ 表示将两个节点线性变换后的特征拼接起来；$a(\cdot)$ 是注意力机制，通常是一个单层的前向神经网络。为了准确比较不同邻居节点之间的相似性，本节采用了 softmax 归一化：

$$\alpha_{ij} = \text{softmax}\left(e_{ij}\right) = \frac{\exp\left(\text{LeakyReLU}\left(e_{ij}\right)\right)}{\sum\limits_{e_{ij} \in \mathcal{N}_i} \exp\left(\text{LeakyReLU}\left(e_{ij}\right)\right)} \tag{5.12}$$

其中，$\mathcal{N}_i$ 是节点 V_i 的邻居节点的集合；$\text{LeakyReLU}(\cdot)$ 是一种激活函数。进一步，GAT 的节点特征更新表达式为

$$X_i^{\text{new}} = \mathop{\Big\|}_{k=1}^{K} \sigma\left(\sum_{j \in \mathcal{N}_i} \alpha_{ij}^{(k)} \cdot W^{(k)} X_j\right) \tag{5.13}$$

其中，K 是 GAT 模型具有 K 个不同的注意力机制；$\|$ 是处理 K 个不同注意力机制的方法，通常可以选择拼接的方式或者求平均；$W^{(k)}$ 是第 k 个注意力的可训练参数。

3) 标签平滑损失函数

如前文所述，使用深度学习模型进行主导失稳模式识别面临着标签不准确的问题，神经网络进行反向梯度下降的过程中默认的先验知识是标签完全正确，因此标签不准确会直接影响模型的性能。对于一个多分类问题而言，通常采用交叉熵函数计算目标损失：

$$\text{loss} = -\frac{1}{m}\sum_{i=1}^{m}\sum_{j=1}^{n} p_{ij} \log\left(q_{ij}\left(X_i\right)\right) \tag{5.14}$$

其中，m 是每一个批处理的样本数量；n 是类别数。当样本的标签为 j 时，p_{ij} 等于 1，其他情况等于 0；$q_{ij}\left(X_i\right)$ 是第 i 个样本经过神经网络预测后为第 j 类的概率。从式(5.14)可以看出，交叉熵损失函数只关注神经网络的输出和标签之间的损失，但是如果标签存在错误，那么这个损失的计算是不准确的，进一步影响神经网络的性能。

为了解决标签不准确的问题，本节给每一个标签设置一个标签置信度，让深度学习模型不再完全信任给出的标签，即使是非标签类别的影响也会在计算损失的时候考虑进去，在反向传播过程中，标签平滑损失函数的处理过程如图 5.11 中最右侧所示。改进的标签平滑损失函数为

$$\text{loss} = -\frac{1}{m}\sum_{i=1}^{m}\left[\epsilon \log\left(q_{y_i}\left(X_i\right)\right) + \frac{1-\epsilon}{n-1}\sum_{j=1 \cap j \neq y_i}^{n}\log\left(q_{ij}\left(X_i\right)\right)\right] \tag{5.15}$$

其中，ϵ 是标签置信度，所有类别的标签置信度加起来为 1；y_i 是第 i 个样本的标签。

2. 算例分析

为了验证所提出的基于带标签平滑的 GAT 模型的有效性，本节在 CEPRI-36 节点系统和某区域电网上进行了算例分析，所用的 GAT 模型均采用 PyTorch[21]搭建，并基于 PyTorch Geometric[22]构造了图神经网络模型，算例分析所用的平台为 Intel® Core™i9-10900K @ 3.70GHz CPU，运行内存为 64GB 随机存储器(RAM)和 NVIDIA RTX2080 Super GPU。CEPRI-36 节点系统和某区域电网的样本生成如 5.1.1 节所述。

为了验证所提出的 GAT 模型的优势，本节还将其与 GCN 与 CNN 进行对比测试，用以验证 GAT 模型相对于其他深度学习方法的优势，同时也进行了一些常规机器学习模型的对比测试，如 SVM、DT、KNN 分类器、集成学习方法等。对于深度学习模型，即三层卷积层(GAT/GCN/CNN)，一层批标准化层和两层全连接层，训练过程中将样本随机划分 80%作为训练集，10%作为验证集，剩余 10%作为测试集，所有测试重复进行 5 次取平均值作为结果。网络参数优化方式为小批量随机梯度下降(mini-batch SGD)，并且采用 L2 正则化，初始学习率设置为 0.01 并且随着轮次的增大而指数下降。每次训练的轮次为 500 次，批处理大小设为 256。

1) CEPRI-36 节点系统

图 5.12 展示了不同标签置信度 ϵ 下的损失值曲线。从图中可以看出，当 $\epsilon=1$ 时，模型出现了过拟合，然后当 ϵ=0.95 时，模型几乎没有过拟合。然而，当 ϵ 降低到 0.90 以后，训练集的损失值高于验证集。此外，在训练的后程，较小的 ϵ 会带来更大的损失值，这是因为模型能够准确判断数据集中大部分的样本，此时的

训练已经趋于稳定。因此，式(5.15)中的最后一项增大了损失值，也就是说，经过标签平滑后的数据分布相当于给真实分布增加了一些噪声，正样本和负样本之间输出的差异很小，也就避免了过拟合并且改善了模型的泛化性能。

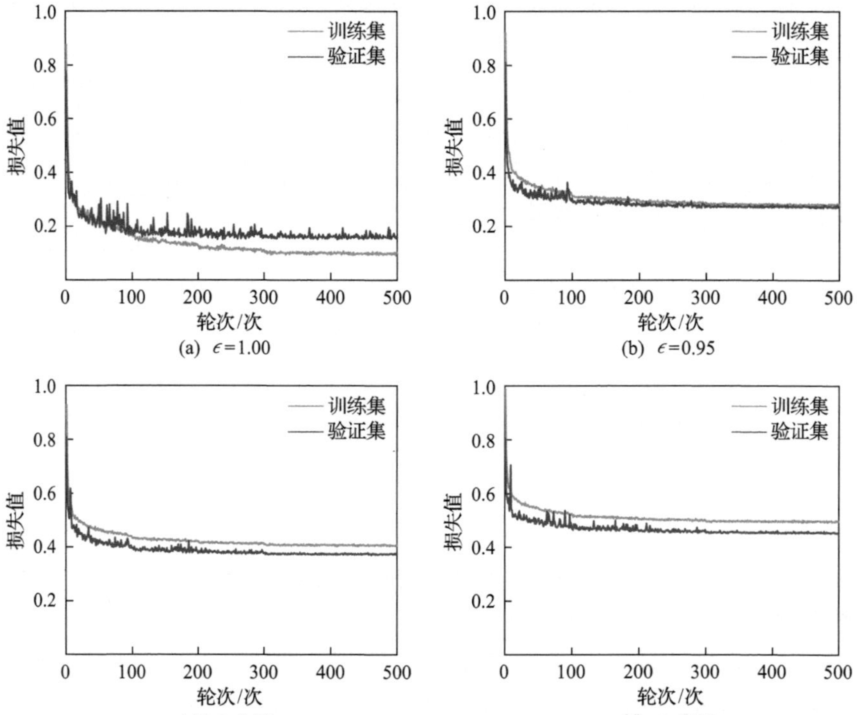

(a) $\epsilon=1.00$　(b) $\epsilon=0.95$　(c) $\epsilon=0.90$　(d) $\epsilon=0.85$

图 5.12　不同ϵ下的损失值

GAT、GCN 和 CNN 采用不同的标签置信度ϵ进行训练，结果如表 5.5 所示。从表 5.5 和图 5.12 可以看出，对于 CEPRI-36 节点系统的主导失稳模式样本，当$\epsilon=0.95$时，这 3 个深度学习模型都能取得最好的结果。另外，深度学习模型相对于传统的机器学习模型可以取得更好的结果；GCN 和 GAT 这两种考虑了电网拓扑的深度学习模型相对于 CNN 都取得了更好的结果。由于 GAT 考虑了注意力机制，因此它取得了所有模型中最好的结果。

表 5.5　CEPRI-36 系统机器学习方法判断精度对比

机器学习方法	标签置信度	判断精度/%
GAT	1.00	97.2
	0.95	97.8
	0.90	97.1
	0.85	95.2

续表

机器学习方法		标签置信度	判断精度/%
GCN		1.00	96.8
		0.95	97.2
		0.90	96.8
		0.85	95.8
CNN		1.00	95.7
		0.95	96.5
		0.90	96.2
		0.85	95.3
支持向量机		—	94.7
决策树		—	93.9
KNN		—	93.7
集成方法	随机森林	—	95.1
	自适应提升算法	—	90.6
	极端梯度提升	—	94.9

为了更加直观地展示所提出模型的分类效果，采用了 t-SNE 算法[23]对模型预测结果进行降维可视化，将采用不同标签置信度学习到的图注意力网络模型的高维数据降维到二维平面中进行观察，可以更直观地观察模型的分类效果。降维结果如图 5.13 所示，图中各个数据点之间的距离表示了各个样本之间的相似度，距离越近的相似度越高，用不同颜色表示不同类别。从 t-SNE 降维可视化结果可以看出，本节采用的图注意力网络模型具有明显的特征提取能力，经过图注意力网络提取到的高维表征已经可以很明显地将样本分为三类；进一步，观察不同标签置信度下的 t-SNE 降维结果，可以发现当 ϵ =0.95 时不同类样本之间的区别被拉大，表明该参数下训练得到的模型提取到了最有效的区分主导失稳模式的特征，也验证了表 5.5 中的结果。

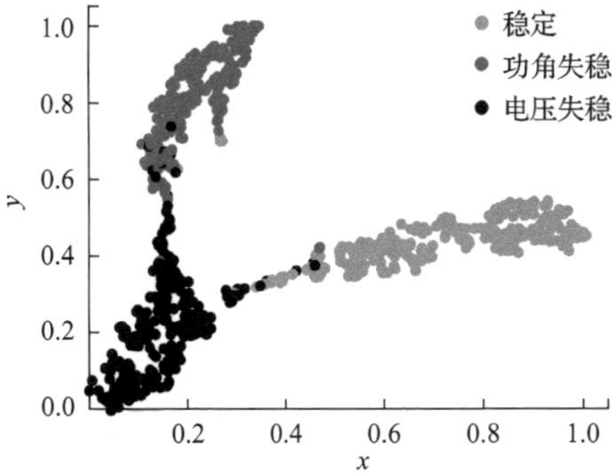

(a) $\epsilon=1.00$

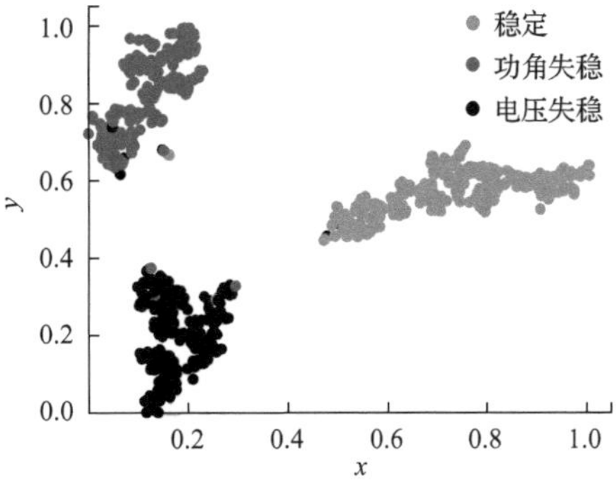

(b) $\epsilon=0.95$

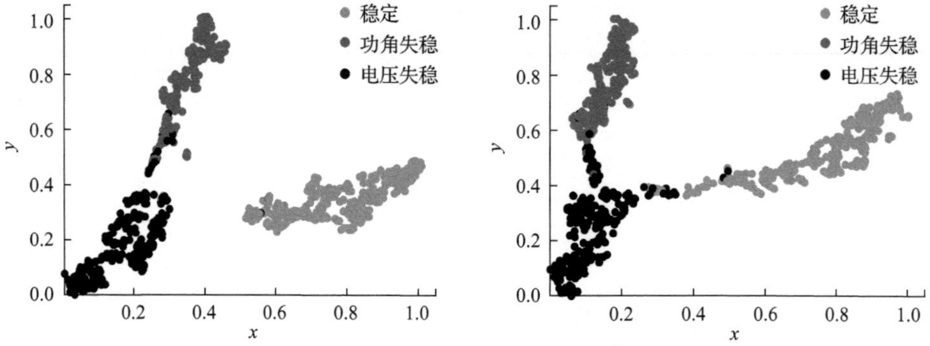

(c) ϵ=0.90　　　　(d) ϵ=0.85

图 5.13　GAT 模型 t-SNE 可视化结果

本节提出的 GAT 模型用于离线仿真过程中的仿真数据分析，因此不用考虑信号噪声和延迟等鲁棒性问题。尽管如此，电网拓扑的改变仍然是本节关注的重点。对于 CEPRI-36 节点系统，断开 26 条交流线路中的一条形成新的初始潮流工况，并且去除潮流不收敛和形成孤岛的情况。最终，总共生成了 9 组不同拓扑下的 *N*–1 样本集。对于每一组 *N*–1 样本集，生成了 675 个样本。采用先前训练好的深度学习模型直接进行主导失稳模式预测，GAT 模型取得了 86.2%的准确率，然而 GCN 和 CNN 只分别取得了 82.4%和 76.8%的准确率。根据这个结果，可以看出 GAT 模型具有更强的适应拓扑改变的能力。尽管离线决策过程不需要在线过程那么高的准确率，但是仍然可以使用一些方法来尽可能提高模型的性能。本节选取少量的 *N*–1 样本集，通过冻结 GAT 层并微调分类器参数的方式重新训练一个适应新拓扑的模型，结果表明通过微调的方法只需要 20%的样本训练大约 20 个轮次即可取得大约 95%的准确率，如图 5.14 所示。

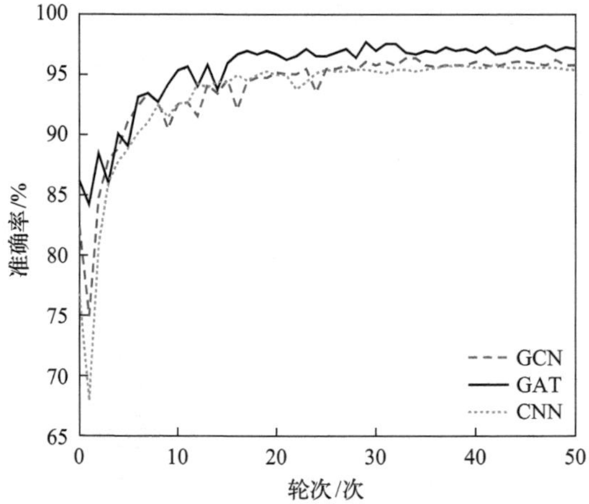

图 5.14　*N*–1 拓扑下采用“冻结-微调”重新进行训练的准确率曲线

尽管结果表明，GAT 模型有更强的适应不同拓扑的能力，但是仍然很难解释为什么 GAT 模型具有如此强的能力。本节进一步提取 N–1 样本集中被切除线路前后的注意力权重的对比，结果如图 5.15 所示。从图中可以看出，被切除线路的注意力权重相对于切除前明显下降，表明 GAT 模型可以注意到拓扑改变。

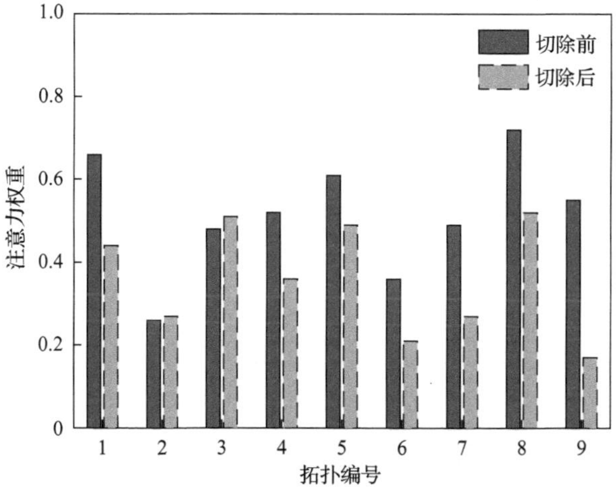

图 5.15　被切除线路在被切除前后的注意力权重对比

2) 某区域电网

为了验证模型适应大规模电网的能力，本节在某区域电网上做了同样的测试，某区域电网的样本生成如 5.1.1 节所述。不同机器学习方法的测试结果如表 5.6 所示，在 ϵ =0.90 时 GAT 和 GCN 模型均取得了最好的准确率，分别是 97.4%和 96.2%，此外也没有过拟合现象发生。利用测试集获得的混淆矩阵如图 5.16 所示，可以看出模型能够较准确地判断出系统失稳与否，但是对于区分电压失稳和功角失稳较为困难，这可能是标签不准确导致的。

表 5.6　某区域电网机器学习方法判断精度对比

机器学习方法	标签置信度	判断精度/%
GAT	1.00	95.6
	0.95	95.8
	0.90	97.4
	0.85	96.3
GCN	1.00	95.6
	0.95	95.7
	0.90	96.2
	0.85	95.7

续表

机器学习方法		标签置信度	判断精度/%
CNN		1.00	95.2
		0.95	95.9
		0.90	96.1
		0.85	95.1
支持向量机		—	93.7
决策树		—	92.7
KNN		—	91.5
集成方法	随机森林	—	95.5
	自适应提升算法	—	91.3
	极端梯度提升	—	93.4

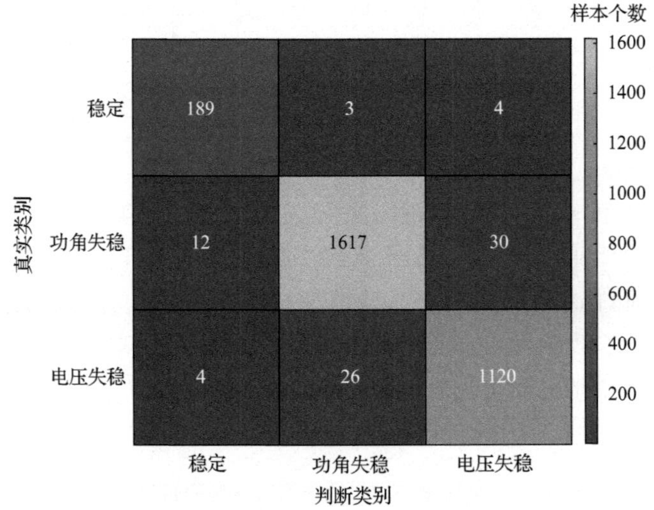

图 5.16　某区域电网测试集混淆矩阵

对于某区域电网这种实际的电力系统，由于传输线数量庞大而且受到计算机仿真速度和存储容量的限制，很难遍历所有的 500kV 线路来研究模型对于 *N*–1 拓扑的适应能力。此外，某区域电网自身具有很强的鲁棒性，所有 *N*–1 情况下的潮流都是收敛的，为了尽可能地研究模型适应不同拓扑的能力，随机生成了 4000 个包含 50 种不同拓扑的 *N*–1 潮流样本。结果表明，GAT 模型在 *N*–1 拓扑下仍然能够取得 96.2%的准确率，然而 CNN 和 GCN 模型的准确率分别只能达到 93.9%和 94.6%。这个结果对于离线稳定分析已经足够了，造成这个结果的可能原因是单个 *N*–1 拓扑改变并不能极大地改变系统的潮流分布。

5.1.4　基于马尔可夫转移场仿真数据动态特征提取的主导失稳模式判别方法

现有基于深度学习的主导失稳模式判别方法仍有一定局限。一方面，电网的海量仿真时序数据具有很高的冗余性，现有深度学习方法大都将所有节点或发电机的所有时序特征输入模型中进行训练，大量的数据要求计算机要有很高的算力；另一方面，冗余的特征导致模型容易出现过拟合，难以适应复杂多变的电力系统运行工况，导致模型的鲁棒性不足，一种典型的情况是，当电网拓扑发生改变后，模型的判断准确率会受到很大的影响。为了克服以上缺陷，本节从仿真数据的时序特征出发，提出一种融合规则和双通道 VGGNet①(dual-channel VGGNet，DCVGG)的图像识别主导失稳模式判别模型，通过经验规则对海量曲线进行筛选，而后利用马尔可夫转移场(Markov transition filed，MTF)进行动态时域特征提取，可以将时序特征转化为功角和电压图片，最后设计了一个高效的图像识别网络对两个图片进行同时识别。

1. 框架简介

首先基于仿真生成的所有节点电压和所有发电机功角曲线各自筛选出三条最典型的曲线，所筛选出来的曲线应当能充分反映失稳特征，例如，功角跑飞最快的曲线或者电压降落最低的曲线，其过程可以极大降低输入特征的冗余度。进一步，为了挖掘时序数据间的关联特性，采用马尔可夫转移场[24]对筛选出的时间序列进行特征变换，将每一条曲线变成一个矩阵，而筛选出来的三条曲线则代表图像中的红绿蓝三个通道，由此三条曲线可以变为一张色彩丰富的图像，每个样本则包含两张图像，分别是电压图像和功角图像，最后对图像识别中的经典模型 VGGNet[25]进行改造，使得其能同时识别两张图片，由此将主导失稳模式判别问题转化为一个图像识别问题，其执行框架如图 5.17 所示。利用马尔可夫转移场进行特征提取的优势在于一方面其具备高效的动态特征提取能力，另一方面可以将时间序列转化为图像，方便应用图像识别领域高效的卷积神经网络模型进行表征学习。

依据电力系统给定的运行工况和故障条件进行批量仿真生成所需要的电压和功角数据，其中一个样本的电压和功角数据可以用矩阵表示：

$$U=\begin{bmatrix} U_{1,1} & U_{1,2} & \cdots & U_{1,T} \\ U_{2,1} & U_{2,2} & \cdots & U_{2,T} \\ \vdots & \vdots & & \vdots \\ U_{N,1} & U_{N,2} & \cdots & U_{N,T} \end{bmatrix},\quad \alpha=\begin{bmatrix} \alpha_{1,1} & \alpha_{1,2} & \cdots & \alpha_{1,T} \\ \alpha_{2,1} & \alpha_{2,2} & \cdots & \alpha_{2,T} \\ \vdots & \vdots & & \vdots \\ \alpha_{G,1} & \alpha_{G,2} & \cdots & \alpha_{G,T} \end{bmatrix} \tag{5.16}$$

其中，U 是电压数据；α 是功角数据；N 是电网节点数量；G 是发电机数量；T 是采样点个数，本例中仿真时长为 20s，采样频率为 100Hz，故 $T=20\text{s}\times 100/\text{s}=2000$。

① 计算机视觉组网络(visual geometry group network, VGGNet)。

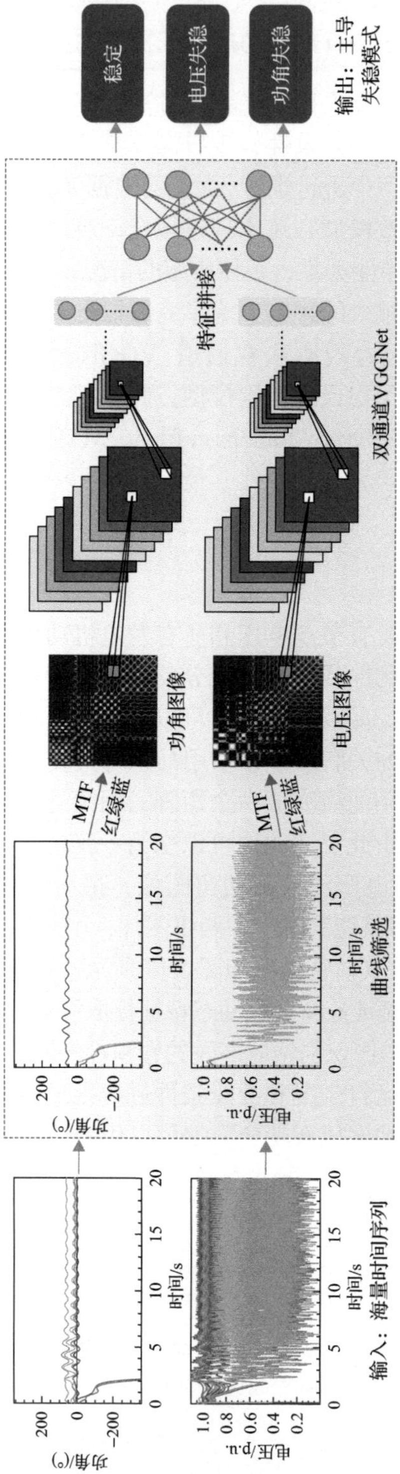

图5.17　基于马尔可夫转移场的主导失稳模式识别框架

1) 曲线筛选

根据每个样本的电压和功角曲线，从大量的曲线中各自筛选出三条最典型的曲线。具体地，功角曲线筛选为在故障发生后功角最先达到±360°的三台发电机的功角曲线，并按照先后顺序进行排序，如果没有功角达到±360°的功角曲线，则选择功角绝对值最大的那一条或多条功角曲线作为替代；电压曲线筛选为在故障发生后 0.5s 内电压最低的三条电压曲线，同时按照电压的跌落程度进行先后排序。

2) 基于马尔可夫转移场将筛选出的典型曲线转化为图像

其中筛选出的三条曲线分别转化为图像中的红绿蓝三个通道。马尔可夫转移场需要首先根据时间序列曲线 $X=\{x_1,x_2,\cdots,x_n\}$ 的取值范围将其划分为 m 段：$Q=\{q_1,q_2,\cdots,q_m\}$，则每个数据点 x_i 属于一个唯一的小段 $q \mid x_i \in Q$，构建一个马尔可夫转移矩阵 $W \in \mathbb{R}^{m\times m}$，矩阵中每一个点的值 w_{ij} 由 q_i 中的数据被 q_j 中的数据紧邻的频率决定。进一步，马尔可夫转移矩阵可以构建本节所需的马尔可夫转移场 $M \in \mathbb{R}^{n\times n}$，具体表示为

$$M=\begin{bmatrix} w_{ij}|\ x_1 \in q_i, x_1 \in q_j & \cdots & w_{ij}|\ x_1 \in q_i, x_n \in q_j \\ w_{ij}|\ x_2 \in q_i, x_1 \in q_j & \cdots & w_{ij}|\ x_2 \in q_i, x_n \in q_j \\ \vdots & & \vdots \\ w_{ij}|\ x_n \in q_i, x_1 \in q_j & \cdots & w_{ij}|\ x_n \in q_i, x_n \in q_j \end{bmatrix} \tag{5.17}$$

假定对于一个样本，筛选出的电压曲线为 $\tilde{U}=\left\{u^{(1)},u^{(2)},u^{(3)}\right\}$，功角曲线为 $\tilde{\alpha}=\left\{\alpha^{(1)},\alpha^{(2)},\alpha^{(3)}\right\}$，这六条曲线都分别进行马尔可夫转移场变换后可以得到：

$$M_U=\begin{pmatrix} M_{\mathrm{R}}\left(u^{(1)}\right) \\ M_{\mathrm{G}}\left(u^{(2)}\right) \\ M_{\mathrm{B}}\left(u^{(3)}\right) \end{pmatrix},\quad M_\alpha=\begin{pmatrix} M_{\mathrm{R}}\left(\alpha^{(1)}\right) \\ M_{\mathrm{G}}\left(\alpha^{(2)}\right) \\ M_{\mathrm{B}}\left(\alpha^{(3)}\right) \end{pmatrix} \tag{5.18}$$

其中，下标 R、G、B 分别表示变换后的马尔可夫转移矩阵 M 作为图像中的红绿蓝通道；M_U 和 M_α 分别是电压图像和功角图像。

3) DCVGG

DCVGG 结构图如图 5.18 所示，其包含功角和电压两个通道，分别用两个结构一致的五层卷积块进行图像特征提取，每一个卷积块由卷积、批标准化、激活函数和池化构成，通过层层拼接得到整个特征提取结构，最后功角通道和电压通道提取到的特征拼接到一起后经过全连接层进行分类。整个网络结构中最后一层

的激活函数为 softmax 函数，其余层的激活函数为 ReLU 函数。整个训练过程利用小批量随机梯度下降算法进行优化：

$$\begin{cases} L(\theta_t) = \dfrac{1}{m}\sum_{i=1}^{m} L\left(f(x_i, \theta_t), y_i\right) \\ \theta_{t+1} = \theta_t - \gamma \dfrac{\partial L(\theta_t)}{\partial \theta_t} \end{cases} \tag{5.19}$$

其中，m 是小批量样本数量，一般取 16、32、64 等，需要依据验证集效果进行调整；θ 是模型参数；f 是输入 x 到输出之间的映射关系；y 是样本标签；γ 是学习率；L 是交叉熵损失函数。

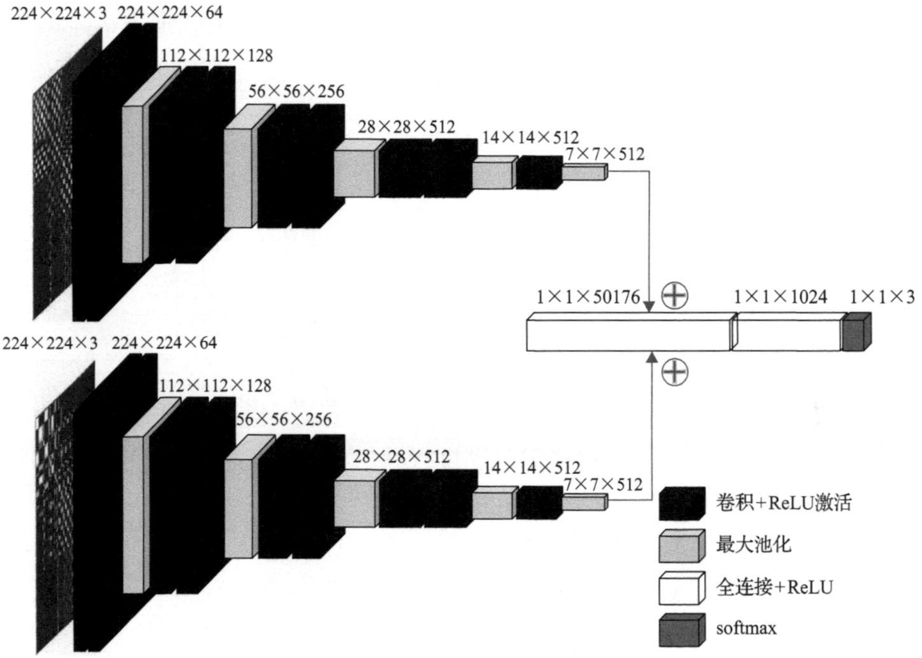

图 5.18　DCVGG 结构图

2. 算例分析

为了验证所提出方法的有效性，本节将在前面所提的两个测试系统(CEPRI-36 节点系统和某区域电网)上进行算例分析，样本生成方案如前所述。

1) CEPRI-36 节点系统

首先，为了说明本节提出的基于 MTF 的特征提取方法在解决主导失稳模式识别这类复杂分类问题时的优势，首先将多种机器学习方法与提出的方法进行对比，选取的对比机器学习方法有不利用 MTF 进行动态特征提取的 CNN、SVM、DT、KNN、RF 和极端梯度提升(XGBoost)，同时对这些机器学习方法还增加了用原始数据和曲线筛选(下标为 cf)后的数据进行测试的结果。不同机器学习方法对比测试结果如表 5.7 所示。

表 5.7　CEPRI-36 节点系统不同机器学习方法对比测试结果　(单位：%)

模型	准确率	精确度	召回率	F1 值
DCVGG	97.86	97.50	97.97	97.72
CNN	95.73	95.24	95.10	95.17
SVM_{cf}	93.46	92.85	93.63	93.20
SVM	93.62	93.11	93.44	93.27
DT_{cf}	90.22	89.62	89.81	89.71
DT	87.28	86.69	86.83	86.75
KNN_{cf}	89.44	86.34	87.36	86.74
KNN	90.03	89.40	89.15	89.24
RF_{cf}	94.17	94.00	93.70	93.84
RF	92.31	91.52	92.16	91.81
$XGBoost_{cf}$	92.34	91.76	92.18	91.96
XGBoost	92.02	91.45	91.20	91.70

测试结果表明本节提出的基于 MTF 的 DCVGG 模型进行特征提取的方法具有最好的性能，同时采用曲线筛选后的特征在大部分模型中能够取得更好的结果。此外，需要说明的是，进行特征提取和图像转化后的样本集所占用的硬盘存储空间仅为采用原始仿真数据的 1/14，极大地节省了存储空间。

进一步，分别测试模型适应未知系统运行方式的鲁棒性，测试的结果如图 5.19 所示，图中 L1、L2 和 L3 分别对应在基准拓扑下的不同的负荷水平，分别为 90%、100%和 110%，baseline 代表基准拓扑，*N*–1 表示在基准拓扑下随机切除一条线路的全新运行方式，→代表适应方向，箭头左边部分表示训练模型的场景，右边表示模型需要去适应的场景。从结果可以看出，本节提出的模型在未知负荷水平的场景下(A、B、C)相对于对比方法(CNN、SVM_{cf}、SVM)可以提升 10%左右的性能(准确率、召回率、精确度等)；而在电网拓扑改变的场景下(D)，所提出的方法能够明显提升大约 15%的主导失稳模式判断性能。综上，本节提出的基于 MTF 的 DCVGG 模型具有很强的鲁棒性。

2) 某区域电网

首先，和 CEPRI-36 节点系统一样，对模型的基准性能进行对比测试，结果如表 5.8 所示。

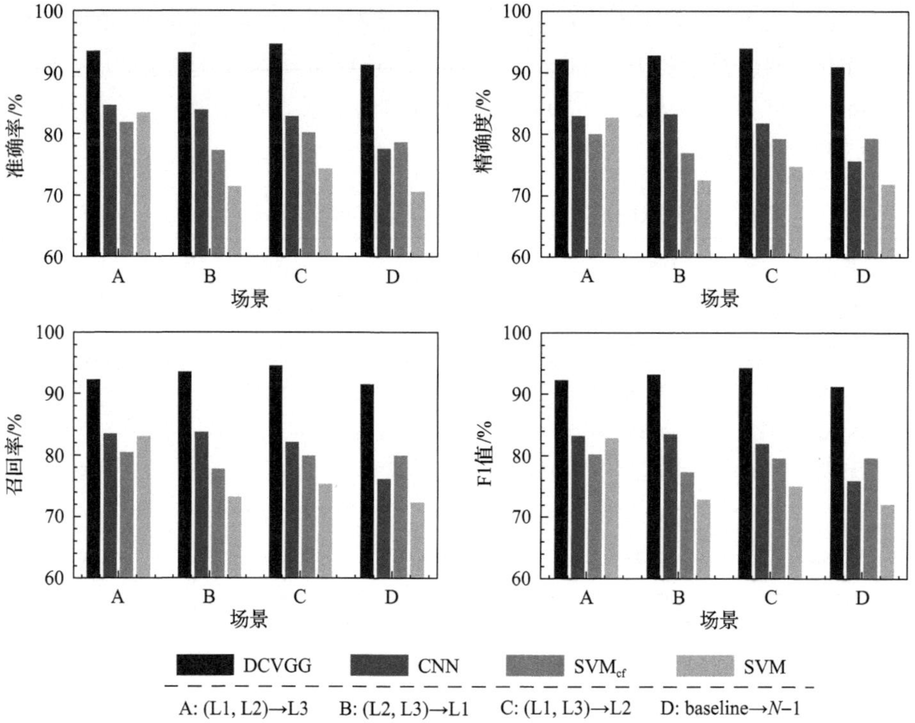

图 5.19 CEPRI-36 节点系统鲁棒性测试结果

表 5.8 某区域电网不同机器学习方法对比测试结果 （单位：%）

模型	准确率	精确度	召回率	F1 值
DCVGG	98.05	98.03	98.00	98.02
CNN	95.42	95.17	95.50	95.33
SVM_{cf}	94.74	94.53	94.54	94.53
SVM	92.73	90.57	92.89	91.62
DT_{cf}	90.84	90.47	90.70	90.58
DT	92.47	91.87	91.77	91.82
KNN_{cf}	90.28	89.35	90.52	89.90
KNN	90.13	86.88	90.11	88.31
RF_{cf}	94.44	94.29	94.62	94.45
RF	95.03	95.20	94.83	95.01
$XGBoost_{cf}$	92.78	92.33	93.00	92.65
XGBoost	94.27	93.67	94.04	93.84

可以发现在某区域电网下，DCVGG 模型仍然取得了最好的综合性能，表明了提出的方法具有适应实际电力系统的能力，同时也进一步验证了模型的普适性。

进一步，测试提出的方法在某区域电网上的鲁棒性，结果如图 5.20 所示，图中 L1、L2、L3、L4 分别对应实际中不同的典型潮流工况，baseline 代表基准拓扑，*N*–1 表示在基准拓扑下随机切除一条线路的全新运行方式。从结果可以看出，相对于对比的方法，所提出的 DCVGG 模型在面对未知潮流工况(A、B、C)时仍然能提升 5 个百分点左右的准确率，而在潮流变换最明显的场景(D)，提出的 DCVGG 模型仍然能够保证有将近 80%的准确率，而对比的方法则只有 70%左右的准确率。在拓扑改变场景(E)下，所提出的模型准确率仍然能保持非常高的水平(96%左右)，明显优于对比的方法。综上，该结果进一步验证了提出的 DCVGG 模型的鲁棒性能够适应实际电力系统。

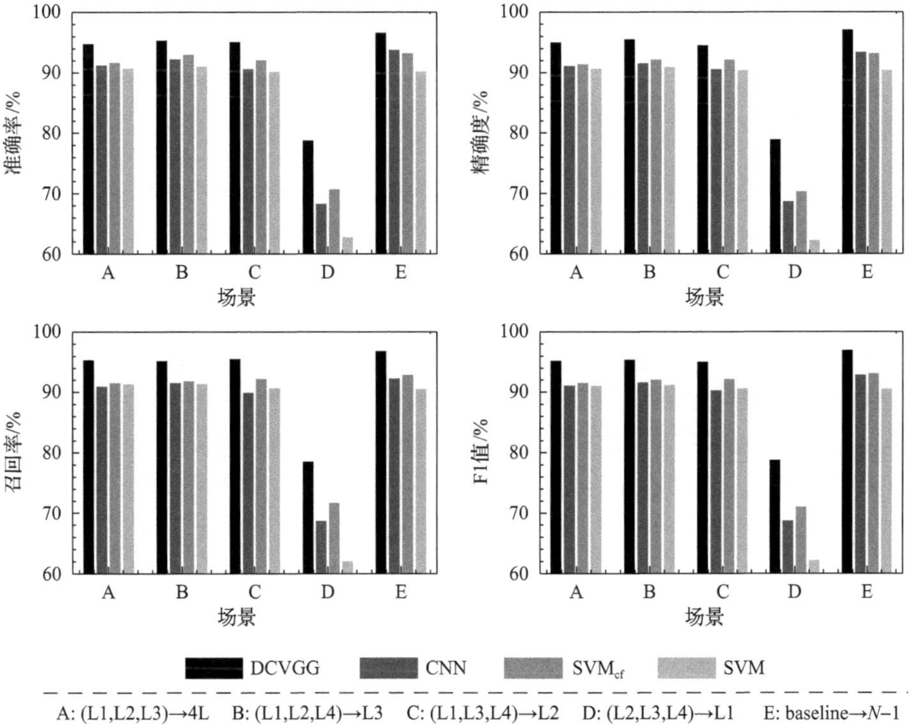

图 5.20　某区域电网鲁棒性测试结果

对于某区域电网等实际电力系统而言，模型的训练时间是需要重点关注的，因为随着电网规模的扩大，时序特征会增加。但是如前所述，本节提出的方法能够使得不同电网之间的输入维度统一为电压和功角图片。图 5.21 对比了不同机器学习模型下的训练时间，可以发现曲线筛选方法可以有效降低模型的训练时间，且结合表 5.8 中的结果，曲线筛选规则并不会对模型性能带来很大影响，说明了本节方法可以有效应用到各种机器学习模型中，减轻对硬件的要求，减少训练时间。

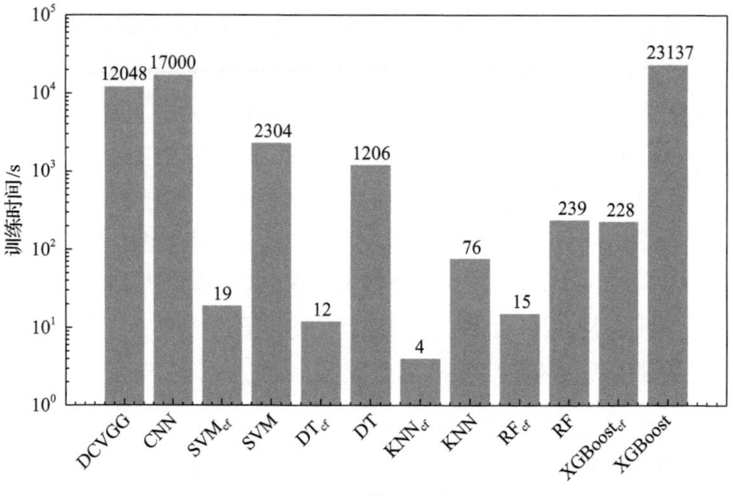

图 5.21　某区域电网不同模型训练时间对比

不同电网之间输入维度的统一，也为不同电网的迁移学习提供了可能。本节利用深度学习中的“预训练-微调”思想，首先在某区域电网上预训练好一个主导失稳模式判别模型，然后在 CEPRI-36 节点系统样本上进行“微调”，具体操作步骤为冻结 DCVGG 中的卷积层(训练过程中不进行梯度反向传播)，从头开始训练新的全连接层用于分类。图 5.22 测试了不同训练集样本数量的“预训练-微调”结果，可以看出在迁移样本较少的时候，预训练模型能够有效提升模型的结果，随着训练样本不断加入，重新训练一个新的模型也能取得相媲美的结果，但是“预训练-微调”这种方式可以有效降低 GPU 显存的消耗和训练时间(因为卷积层被冻结)。此外，如果预训练模型的过程中使用更多的样本，可以预想迁移学习的模型具有更好的结果。

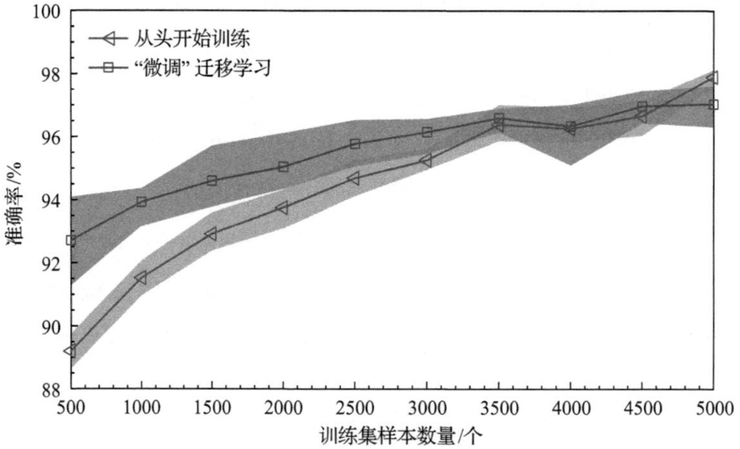

图 5.22　迁移学习和重新训练效果对比

5.2　面向高样本标注需求的弱监督智能分析及电网变化适应方法

5.2.1　基于主动学习的主导失稳模式判别方法

如前所述，深度学习(DL)是人工智能的一个新兴分支，已被用于解决主导失稳模式判别问题。但在实践中，DL 的成功很大程度上依赖于获得大量带标注的训练样本[26]。然而即使对于电力系统专家来说，样本标注也是一个漫长、费力和昂贵的过程，因为功角失稳和电压失稳具有相似的表象和耦合性质，DIM 识别是一项相当复杂和具有挑战性的任务。

主动学习(active learning，AL)让 DL 模型主动选择它想要学习的样本，是标准 DL 的一种高效的标注替代方案，其目的是用更少的样本标注来达到较好的效果[27]。基于池的主动学习是最常见的学习模式。给定一个未标注的样本池，主动学习根据采样策略，从中挑选样本提交给专家标注后由模型学习。好的查询策略可以智能地为模型选择要学习的样本，从而产生比在其他样本上训练模型更好的结果。在文献中，基于不确定性的采样策略和基于多样性的采样策略是最常用的。前者选择模型最不确定的样本，在文献[28]中用于暂态稳定评估，在文献[29]中用于电压稳定评估。然而，基于不确定性的采样策略没有考虑所选的不确定样本中的信息重叠，可能会损害 DL 模型的性能。与此不同的是，基于多样性的采样策略试图用所选择的样本来表征未标注样本池的整个分布。但它可能会选择许多远离决策边界的样本，然而这些样本对模型的影响很小。因此，这两种策略各有利弊。

本节采用一种综合的主动深度学习(active deep learning，ADL)框架，结合主动学习和深度学习两种策略的优势。该框架采用 SE-CNN 作为基础 DL 模型，同时采用批量模式，允许模型在每一轮迭代中选择多个样本，兼顾批量样本的信息量和多样性。该 ADL 框架的标注和学习过程更加高效，因此 DIM 识别模型可以基于所选的样本更快地提高性能，准确识别 DIM，为控制措施选择提供指导，确保电力系统安全稳定运行。

1. 使用批量模式主动深度学习的主导失稳模式识别

DL 的成功需要海量标注样本的支撑。对于稳定评估和 DIM 识别问题，通过仿真生成未标注数据集相对容易，但获取标注样本成本高且较为困难。需要注意的是，DIM 识别不同于简单的暂态稳定或电压稳定评估，没有可靠的定量标准或简单的规则来区分暂态失稳和电压失稳相互交织的失稳模式。无论是暂态失稳还是电压失稳，在仿真数据中都可能出现电压跌落和失步现象。由于这一点，获得准确的 DIM 标签需要相当多的领域专家知识，以根据仿真数据中的细微差别做出判断。然而，如果使用专家经验来逐一标注所需的数以千计的样本，将浪费大量的时间和专家精力，影响模型的实用性。AL 试图通过学习具有主动选择样本能力的智能体来解决这个问题。模型主动选择需要标注的样本，基于这些样本模型性能将得到较快的提升。在此基础上，建立 DIM 识别模型的效率将有很大程度的提高。

1) 批量模式 ADL 的通用框架

图 5.23 所示的基于池的 AL 是最常见的 AL 范式。在这种情况下，给定大量未标注的样本，AL 根据某种采样策略选择最有用的样本，交给专家进行标注后转移至标注样本集中，同时将该样本从未标注样本池中删除。模型根据标注样本集中的样本进行学习，而后基于学习后的模型重新从未标注样本池中选择新样本，进入下一迭代轮次，直到达到预设迭代最高轮次或模型性能达到预设要求。在 AL 方法中，采样策略是关键，这决定了哪些样本被选择。

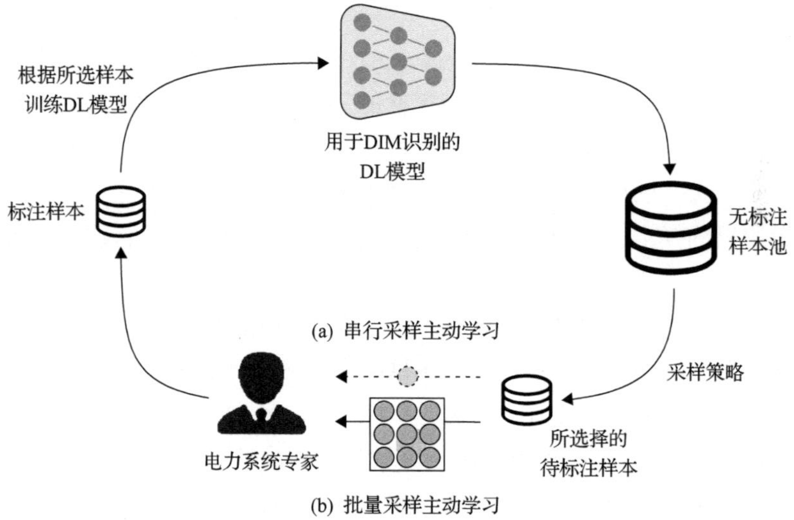

图 5.23 基于池的 AL 基本框架(串行采样和批量采样的对比)

需要说明的是，批量模式的 ADL 方法在每一轮根据一定的采样策略从中选择一批(数量为 B)样本而非单个样本(串行 AL)。这是一种更适合与 DL 结合的 AL 变体。在经典的串行采样主动学习设置中，采样函数通常在每次迭代时只选择一个实例。然而，这在 DL 环境中是不可行的。一个原因是单个样本不太可能对 DL 模型的行为产生统计上显著的影响[30]。另外，DL 的训练计算量很大。由于这个原因，对每个新增的样本进行重新训练是低效的。而在并行标注系统可用的情况下，批量模式的 AL 方法可以充分利用资源。因此，在 ADL 环境中采用批量模式更为合适。

2) 批量模式 ADL 的采样策略

采样策略是 ADL 算法的核心，其目标是选择对模型训练最有用的样本以快速提升模型性能。在迭代第 t 轮，该目标可简单表达为

$$\min_{\Delta\mathcal{D}_{t+1}:|\Delta\mathcal{D}_{t+1}|=B} E_{x,y\sim P_{XY}}\left[l\left(\mathcal{M}_{\theta_t},y;T_{\mathcal{D}_t^L\cup\Delta\mathcal{D}_{t+1}}\right)\right] \tag{5.20}$$

其中，B 是不确定样本的个数；x 和 y 分别是无标注样本及其标签；P_{XY} 是联合概率分布；$\mathcal{M}_{\theta_t}$ 是以 θ_t 为参数的 DL 模型；T 是模型训练算法；$\mathcal{D}_t^L$ 是第 t 轮的已有的标注样本集；$\Delta\mathcal{D}_{t+1}$ 是新增的标注样本集；$l(\cdot;\cdot)$ 是模型 M_{θ_t} 的损失函数。

虽然采样策略函数的目标明确，但却不可能得到全局最优的采样策略[31]。尽管如此，仍有几种启发式方法在实践中被证明是有效的。

(1) 不确定性采样。不确定性采样将是最简单和最常见的采样策略。它查询当前模型最不确定的样本。不确定性采样是基于这样一种直觉，即获得这些样本的标签会给模型带来最多的信息，而这些样本的标签对模型来说难以判断。

不确定性采样可通过边际概率或信息熵度量。边际概率定义为

$$x_{\text{margin}} = \mathbb{P}_{\mathcal{M}_\theta}\left(\hat{y}_1 \mid x\right) - \mathbb{P}_{\mathcal{M}_\theta}\left(\hat{y}_2 \mid x\right) \tag{5.21}$$

其中，$\mathbb{P}_{\mathcal{M}_\theta}\left(\hat{y}_1 \mid x\right)$ 和 $\mathbb{P}_{\mathcal{M}_\theta}\left(\hat{y}_2 \mid x\right)$ 分别是模型的输出判断中最可能类和第二可能类的概率值。

信息熵定义为

$$x_{\text{entropy}} = -\sum_i \mathbb{P}_{\mathcal{M}_\theta}\left(y_i \mid x\right)\log\mathbb{P}_{\mathcal{M}_\theta}\left(y_i \mid x\right) \tag{5.22}$$

其中，y_i 遍历各个类别。对于不确定样本，其信息熵应该较高。

这些采样策略最初适用于经典的串行 AL 设置。对于批量模式 ADL，常见的启发式方法是对未标注池中样本的不确定性进行评分和排序。前 B 个最不确定的样本被选择以进行标注（“B-最佳”查询）。然而，它没有考虑所选的“最佳”样本内的信息重叠。事实上，这些样本中的大部分可能彼此相似，因为相似的样本可能获得相似的高分，用它们训练的模型容易出现过拟合。因此，将多样性纳入查询策略并形成更多样化的标注数据集可能会使模型受益更多。

(2)多样性采样。多样性采样的目的是选择一部分样本来表征整个未标注样本池的分布。基于聚类的采样是一种典型的多样性采样方法。通过聚类方法将未标注样本池划分为多个组后，分别从每个组中选择样本，以确保所选样本的多样性和表征性。

K 均值是最常用的聚类算法之一，其目标是最小化聚类簇内的差异。给定一组样本，K 均值找到每一聚类簇的中心，使得该簇内样本到质心的距离总和最小。聚类完成后，选择最接近聚类中心的样本，以提高多样性。

多样性采样旨在覆盖未标注样本的分布，然而其抽取的大多数样本远离决策边界，而这些样本不大可能被模型错误地判断，并且对其影响很小，这是多样性采样的一个弊端。

(3)不确定性采样和多样性采样结合的综合策略。如前所述，不确定性采样和多样性采样都有其缺点，本节采用一种综合的启发式算法将二者相结合，以获得综合收益[32]。具体来说，首先应用不确定性采样获得相对不确定的较大的样本集，然后使用多样性采样对其进行细化。假设每轮迭代选择 B 个样本，选择过程分为两个阶段。①预选阶段：根据最小边际概率等不确定性采样方法，预选 $r \cdot B$ 个最不确定的样本，其中 r ($r \in \mathbb{N}$) 为比例参数，用于控制预选样本的大小。②聚类阶段：在预先选择的 $r \cdot B$ 个样本中，运行聚类算法，如 K 均值(设置 K=B)，并从每个聚类中选择最接近聚类中心的样本。

在预选阶段，使用不确定性采样预先圈定较不确定的样本，这些样本一般位于决策边界附近，可避免选到大量对 DL 模型训练几乎没有帮助的离群点。在第二阶段，使用聚类来确保预先选择的样本内的多样性，从而降低模型过拟合的风险。通过这两个阶段，不确定性和多样性融入“预选-聚类”综合采样策略中，更有利于模型训练。两阶段综合采样的过程如图 5.24 所示。

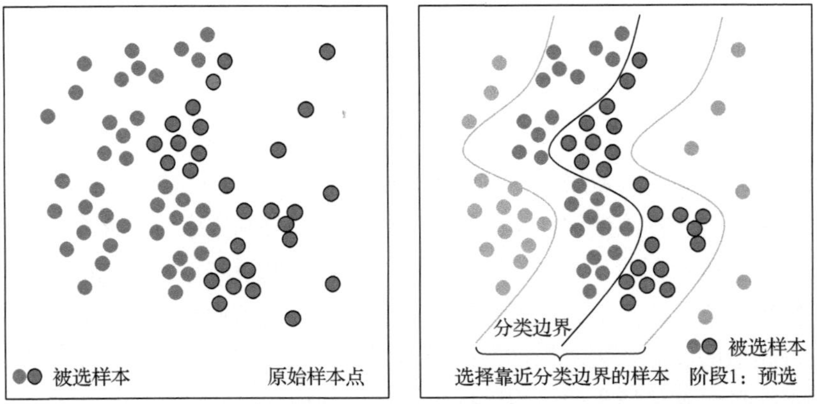

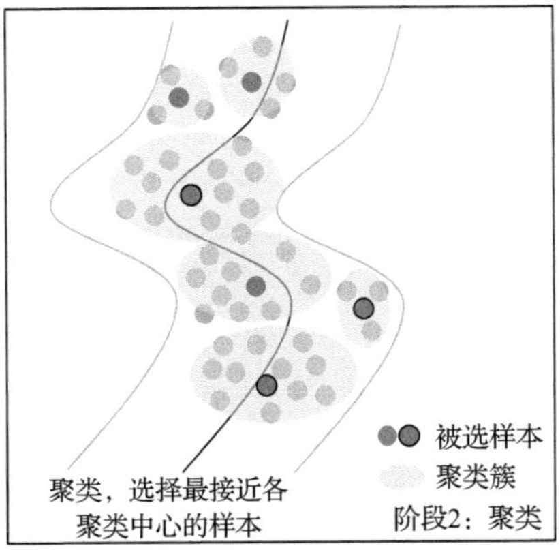

图 5.24 不确定性采样和多样性采样结合的两阶段综合采样的示意

2. 基于深度自编码器的表征学习

如上所述，K 均值聚类是综合采样策略的关键部分。然而，大多数聚类算法都是针对矢量型和低维数据设计的，这对于原始样本的高维输入来说是难以处理的。为此，在聚类之前，本节使用无监督的深度自编码器对原始数据进行表征学习。自编码器由编码器和解码器组成，编码器将输入映射为低维表征，而解码器从中重构出原始输入。经过训练后，所提取的低维表征中几乎包含了输入数据中的所有信息，可以用于聚类。在该工作中，编码器结构被设置为类似于 DIM 识别模型，解码器具有基本对称的结构。具体如图 5.25 所示。

3. 本节所提用于 DIM 识别的 ADL 框架

基于上述内容，本节所提出的用于 DIM 识别的 ADL 框架如图 5.26 所示。样本生成、表征学习和主动深度学习是该过程的三个阶段。它以迭代的方式运行，直到满足预设要求。注意，在 ADL 的初始化阶段，在所有未标注样本之间进行聚类。然后选择最接近每个聚类中心的样本。这确保了初始标注训练集中的多样性，并为 ADL 算法提供了热启动以加速其处理。

4. 算例分析

采用 CEPRI-36 节点系统和某区域电网，对所提出的基于 ADL 的 DIM 识别方法的性能进行评估。样本集通过 PSASP V7.1 中的暂态仿真批量生成。ADL 模块在 Keras 2.3.1 和 TensorFlow 1.15.0 中实现。

1) CEPRI-36 节点系统

(1) 数据集生成。根据 5.1.1 节所述内容生成样本。对于每一个故障，提取观察窗内的发电机功角和节点电压数据(每半个周期采样一个点)。观察窗口根据经

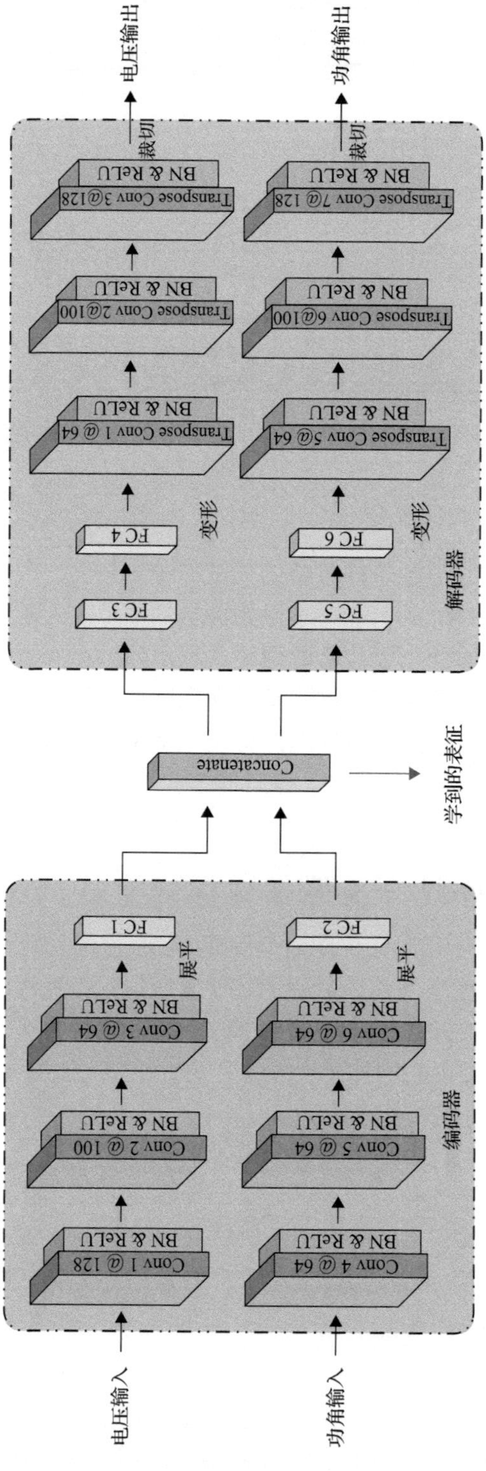

Conv:卷积层
Transpose Conv:转置卷积层
BN:批标准化层
ReLU:整流线性单元激活函数
FC:全连接层
Concatenate:拼接

图 5.25　用于表征学习的深度自编码器网络架构

@后面是卷积核数目

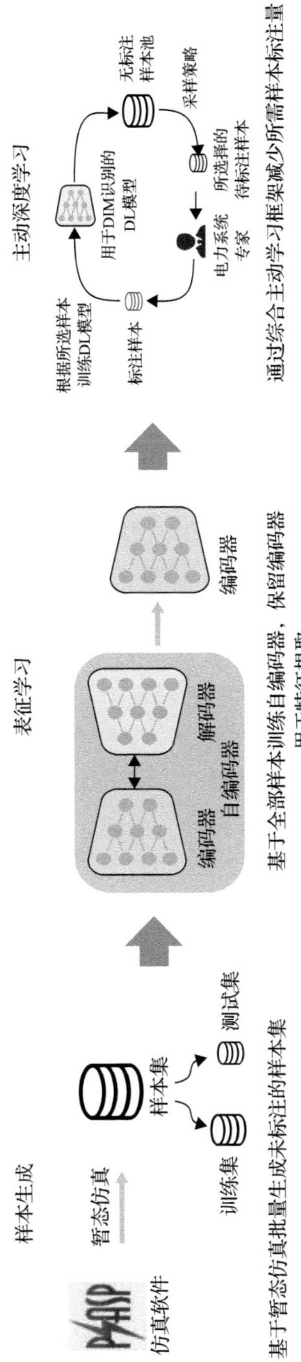

图5.26　基于ADL的DIM识别方法整体框架

验设置为故障后 2s，以达到失稳特征的完全展现和模型复杂性之间的平衡。

⑵基线：基于 DL 的 DIM 识别结果。先用完全标注的样本训练 DIM 识别模型，以验证基本 DL 模型的性能。结果为 ADL 提供了基线。使用测试样本模拟实际仿真分析场景，在该条件下测试精度达到 97.7%。为了进行比较，在相同的标准化数据上训练常规 CNN 和其他传统的机器学习算法，如 DT、SVM 等，也用于 DIM 识别，其测试精度列于表 5.3 和表 5.4 中。SE-CNN 的优越性能证明了其可行性和有效性。在随后的算例分析中，SE-CNN 被用作 ADL 算法的基础模型。

⑶基于 ADL 的 DIM 识别结果。本小节测试所提出的两阶段综合 ADL 框架的 DIM 识别模型的性能。在初始化阶段，基于所有未标注样本训练用于表征学习的深度自编码器。通过多样性采样选择 200 个样本并标注以形成初始标注样本集。采样批量大小 B 也设置为 200，预选择比例参数 r 设置为 5。在每一次迭代中，将最后 10 个轮次的测试精度全部取出来，以减少随机因素的干扰。实验在相同条件下重复进行五次，记录其平均值和标准差。除所提的两阶段综合采样 ADL 框架外，本小节还实现了与其他采样方法进行对比，包括随机采样、边际概率不确定性采样、信息熵不确定性采样、多样性采样，这些 ADL 算法也在相同的条件下进行了实现和评估。

各方法的性能曲线如图 5.27 所示，其结果为对五次重复实验的平均。从纵向来看，ADL 的性能曲线高于随机采样(被动学习)。这意味着通过 ADL 算法选择的样本比通过随机采样选择的样本对基础模型更有利。通过 AL，DL 模型可以在有限数量的标注样本下达到更高的精度。从横向来看，为了达到预定的精度目标，ADL 所需的标注样本数量少于被动学习。例如，对于所提出的两阶段综合采样 ADL 方法，分别需要 800 个、1200 个、2000 个标注样本，直到其达到 95%、96%、

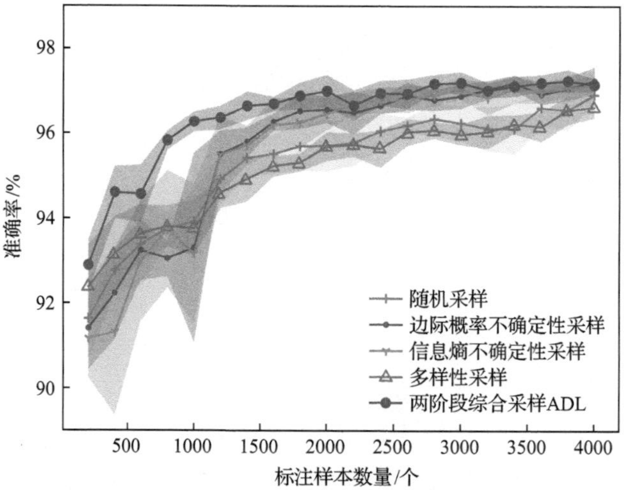

图 5.27　各采样方法在 CEPRI-36 节点系统上的性能

97%的准确率，如图 5.28 所示。但对于随机采样方法，标注样本需求分别是 1200 个、2600 个、4000 个以上。换句话说，ADL 策略可以将标签成本降低一半，同时仍能达到 97%的准确率，详细结果如图 5.28 所示。可以看到，ADL 在很大程度上减轻了 DL 对标注样本的要求，提高了其应用效率。

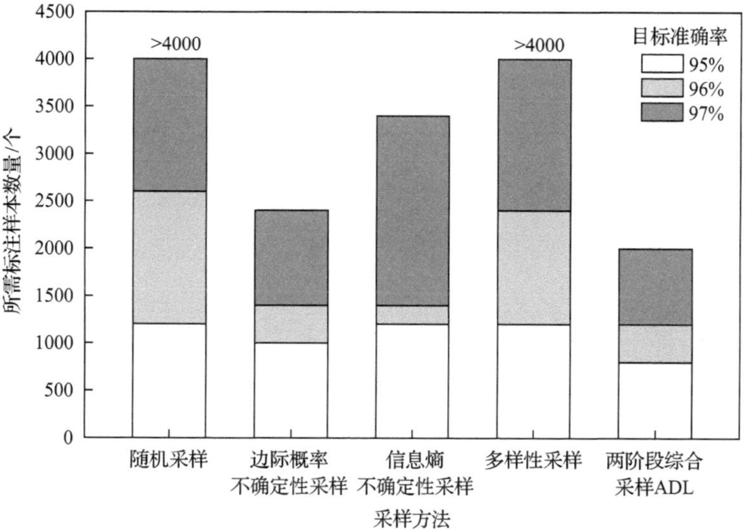

图 5.28　CEPRI-36 节点系统中各采样方法

此外，从图 5.27 中可以看出，两阶段综合采样 ADL 框架在开始和后续阶段都比单纯不确定性采样(指边际概率不确定性采样和信息熵不确定性采样)和单纯多样性采样表现更好。这应归功于两种采样策略的混合优势。

2) 某区域电网

以某区域电网为例，验证所提 ADL 方法在实际大系统中的性能和可扩展性。该系统由 223 台发电机、2131 条母线、1748 条交流输电线路和 708 个负荷组成。

(1) 数据集生成。根据 5.1.1 节所述内容生成样本，功角数据和电压数据维度分别为 $\delta \in \mathbb{R}^{201\times 223}$ 和 $U \in \mathbb{R}^{201\times 321}$，远大于 CEPRI 36-节点系统。产生的 30048 个样本随机分成 85%和 15%两部分，分别作为训练集和测试集。

(2) 基线：基于 DL 的 DIM 识别结果。首先，利用全标注样本对某区域电网的基本模型 SE-CNN 进行评估。具体结果如图 5.10 所示。SE-CNN 的优越性能证明了其在实际电力系统中的可行性和可扩展性。在随后的案例研究中，SE-CNN 被用作 ADL 算法的基础模型。

(3) 基于 ADL 的 DIM 识别结果。本小节对某区域电网的两阶段综合采样 ADL 框架进行了评估。参数设置与 CEPRI-36 节点系统基本相同。初始化时，首先基于全部未标注样本训练深度自编码器，并且通过多样性采样选择 200 个样本用于标注以形成标注集。

采样批量 B 也设置为 200。在每次迭代中，从未标注的池中选择 200 个样本，然后对其进行标注。在模型训练之后，记录最后 10 个轮次期间的测试精度。在相同条件下重复实验 5 次。以类似的方式，在相同的条件下评估其他采样策略。

结果如图 5.29 中的性能曲线所示。从纵向来看，所提出的两阶段综合采样综合 ADL 框架的性能曲线高于随机采样(被动学习)、两种不确定性采样和多样性采样。这意味着通过本节提出的策略选择的样本能使得 SE-CNN 模型达到最高精度。

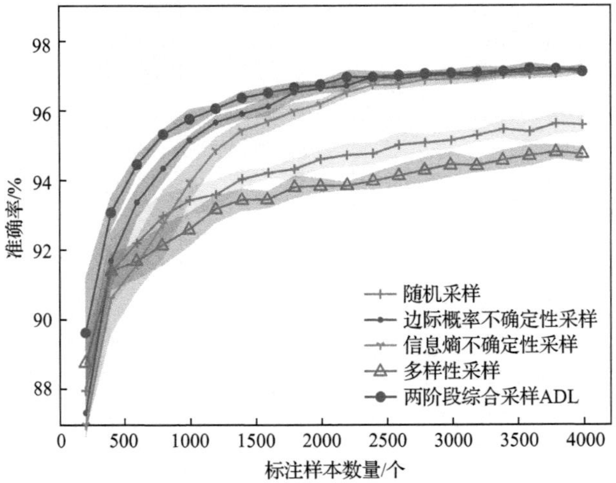

图 5.29　各采样方法在某区域电网上的性能

根据记录的结果，还计算了达到一定准确率所需的标注样本数量，如图 5.30

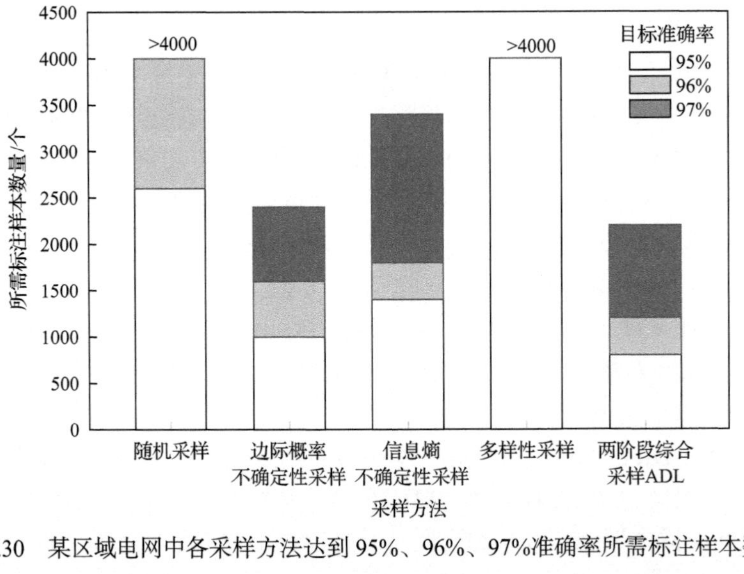

图 5.30　某区域电网中各采样方法达到 95%、96%、97%准确率所需标注样本数量

所示。对于所提出的两阶段综合采样 ADL，分别需要 800 个、1200 个、2200 个标注样本，使得模型分别达到 95%、96%、97%的准确率。但对于随机采样(被动学习)，要求分别是 2600 个、4000 个以上、4000 个以上。ADL 在很大程度上减轻了对标签样品的 DIM 识别要求。虽然纯多样性采样的主动学习甚至不如被动学习，但是所提出的两阶段综合采样 ADL 框架性能最优。这种效果部分来自不确定性和多样性采样策略的混合优势。

在某区域电网中，所提出的两阶段综合采样 ADL 框架的性能优于被动学习和其他 ADL 方案。它的有效性和可扩展性在实际的大规模系统中得到了验证。并且在大规模系统中，达到一定的准确率所需的标注样本的数量并不会显著增加。有了两阶段综合采样 ADL 框架，智能稳定分析和 DIM 识别模型可以快速方便地建立，大大降低了人力成本。

5.2.2　基于半监督学习的主导失稳模式判别方法

半监督学习(semi-supervised learning，SSL)[33]可以通过与有标注样本和无标注样本联合学习来降低深度学习模型对有标注样本的依赖，SSL 认为无标注样本也带有大量有助于分类的信息，模型融合了有标注样本和无标注样本共同优化模型。近几年基于 DL 的 SSL 方法发展迅猛，其关键在于如何挖掘无标注样本中对于指定的分类任务有用的信息，即怎么构造一个适合无标注样本的训练目标，现在主要的研究思路是构造正则化损失来评估无标注样本的损失，包括采用熵正则化(伪标签)[34]及一致化正则(consistency regularization，CR)[35-38]的方法。CR 在局部平滑的假设下，认为对无标注的样本施加一定量的小扰动后应该不影响输出的结果。本节基于文献[38]中提出的均值教师(mean teacher，MT)方法，分别构造一个教师网络和一个学生网络，教师网络为学生网络提供无标注样本的训练目标，在训练过程中，学生网络利用有标注样本的交叉熵损失和无标注样本的 CR 进行训练和参数更新，教师网络则通过集成历史的学生网络和教师网络的参数进行参数更新。进一步分析发现，原始的 MT 算法中扰动的施加是随机的，这会导致模型不能很好利用无标注样本的信息，因此本节引入虚拟对抗训练(virtual adversarial training，VAT)[37]进行最大扰动搜寻。

1. 基于 VAT-MT 的 DIM 智能识别框架

本节将以电力系统仿真数据中的主导失稳模式识别为背景，提出基于 VAT-MT 模型的 SSL 的整个应用框架，并重点介绍样本生成与处理、用来进行 DIM 识别的 CNN 及其如何应用到电力系统暂态稳定仿真分析中，模型的整体框架和应用流程如图 5.31 所示。

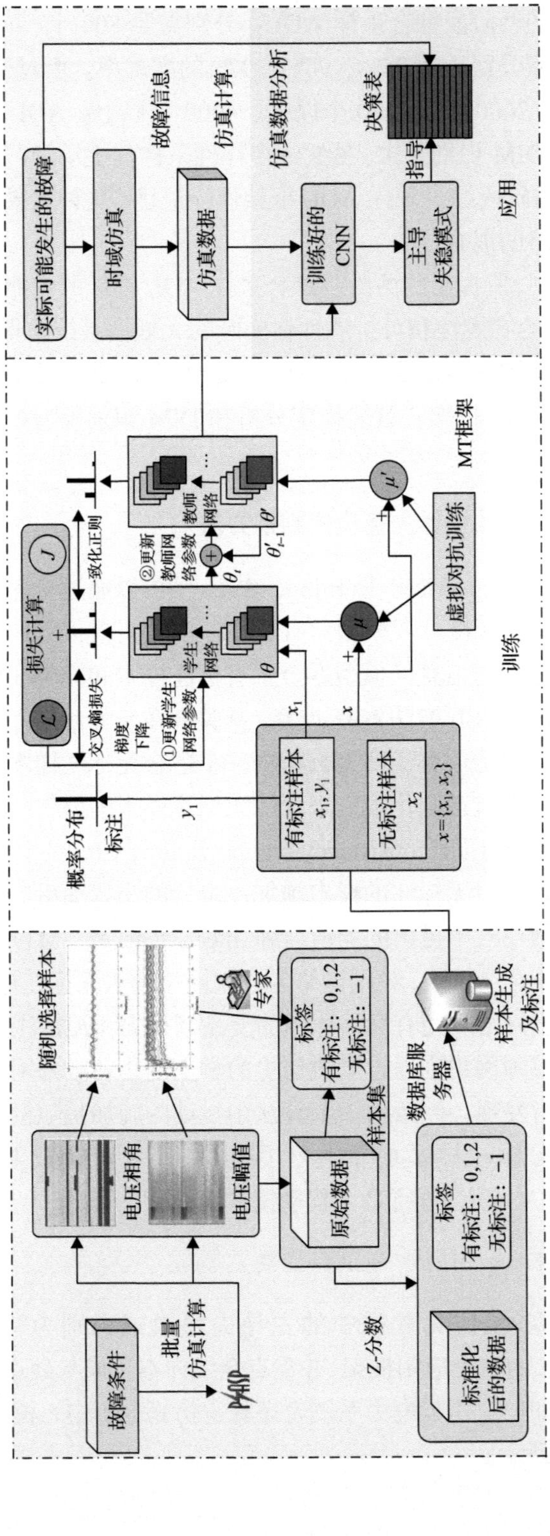

图5.31　模型整体框架及应用流程图

1) DIM 样本集生成及处理

SSL 相对于监督学习的优势是只需要少量的标注样本，因此在样本标注阶段仅需随机选择少量的样本交由专家进行标注。专家在标注时通过观察电压幅值和相角曲线，并结合故障位置等信息综合判断，这个过程严重依赖专家经验。对于功角失稳和电压失稳交织的样本，为保证样本标注的准确性，常用系统失稳后施加紧急控制策略来验证主导失稳模式，具体地，切除发电机能使得系统恢复稳定或失稳程度下降的为功角失稳，切除负荷能使得系统恢复稳定或失稳程度下降的为电压失稳。DL 网络选择电网中母线的电压幅值和相角作为输入。

2) CNN

本节提出的基于 VAT-MT 的 SSL 方法本质是一种 SSL 的训练框架，其目标是训练一个性能良好的 DL 网络，VAT-MT 模型的原理和数学推导将在本节第 2 部分(融合 VAT 和 MT 的 SSL 模型)重点讲解。方法的研究过程中以 CNN 作为主导失稳模式识别的 DL 网络模型，CNN 是由卷积层、池化层、批标准层以及全连接层构成的复杂网络，其结构如图 5.32 所示。

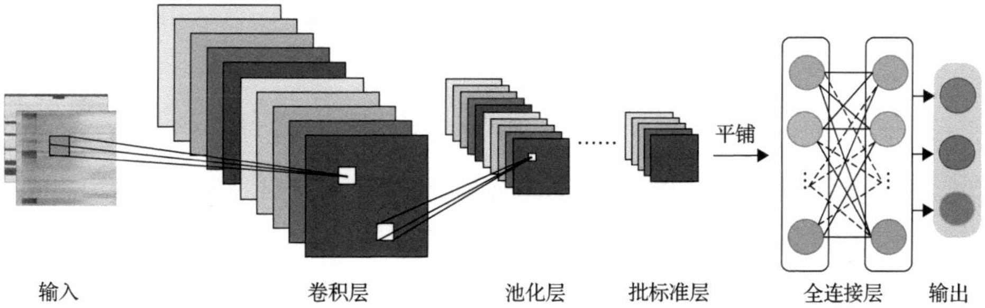

图 5.32　CNN 结构

在模型训练阶段，选用 Adam 优化器，初始学习率设为 0.001，并在 100 个轮次后以指数形式进行下降。将样本集的 80%作为训练集，20%作为测试集，测试集中均为有标注样本，训练集中有标注样本的标签分别为：0-稳定、1-功角失稳和 2-电压失稳，无标注样本的标签全部设为–1，CNN 的参数更新由 MT-VAT 模型控制。

2. 融合 VAT 和 MT 的 SSL 模型

本节所用的 MT 模型是一种 SSL 框架，其利用蒸馏学习的思想分别构造了一个教师网络和学生网络，进而基于局部平滑的假设利用教师网络给学生网络的无标注样本构造 CR 作为训练的损失函数，使得 MT 模型能够挖掘出无标注样本中对分类目标有用的特征信息。由于 MT 模型中学生网络和教师网络结构完全一致，因此可以用学生网络的历史参数实时更新教师网络，是教师网络参数能够更新的关键。为进一步提升模型性能，本节研究发现 MT 模型中添加随机噪声来获取 CR 损失的方式不能很好地利用无标注样本的信息，为解决这一问题，本节采用 VAT 方法搜寻最大扰动方向，并以此作为 MT 模型的扰动大小。

1）一致化正则

SSL 的重点是如何衡量无标注样本的信息，现有基于 DL 的 SSL 模型通常是利用 CR 来实现的。在深度 SSL 中构造 CR 的目的是给无标注样本提供一个高效合理的训练方向，以便模型能够从无标注样本中挖掘有助于分类的信息而滤除对分类有害的信息。CR 的主要思想在于 SSL 中的局部平滑假设，即认为对无标注样本的输入特征施加小扰动后应该不影响 CNN 模型输出的分布。具体地，MT 模型的 CR 构造方法为：无标注样本的输入特征经加噪后分别经由教师网络和学生网络得到输出结果，其中教师网络的输出 $f'(x,\theta',\mu')$ 作为学生网络的目标，x 为输入特征，θ' 为教师网络的参数，μ' 是输入教师网络的噪声大小。

2）MT 模型数学推导

MT 只是一个 SSL 框架，适用于任意一个 DL 网络，其结构如图 5.31 中间部分所示，训练过程中有标注样本的损失与监督学习一致，一般采用交叉熵损失函数；而无标注样本则采用 CR 评估，即

$$J(x,\theta,\mu,\theta',\mu') = \mathbb{E}[f(x,\theta,\mu), f'(x,\theta',\mu')] \tag{5.23}$$

其中，$\mathbb{E}$ 是散度函数，通常为 KL 散度或均方差；$f(x,\theta,\mu)$ 是学生网络的输出，x 为输入特征，θ 为学生网络的参数，μ 是输入学生网络的噪声大小；$f'(x,\theta',\mu')$ 是教师网络的输出。训练过程中的损失值可以表示为

$$L = \mathcal{L}\left[f\left(x_1,\theta\right), y_1\right] + J(x_2,\theta,\mu,\theta',\mu') \tag{5.24}$$

其中，x_1 是有标注样本的输入特征；y_1 是对应的标签；x_2 是无标注样本的输入特征；$\mathcal{L}$ 是交叉熵损失函数。式(5.24)可以用于更新学生网络的参数 θ，对于教师网络的参数 θ'，采用指数移动平均(exponential moving average，EMA)进行更新：

$$\theta_t' = \alpha\theta_{t-1}' + (1-\alpha)\theta_t \tag{5.25}$$

其中，θ_t' 和 θ_t 分别是教师网络和学生网络训练中第 t 个步骤的参数；α 是权重超参数。训练前期，模型并不稳定，训练主要依靠有标注样本，学生网络的性能应该比教师网络好，因此 α 应该偏小；到了训练的后期，模型趋于稳定，教师网络的性能逐渐提高并优于学生网络，因此 α 应该趋于 1，α 的表达式为

$$\alpha = \min\left\{1 - \mathrm{e}^{-t/100}, \alpha_{\max}\right\} \tag{5.26}$$

其中，$\alpha_{\max}$ 为设定的最大权重。

3) 基于 VAT 的最大扰动搜寻

如前所述，模型应该能够适应微小输入的改变，而如果模型过拟合，那么就会出现小扰动输入导致输出发生极大变化。因此，在训练过程中，需要向无标注样本的输入特征中加入扰动使得模型具备抵御干扰的能力，同时可以强化决策边界，使得决策边界附近的样本分布变得稀疏，也就是加强了模型的分类能力。一种最优的对抗训练方法就是寻找一个小扰动导致模型输出产生最大变化的方向，称为最大扰动方向，在这个方向加上扰动 μ 用于训练相对于施加随机噪声具有更好的效果，其可以充分利用无标注样本的信息。下面通过 VAT 搜寻最大扰动方向：

$$\Delta_{\mathrm{KL}}(\mu,x,\theta)=K_L[p(y\,|\,x,\theta)\,\|\,p(y\,|\,x+\mu,\theta)] \tag{5.27}$$

其中，$p(y\,|\,x,\theta)$ 是模型的输出；通过 KL 散度计算施加扰动后模型输出的差异。进一步，需要搜寻的扰动为

$$\mu=\operatorname{argmax}\left\{\Delta_{\mathrm{KL}}(\mu,x,\theta);\|\mu\|_2\leqslant\varepsilon\right\} \tag{5.28}$$

其中，$\|\mu\|_2\leqslant\varepsilon$ 是限制扰动最大值的 L2 正则。图 5.33 是 VAT 的原理示意图，实心圆表示不同的样本，用深色和浅色区分不同的类别，图中展示了三个样本搜寻最大扰动方向的结果，对于处在分类边界附近的样本(容易误判的样本)，其扰动量的值 $\|\mu\|_2$ 小于 ε，相当于寻找一个从样本出发，垂直指向分类边界的向量，这个向量的模是样本跟分类边界之间距离的最小值；对于远离分类边界的样本，搜寻的向量的模为 ε。从图 5.33 中还可以看出，经过 VAT 优化后的分类边界变得更加平滑，边界处样本分布更加稀疏，模型能更好地抵抗输入扰动。

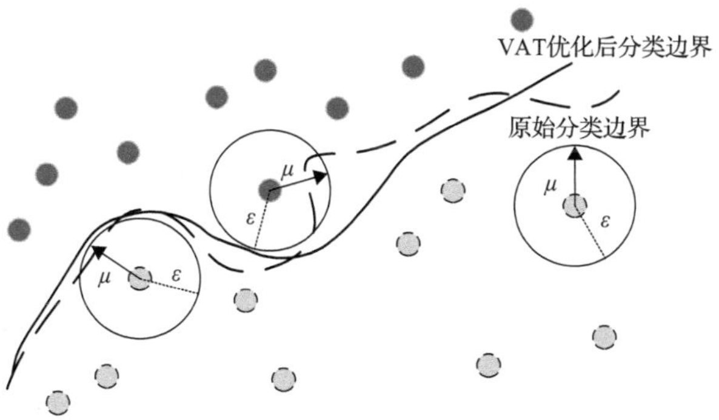

图 5.33　VAT 原理示意图

3. 算例分析

为了验证所提出的 VAT-MT 模型应用的有效性，本节在 CEPRI-36 节点系统

和中国某区域电网进行了算例分析。其中 DL 网络以及 VAT-MT 模型均基于 PyTorch 搭建，算例分析所用的硬件平台为 Intel® Core™i9-10900K @ 3.70GHz CPU，128GB RAM，NVIDIA RTX2080 Super GPU。

1) CEPRI-36 节点系统

首先，为了说明 CNN 在解决 DIM 识别这类复杂分类问题时候的优势，本节先进行了多种机器学习方法与本节所用的 CNN 进行监督学习的对比，选取的对比机器学习方法有 SVM、DT、KNN 和 RF。不同机器学习方法准确率对比结果如表 5.9 所示，测试结果表明基于 DL 的 CNN 具有最好的准确率。

表 5.9 CEPRI-36 节点系统机器学习方法准确率对比

方法	CNN	SVM	DT	KNN	RF
准确率/%	96.5	94.7	93.9	93.7	95.1

在 MT 模型超参数寻优过程中，应重点关注 α_{max}，其值决定了教师网络和学生网络中什么时候无标注样本成为更新网络参数的重点，本例设置多个 α_{max} 参数并寻找其表现较好的值。为了验证提出的 VAT-MT 模型的有效性，本节以只利用有标注样本训练的 CNN 模型作为对比，具体测试结果如图 5.34 所示。可以看出，在各种情况下(不同 α_{max} 和不同标注样本比例)半监督学习的方法都好于监督学习方法；VAT-MT 模型只利用少量标注样本即可较大提升 CNN 的准确率，仅使用 5%有标注的训练集样本(312 个)即可达到将近 96%的准确率，而监督学习则需要 50%的标注样本才能得到同等效果；且在标注样本比例较小的情况下，VAT-MT 模型提升的效果更明显。此外，从各种标注样本比例下不同 α_{max} 的结果可以看出，

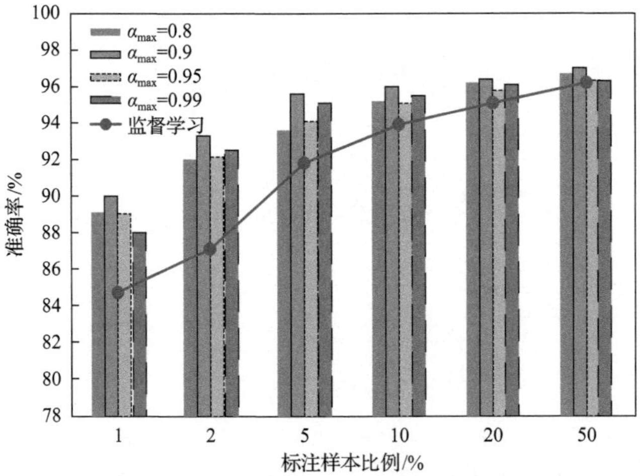

图 5.34 CEPRI-36 节点系统对比测试结果

当其值取 0.9 时，模型的判断准确率最高。

进一步，为了验证 VAT 有助于提升模型性能，测试了模型带 VAT 与否对性能的影响，其结果如图 5.35 所示（α_{max}=0.9），其中浅灰色填充部分表示采用 VAT 后提升的效果。从图中可以看出，引入 VAT 后，MT 模型的效果有所提升，在采用极少样本训练的时候(训练集中标注样本比例小于 10%)，VAT 使 MT 模型提升了近 2 个百分点的判断准确率，在 10%标注比例的时候即可达到 96%的准确率，达到了不带 VAT 的 MT 模型在训练集标注样本比例为 50%时取得的效果，提升效果明显。因此，VAT 使 MT 模型更加充分地利用了训练集中大量无标注样本的信息。

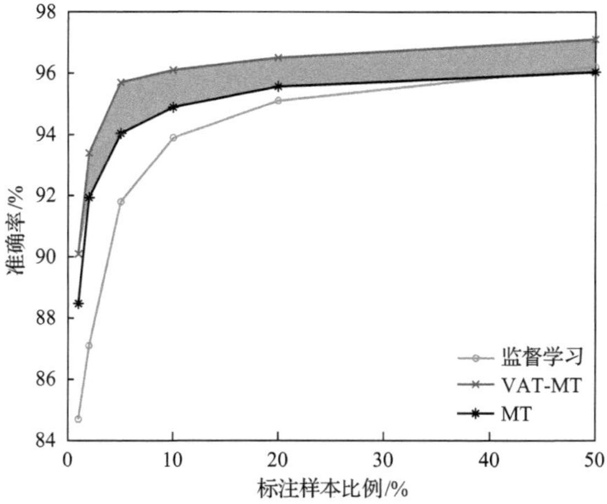

图 5.35　VAT 对 MT 模型的效果影响

2) 某区域电网

模型训练与测试过程与 CEPRI-36 节点系统类似，但是输入特征只采用 500kV 母线的电压幅值和相角。首先进行不同机器学习方法的监督学习验证 CNN 能够取得相对于非 DL 方法更好的性能，其结果如表 5.10 所示。

表 5.10　某区域电网机器学习方法准确率对比

方法	CNN	SVM	DT	KNN	RF
准确率/%	96.1	93.7	92.7	91.5	95.5

此外，本节还测试了不同 α_{max} 参数对 VAT-MT 模型的影响，并且以监督学习作为对照实验，结果如图 5.36 所示。从图中可以看出，在实际的某区域电网中，本节提出的 VAT-MT 模型能够利用较少的样本极大地提高模型的准确率，以仅利用训练集 0.5%(150 个)的有标注样本进行训练为例，监督学习仅能取得 82%左右的准确率，而 VAT-MT 模型可以达到 88%以上的准确率。随着训练集中有标注样本的增加，VAT-MT 模型利用训练集中 20%的有标注样本训练的 CNN 可以取得 96%以上

的准确率，这是监督学习利用训练集中所有标注样本进行训练才能取得的结果。

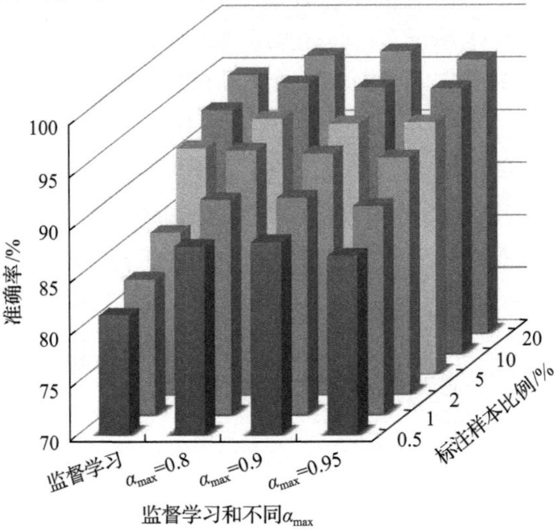

图 5.36 某区域电网 VAT-MT 模型测试结果

5.2.3 基于主动迁移学习的电网变化适应方法

电力系统可能会经历预想外的运行方式变化，如重要的发电机或输电线路退出运行，以及潮流或电网拓扑结构的大规模变化，在不同运行方式下的电力系统数据服从不同的分布。因此，在面对未学习的运行方式时，DL 模型的性能将不可避免地恶化，其适应性会受到很大影响。该问题最原始的解决方案是生成新运行方式下的样本并通过人工标注，然后重新训练一个新的 DL 模型。然而，由于主导失稳模式的标注依赖于电力系统专家，重建模型的成本过高，影响了其可行性。

迁移学习旨在通过利用来自不同但相关的源域的知识来提高目标模型在目标域上的性能，是一种更具前景的解决该问题的方法[39]。利用迁移学习，在一个运行方式(源域)中学习得到的 DL 模型仅需少量标注样本即可以适应其他未学习的运行方式(目标域)。但现有基于迁移学习的电网适应变化研究还比较少。文献[40]提出了一种基于样本的迁移学习方法，即继承与典型目标域样本相似的源域样本。它试图利用源域样本中的知识，但忽略了源域模型中的信息。文献[28]提出了一种主动学习策略，通过主动选择目标域样本对原始模型进行微调来节省计算时间。通过这种方式，迁移学习可以通过精心挑选信息丰富的新样本来实现更有效的适应。然而，这种策略没有尝试利用源域样本的知识。

为了充分利用各种有用信息，进一步降低对新运行方式下标注样本的要求，本节提出一种将主动学习和迁移学习结合的双向主动迁移学习(bidirectional active transfer learning，Bi-ATL)框架。该框架可以用较少的新标注样本将基于 DL

的电力系统稳定评估(power system stability assessment，PSSA)模型从原始运行方式(源域)迁移到未学习的新运行方式(目标域)。从源域样本集开始，框架中的前向主动学习模块从目标域识别出最有标签价值的样本，并将其加入训练集(query(+))；反向主动学习模块则删除偏离目标域分布的源域样本(query(–)[41])。基于双向主动学习(bidirectional active learning，Bi-AL)，形成了一个综合源域和目标域样本中有用信息的混合样本集。然后，基于混合样本集，采用微调方法对源域模型进行微调，利用源域模型中的信息，使现有的源域模型适应目标域。通过整合 Bi-AL 和迁移学习，源域数据、源域模型和目标域数据的三方知识得到了充分的利用。因此，DL 模型可以使用更少的新标记的训练样本转移到新的操作条件，使其在实际的 PSSA 工作中更加适用。本节在标准测试电力系统(CEPRI-36 节点系统)和一个真实世界的大型电力系统(中国某区域电网-2131 母线)上进行的深入细致的算例分析，验证了所提出的 Bi-ATL 框架的准确性、有效性和效率。

1. 双向主动迁移学习框架

为了进一步减少将深度学习模型迁移到未学习的运行方式时所需的标注样本的数量，将双向主动学习(bidirectional active learning，Bi-AL)方法与微调联合，形成 Bi-ATL 框架。与单独的微调不同，Bi-ATL 框架充分利用了所有可用的资源，包括源域模型、已标注的源域样本和少数待标注的目标域样本，其标注是通过主动向专家询问获得的。Bi-ATL 方法的总体框架如图 5.37 所示。

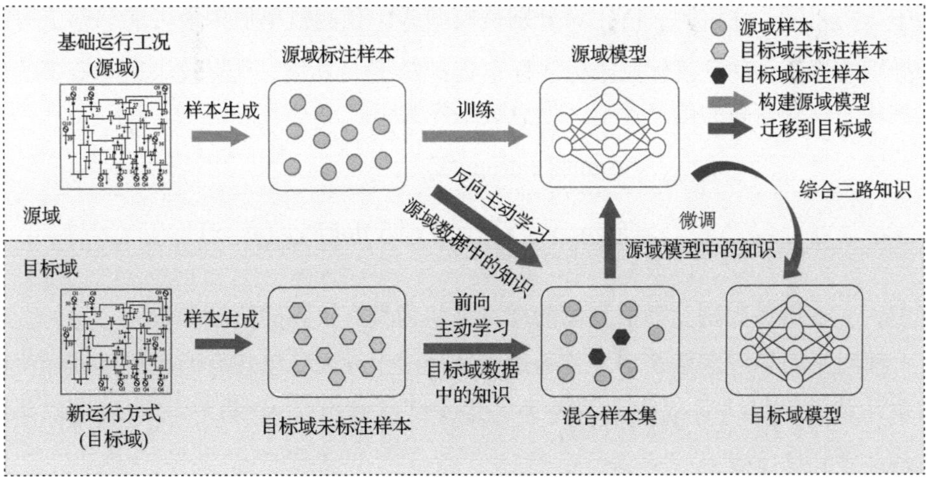

图 5.37　Bi-ATL 方法的总体框架

在样本层面，该框架中的 Bi-AL 模块组成了一个混合样本集，包括从目标域主动引入的新知识(前向主动学习)和从源域主动继承的现有信息(反向主动学习)。前向主动学习的目标是挑选最值得标注的目标域样本进行标注，从而获得比选择其他样本更好的性能。反向主动学习是为了找到合适的源域样本，以便在降低目标域样本标注数量的同时，实际扩大训练集。然后在模型参数层面上，利用主动构建的混合样本集进行微调，使预先训练好的模型适应新的运行方式，这样做比被动微调更有效。

2. 双向主动学习：利用源域和目标域样本中的信息

相比常规深度学习，主动学习对样本的需求更低，可以与迁移学习结合进一步降低迁移学习对标注样本的需求。但传统主动学习为单向主动学习，只能主动选择目标域样本而忽略了源域样本。而双向主动学习包含前向主动学习和反向主动学习，能综合源域和目标域的信息。

1) 前向主动学习：利用目标域样本的信息

前向主动学习，也称为 query(+)，是标准的主动学习方法，其目的是基于不确定性采样方法，从目标域无标注样本池中选择一批最具信息含量的样本。获得当前模型对其标注最不确定的实例的真实标注，有助于消除不确定性，为模型带来最多的信息。它可以通过边际概率抽样或信息熵采样来实现：

$$\begin{aligned} x_{\text{margin}}^{+} &= \underset{x \in \mathcal{U} \subseteq \mathcal{D}_t}{\operatorname{argmin}} \operatorname{margin}(x) \\ &= \underset{x \in \mathcal{U} \subseteq \mathcal{D}_t}{\operatorname{argmin}} \mathbb{P}_{\mathcal{M}_{\theta_t}}\left(\hat{y}_1 \mid x\right) - \mathbb{P}_{\mathcal{M}_{\theta_t}}\left(\hat{y}_2 \mid x\right) \end{aligned} \tag{5.29}$$

其中，$\mathbb{P}_{\mathcal{M}_{\theta_t}}\left(\hat{y}_1 \mid x\right)$ 和 $\mathbb{P}_{\mathcal{M}_{\theta_t}}\left(\hat{y}_2 \mid x\right)$ 分别是模型 $\mathcal{M}_{\theta_t}$ 预测概率值中最可能和第二可能的类别的概率；$\mathcal{U}$ 是目标域未标注样本集；$\mathcal{D}_t$ 是目标域。具有较小边际概率的样本被认为具有较高的信息含量。信息熵采样为

$$\begin{aligned} x_{\text{entropy}}^{+} &= \underset{x \in \mathcal{U} \subseteq D_t}{\operatorname{argmax}} \operatorname{entropy}(x) \\ &= \underset{x \in \mathcal{U} \subseteq D_t}{\operatorname{argmax}} - \sum_i \mathbb{P}_{\mathcal{M}_{\theta_t}}\left(y_i \mid x\right) \log \mathbb{P}_{\mathcal{M}_{\theta_t}}\left(y_i \mid x\right) \end{aligned} \tag{5.30}$$

其中，y_i 遍历各类别。高信息熵的样本被认为具有较高的信息含量。

前向主动学习重复 B^{+} 次，并通过专家标注主导失稳模式后形成目标域标注样本集 $\left\{\left(\mathcal{X}_t^{+}, \mathcal{Y}_t^{+}\right)\right\} = \left\{\left(x_i, y_i\right) \mid \left(x_i, y_i\right) \in \mathcal{D}_t, x_i \in \mathcal{X}_t^{+}\right\}$，其中，$\mathcal{X}_t^{+}$ 和 $\mathcal{Y}_t^{+}$ 是目标域标注样本特征及其标注值。

2) 反向主动学习：利用源域样本的信息

源域数据包含了对迁移学习有价值的信息（领域不变的信息），然而也有干扰信息（源域特定的信息）。反向主动学习，也称为 query(−)，探索现有的源域数据，在保留可迁移的数据的同时，智能地去除干扰信息。具体来说，它从源域中删除偏离

目标域分布的样本。因此，符合目标域分布的源域样本被保留下来。这样，反向主动学习通过利用源域数据的信息，实际上扩大了用于微调的标注样本的数量。

反向主动学习的启发式方法是，如果目标域模型对源域样本的判断与源域模型对其的判断不同，则源域样本不能适应目标域。具体来说，考虑源域模型 $\mathcal{M}_{\theta_0}$ 计算的后验概率与当前回合 t 中的模型 $\mathcal{M}_{\theta_t}$ 计算的后验概率之间的差别。注意到 $\mathcal{M}_{\theta_0}$ 是在源域数据上训练的，但是 $\mathcal{M}_{\theta_t}$ 是在混合样本集上训练的，这意味着 $\mathcal{M}_{\theta_t}$ 已经获得了目标域的知识。如果某源域样本 x 符合目标域分布，那么由 $\mathcal{M}_{\theta_t}$（在包括 x 的源域数据上训练的）计算的后验概率应该接近于由 $\mathcal{M}_{\theta_t}$（在包括与 x 接近的目标域数据的混合样本集上训练的）计算的后验概率。相反，如果一个源域样本 x 偏离了目标域分布，两个模型的后验概率预测将非常不同。将其从训练集中删除更有助于模型适应目标域。因此，反向主动学习会移除使后验概率变化最大化的源域样本。具体的查询函数设计如下：

$$x^{-}=\underset{x\in\mathcal{D}_{\mathrm{s}}}{\operatorname{argmax}}\left\|\mathbb{P}_{\mathcal{M}_{\theta_t}}(y|\,x)-\mathbb{P}_{\mathcal{M}_{\theta_0}}(y|\,x)\right\|_1 \tag{5.31}$$

其中，$\mathcal{D}_{\mathrm{s}}$ 为源域；$\mathbb{P}_{\mathcal{M}_{\theta_t}}(y|\,x)$ 和 $\mathbb{P}_{\mathcal{M}_{\theta_0}}(y|\,x)$ 分别是 $\mathcal{M}_{\theta_t}$ 和 $\mathcal{M}_{\theta_0}$ 预测的不同类别的后验概率向量；L1 范数 $\|\cdot\|_1$ 目的在于综合后验概率各维度的变化。类似地，反向主动学习重复 B^{-} 次，从而挑选出一批（B^{-} 个）偏离目标域样本的源域样本，并将其从源域中删除。所删除的源域样本记为 $\left\{\left(\mathcal{X}_t^{-},\mathcal{Y}_t^{-}\right)\right\}=\left\{\left(x_i,y_i\right)|\left(x_i,y_i\right)\in\mathcal{D}_{\mathrm{s}},x_i\in\mathcal{X}_t^{-}\right\}$，$\mathcal{X}_t^{-}$、$\mathcal{Y}_t^{-}$ 是删除的源域样本特征及其标注。

3）双向主动学习：前向主动学习和反向主动学习的结合

如图 5.38 所示，前向主动学习和反向主动学习在 Bi-ATL 框架中组合，充分利用源域样本和目标域样本中的信息，形成混合样本集，以达到降低目标域标注成本的目的。

3. 迁移学习：利用源域模型中的信息

在样本层面，混合样本集继承了源域的有价值的数据，并引入了目标域的新数据。然后在模型参数层面，微调基于混合样本集对源域模型进行微调以利用源域模型中的信息。有了三方面的信息，Bi-ATL 框架比传统的迁移学习方法更有效，更适用于 PSSA 场景。

4. 算例分析

1）CEPRI-36 节点系统

分别选用 CEPRI-36 节点系统和我国某区域电网模型进行算例分析，验证所

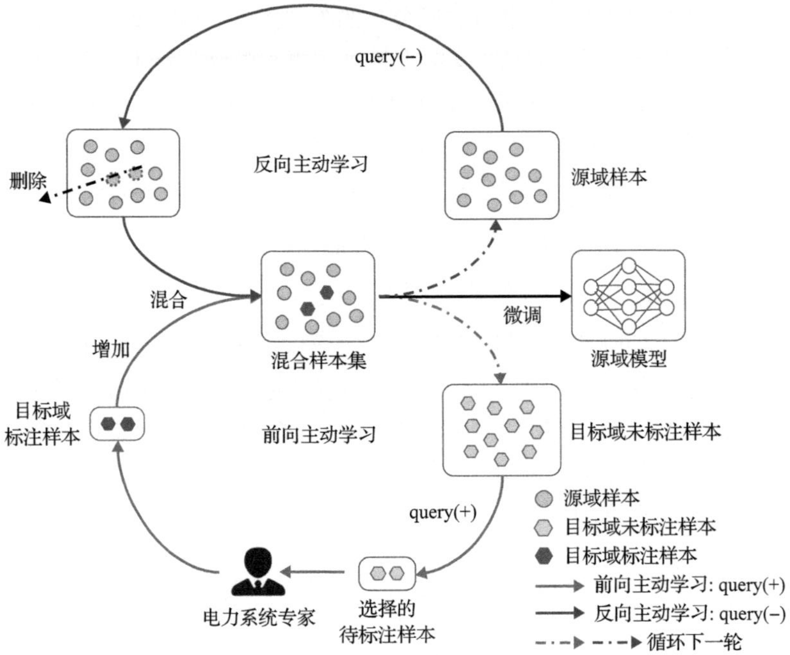

图 5.38　双向主动学习框架

提 Bi-ATL 框架在有效性、准确性和适应性方面的优势以及三路信息：源域样本、源域模型和目标域样本的作用。

(1) 基于 Bi-ATL 框架的运行方式变化适应。为了模拟运行状况的变化，将系统的一部分(如输电线路或变压器)停运。相应地，潮流和运行工况将发生变化。为了生成新运行方式下的数据集，每条交流输电线路依次停运，并重新进行潮流计算和暂态稳定仿真，如此生成了 4914 个目标域样本。

如果在基础运行条件(源域)上预训练的模型在没有任何修改的情况下在新的运行条件(目标域)下进行测试，准确率会下降到 89.36%，这很难满足实际需求。因此，需要通过 Bi-ATL 框架对源域模型进行迁移。前向主动学习和反向主动学习批量大小分别设置为 50 和 500，最大迭代次数设为 10 次。实验在相同条件下重复 5 次，所得到的准确率平均值如图 5.39 中三条实线所示。Bi-ATL 框架(边际概率采样)通过 400 个标注样本，模型准确率就能从 89%提高到 95%，验证了 Bi-ATL 的有效性。

(2) 主动学习的有效性验证。在前向主动学习中，两种不确定性采样策略(边际概率采样和信息熵采样)和随机采样都在相同的设置下实现，以便进行公平的比较。它们都与反向主动学习和微调相结合。它们的性能曲线被绘制在图 5.39 中，其中上下横轴分别表示源域和目标域实例的数量。从纵向看，两种不确定性采样 Bi-ATL 方法的性能曲线都高于随机采样的性能曲线，说明前向主动学习选择的样本相比被动学习对模型迁移更有益。从横向看，要达到目标精度，所需的目标域标注样本的数量要比被动学习少得多。因此，前向主动学习的有效性得到了验证。此外，结果表明边际概率采样前向主动学习是两种主动学习技术中效果较好的，后面的实验中使用了它。

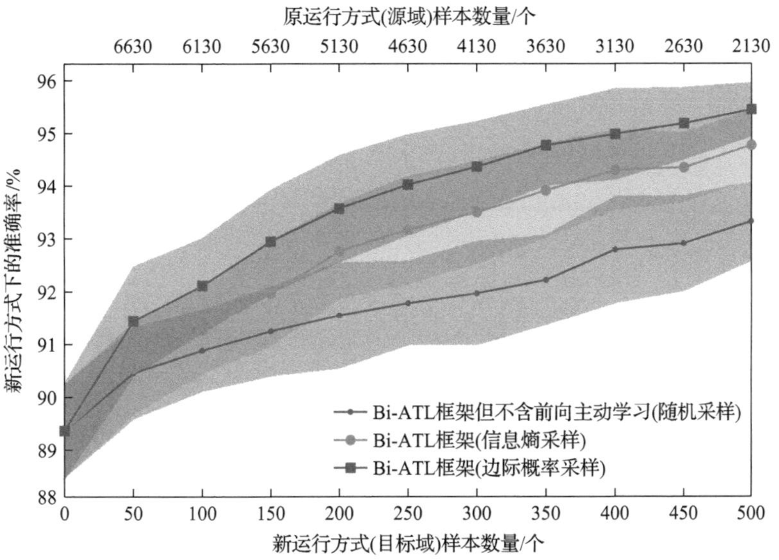

图 5.39　采用不同正向主动学习策略的 Bi-ATL 框架在 CEPRI-36 节点系统中的效果曲线

(3) Bi-AL 的有效性验证。为了分别验证前向主动学习和反向主动学习的有效性，本节比较了 Bi-ATL 框架中单独的前向主动学习、单独的反向主动学习和 Bi-AL 的性能。这三种方法都是从源域数据集开始的，但是单独的前向主动学习只向其中添加新的样本，单独的反向主动学习只从其中删除旧的样本，而 Bi-AL 则是这两者的结合。它们都与微调相结合，结果如图 5.40 所示。可以看出，Bi-AL 比单向主动学习效果更好，包括单独的前向主动学习和单独的反向主动学习。换句话说，在混合训练集上微调的模型比在纯源域样本集或相同量的纯目标域样本集上微调的模型更准确。因此，Bi-AL 的有效性得到验证。

(4) 迁移学习的有效性验证。前面已验证双向主动学习的效果，下面验证迁移学习的效果。具体来说，本节做了 4 个测试，在这四个测试中都利用了主动学习，但迁移学习的设置不同。①主动学习从头开始训练：通过对目标域的主动学习建立一个新的模型，与源域无关。②利用源域模型的主动迁移学习：在主动选择的目标域样本上对源域模型进行微调，但不利用源域数据，这实际是在文献[28]中提出的基于模型参数的迁移学习。③利用源域数据的主动迁移学习：基于 Bi-AL 方法建立的混合样本集训练一个新的模型，但没有进行微调，即基于样本的迁移学习。④本节所提的利用源域模型和源域数据的 Bi-ATL 框架：完整的 Bi-ATL

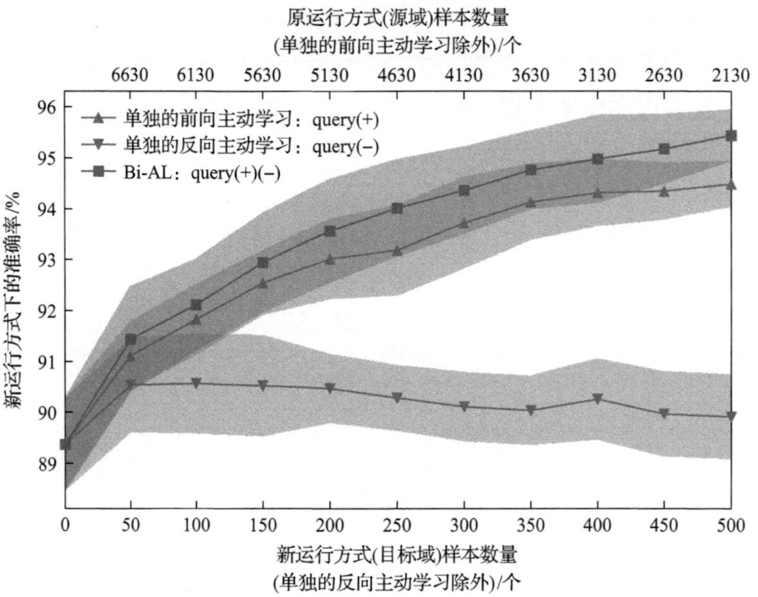

图 5.40　单独的前向主动学习、单独的反向主动学习和 Bi-AL 在 CEPRI-36 节点系统中的效果曲线

框架，是两种迁移学习方法的结合。4 种测试的结果如图 5.41 所示。②和①的对比、③和①的对比分别验证了源域模型(基于模型参数的迁移)和源域样本(基于样本的迁移)对迁移的效果。④与①、②的对比表明基于模型参数的迁移和基于样本的迁移的结合相比单独一种效果更好。

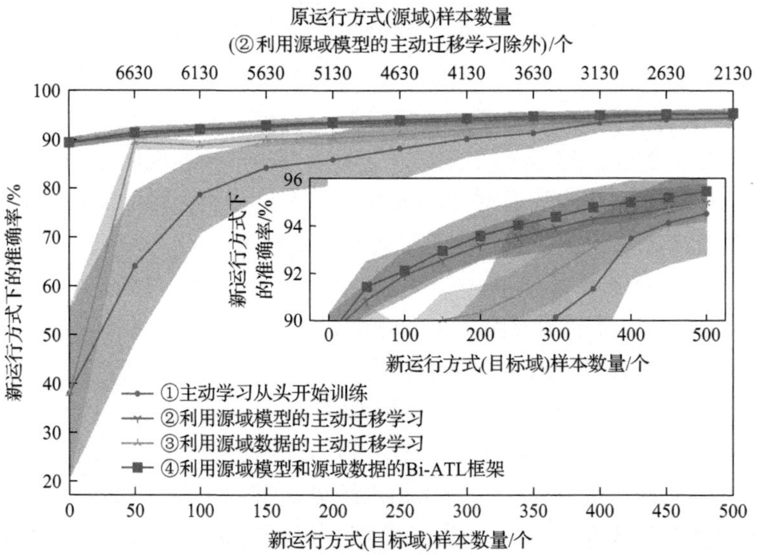

图 5.41　所提 Bi-ATL 框架和其他设置的迁移学习在 CEPRI-36 节点系统中的效果曲线

2) 中国某区域电网

为验证所提双向主动迁移学习在实际电力系统中的效果，在 2131 节点的我国某区域电网中实现所提方法并进行对比实验。将其中一种运行方式作为源域，另一种负荷、发电功率以及发电机的开停机大规模变化后的新运行方式作为目标域样本集。

类似地，若将原运行方式的模型不经处理直接应用到新运行方式，准确率急剧下降到 82.75%，不能满足实际稳定分析需要。因此通过 Bi-ATL 框架进行迁移，效果如图 5.42 中带方块的线所示，可以看到仅需 50 个目标域标注样本，新运行方式下的准确率就能提升到 90.7%，基于 350 个目标域标注样本准确率即可提升到 96%，验证了所提方法的有效性。

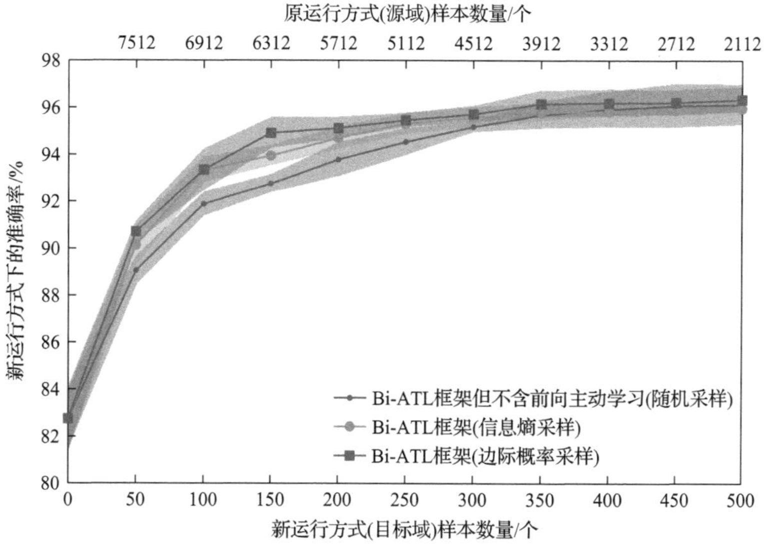

图 5.42　采用不同前向主动学习策略的 Bi-ATL 框架在中国某区域电网中的效果曲线

与 CEPRI-36 节点系统类似，通过多组对比实验分别验证主动学习采样方式效果、双向主动学习效果和迁移学习效果，结果分别如图 5.42、图 5.43、图 5.44 所示。结果表明，源域模型、源域样本和少量目标域标注样本都对模型迁移起到了一定的作用，基于模型的迁移和基于样本的迁移相给合的迁移效果最好。因此，所提 Bi-ATL 框架在实际电力系统中的适应性得到了验证。

5.2.4　基于无监督迁移学习的电网变化适应方法

现有深度学习模型面临难以适应变化的工况和故障条件等问题，因而鲁棒性较差，尤其是当应用过程中的样本与训练中使用的样本分布差异较大时，其结果会出现很大的偏差，进而影响仿真数据分析中主导失稳模式识别的准确率[42]。一

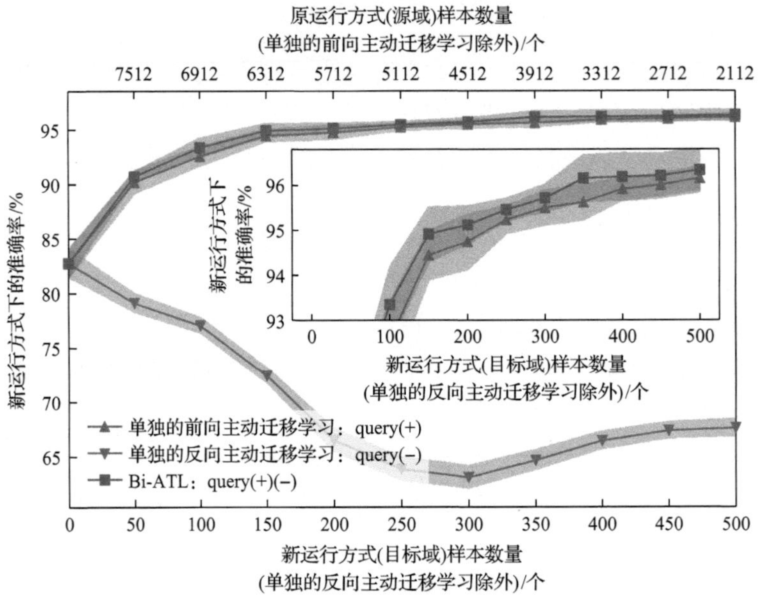

图 5.43 单独的前向主动迁移学习、单独的反向主动迁移学习和 Bi-ATL 在中国某区域电网中的效果曲线

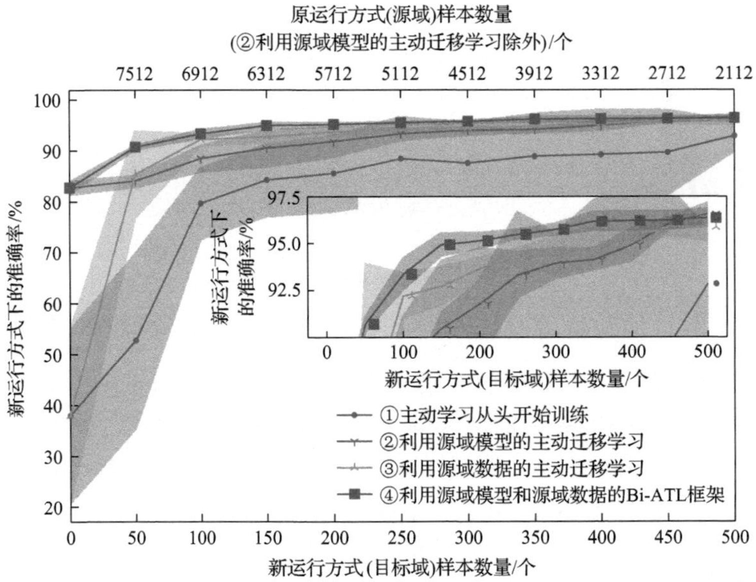

图 5.44 所提 Bi-ATL 框架和其他设置的迁移学习在中国某区域电网中的效果曲线

般而言，在对应用深度学习训练的模型进行主导失稳模式识别时，很可能会出现需要判断失稳的样本工况是训练时不存在的，如潮流发生转移，故障持续时间、故障位置和电网拓扑改变等[43,44]。基于此，本节提出通过迁移学习的方法让预训

练的深度学习模型具有自适应新拓扑的能力，具体地，通过考虑不同类别间的最大平均差异来衡量基准样本集和新工况样本集之间分布的差异性，并以此作为指标，通过微调预训练深度神经网络参数的方式进行迁移学习的训练。此外，实际中电压失稳和功角失稳经常交织出现，给样本的标注工作带来了很大的困难，因此本节在迁移学习过程中使用无监督学习的训练方式，不需要对未知工况的新样本集进行标注，极大地降低了模型的应用门槛。

1. 无监督迁移学习主导失稳模式识别框架

基于无监督迁移学习的电网运行方式自适应主导失稳模式识别框架如图 5.45 所示。整个框架包含三个阶段，分别是仿真数据分析阶段、预训练阶段和无监督迁移学习阶段，预训练阶段依据由预想故障和基准电网拓扑生成的基准样本集对深度学习模型进行有监督训练；在应用过程中，如果待分析的样本属于基准样本集，则直接用预训练模型进行主导失稳模式识别，一旦监测到需要识别新的运行方式下的样本，就启用无监督迁移学习（unsupervised transfer learning，UTL）程序，利用新分布下的样本进行迁移学习，训练结束后即可使得微调后的模型能够适应基准工况和新工况。

研究发现，当电力系统的运行方式或故障条件发生改变后，样本集的数据分布也将发生较大变化，样本集的数据分布的改变是深度学习模型性能下降的根本原因，也是无监督迁移学习的关键，即能够通过无监督迁移学习使得基准运行方式样本集（源域）$X\sim p$ 和新运行方式样本集（目标域）$Y\sim q$ 服从同一个新的分布 $(X, Y)\sim r$，如图 5.46 所示。

深度学习网络一般可以分为特征提取部分和分类部分，特征提取部分用以从原始特征中挖掘出对分类有用的低维表征，分类部分对学习到的低维表征进行分类。如果两个数据集分布不同，那么经过深度学习模型提取到的低维表征更容易反映它们之间的差异，同时低维表征往往维度较低，计算效率更高。在此基础上，本节提出的无监督迁移学习利用源域和目标域样本分别经过特征提取层学习到的低维表征计算其分布差异，以此作为无监督迁移学习过程中的损失，通过梯度下降算法实现源域和目标域样本提取到的特征能够对齐，即服从同一分布，即可以从根本上解决深度学习模型难以适应未知工况或故障的问题。

此外，考虑到不同电力系统主导失稳模式类别之间的分布往往差异较大，而且源域和目标域之间的类别比例可能有较大差异，因此进一步考虑不同电力系统主导失稳模式类别分别计算分布差异，并按照不同类别比例进行加权求和，得到局部最大平均差异（local maximum mean discrepancy，LMMD）[45]。

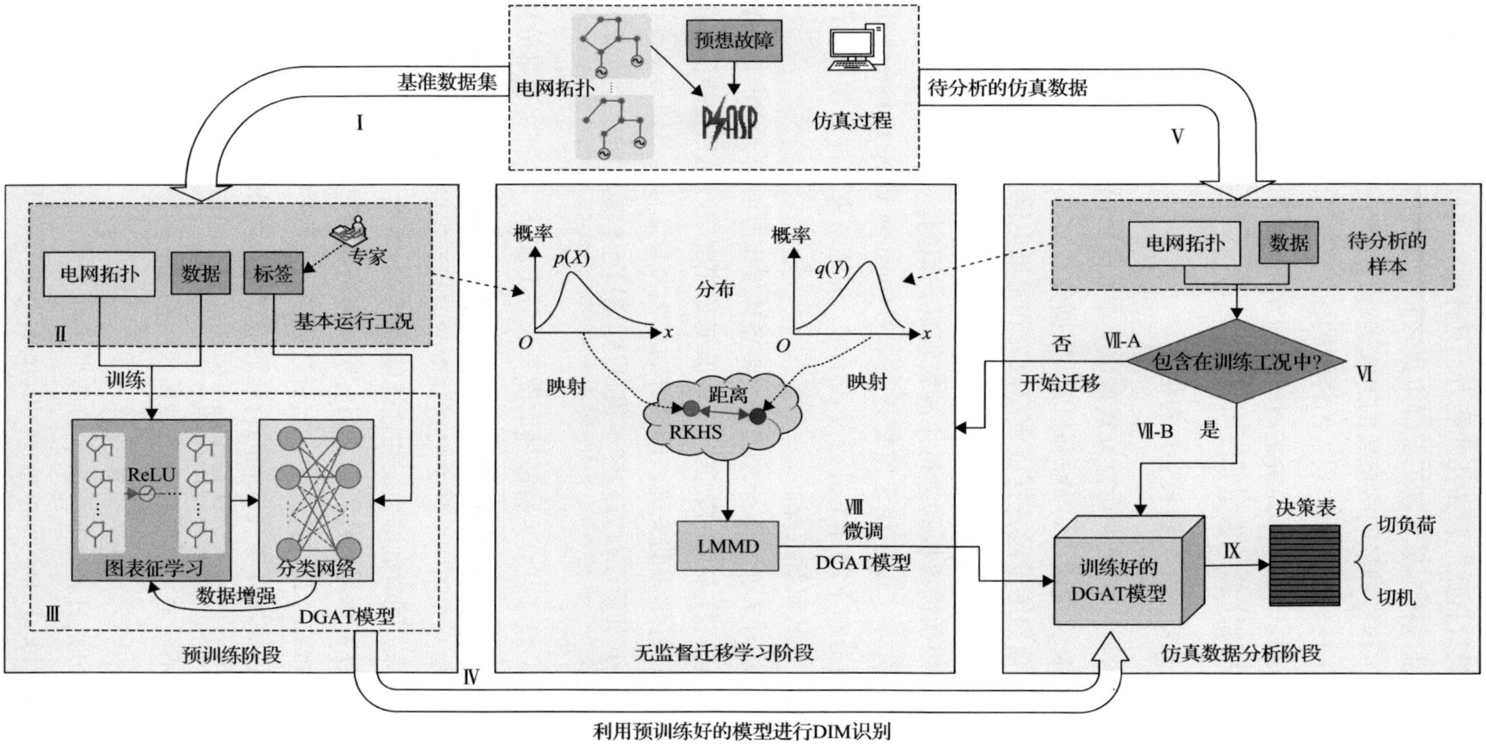

图5.45　基于无监督迁移学习的电网运行方式自适应主导失稳模式识别框架

动态图注意力网络（dynamic graph attention network, DGAT）

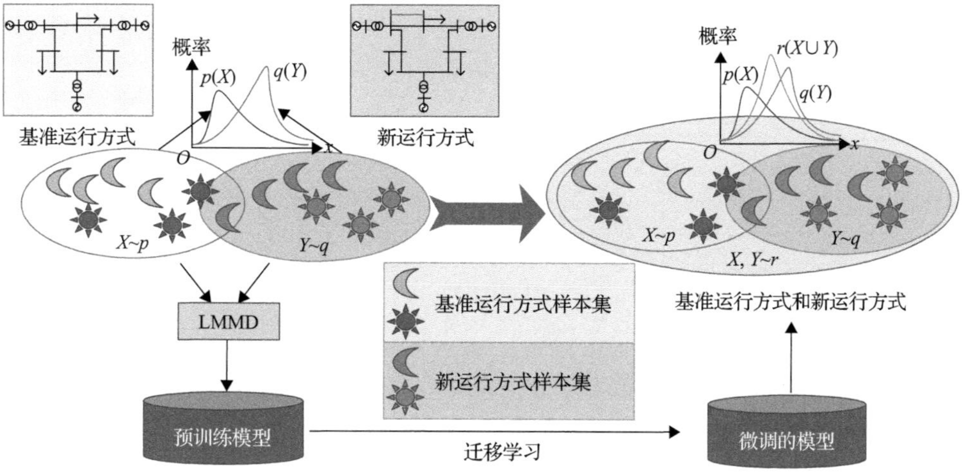

图 5.46　无监督迁移学习示意图

具体地，利用高斯核函数将源域和目标域两个样本集的分布映射为再生核希尔伯特空间(reproducing kernel Hilbert space，RKHS)中的点，两点之间的距离反映两个样本集分布的差异，该距离的大小被称为最大平均差异。由于样本中不同类别之间差异较大，本实例中进一步考虑不同类别差异的局部最大平均差异，即分别计算两个样本集中同一个类别的最大平均差异，再按照不同类别的占比加权得到最终的局部最大平均差异：

$$\tilde{d}_{\mathcal{H}}=\frac{1}{C}\sum_{c\in C}\left\|\sum_{X_i\in\mathcal{D}_{\mathrm{s}}}\omega_i^{\mathrm{sc}}\Phi\left(X_i^{\mathrm{s}}\right)-\sum_{X_j\in\mathcal{D}_{\mathrm{t}}}\omega_i^{\mathrm{tc}}\Phi\left(X_j^{\mathrm{t}}\right)\right\|_{\mathcal{H}}^2 \tag{5.32}$$

其中，$\tilde{d}_{\mathcal{H}}$ 是局部最大平均差异；C 是主导失稳模式的类别数；$\mathcal{D}_{\mathrm{s}}$ 是源域；$\mathcal{D}_{\mathrm{t}}$ 是目标域；X_i 是源域中第 i 个状态数据；X_j 是目标域中第 j 个状态数据；X_i^{s} 是 X_i 对应的特征数据；X_j^{t} 是 X_j 对应的特征数据；ω_i^{sc} 是源域中第 c 个类别的样本在源域所有类别的样本中的加权系数；ω_i^{tc} 是目标域中第 c 个类别的样本在目标域所有类别的样本中的占比；$\Phi(\cdot)$ 是映射函数；$\|\cdot\|_{\mathcal{H}}$ 是 RKHS 的二范数。

ω_i^{sc} 和 ω_i^{tc} 分别为目标域和源域的加权系数，对于源域而言，其标注固定，按照各个类别的占比进行计算：

$$\omega_i^{\mathrm{sc}}=\frac{y_i^{\mathrm{sc}}}{\sum_{j=1}^{n_{\mathrm{sc}}}y_j^{\mathrm{sc}}} \tag{5.33}$$

其中，y_i^{sc} 是源域中第 c 个类别样本数量；n_{sc} 是类别数目。

对于目标域而言，没有标签，则用训练模型预测目标域样本的伪标签 $\tilde{y}_i^{\text{tc}}$ 计算。计算权重以及加权求和后得到的最终损失为

$$\begin{cases} w_i^{\text{tc}} = \dfrac{\tilde{y}_i^{\text{tc}}}{\sum\limits_{j=1}^{n_{\text{tc}}} y_i^{\text{tc}}} \\ \mathcal{L} = \dfrac{1}{n_{\text{s}}} \sum\limits_{i=1}^{n_{\text{s}}} J\left(f\left(X_i^{\text{s}}\right), y_i^{\text{s}}\right) + \alpha \cdot \tilde{d}_{\mathcal{H}} \end{cases} \tag{5.34}$$

其中，$\mathcal{L}$ 是最终损失；n_{s} 是源域的样本数量；$J(\cdot)$ 是交叉熵分类损失函数；X_i^{s} 是 X_i 对应的特征数据；$f(\cdot)$ 是深度神经网络模型的输出；y_i^{s} 是 X_i 对应的人工标注结果；α 是权重系数；$\tilde{d}_{\mathcal{H}}$ 是局部最大平均差异。在无监督迁移学习过程中，冻结除最后一层的特征提取层(学习率设为 0)，微调最后一层特征提取层(学习率为预设值的 1/10)，并重新训练新的分类层(全连接层)。

2. 算例分析

为验证所提出的方法，在 CEPRI-36 节点系统和中国某区域电网上进行算例分析。需要说明，算例中使用的深度学习算法为图注意力网络。

1) CEPRI-36 节点系统

分别测试当潮流水平、电网拓扑、故障持续时间以及故障位置是基准数据集中不存在的情况时，采用本节中的方法实现预训练模型的自适应性。针对生成的 7800 个样本的数据集，测试模型自适应潮流水平改变的能力：选用任意两个潮流水平下的样本作为基准样本集(5200 个)并以此获得一个预训练模型，剩余一个潮流水平下的样本(2600 个)作为待应用样本集，测试的结果如表 5.11 所示。

表 5.11 不同潮流水平适应性测试结果 (单位：%)

基准样本集(源域)	待应用样本集(目标域)	准确率			
		无迁移学习		迁移学习	
		源域	目标域	源域	目标域
90，100	110	96.7	85.4	97.2	94.2
90，110	100	97.4	83.8	97.1	94.9
100，110	90	95.8	85.2	96.5	94.1

注：第一列中 90、100、110 代表以 90%、100%、110%潮流水平作为源域样本；第二列中 90、100、110 代表以 90%、100%、110%潮流水平作为目标域样本。

同样根据生成的基准样本，测试模型自适应故障持续时间的能力：选用任意三个故障持续时间下的样本作为基准样本集并以此获得一个预训练模型，剩余一个故障持续时间下的样本作为待应用样本集，测试结果如表 5.12 所示。

表 5.12　不同故障持续时间适应性测试结果

基准样本集(源域)/s	待应用样本集(目标域)/s	准确率/%			
		无迁移学习		迁移学习	
		源域	目标域	源域	目标域
0.05，0.15，0.2	0.3	96.0	92.3	94.3	94.8
0.05，0.15，0.3	0.2	96.4	92.4	93.9	94.2
0.05，0.2，0.3	0.15	96.1	92.2	94.5	95.1
0.15，0.2，0.3	0.05	97.6	93.7	94.3	95.5

根据生成的基准样本，测试模型自适应故障位置的能力：选用任意三个故障位置下的样本作为基准样本集并以此获得一个预训练模型，剩余一个故障位置下的样本作为待应用样本集，测试结果如表 5.13 所示。

表 5.13　不同故障位置适应性测试结果

基准样本集(源域)	待应用样本集(目标域)	准确率/%			
		无迁移学习		迁移学习	
		源域	目标域	源域	目标域
2，20，50，80	98	96.6	94.1	96.1	95.5
2，20，50，98	80	97.0	93.8	96.2	95.9
2，20，80，98	50	96.9	94.2	96.5	95.8
2，50，80，98	20	95.8	94.5	96.2	96.1
20，50，80，98	2	97.2	94.9	97.3	96.7

注：前两列中数据表示故障位置，单位为%。

为了验证模型自适应电网拓扑改变的能力，额外生成了 4206 个 N–1 拓扑下(在基准拓扑下断开一条线路)的新样本作为待应用样本集，测试结果如表 5.14 所示。

表 5.14　不同拓扑适应性测试结果　　(单位：%)

基准样本集(源域)	待应用样本集(目标域)	准确率			
		无迁移学习		迁移学习	
		源域	目标域	源域	目标域
基准拓扑	N–1 拓扑	96.7	85.9	96.8	94.5

为了说明本节提出的迁移学习方法的有效性，本节绘制了预训练过程中源域样本的验证集损失(val loss)、迁移过程中源域与目标域的分布差异损失(lmmd loss)以及验证集损失的变化情况(以拓扑改变情况为例)，如图 5.47 所示。可以看出，在无监督迁移学习(微调)阶段，验证集损失和分布差异损失都能够成功下降，表明训练是有效的。

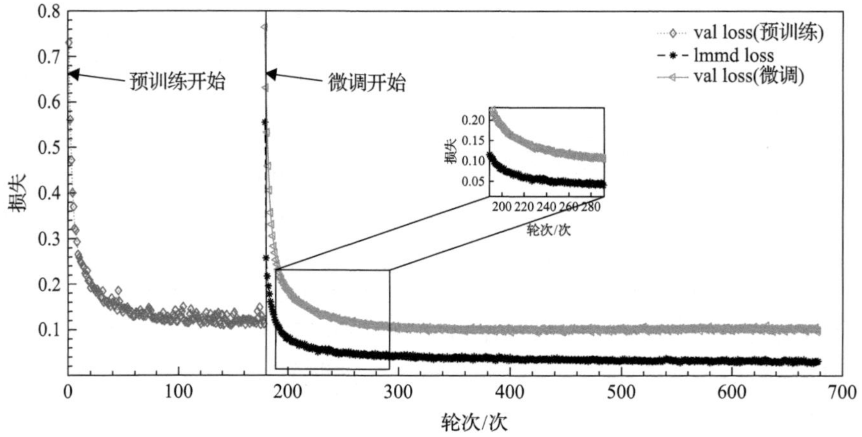

图 5.47 拓扑改变下的“预训练-无监督迁移学习”损失曲线

2) 中国某区域电网

为了验证所提出的无监督迁移学习方法适应实际电力系统的能力，本节测试了该方法在中国某区域电网上的结果，如表 5.15 所示，各组对比结果取平均值。

表 5.15 中国某区域电网无监督迁移学习测试结果 (单位：%)

基准样本集(源域)	待应用样本集(目标域)	准确率			
		无迁移学习		迁移学习	
		源域	目标域	源域	目标域
基准潮流	新潮流	96.8	88.4	96.8	92.2
基准故障持续时间	新故障持续时间	97.1	92.4	96.9	96.1
基准故障位置	新故障位置	96.5	95.6	97.1	97.0
基准拓扑	N–1 拓扑	96.7	85.9	96.8	94.5

从结果可以看出，提出的无监督迁移学习模型在中国某区域电网上可以较好地适应各种变化的运行方式和新的故障条件，相对于不经过无监督迁移学习而言，无监督迁移学习方法在潮流改变和拓扑改变这两种情况下，能够明显提高主导失稳模式识别的准确率。此外，经过无监督迁移学习后的模型能够同时适应源域和目标域，保证了在应用过程中模型可以不断迭代更新，不会遗忘过去学习到的知识，这也是无监督迁移学习方法的优势。

5.3　电力系统稳定智能决策方法

5.3.1　知识融合与深度强化学习的紧急切机控制智能决策

作为我国电力系统安全稳定运行的第二道防线，紧急控制是在严重故障或扰动发生后，维持系统暂态安全稳定不可或缺的重要措施[46]。目前，切机控制(generator rejection scheme，GRS)[47]是针对暂态功角失稳最有效和最常用的控制措施。而 GRS 在世界各国电网应用最普遍的模式是：离线预决策与实时工况匹配。为了避免实时运行工况严重不匹配导致欠量或过量控制问题，在 GRS 预决策阶段会尽可能多地考虑系统可能的运行工况。

GRS 的离线预决策一般由电网运行技术专家执行，他们结合专业知识和运行经验分析暂态仿真结果，通过不断调整得到有效的 GRS 措施[48]。然而，由于现代大型互联复杂电力系统的典型运行工况和暂态功角失稳故障太多，人工离线预整定的工作模式已变得非常耗时耗力。基于优化算法自动搜索 GRS 的方法在可控发电机较多时，搜索空间过大，所需暂态仿真计算量急剧增加[49]。

近年来，迅猛发展的深度强化学习(deep reinforcement learning，DRL)技术为电力系统紧急控制提供了一种新的解决方案。针对电网的实际生产应用需求，本节研究基于 DRL 的 GRS 智能预决策方法，提升电力系统紧急控制措施离线预决策的工作效率。

1. 基于深度强化学习的紧急切机决策

1) 紧急切机控制的基本框架

电力系统紧急切机控制的基本框架如图 5.48 所示，包含离线预决策与实时工况匹配两个阶段。其中，离线预决策阶段可分成以下几个步骤。

(1) 设置初始运行工况，仿真校验电力系统在预想严重故障后的暂态稳定性。

(2) 分析判断当前的主导失稳模式，若为暂态功角失稳模式，则优先执行紧急切机控制措施的决策流程。

(3) 综合分析暂态失稳过程中的发电机相对功角、节点电压及电网拓扑结构与源荷分布情况，大致确定切机控制措施实施区域。

(4) 制定/调整紧急切机控制措施量，并借助暂态稳定仿真计算软件检验控制措施的有效性，根据仿真结果调整切机方案，直到获得维持电力系统严重故障后暂态稳定的最优切机方案。

(5) 针对预想故障集中所有存在暂态功角失稳风险的严重故障整定相应的紧急切机控制方案，汇总后编入电力系统调度运行控制操作手册。

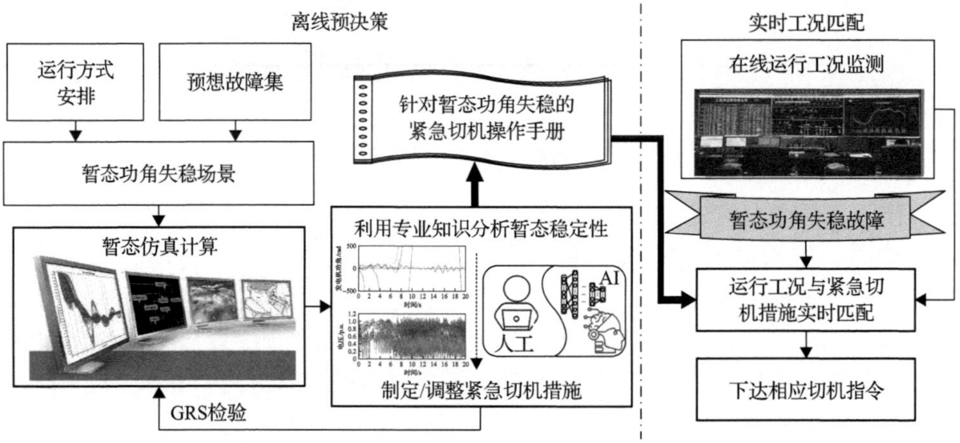

图 5.48　紧急切机控制的离线预决策-实施工况匹配框架

电网实时运行过程中，调控中心能根据数据采集与监控系统/电能管理系统(SCADA/EMS)在线监测电网当前的潮流运行状态，当检测到导致暂态功角失稳的严重故障发生后，在线分析匹配工具能根据操作手册立即得到相应的紧急切机控制措施，并迅速下达切机指令完成暂态紧急控制。

2)马尔可夫决策过程

由图 5.48 可知，GRS 的预决策是结合暂态仿真验证通过试错进行的。将 DRL 方法应用于 GRS 预决策以提升决策效率的前提是，沿着试错序列设计 GRS 预决策的 MDP。基于双深度 Q 网络[50](double deep Q network，DDQN)的 GRS 预决策框架如图 5.49 所示。

具体地，MDP 中状态 s_k、动作 a_k、奖励 r_k，状态转移函数和结束标志 T_k^{end} 等关键元素设计如下。

(1)状态 s_k：指的是在第 k 决策回合观测到的电力系统暂态仿真结果，由多源异构的仿真数据组成。

$$s_k = \begin{bmatrix} U_k & G_k & \delta_k & a_{k-1} \end{bmatrix} \tag{5.35}$$

其中，U_k 是节点电压幅值；G_k 是以图结构表示的故障线路断开后的电力系统拓扑；δ_k 是发电机相对功角；a_{k-1} 是第 k–1 决策回合整定的切机控制措施。

(2)动作 a_k：指的是在第 k 决策回合整定的切机控制措施。

$$a_k = \left[a_k^1, \cdots, a_k^i, \cdots, a_k^m\right] \tag{5.36}$$

其中，m 是可控发电机的数量；a_k^i 是第 k 决策回合中发电机 i 的切机量。训练过程中，动作选择时采用 ε-贪婪策略。

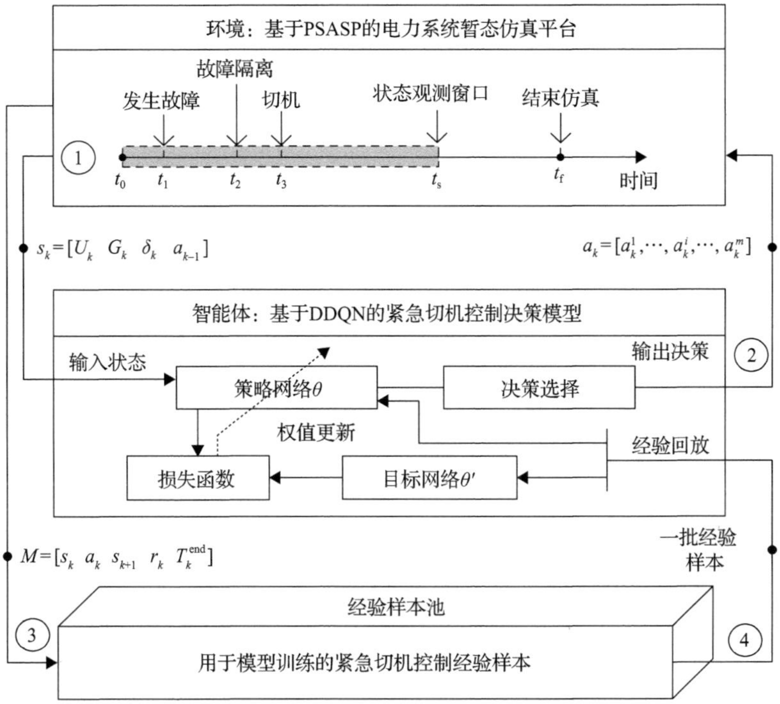

图 5.49　紧急切机控制离线决策框架

(3)状态转移函数：通过暂态仿真实现状态转移。状态观察窗口设置为$\left[t_0,t_s\right]$，其中$t_3 < t_s \leqslant t_f$。

(4)结束标志T_k^{end}：表示第k决策回合后 MDP 是否终止的标志。具体来说，当智能体决策的 GRS 可以维持电力系统暂态稳定或决策迭代次数达到预设上限时，T_k^{end}为真，否则T_k^{end}为假。T_k^{end}可以表达为

$$T_k^{done}=\begin{cases}0, & \exists\delta_{k,t_f}^{ij} \geqslant 360^\circ \\ 1, & \forall\delta_{k,t_f}^{ij} < 360^\circ\end{cases} \tag{5.37}$$

$$T_k^{end}=\begin{cases}0, & T_k^{done}=0 \cap k \leqslant N_L \\ 1, & T_k^{done}=1 \cup k > N_L\end{cases} \tag{5.38}$$

其中，δ_{k,t_f}^{ij}是针对a_k的暂态仿真结束时刻发电机i和j之间的相对功角差；T_k^{done}是电力系统的暂态稳定性，取 0 表示暂态功角失稳，取 1 表示暂态功角稳定；N_L是决策迭代次数上限。

(5)奖励r_k：也记作$r_k\left(s_k,a_k\right)$，奖励值取决于a_k及其暂态仿真校验的稳定标

志 T_k^{done} ，其表达式为

$$r_k = -\lambda_1 \times \left(\sum_{i=1}^{m} a_k^i - \sum_{i=1}^{m} a_{k-1}^i \right) + \lambda_2 \times T_k^{\text{done}} \tag{5.39}$$

其中， λ_1 是切机导致电力损失的惩罚系数； $\sum_{i=1}^{m} a_k^i - \sum_{i=1}^{m} a_{k-1}^i$ 是 a_k 带来的切机增量； λ_2 是对能维持电力系统暂态稳定的 GRS 的奖励。在奖励中引入切机量惩罚，目的在于获得有效且经济的紧急切机控制措施。

3）线性决策空间

通常，所有可能的决策都应该包含在 DRL 智能体的决策空间中。假设电力系统中有 m 台可控发电机，每台发电机都有 h 个切机量选项，则决策空间中所有可能的切机策略共有 h^m 种。显然，随着可控发电机数量 m 的增加，相对应的神经元数量将以指数形式增加，智能体训练的难度和需要的计算资源也将迅速增加。智能体多维控制对象的线性决策空间设计如图 5.50 所示。

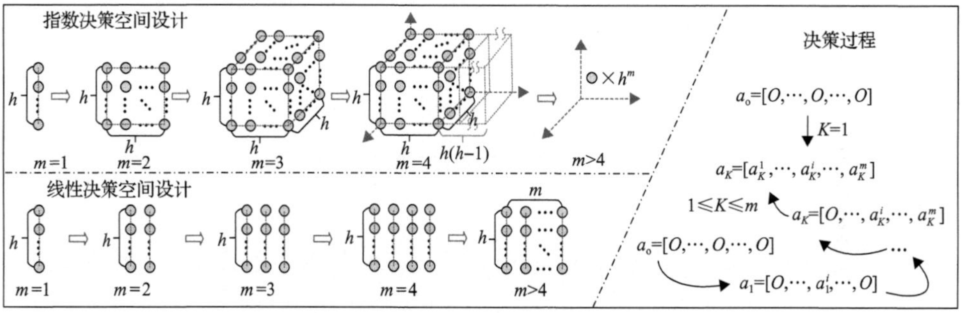

图 5.50　智能体多维控制对象的线性决策空间设计

○代表不动作； a_K^i 代表第 K 轮决策第 i 台发电机动作量

针对决策空间维数爆炸导致智能体训练困难的问题，本节设计了如图 5.50 所示的线性决策空间[51]，将神经元数量缩减为 $h \cdot m$ ，则动作选择决策可表示为

$$P\left(\underline{a}_k^x = \underline{a}_k^{x*}\right) = 1 - \varepsilon_k \tag{5.40}$$

$$\underline{a}_k^{x*} = \underset{\underline{a}_k^x}{\operatorname{argmax}} Q\left(s_k, \underline{a}_k^x\right) \tag{5.41}$$

$$x = h \cdot (i-1) + z, \quad i \in \{1, 2, \cdots, m\}, z \in \{1, 2, \cdots, h\} \tag{5.42}$$

其中， ε_k 是第 k 决策回合时的贪婪系数； $\underline{a}_k^x$ 是线性决策空间中的切机控制动作；

$\underline{a}_k^{x*}$ 是 $h \cdot m$ 个决策中 Q 值最大的决策。其中，x 是输出层的第 x 个神经元，z 代表的是第 i 台发电机采取的第 z 种切机量选项。由此，第 x 个决策 $\underline{a}_k^x$ 可对应于 MDP 动作中的 a_k^i，两者的对应关系如下：

$$\underline{a}_k^x = a_k^i = 0.1(z-1) \tag{5.43}$$

这意味着，线性决策空间设计下的 DDQN 智能体在一个决策回合中只能决定一台发电机的切机量。因此，对于上一个决策回合中的切机措施 a_{k-1}，除了 a_{k-1}^i 之外，剩下的其他发电机的决策量在第 k 决策回合中将保持不变。在这种情况下，式(5.36)中的各元素 a_k^j 如式(5.44)所示：

$$a_k^j = \begin{cases} \underline{a}_k^x, & j = i \\ a_{k-1}^j, & j \neq i \end{cases} \tag{5.44}$$

注意，线性决策空间设计不会影响近似最优解的质量。本质上，线性决策空间通过牺牲有限的决策回合数，换取智能体训练难度的显著降低，这对于可控发电机众多的电力系统而言显得很有必要。

2. 知识融合与深度强化学习的紧急切机决策

为了在有限的训练与计算资源下获得更好的决策性能，本节提出了如图 5.51 所示的知识融合与深度强化学习的紧急切机控制措施预决策框架。该框架既能利用不同类型的深度网络高效地提取多源异构状态输入的数据特征，还能将 GRS 相关知识规则融于智能体决策过程，以提升决策效率。

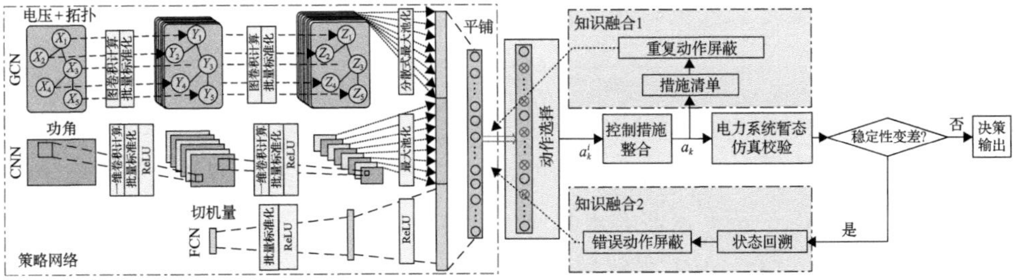

图 5.51　知识融合与深度强化学习的紧急切机控制措施预决策框架

1) 决策网络设计

用于多源异构状态输入数据特征提取的策略网络如图 5.51 所示。该策略网络包含三个部分。

(1) GCN 对电力系统节点电压幅值 U_k 和拓扑 G_k 进行特征提取。

(2) CNN 对发电机相对功角 δ_k 进行特征提取。

(3) 全连接网络(full connect network，FCN) 对上一个决策回合的切机控制措施 a_{k-1} 进行特征提取。

然后，不同网络提取的特征将被拼接并馈送到输出层。输出层的神经元用于估计线性决策空间中各动作的 Q 值。若状态输入不含拓扑特征，则仅使用 CNN 提取节点电压特征。

2) 知识融合的深度强化学习

如图 5.51 所示，知识融合是以无效动作屏蔽的方式实现的。将无效动作在决策空间中屏蔽，确保智能体不在无效决策上浪费决策回合，有利于提高决策效率。同时，得益于训练过程中大量无效的探索得以规避，经验样本的质量得以提高，智能体在训练过程中加速收敛至近似最优决策。

在图 5.51 所示的知识融合框架下，将去重知识与避错知识融入基于 DDQN 的 GRS 预决策智能体中，即图 5.51 中的重复动作屏蔽和错误动作屏蔽。

(1) 重复动作屏蔽。研究发现，基于 DDQN 的智能体在训练过程中对不同的状态输入往往给出相同的动作决策。重复的无效决策无疑浪费了宝贵的决策回合和相应的暂态仿真计算资源，进而导致智能体的决策效率急剧下降，难以在有限的决策迭代次数内成功制定有效维持暂态稳定的 GRS。

如图 5.51 所示，在 MDP 结束之前，利用措施清单存储从 MDP 开始智能体在每个决策回合中制定的控制措施。措施清单 L_k 定义如式(5.45)所示：

$$L_k = \left\{a_1,\cdots,a_\tau,\cdots,a_k\right\},\ \ 1\leqslant \tau \leqslant k \tag{5.45}$$

每当智能体决策并输出第 k 决策回合的控制措施 a_k 后，第 k+1 决策回合可能出现的重复动作集合 C_{k+1}^{rep} 更新如下：

$$C_{k+1}^{\text{rep}} = \left\{\underline{a}_{k+1}^{x} \mid a_{k+1} = a_\tau\right\} \tag{5.46}$$

其中，$\underline{a}_{k+1}^{x}$ 是导致第 k+1 决策回合的控制措施与之前决策过并校验无效的历史控制措施相同的动作；C_{k+1}^{rep} 是所有重复决策 $\underline{a}_{k+1}^{x}$ 的集合。

(2) 错误动作屏蔽。电力系统暂态稳定分析理论与仿真计算经验表明，不当的切机控制措施可能导致系统的暂态稳定性变差。例如，切除非临界发电机组或过量切除临界发电机组都可能恶化电力系统暂态稳定性。由此提出第二种知识融合：以错误动作掩蔽的形式融合避错知识。错误动作屏蔽由三个步骤组成：暂态稳定评估、状态回溯和屏蔽动作集合制定。

暂态稳定评估：比较 a_{k-1} 和 a_k 的暂态仿真过程中发生功角失稳的临界失稳时刻(critical instability time，CIT)。针对 a_k 的 CIT 定义如式(5.47)所示：

$$\mathrm{CIT}\left(a_k\right)=\min\left\{t \mid \max \Delta\delta_{k,t} \geqslant 360^{\circ}\right\} \tag{5.47}$$

其中，$\Delta\delta_{k,t}$ 是第 k 台发电机在第 t 时刻的功角偏差。

在 MDP 结束之前，如果 $\mathrm{CIT}\left(a_k\right) \leqslant \mathrm{CIT}\left(a_{k-1}\right)$，说明 a_k 的决策不利于暂态安全稳定，需要针对 a_{k+1} 启用错误动作屏蔽。反之，无须启用错误动作屏蔽。

状态回溯：$\underline{a}_k^x$ 导致了暂态安全稳定性的进一步恶化，说明该决策方向是错误的或者存在过量切除的问题，应将暂态仿真校验 a_k 后获得的转移状态 s_{k+1} 从 MDP 中抹除，同时也需要将 $\underline{a}_k^x$ 从 a_k 中抹除。回溯操作如式(5.48)所示：

$$s_k \leftarrow s_{k-1},\quad a_k \leftarrow a_{k-1} \tag{5.48}$$

屏蔽动作集合制定：根据线性决策空间的设计思路，针对 a_{k+1} 的错误动作集合 C_{k+1}^{bad} 如式(5.49)所示：

$$C_{k+1}^{\mathrm{bad}}=\left\{\underline{a}_{k+1}^y \mid x \leqslant y \leqslant h \cdot i\right\} \tag{5.49}$$

其中，x 来自第 k 决策回合整定的错误动作 $\underline{a}_k^x$。可以发现，C_{k+1}^{bad} 不仅包含了 $\underline{a}_{k+1}^x$，还包含发电机 i 的其他大于 $\underline{a}_k^x$ 的切机量选项。

在重复动作集合 C_{k+1}^{rep} 和错误动作集合 C_{k+1}^{bad} 的共同约束下，训练过程中的动作选择表达式(5.40)修改为式(5.50)：

$$P\left(\underline{a}_k^x=\underline{a}_k^{x*}\right)=1-\varepsilon_k,\quad \underline{a}_k^x \notin\left(C_k^{\mathrm{rep}} \cup C_k^{\mathrm{bad}}\right) \tag{5.50}$$

3. 算例分析

1) 运行工况生成与智能体参数设计

本节在 IEEE 39 节点电力系统进行了算例分析，以验证所提的知识融合与深度强化学习的紧急切机控制措施预决策方法的有效性。在电力系统暂态仿真中，G10 作为发电机功角参考节点，且制定 GRS 时不考虑 G10。设置不同潮流方式与故障工况，一共获得 595 个暂态功角失稳场景，其中，随机选择 100 个场景作为测试场景，其余 495 个场景用于智能体训练过程。

知识融合与深度强化学习的智能体参数设计如下：GCN 和 CNN 均包含两个卷积层和一个池化层。所有三个通道的输出神经元数量都设置为 100。每台发电机的切机量设定为[0, 10%,⋯, 100%]，总计 11 个选择。因此，线性决策空间的维度设置为 99。网络训练的超参数设置如下：训练轮次总数 $N_{\mathrm{T}}=30000$，经验样本池容量 $D=10000$，训练批次样本容量 $\varPhi=128$，目标网络参数更新的轮次间隔

$f_t = 20$，折扣因子 $\gamma = 0.1$，学习速率 $\alpha = 0.0001$，贪婪系数初始值 $\varepsilon_0 = 0.9$，每轮次衰减量 $\Delta\varepsilon = 0.0001$，最终稳定值 $\varepsilon_f = 0.05$，决策迭代次数上限 N_L=50，切机导致电力损失的惩罚系数 λ_1=1，能维持电力系统暂态稳定的奖励 λ_2=10。

2) 知识融合与多源异构特征融合效果验证

为了验证知识融合与多源异构特征融合对决策性能的提升效果，在训练过程中评估三种不同程度知识融合的智能体的决策性能。每间隔 200 个训练轮次就利用测试场景进行一次评估。5 种智能体的特征分别是：融合电压+拓扑特征、融合去重知识+避错知识、融合电压+拓扑+去重知识、融合电压+去重知识+避错知识、融合电压+拓扑+去重知识+避错知识。每种智能体的训练过程重复五次，统计各智能体在训练过程中的性能评估结果，如图 5.52 所示。

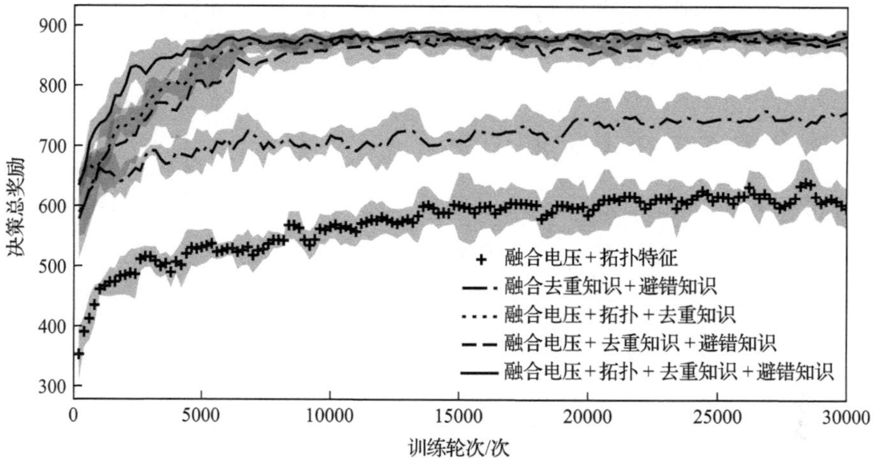

(a) 测试场景集的决策总奖励

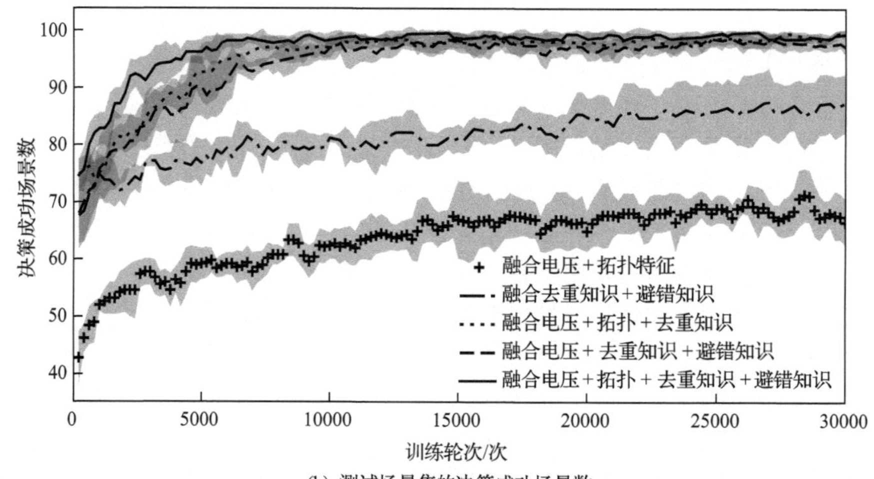

(b) 测试场景集的决策成功场景数

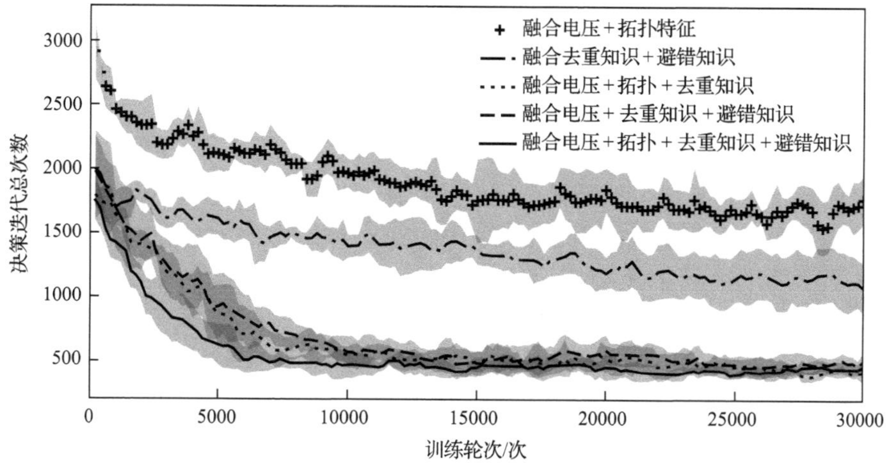

(c) 测试场景集的决策迭代总次数

图 5.52　不同程度知识融合的智能体决策性能

对比不同程度知识融合的智能体的决策性能，可以得出以下结论。

(1) 重复动作屏蔽可以防止智能体重复无效的决策，节省的迭代次数用于探索其他可能有效的切机措施。因此，融合了去重知识的智能体成功制定有效 GRS 的测试场景数量显著增加。

(2) 错误动作屏蔽避免了继续在错误方向上决策，同时也避免了将错误决策的记忆保存到经验样本池中，从而进一步提高了训练初期的经验样本质量。因此，融合了去重知识+避错知识的智能体在训练初期的决策性能优于仅融合了去重知识的智能体，且收敛速度更快。

(3) 融合电压并用 GCN 提取节点电压幅值特征的智能体决策性能显著提升。这是因为暂态仿真过程中节点电压幅值都能反映电力系统的稳定特性，也能在一定程度上反映母线内在的连接关系。然而，由于传统方法中电压幅值是以矩阵方式表示的，不能直观反映拓扑特征，仅靠 CNN 的特征提取能力能挖掘的信息相对有限。反观融合电压+拓扑特征的智能体，策略网络中的 GCN 能同时提取节点电压和拓扑的特征，智能体训练过程的收敛速度更快。这意味着该智能体的策略网络比使用 CNN 提取节点电压幅值特征的策略网络具有更强的表征学习能力。

5.3.2　基于知识经验引导和并行加速的智能紧急切机决策

5.3.1 节中提出了一种基于 DRL 的智能紧急切机决策制定框架，也结合了一些知识经验实现了智能体决策性能的提升。本节将进一步讨论一些智能体训练方面的改进策略。

首先，5.3.1 节提到在有多个可控发电机时会产生指数决策空间，应用 DQN 算法时神经网络训练存在困难，故提出了一种转化为线性决策空间的方法，实际上是以对智能体决策尝试次数的妥协换取智能体训练难度的降低。本节将介绍一种应用分支竞争 Q 网络（branching dueling Q network，BDQ）直接处理指数决策空间的方法，可以实现同时决策多个发电机。

其次，5.3.1 节提出了知识融合的智能体训练改进策略，引入知识经验设计了动作屏蔽机制，可以限制智能体的无效探索，从而实现智能体决策性能的提升。本节在这一思路上又继续探索了另外两种知识融合策略，一种是知识经验引导，另一种是多样本源混合采样训练。

最后，由于智能体在串行方式下训练耗时，将并行计算技术与强化学习结合，发挥多核计算机的优势来实现智能体的加速训练。

1. 智能体的动作与决策空间设计

智能体对多个可控发电机节点进行决策时，每个动作 a 对应 N 个子动作的组合，每个子动作各有 n 个选择，则动作空间的维数为 n^N，对应的决策空间称为指数决策空间。若应用无分支的 DQN 算法，需要进行动作空间转换。但当 N 或者 n 较大时，动作空间维数太高，智能体的训练难度很大。由此可以考虑两种处理方法：转化为线性决策空间和应用 BDQ 网络。

1）转化为线性决策空间

转化为线性决策空间的处理方法是第 $k+1$ 步智能体在第 k 步决策基础上选择一个节点进行调整，其他节点的决策不变，此时决策空间维度与节点数成正比，可称为线性决策空间。

第 k 步时按照式(5.51)和式(5.52)的 ε-贪婪策略 π^ε 计算决策机组序号 x_k：

$$\begin{cases} x_k = \pi^\varepsilon\left(s_k, a_k, \varepsilon_k\right) \\ P\left(x_k = \underset{x}{\operatorname{argmax}}\, Q\left(s_k, a_k^x\right)\right) = 1 - \varepsilon_k \\ P\left(x_k = x_{\text{random}}\right) = \varepsilon_k \end{cases} \tag{5.51}$$

$$\varepsilon_k = \varepsilon_{\text{e}} + \left(\varepsilon_{\text{s}} - \varepsilon_{\text{e}}\right) \mathrm{e}^{-n_{\text{s}}/n_{\text{d}}} \tag{5.52}$$

其中，ε_{s} 是起始贪婪因子；ε_{e} 是收敛贪婪因子；n_{d} 是贪婪因子衰减常数；n_{s} 是当前的训练迭代次数；x_{random} 是随机决策机组序号。按式(5.53)可求解出切机节点序号 i_k、对应切机量大小 $v_{k(i_k)}$：

$$\begin{cases} x_k = n_{\text{G}i}\left(i_k - 1\right) + v_{k(i_k)} + 1, \quad 1 \leqslant x_k \leqslant \sum\limits_{i=1}^{n_{\text{G}}}\left(n_{\text{G}i} + 1\right) \\ 1 \leqslant i_k \leqslant n_{\text{G}}, \quad 0 \leqslant v_{k(i_k)} \leqslant n_{\text{G}i} \end{cases} \tag{5.53}$$

其中，n_G 是可切发电机总数。

第 $k+1$ 步的决策 $u_{k(i_k)}$ 生成方式如下：

$$\begin{cases} u_{0(i)} \leftarrow 0, \quad 0 \leqslant i \leqslant n_G \\ u_{k+1} \leftarrow u_k, \quad u_{k+1(i_{k+1})} \leftarrow v_{k+1(i_{k+1})} \end{cases} \tag{5.54}$$

2) 应用 BDQ 网络

如图 5.53 所示，BDQ 网络[51,52]是一种结合双重 Q 网络[50]和竞争 Q 网络[53]的多优势分支变体。应用 BDQ 结构，可以直接处理多维动作空间。输入状态 s 经过神经网络输出共享表征 f，然后价值分支从表征 f 映射到价值 $V(s)$，N 个优势分支从表征 f 映射到 N 个子动作的优势 $A_d(s,a_d), d=1,2,\cdots,N$。分支 d 的动作 $a_d \in \mathcal{A}_d$，动作空间 $\mathcal{A}_d$ 的维数 $|\mathcal{A}_d|$ 为 n，Q 值 $Q_d(s,a)$ 按照竞争 Q 网络方式计算：

$$Q_d(s,a) = V(s) + \left[A_d(s,a_d) - \frac{1}{|\mathcal{A}_d|} \sum_{a'_d \in \mathcal{A}_d} A_d(s,a'_d) \right] \tag{5.55}$$

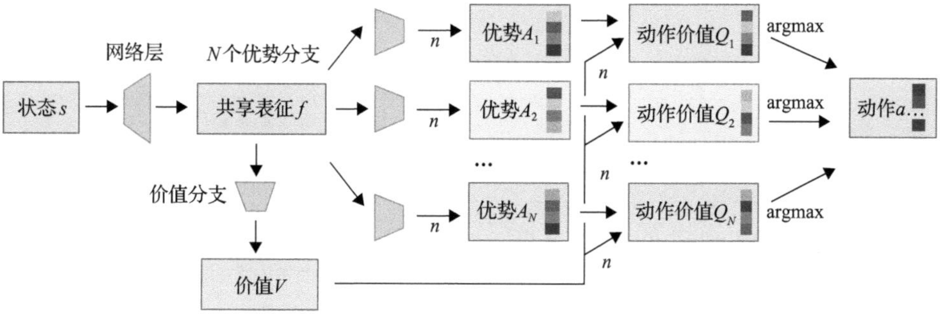

图 5.53　BDQ 网络的结构

更新 Q 网络时分支 d 的目标 Q 值 Y_d 可以按照双重 Q 网络的方式计算：

$$Y_d = r + \gamma Q_d\left(s', \underset{a'_d \in \mathcal{A}_d}{\operatorname{argmax}} Q_d(s', a'_d; \theta); \theta^- \right) \tag{5.56}$$

其中，r 是当前状态下采取动作的回报；γ 是动作随机误差上限；θ^- 是网络参数。

BDQ 的损失函数 L 定义为所有分支的 Q 值和目标 Q 值之间的均方误差：

$$L = E\left[\frac{1}{N} \sum_d \left(Y_d - Q_d(s, a_d; \theta) \right)^2 \right] \tag{5.57}$$

如图 5.54 所示，使用多分支结构 BDQ 可以直接处理指数决策空间，最理想情况下智能体可以训练到对所有预想故障工况都只用 1 步就给出有效决策。第 k

步决策 u_k 可表示为

$$\begin{cases} x_{k(i)} = \pi^{\varepsilon}\left(s_k, a_{k(i)}, \varepsilon_k\right) \\ u_k = \left[u_{k(1)}, u_{k(2)}, \cdots, u_{k(n_G)}\right] \\ u_{k(i)} = v_{k(i)} = x_{k(i)} - 1, \quad 1 \leqslant i \leqslant n_G \end{cases} \tag{5.58}$$

其中，$a_{k(i)}$ 是第 k 步第 i 个子动作神经网络的输出。

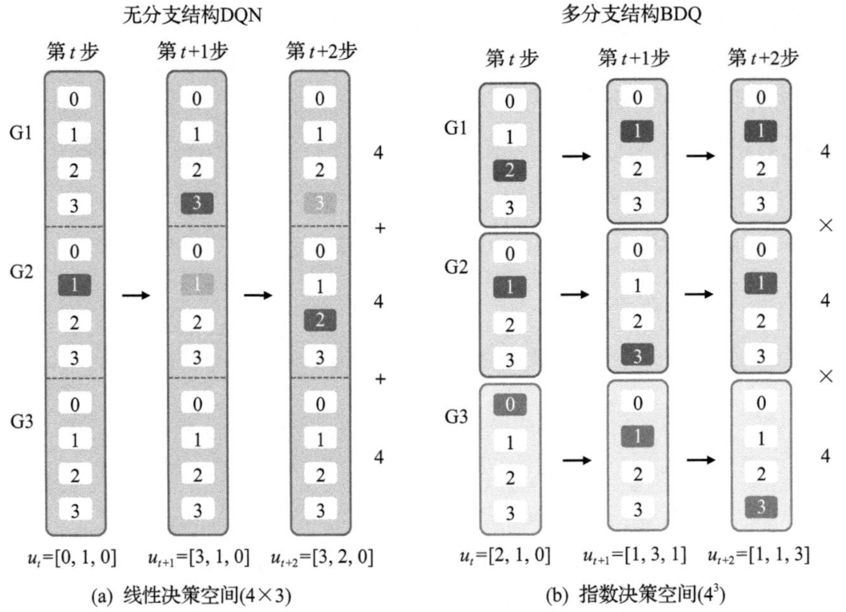

图 5.54　线性决策空间与指数决策空间的对比

3) 动作-决策转换关系

动作与决策之间需要进行转换才能实现智能体与环境的交互，其间的转换关系分为两种：覆盖式和增量式。5.3.1 节就是覆盖式决策，动作 a_k 直接对应决策 u_k，决策 u_{k+1} 部分覆盖决策 u_k。而增量式决策中动作表示决策的增量，决策 u_{k+1} 由决策 u_k 叠加动作 a_{k+1} 得到。图 5.55 为两种决策方式的对比，以多分支结构 BDQ 的决策为例对增量式结构进行说明，无分支结构 DQN 也可以类推得到。

按照式(5.59)将动作 a_{k+1} 转换成决策机组序号 x_{k+1}、决策 u_k、u_{k+1} 和序号 x_{k+1}：

$$\begin{cases} x_{k+1(i)} = \pi^{\varepsilon}\left(s_{k+1}, a_{k+1(i)}, \varepsilon_{k+1}\right) \\ v_{k+1(i)} = x_{k+1(i)} - n_{Gi} - 1, \quad 1 \leqslant i \leqslant n_G \\ u_{k+1(i)} = u_{k(i)} + v_{k+1(i)} \end{cases} \tag{5.59}$$

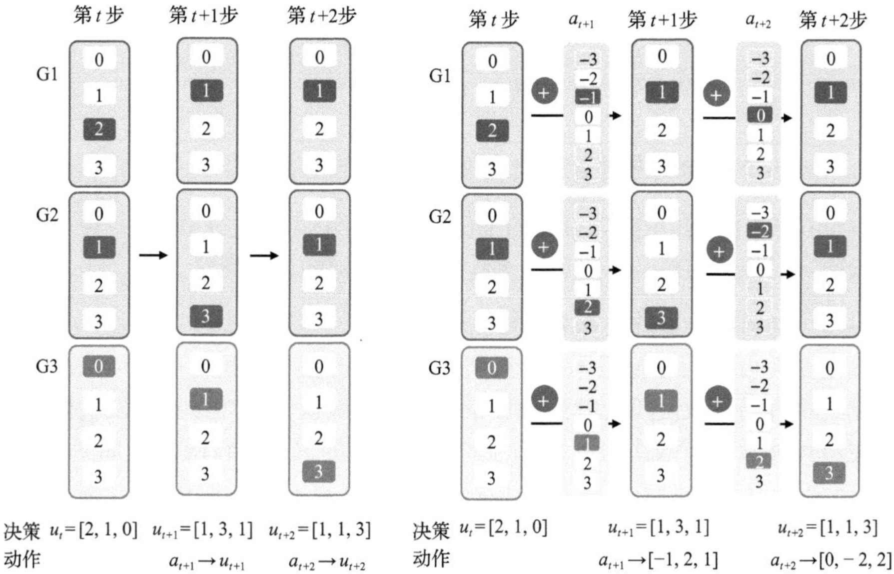

图5.55　覆盖式决策与增量式决策的对比

序号 x_{k+1} 有 $-n_{Gi} \sim n_{Gi}$ 共 $2n_{Gi}+1$ 个可选值，但决策 u_k 会对序号 x_{k+1} 的可选值有一定限制。这里引入屏蔽集合 X_{k+1}， X_{k+1} 由 n_G 个屏蔽子集 $X_{k+1(i)}$ 组成：

$$X_{k+1}=\left\{X_{k+1(1)},X_{k+1(2)},\cdots,X_{k+1(n_G)}\right\} \tag{5.60}$$

其中每个子集 $X_{k+1(i)}$ 中的元素 $x_{k+1(i)}$ 满足

$$\begin{cases} u_{k+1(i)}=u_{k(i)}+x_{k+1(i)}-n_{Gi}-1 \\ u_{k+1(i)}<0 \text{ 或 } u_{k+1(i)}>n_{Gi} \end{cases} \tag{5.61}$$

整理可得第 i 个节点的屏蔽子集 $X_{k+1(i)}$：

$$X_{k+1(i)}=\left\{x_{k+1(i)} \mid x_{k+1(i)}<-u_{k(i)}+n_{Gi}+1 \text{ 或 } x_{k+1(i)}>-u_{k(i)}+2n_{Gi}+1\right\} \tag{5.62}$$

用式(5.62)屏蔽子集 $X_{k+1(i)}$ 修正序号 $x_{k+1(i)}$：

$$\begin{cases} x_{k+1(i)}=\pi^{\varepsilon}\left(s_{k+1},a_{k+1(i)},\varepsilon_{k+1}\right) \\ 1\leqslant i\leqslant n_G, \quad x_{k+1(i)}\notin X_{k+1(i)} \end{cases} \tag{5.63}$$

在强化学习中引入动作屏蔽可以避免智能体给出不符合实际情况的动作。使用增量式决策时需要将屏蔽集合 X_k 也作为状态输入给智能体。因此可得增量式决策下的状态 s_k：

$$s_k = \left(U_k, \phi\left(\delta_k\right), X_k\right)$$
$$\phi\left(\delta_k\right) = \tanh\frac{4}{\pi} \tag{5.64}$$

2. 基于知识经验引导的紧急切机决策

本节在 5.3.1 节知识融合策略的基础上继续讨论两种改进策略，一种是基于知识经验引导的探索策略，另一种是多样本混合采样的训练策略。

1) 基于知识经验引导的探索策略

如图 5.56(a) 所示，智能体进行随机决策探索时没有切机节点和切除机组数量的限制，很容易导致决策无效或决策量偏大。一般认为从功角摆飞发电机节点中切机更有可能找到有效决策。故本节对切机节点的选取进行限制，如图 5.56(b) 所示，每次只从功角摆飞发电机节点集合 I_{k+1}^u 中随机选择一个节点 i_{k+1}^s 来切机，切除机组的数量也随机给定。屏蔽子集 $X_{k+1(i)}$ 可改写成式(5.65)：

$$I_{k+1}^u = \left\{ i \mid S\left(\delta_i^{k+1}\right) = 1, i = 1, 2, \cdots, n_{\mathrm{G}} \right\} \tag{5.65}$$

$$X_{k+1(i)} = \begin{cases} \left\{ x_{k+1(i)} \mid x_{k+1(i)} < -u_{k(i)} + n_{\mathrm{G}i} + 1 \text{ 或 } x_{k+1(i)} > -u_{k(i)} + 2n_{\mathrm{G}i} + 1 \right\}, & i = i_{k+1}^s \\ \left\{ x_{k+1(i)} \mid x_{k+1(i)} \neq n_{\mathrm{G}i} \right\}, & i \neq i_{k+1}^s \end{cases} \tag{5.66}$$

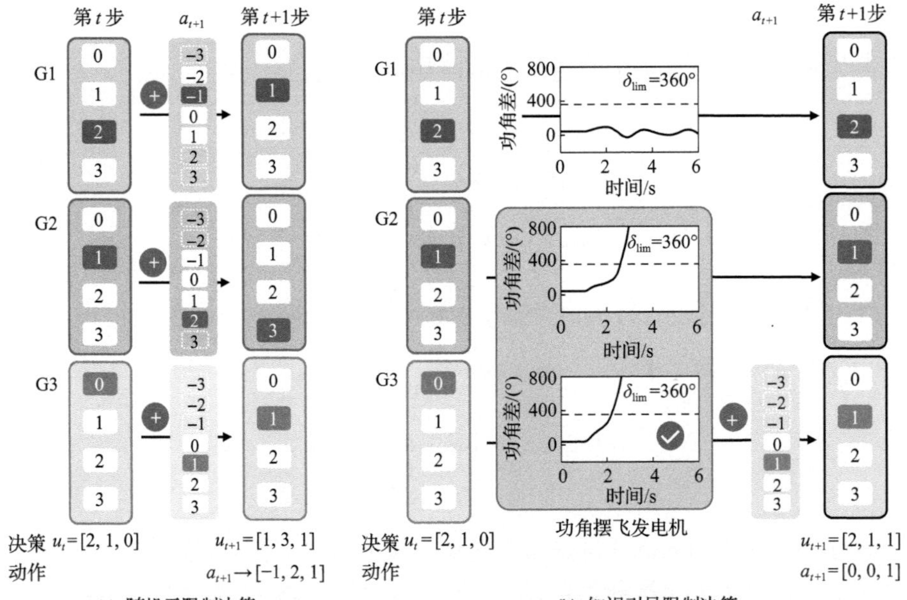

(a) 随机无限制决策　　(b) 知识引导限制决策

图 5.56　随机无限制决策与知识经验引导限制决策的对比

在添加知识经验引导限制后，智能体理论上可以在与环境的交互过程中产生更多有效探索的样本，用这些样本训练智能体能获得更好的决策性能。

2）多样本源混合采样的训练策略

每年国家电网有限公司都会请大量专家进行紧急控制决策的制定，经验丰富的专家对于切机决策的机组选择等关键问题通常能很快给出高质量的解决方案[54]。如果利用这些高质量的决策参与训练智能体，可引导智能体学习到优质决策的特点，从而提升决策性能。

如图 5.57(b)所示，考虑两个样本源混合训练来提升智能体的性能，一个是纯探索的经验池 D_{e}，和图 5.57(a)中的常规训练方式一样，这个经验池中都是智能体和环境交互所产生的探索决策样本。另一个经验池称为优质经验池 D_{c}，其中是失稳预想故障工况训练集上对应的一些优质的紧急切机决策。优质经验池的样本可以是专家手动制定决策得到，也可以是用一些优化算法获得的优质决策，如在本节中可以将使用遍历计算所获得的样本作为优质样本。多样本源混合采样每次从 D_{e} 和 D_{c} 两个子经验池中抽取部分样本组成一个大小为 B 的批样本，可以表达成如下形式：

$$\begin{cases} B_{\mathrm{c},k} = \lceil c_k B \rceil \\ B_{\mathrm{e},k} = B - B_{\mathrm{c},k} \\ D(B) \leftarrow \left\{ D_{\mathrm{e}}\left(B_{\mathrm{e},k}\right), D_{\mathrm{c}}\left(B_{\mathrm{c},k}\right) \right\} \end{cases} \tag{5.67}$$

其中，$B_{\mathrm{c},k}$ 和 c_k 分别是第 k 步从 D_{c} 中抽取的优质样本的数量和所占比例；$B_{\mathrm{e},k}$ 是第 k 步从 D_{e} 中抽取的样本数量；$\lceil * \rceil$ 表示向上取整运算。

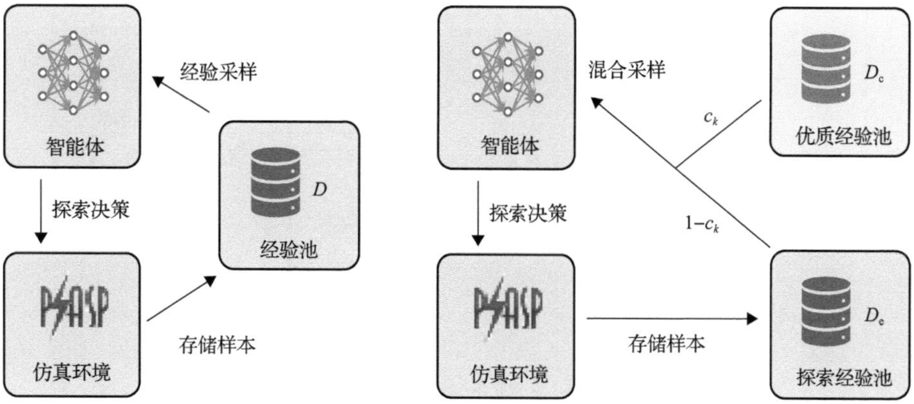

(a) 纯探索样本采样　　(b) 多样本源混合采样

图 5.57　纯探索样本采样与多样本源混合采样的对比

3. 基于并行强化学习的智能紧急切机决策

在智能体训练的过程中，影响训练速度的一个重要因素是环境与智能体之间的交互过程。电力系统暂态稳定仿真中数据计算以及数据保存耗时占总耗时的很大一部分。前面所介绍的强化学习紧急切机决策本质上是串行的，每次智能体只能和一个环境进行交互，其他包括样本数据的处理以及智能体损失计算、参数更新都不能同时进行，整个训练过程比较耗时。

现代计算机 CPU 的核数越来越多，如果能够在强化学习中充分利用多核并行计算优势，那么应该能够极大地提升智能体的训练速度。目前很多人工智能的研究者也开始关注并行或分布式强化学习，提出了异步优势动作评价(asynchronous advantage actor critic，A3C)[55]、分布式优先经验回放(Ape-X)[56]等算法，以此寻求高效率的智能体训练。如图 5.58 所示，应用并行强化学习方法对前面所提的智能紧急切机决策智能体进行训练加速，采用的结构与 Ape-X 算法类似。整个算法包括 4 个执行部分：执行器阵列、评估器阵列、样本处理器阵列、学习器，下面对各个部分进行说明。

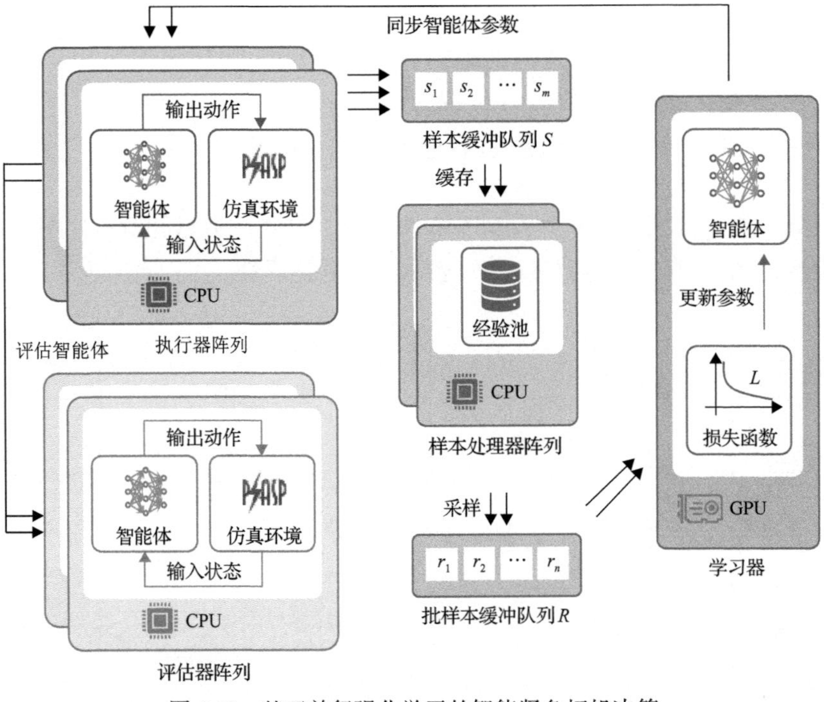

图 5.58　基于并行强化学习的智能紧急切机决策

(1)执行器阵列：执行器阵列由若干个执行器组成，每一个执行器包括一个智能体和一个仿真环境，都运行在独立的 CPU 核上，仿真环境提供的状态输入给智能体输出动作来实现 MDP 的交互，最终多次交互后产生的样本通过样本缓冲队列送入样本处理器阵列。

(2)评估器阵列：为了方便评估智能体在预想故障测试集合上的决策性能，构建若干个与执行器结构一致的评估器组成评估器阵列，每个执行器仍运行在独立的 CPU 核上。每隔固定回合，评估器载入执行器的智能体权重参数在测试集合上进行交互测试，最终统计每个评估轮次智能体的性能。

(3)样本处理器阵列：每个样本处理器的主体就是各自的经验池，执行器产生的样本进入容量为 m 的样本缓冲队列 S 中，当缓冲队列样本已满时，队列会阻塞执行器阵列往队列中缓存样本，然后缓存样本将自动进入空闲的样本处理器的经验池中。样本处理器在抽样时会按照批大小 B 从经验池中抽取样本，放入一个批样本缓冲队列 R 中供学习器抽取。

(4)学习器：学习器中有一个智能体，每次从批样本缓冲队列 R 中抽取样本，计算损失函数并依据梯度下降算法更新智能体参数，更新完成后将参数同步到执行器阵列中每个执行器的智能体中。

4. 算例分析

1)动作与决策空间设计的对比

本节也在 IEEE10 机 39 节点系统上进行算例分析，系统仿真设置、预想故障工况集合设置与 5.3.1 节基本相同，但失稳工况的选择有所不同。由 G4～G7 这 4 个发电机节点构成的区域中暂态功角失稳工况共有 170 个，随机选择 130 个用于智能体的模型训练，剩余 40 个用于智能体的性能测试。

前面介绍了智能切机决策算法的 4 种 DQN 的决策结构，为了比较这几种结构的优劣，在测试故障工况集合上对智能体进行性能评估。每 2000 个训练轮次就进行一次评估，而且每个算法都随机重复执行了 5 次，结果如图 5.59 所示。此时对于任一工况只需要 1 次尝试即可得到最优有效决策，总尝试次数最低为 40 次，总成功次数最高为 40 次，考虑到切机量很小则总回报的上界是 400。

从图 5.59 可以看出，对比 BDQ 算法和 DDQN 算法，不论是覆盖式还是增量式，使用 BDQ 结构均能够显著提升智能体的训练收敛速度和训练收敛后的决策性能。从原理特性上理解，BDQ 的多分支特性使得智能体在同时决策的探索中更容易先找到有效决策，然后在训练的过程中渐渐提升决策智能体的性能，因此在决策智能体的构建中，使用 BDQ 结构比 DDQN 结构更好。

对比覆盖式和增量式两种动作-决策处理方式，可以发现，对于 DDQN 结构算法来说差别不大，而对于 BDQ 结构算法来说，使用增量式结构比覆盖式结构能够进一步提升智能体的性能。从原理特性上理解，使用增量式结构只需要在已有决策上进行一定的修正，通常更容易找到有效决策，所以相对降低了算法估计决策量的难度。因此综合来看，本节所提出的基于 DQN 族算法的智能紧急切机决策算法中使用增量式 BDQ 结构的智能体能够以更快的收敛速度、更好的决策有效性和决策质量实现紧急切机决策制定。

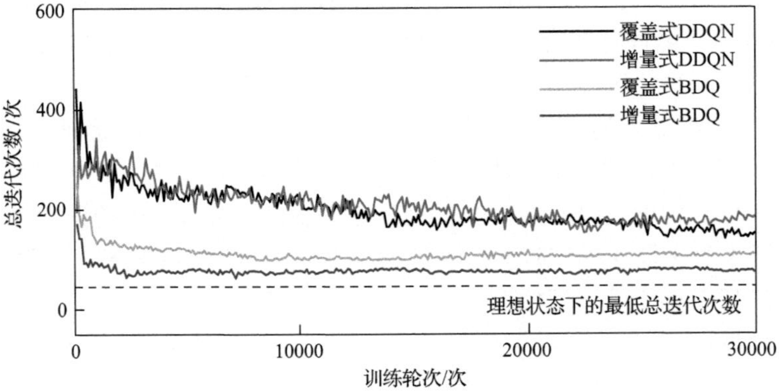

(a) 总迭代次数比较

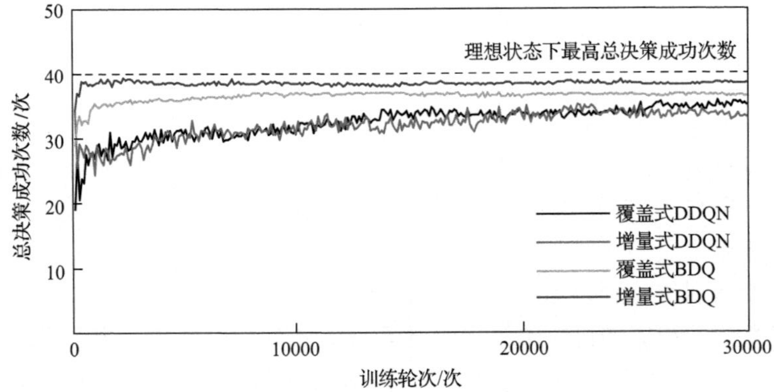

(b) 总决策成功次数比较

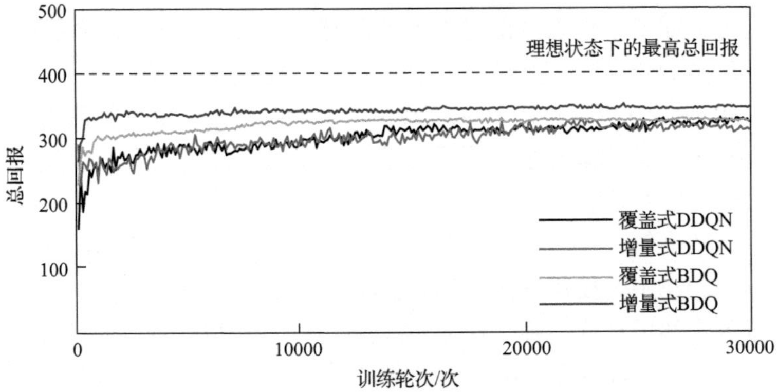

(c) 总回报比较

图 5.59　四种 DQN 算法的决策性能比较

2) 知识经验引导探索的验证

知识经验引导在智能体训练过程中起作用，而且无须参数设置。设置与本节第 2 部分一致，也从智能体决策性能的三个方面对智能体进行评估。如图 5.60(a)

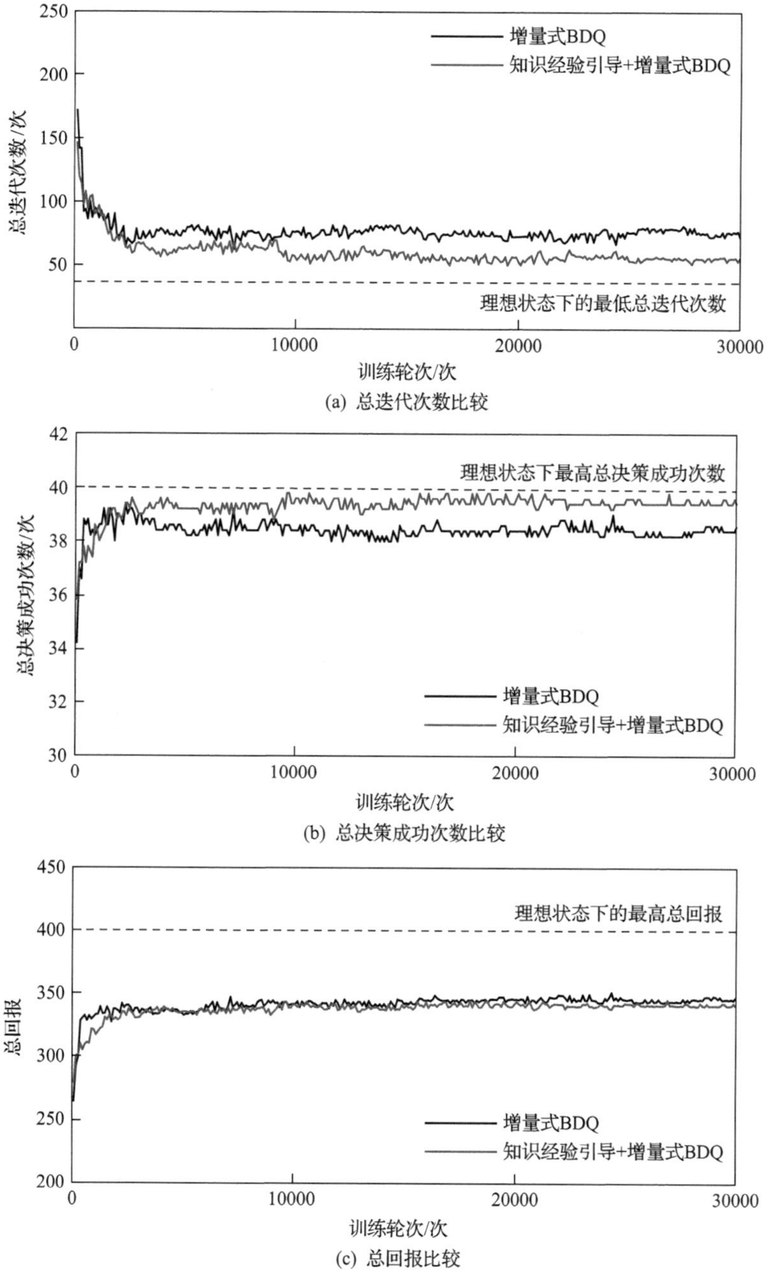

图 5.60　采用知识经验引导探索策略前后决策性能对比

所示，智能体决策总迭代次数在使用知识经验引导探索后可以从 72 次左右下降至 52 次左右，比较接近于理想最低决策迭代次数 40 次，所以基本上对于大部分测试集上决策成功的失稳工况都是一次给出切机决策。从图 5.60(b) 中可以发现总决策成功次数也基本稳定在 39～40 次，相比于没有使用知识经验引导训练的智能体决策性能更好。从图 5.60(c) 中可以发现，使用知识经验引导训练前后的差距不大。因此，使用知识经验引导有利于提升基于 BDQ 的智能紧急切机决策算法的训练收敛的性能指标。

3) 多样本源混合采样训练的验证

在包含知识经验引导的基础上考察使用多样本源混合采样训练策略后智能体性能变化。设置起始优质样本占比为 0.9，优质样本指数衰减参数为 4000，最终优质样本占比为 0.3，按照和贪婪系数相同的指数衰减方式计算混合采样比例。如图 5.61 所示，采用多样本源混合采样训练策略在总迭代次数和总决策成功次数上略有优势，在总回报上从原来的 338 左右显著提升至 369 左右。

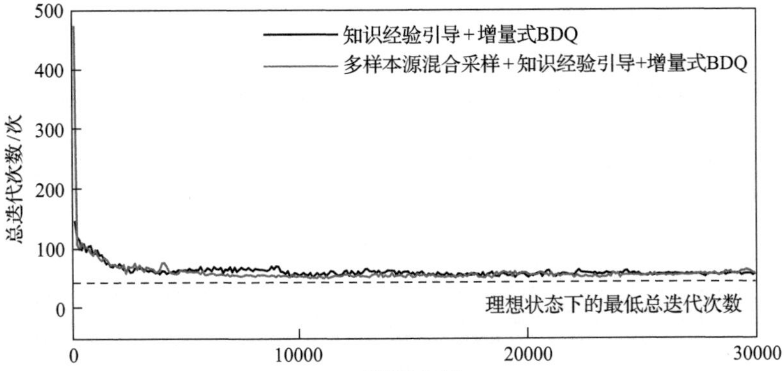

(a) 总迭代次数比较

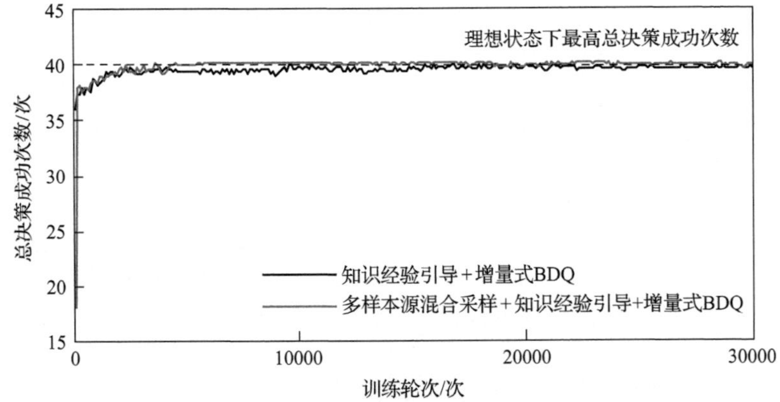

(b) 总决策成功次数比较

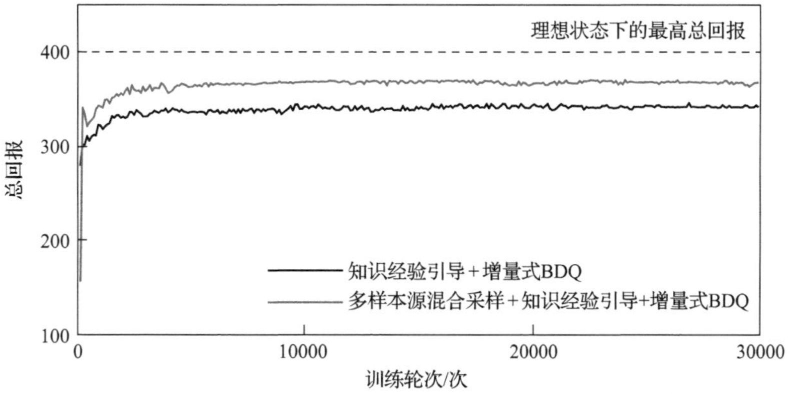

(c) 总回报比较

图 5.61　采用多样本源混合采样训练策略前后决策性能对比

从原理特性上理解，优质样本的引入和模仿学习的思路类似，希望智能体在决策的训练过程中充分学习优质样本中的决策，从而提升决策质量，即以较小的切机成本使系统恢复功角稳定。而对于总迭代次数和总决策成功次数来说，智能体的性能已经接近于极限值，所以可以提升的空间也就比较小。

4) 并行计算加速训练的验证

本节考察在系统可控节点达到 9 个、智能体训练速度很慢时使用并行计算加速的效果。除了 G10 作为参考机外所有其他发电机节点都参与切机。从所有失稳故障工况中随机选择了 595 个失稳预想故障工况，其中 100 个工况用于智能体测试，剩余 495 个预想故障工况用于智能体训练。此时的切机指数决策空间已经达到了惊人的$11^9 \approx 2.36\times10^9$。如图 5.62 所示，使用增量式 BDQ 结构同时应用知识经验引导探索和多样本源混合采样两个训练策略进行智能体的训练，训练轮次为 30000。在相同参数下进行两次测试，结果如黑线所示，该方法其实也就是串行强化学习方案。本节为验证并行算法加速的可行性，按照并行强化学习方法进行智能体的训练，训练轮次也为 30000，并行参数设置为执行器 6 个、评估器 4 个，其他参数和前面一致，训练结果如图 5.62 的灰线所示，也在相同参数下执行两次测试。

对比串行和并行的测试结果，可以发现，两种训练方式在最终的收敛性能上比较接近，串行可能略优一点。但是就训练速度而言，使用并行强化学习后，智能体训练达到收敛状态的速度也明显加快。串行方案的收敛时间在 8h 左右，而并行方案的收敛时间在 3h 左右。

虽然并行方案有多个执行器与环境进行交互产生样本，但是该方案是异步并行，执行器和学习器之间没有同步的强制约束，都是各自分开执行。只有学习器从经验池中抽取到样本并及时对当前交互的智能体进行新参数的同步，并行训练加速效果才更显著。相对来说，串行方案训练更稳定，最终收敛性能可能更优，而并行方案开始上升速度较快，最终收敛性能要稍微差一点。本节利用并行强化学习方法对提升智能紧急切机决策训练加速方法做了一点探索。虽然性能上并行计算方法对于智能体的训练加速有一定的提升，但仍有可提升的空间。

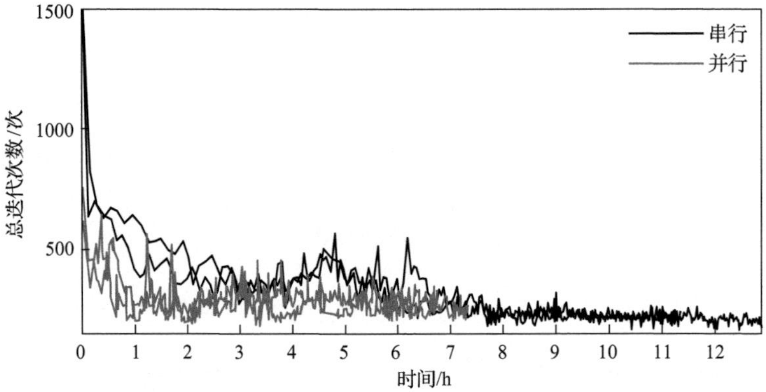

(a) 总迭代次数比较

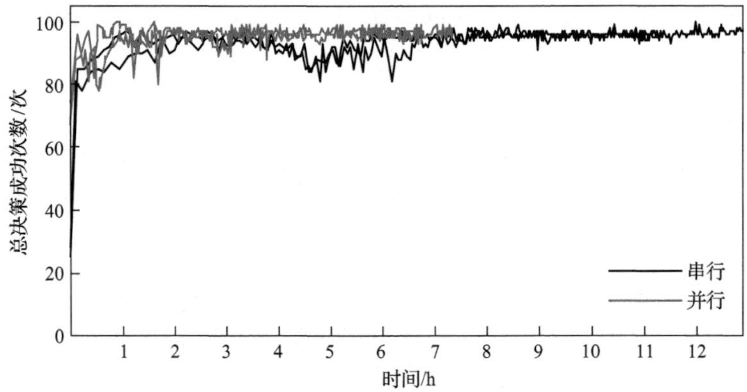

(b) 总决策成功次数比较

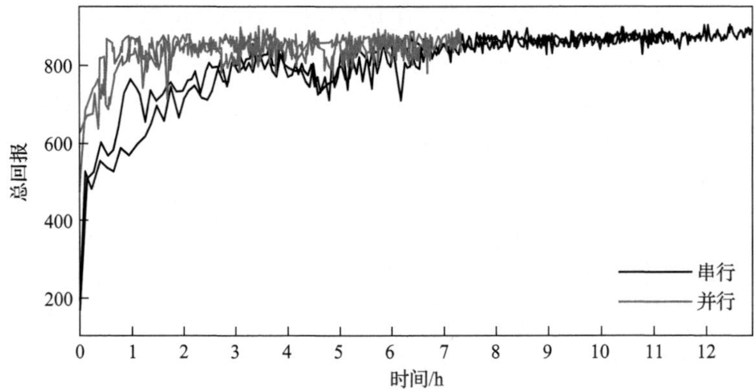

(c) 总回报比较

图 5.62　采用并行强化学习训练策略前后决策性能对比

5.3.3　电力系统两阶段紧急切负荷控制智能预决策

为了提高离线紧急控制措施制定的有效性、快速性和精准性，本节提出一种融合人工智能算法的两阶段紧急控制决策方法。第一阶段从仿真数据分析出不同的电压失稳表现，并基于仿真数据分析得到考虑优先级的有效的切负荷点。第二阶段基于轻量级梯度提升机(light gradient boosting machine, Light GBM)算法从仿真数据中预估出较为精确的切负荷量，并按优先级顺序分配到第一阶段决策的敏感负荷点，执行切负荷操作，而后根据切负荷后系统稳定与否进行决策量的微调。在实际中国某区域电网进行仿真验证了本节方法的有效性。

1. 第一阶段-筛选控制对象

电力系统暂态失稳一般分为功角失稳、电压失稳和频率失稳[57]。对于暂态电压稳定性判别本节采用经验方法，即所有节点电压的最低值在故障切除后一段时间后能恢复到 0.8p.u.以上：

$$\min_{t\in[t_1+\Delta t_1, t_1+\Delta t_2]} U(t) > 0.8 \tag{5.68}$$

其中，Δt_1、Δt_2 是考虑的暂态电压恢复时间；$U(t)$ 是标幺值。

实际运行中，由于潮流运行方式和故障位置不同，暂态电压失稳模式存在不同的表现形式，不同形式下有效切负荷点不尽相同。本节区分了三种暂态电压失稳表现形式，即纯电压失稳、耦合电压失稳和混合电压失稳，分别采用不同的备切负荷筛选方法，提高切负荷点筛选的有效性。

1) 纯电压失稳

(1) 纯电压失稳表现形式。纯电压失稳模式下，节点电压和相对功角表现形式如图 5.63 所示。可以看到，在此种运行工况和故障条件下，故障切除后，部分节点电压持续低落，所有发电机的相对功角稳定。

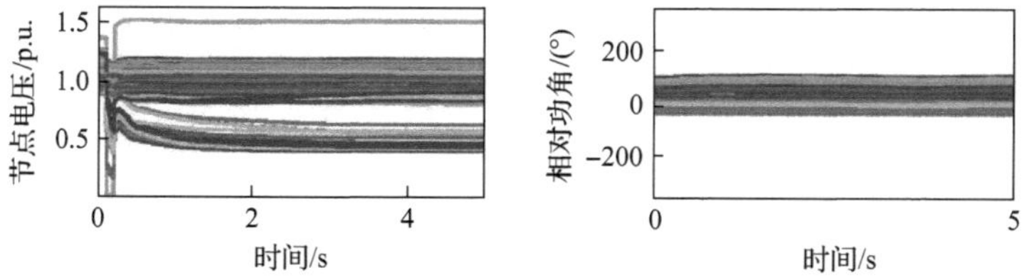

图 5.63　纯电压失稳下节点电压和相对功角曲线

(2) 纯电压失稳下控制对象筛选方法。按照负荷电压由低到高排序，得到负荷序列：

$$L=\left[L_{\mathrm{s}}^{U_1},\cdots,L_{\mathrm{s}}^{U_i},L_{\mathrm{s}}^{U_{i+1}},\cdots,L_{\mathrm{s}}^{U_n}\right],\ \text{s.t.}\,U_1\leqslant\cdots\leqslant U_i\leqslant U_{i+1}\leqslant\cdots\leqslant U_n \tag{5.69}$$

其中，$L_{\mathrm{s}}^{U_n}$ 是按照节点电压 t_0 时刻由低到高排序后的负荷节点 n，即可按照低电压筛选方法得到考虑优先级顺序的敏感负荷。

2) 耦合电压失稳

(1) 耦合电压失稳表现形式。耦合电压失稳模式下，节点电压和相对功角表现形式如图 5.64 所示。可以看出，在此种运行工况和故障条件下，故障切除后，节点电压持续降低，而后振荡失稳。随着节点电压的降落，部分发电机的相对功角摆开，功角失稳。

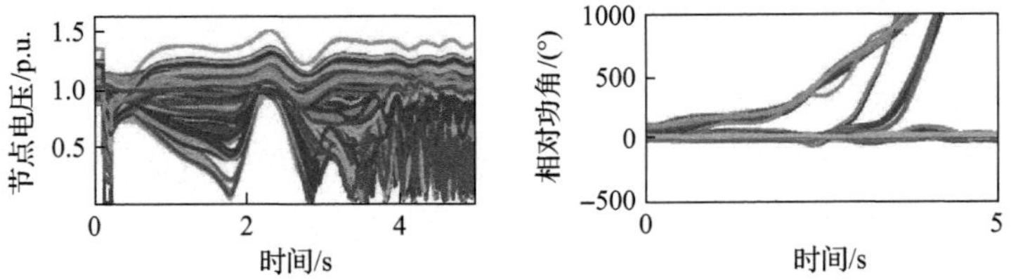

图 5.64　耦合电压失稳下节点电压和相对功角曲线

(2) 耦合电压失稳下控制对象筛选方法。通过暂态稳定仿真得到负荷无功功率时序变化情况，筛选出两种待选的负荷序列。第一种负荷序列考虑故障前与故障后负荷无功功率的突变情况：

$$\Delta Q=Q(t_1)-Q(t_2) \tag{5.70}$$

其中，t_1 是故障发生时刻；t_2 是故障发生后的某一时刻。

相对于低电压排序，由于负荷模型和参数的不同，某些情况下电压低的负荷消耗的无功功率并不大，而暂态电压失稳需要在有效负荷点切除一定量级负荷才能恢复暂态稳定，需要的暂态稳定仿真次数过多，尤为耗时。按照无功功率变化量由大到小排序，得到备选负荷序列 1：

$$L_1=\left[L_{\mathrm{s1}}^{\Delta Q_1},\cdots,L_{\mathrm{s1}}^{\Delta Q_i},L_{\mathrm{s1}}^{\Delta Q_{i+1}},\cdots,L_{\mathrm{s1}}^{\Delta Q_n}\right],\ \text{s.t.}\,\Delta Q_1\geqslant\cdots\geqslant\Delta Q_i\geqslant\Delta Q_{i+1}\geqslant\cdots\geqslant\Delta Q_n \tag{5.71}$$

其中，$L_{\mathrm{s1}}^{\Delta Q_n}$ 是按照排序方法 1 得到的序列中的负荷节点 n。

第二种负荷序列考虑故障持续期间 t_2 时刻负荷无功功率的幅值量由大到小排序，得到备选切负荷序列 2：

$$L_2=\left[L_{\mathrm{s2}}^{Q_1},\cdots,L_{\mathrm{s2}}^{Q_i},L_{\mathrm{s2}}^{Q_{i+1}},\cdots,L_{\mathrm{s2}}^{Q_n}\right],\ \text{s.t.}\,Q_1\geqslant\cdots\geqslant Q_i\geqslant Q_{i+1}\geqslant\cdots\geqslant Q_n \tag{5.72}$$

其中，$L_{s2}^{Q_n}$ 是按照排序方法 2 得到的序列中的负荷节点 n。

TVSI 已经广泛用于暂态电压稳定分析中[58]：

$$\text{TVSI}=\left(\sum_{i=1}^{m}\sum_{t=t_c}^{T}\text{TVDI}_{i,t}\right)\Big/m\left(T-t_c\right) \tag{5.73}$$

$$\text{TVDI}_{i,t}=\begin{cases}\dfrac{\left|V_{i,0}-V_{i,t}\right|}{V_{i,0}}, & \dfrac{\left|U_{i,0}-U_{i,t}\right|}{V_{i,0}}\geqslant\alpha\\ 0, & \text{其他}\end{cases} \tag{5.74}$$

其中，m 是系统的母线总数；T 是暂态稳定仿真时间；t_c 是故障切除时间；$U_{i,t}$ 是母线 i 在时刻 t 的电压幅值；$U_{i,0}$ 是故障前节点电压幅值；α 是电压幅值偏差的安全阈值，其值一般采用 10%。TVSI 是所有母线上的暂态电压偏离程度指数(transient voltage deviation index，TVDI)的平均值，表示整个系统的电压性能，其值越小，电压性能越好。

现考虑两种负荷序列的灵敏度，定义负荷序列切负荷灵敏度：

$$s\left(L_i\right)=\left(\text{TVSI}(0)-\text{TVSI}\left(L_i\right)\right)\Big/\text{TVSI}(0) \tag{5.75}$$

其中，TVSI(0) 是未切除负荷时的暂态电压稳定程度；$\text{TVSI}\left(L_i\right)$ 是 L_i 负荷序列切除一部分负荷后的暂态电压稳定程度；$s\left(L_i\right)$ 是第 i 个负荷序列切负荷灵敏度。

首次迭代时分别试切相同的负荷量，选取灵敏度大的负荷序列，即

$$L=\max\left(s\left(L_1\right),s\left(L_2\right)\right) \tag{5.76}$$

3) 混合电压失稳

(1) 混合电压失稳表现形式。混合电压失稳模式下，节点电压和功角表现形式如图 5.65 所示。可以看出，在此种运行工况和故障条件下，故障切除后，部分节点电压持续降低，而后振荡失稳，部分节点电压持续低落。随着节点电压的降落，发电机的相对功角摆开。

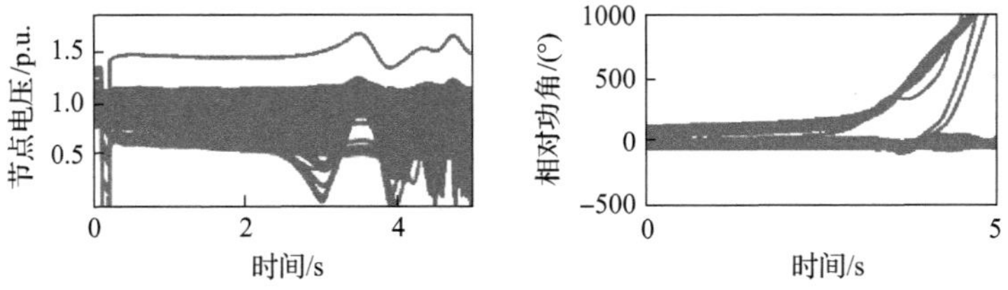

图 5.65　混合电压失稳下节点电压和相对功角曲线

(2)混合电压失稳下控制对象筛选方法。首先按照处理耦合电压失稳的方法筛选出敏感负荷序列，并按照优先级顺序依次试切负荷，监测电压失稳表现形式的变化。当切负荷达到一定量级后，会转化为纯电压失稳。然后按纯电压失稳的方法筛选出敏感负荷序列。

2. 第二阶段-确定控制措施量

第一阶段根据暂态仿真数据筛选出考虑切负荷优先级的敏感负荷序列后，第二阶段需要进一步决策出切负荷量。本节采用 LightGBM 从仿真数据中直接预估初始总决策量，避免大量的试凑迭代计算，减少决策耗时。然后，在敏感负荷序列按照优先级顺序进行决策量的分配。考虑到预估决策量与实际决策量的偏差，最后结合暂态稳定仿真对控制措施进行校验，并相应调整决策量。

1) LightGBM 简介

LightGBM 是一种使用单边梯度采样和互斥特征绑定算法的分布式梯度提升树框架。给定一个训练集，损失函数和训练目标为

$$\mathcal{R}_{\mathcal{D}}(\theta)=\frac{1}{N}\sum_{n=1}^{N}\mathcal{L}\left(y^{(n)},f\left(x^{(n)};\theta\right)\right)+\Omega(\theta),\theta^{*}=\underset{\theta}{\operatorname{argmin}}\,\mathcal{R}_{\mathcal{D}}(\theta) \tag{5.77}$$

其中，N是样本数量；$\mathcal{L}(\cdot,\cdot)$是模型预测值与真实值的损失；$x^{(n)}$是第 n 个样本的特征；$y^{(n)}$是第 n 个样本的标签；$f(x^{(n)};\theta)$是模型预测标签；θ是模型参数；$\Omega(\theta)$是正规化损失。

2) 基于 LightGBM 预估初始决策总量

电力系统仿真数据具有海量、高维、稀疏、复杂时空关联等方面的特点。LightGBM 具有训练速度快、训练精度高、内存占用少等优势，适用于电力系统仿真数据的训练。因此，本节采用 LightGBM 实现决策总量的预估。将仿真得到的节点电压和发电机功角特征输入 LightGBM 模型，直接得到预估的决策总量。

机器学习模型需要大量的样本来进行训练，因此，可以模拟实际运行情况，设置不同潮流方式下的不同故障工况，通过仿真计算，生成一系列样本。具体来说，可以调节发电机出力和负荷功率需求得到一系列合理的潮流运行方式。在每个潮流运行方式下，设置不同的故障线路、故障线路的不同故障位置、故障持续时间和负荷电动机比例进行暂态稳定仿真，并进行主导失稳模式识别，提取出暂态电压失稳对应的样本的初始运行状态和故障工况。

结合筛选出的考虑优先级的敏感负荷，依次按照优先级顺序由高到低试切负荷，结合暂态稳定仿真校验控制措施，直至暂态电压恢复稳定。

3) 融合智能算法的两阶段切负荷流程图

融合智能算法的两阶段切负荷流程图如图 5.66 所示。第一阶段为筛选控制对象。区分三种电压失稳模式，分别采用不同的负荷筛选方法；第二阶段为确定控制措施量，由 LightGBM 直接预估初始的决策总量，相当于给定了迭代的基值，

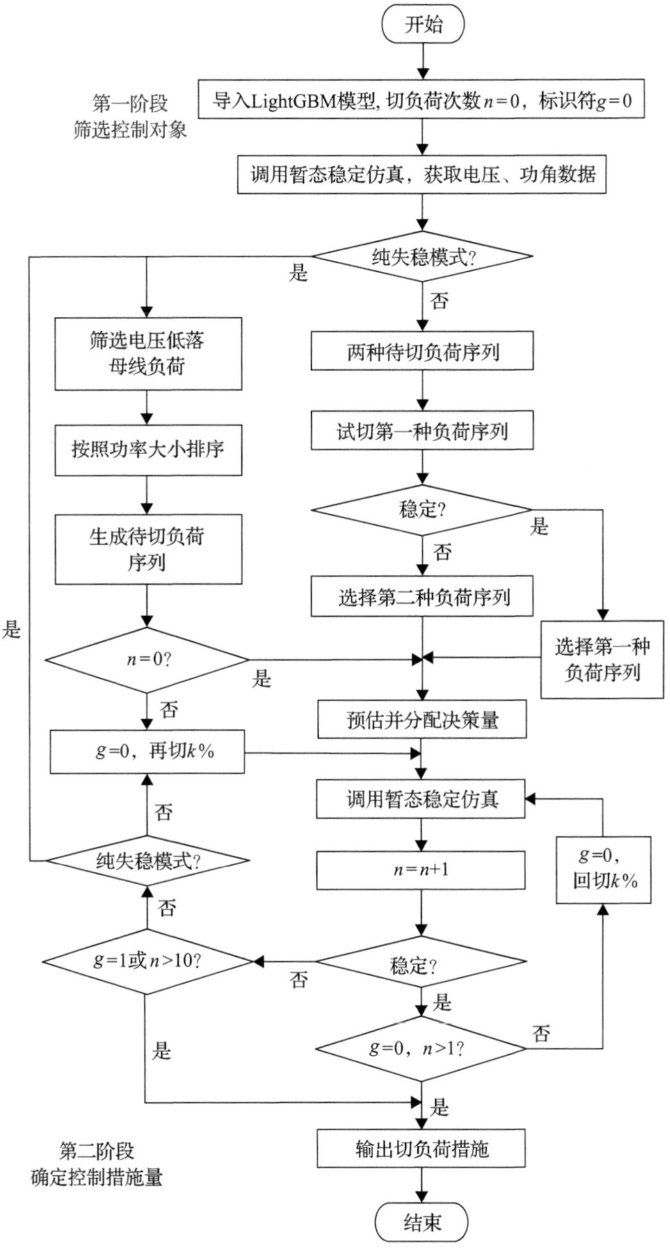

图 5.66　融合智能算法的两阶段切负荷流程图

按照负荷优先级顺序迭代分配负荷量，先切完排序靠前的负荷，再切除排序靠后的负荷。分配负荷量后，需要调用暂态稳定仿真检验控制措施的有效性。如果稳定，减少一部分切除的负荷直到系统暂态电压失稳，取最后一次稳定的控制措施作为最终控制措施；如果不稳定，增切一部分负荷直至稳定。标识符 g 为 1 时指示减少一部分切除的负荷，减少一部分切除的负荷至不稳定时程序结束；标识符 g 为 0 时指示增切，增切至稳定时程序结束。切负荷次数 n 为 0 指示初次迭代时分配决策量，n 不为 0 指示混合电压失稳转为纯电压失稳后不需分配，且限制最大迭代次数为 10 次。k%表示负荷切除的比例。

3. 算例分析

本节将所提的知识经验引导与智能算法相结合的针对暂态电压失稳的两阶段切负荷方法用于电力系统暂态电压失稳仿真数据分析，以实现离线紧急电压控制措施智能预决策。选用中国某区域电网模型进行算例分析，验证所提方法在有效性、快速性和准确性方面的优势。

1)切负荷地点筛选有效性验证

本节方法与两种方法进行了对比，第一种是传统的基于故障后 0.5s 电压幅值大小由低到高筛选负荷的方法(低电压筛选)，第二种是文献[59]提出的基于故障前后负荷导纳的变化由高到低筛选负荷的方法(导纳变化筛选)。仿真条件设置为第 0.1s 时 500 kV 线路发生三相短路故障，第 0.2s 切除故障，第 0.3s 切负荷。t_0 取 0.5，t_1 取 0.1，t_2 取 0.11，α 取 0.1，k 取 30。

对比设置 1：设置不同的潮流和故障工况，如表 5.16 所示。

表 5.16 中国某区域电网样本生成方案

设置特征	具体设置	种类数/种
潮流水平	潮流样本选 4 种	4
负荷电动机成分比例	60%	1
故障线路	所有 500kV 线路	313
故障位置	2%、50%	2
故障持续时间	0.1s	1
故障类型	三相金属性短路并切线	1

不同筛选方法在 1808 个电压失稳样本的整体对比情况如图 5.67 所示。从图中可以看出，本节方法筛选的整体有效率更高，为 97.5%；平均迭代次数更少，为 10.33 次；平均耗时也更少，为 299.95s；平均切负荷量较少，为 1003.93MW，也说明筛选的负荷点更为有效和灵敏。

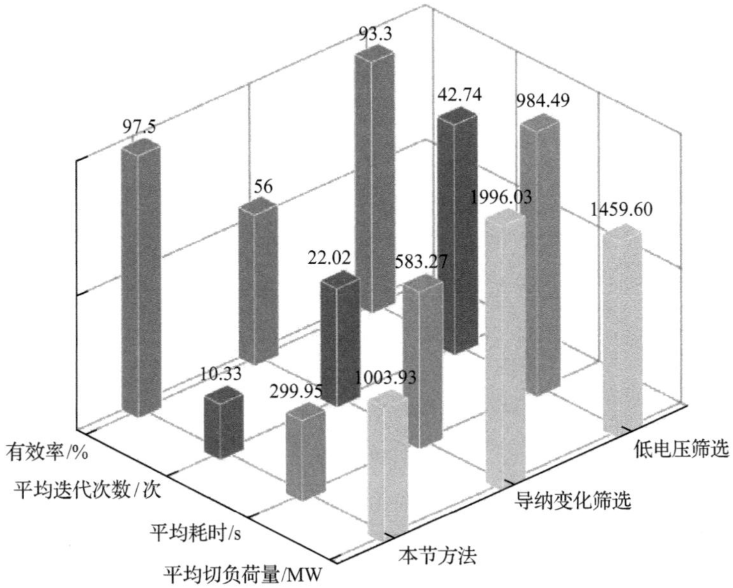

图 5.67　不同负荷筛选方法对比

对比设置 2：按照负荷灵敏度顺序依次切负荷，直到系统稳定，其中试切量为 3000MW，迭代步长为 50%。如果切负荷量超过 3500MW，认为无可行解。不同故障工况下对比结果如表 5.17 所示。可以看出，低电压筛选方法和导纳变化筛选方法各存在彼此不能得到可行解的工况(工况 1、2、3)，这些工况下本节方法能得到可行解；而且，工况 2 和 3 下本节方法切负荷量更少。纯电压失稳模式下，三种方法的决策相同，此处未列出。

表 5.17　不同工况决策切负荷量大小对比

工况	失稳模式	切负荷量/MW		
		低电压筛选	导纳变化筛选	本节方法
1	耦合失稳	—	730.5	819.2
2	耦合电压失稳	1923.2	—	1821.1
3	混合电压失稳	778.0	—	405.4

注：“—”表示该方法无解。

进一步比较相同切负荷量下暂态电压恢复情况。将本节不同工况下最终的切负荷量分配给按照其他筛选方法得到的负荷序列中进行对比，结果如图 5.68 所示，其中电压振荡表示无可行解。可以看出，相同切负荷量，分配到不同切负荷位置下，本节方法均能得到可行解的情况下，低电压筛选方法和导纳变化筛选方法仅能解决部分工况的问题。

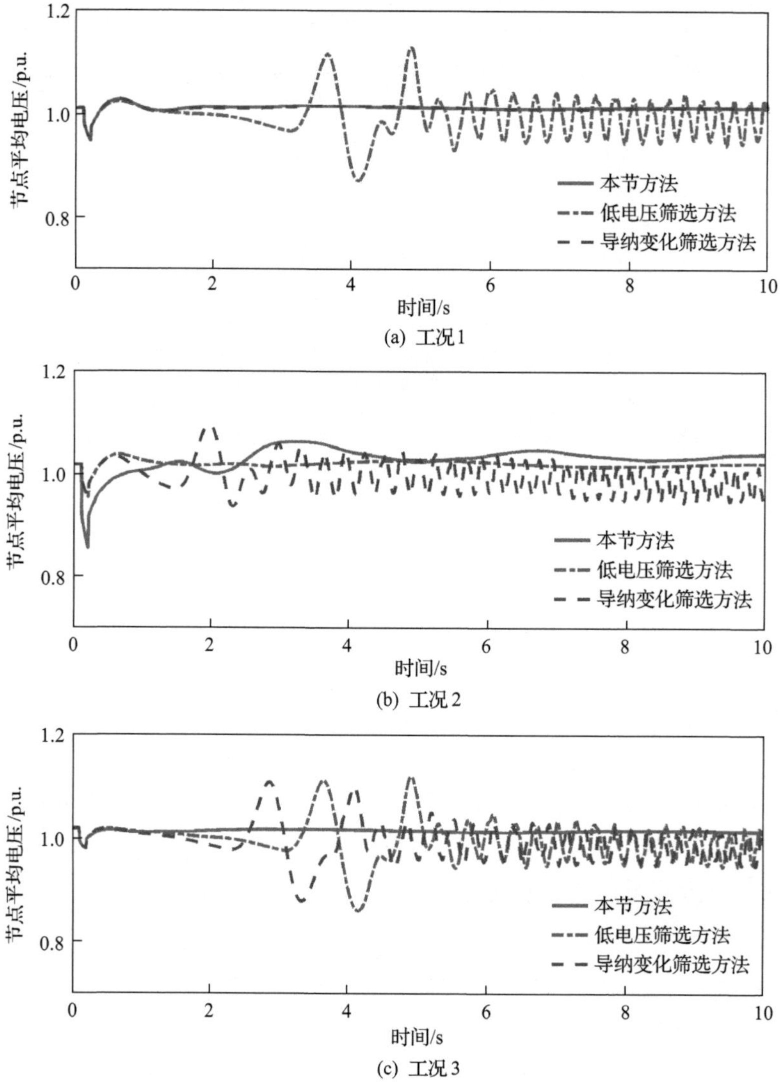

图 5.68　不同筛选方法不同故障工况下的对比图

但是，如图 5.67 所示，从切负荷量为 0 开始循环迭代试凑的方法总体耗时仍然较长。因此，考虑分两阶段决策，第一阶段利用上述方法筛选决策点，第二阶段利用 LightGBM 预估总决策量，给定迭代的大致基值，并加以微调，以提高决策的快速性和有效性。

2) LightGBM 预估决策量有效性验证

样本为上述有可行解的 1762 个样本，其中 70%的样本用于训练，30%的样本用于测试。

提取观察窗口内的功角和电压数据，每一个样本的输入数据维度为功角 $\delta \in \mathbb{R}^{290\times223}$，电压 $U \in \mathbb{R}^{290\times322}$。同时，比较 LightGBM 的预估效果与 CNN 和 RF 的预估效果。定义所有样本的平均绝对偏差(mean absolute deviation，MAD)和平均相对偏差(mean relative deviation，MRD)：

$$\mathrm{MAD} = \frac{1}{N_t}\sum_{i=1}^{N_t}\left|y_i^{\mathrm{real}} - y_i^{\mathrm{predicted}}\right|;\quad \mathrm{MRD} = \frac{1}{N_t}\sum_{i=1}^{N_t}\left|y_i^{\mathrm{real}} - y_i^{\mathrm{predicted}}\right| / y_i^{\mathrm{real}} \tag{5.78}$$

其中，y^{real} 是真实值；$y^{\mathrm{predicted}}$ 是预测值；N_t 是测试集的样本数量。

对比结果如图 5.69 所示，可以看到，相比 CNN 和 RF，LightGBM 预测精度更高，MAD 为 21.75MW，MRD 为 3.19%，预测速度更快，训练耗时 611.80s。

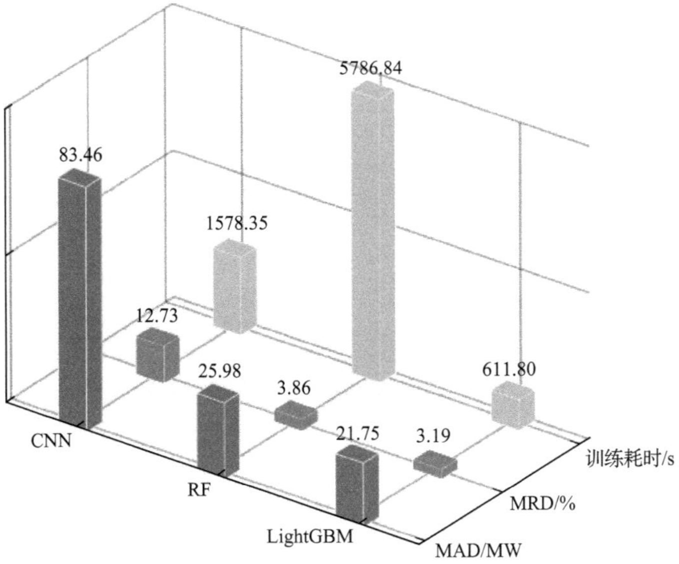

图 5.69　不同切负荷总量预估方法比较

4. 两阶段切负荷决策有效性验证

基于仿真数据筛选出有效的切负荷点，基于 LightGBM 决策出较为精准的切负荷量后，将决策的切负荷量按照切负荷优先级分配到待切负荷点，结合暂态稳定仿真微调最终的切负荷量。对 519 个测试样本进行遍历仿真，与循环迭代结果对比，如表 5.18 所示。

从表 5.18 中可以看出，由于预估决策量给定了迭代的基值，两阶段切负荷决策所需平均迭代次数和单次平均耗时都可观地减少了，因此决策耗时减少，决策快速性增加；在预估决策量的基础上进行微调，避免了不必要的过切负荷，决策结果更加精细。

表 5.18 两阶段切负荷决策与循环迭代方法对比

算法	平均迭代次数/次	平均耗时/s	平均切负荷量/MW
循环迭代	9.43	278.34	909.69
两阶段切负荷决策	4.58	189.03	863.83

某工况下的两阶段切负荷决策中，未切负荷时系统暂态电压失稳；根据暂态稳定仿真数据筛选出灵敏切负荷点，预估决策量为 487.8MW，按照优先级顺序分配到待切负荷点后，系统暂态电压稳定；减少一部分切除的负荷，决策量为 409.43MW，系统态电压失稳；最终决策为切除对应负荷点的 487.8MW。循环迭代方法最终切除 483.1MW。两者对比如图 5.70 所示，两阶段切负荷决策与循环迭代方法最终的决策效果基本相同。

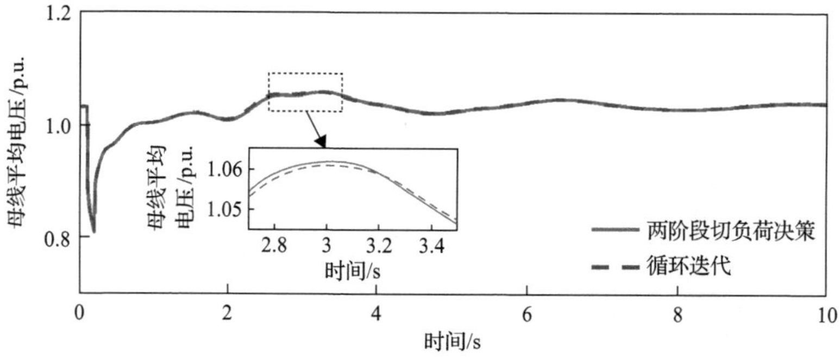

图 5.70 不同切负荷总量预估方法比较

5.4 小　结

在电力系统仿真分析中，大规模电网的稳定性分析与控制至关重要，目前工程实际中主要通过人工进行分析和控制设计，耗时耗力、严重依赖专家经验且易于引发错漏，本章介绍了采用人工智能的方法来实现电网仿真稳定分析和控制决策，克服现有方法的不足。

在稳定分析方面，通过大规模样本的自动生成，为深度学习模型提供样本支持；在方法层面上，本章介绍了几种用于稳定分析和主导失稳模式识别的人工智能算法：①一种基于挤压激励卷积神经网络的判别方法，引入可显式建模 CNN 的通道间相关关系，放大对主导失稳模式识别有用的特征通道并抑制作用较小的通道，可提高模型性能；②一种基于标签平滑的图注意力网络模型的主导失稳模式识别方法，可以将电网拓扑融入深度学习模型中，同时具有一定的抵抗数据集标签不准确的能力；③一种基于马尔可夫转移场仿真数据动态特征提取方法，可以将时序特征转化为功角和电压图片，提高智能分析效果。

针对主导失稳模式识别问题样本标注高成本问题，本章介绍了几种弱监督学习方法，降低对样本标注的要求，提高模型构建和迁移的效率：①一种基于主动学习的主导失稳模式识别方法，选择较少的重要样本进行标注，快速学习模型，从而缓解标注工作量大的问题；②一种基于半监督学习的主导失稳模式判别方法，充分利用无标注样本的信息，降低了深度学习模型对有标注样本的依赖；③一种主动迁移学习方法，通过整合双向主动学习和迁移学习，充分利用源域数据、源域模型和目标域数据的三方知识，使稳定分析模型快速适应新运行方式；④一种无监督迁移学习方法，通过考虑不同类别间的最大平均差异来衡量基准样本集和新工况样本集之间分布的差异性，并以此作为指标，通过微调预训练深度神经网络参数的方式进行迁移学习的训练，使稳定分析模型快速适应新运行方式。

在稳定控制决策方面，提出了通过知识融合规则的智能决策算法来制定功角失稳和电压失稳的决策：①一种知识融合与深度强化学习的紧急切机控制智能决策方法，将领域通用知识和电网拓扑融入 DDQN 智能体训练过程，可以提高智能体的训练效率和决策性能；②一种基于知识经验引导和并行加速的智能紧急切机决策方法，将领域专有知识和并行加速融入 BDQ 智能体的训练过程，可进一步提高智能体的训练效率和决策性能；③一种电力系统两阶段紧急切负荷控制智能预决策方法，第一阶段根据电压表现形式筛选受控对象，第二阶段基于 LightGBM 预估决策量并进行分配微调，可提高切负荷措施制定的有效性和快速性。

参 考 文 献

[1] 吴为，汤涌，孙华东，等. 电力系统暂态功角失稳与暂态电压失稳的主导性识别[J]. 中国电机工程学报，2014, 34(31): 5610-5617.

[2] Kundur P, Paserba J, Ajjarapu V, et al. Definition and classification of power system stability IEEE/CIGRE joint task force on stability terms and definitions[J]. IEEE Transactions on Power Systems, 2004, 19(3): 1387-1401.

[3] Hatziargyriou N, Milanovic J, Rahmann C, et al. Definition and classification of power system stability-revisited & extended[J]. IEEE Transactions on Power Systems, 2020, 36(4): 3271-3281.

[4] 孙华东，汤涌，马世英. 电力系统稳定的定义与分类述评[J]. 电网技术, 2006, 30(17): 31-35.

[5] 汤涌，林伟芳，孙华东，等. 基于戴维南等值跟踪的电压失稳和功角失稳的判别方法[J]. 中国电机工程学报，2009(25): 1-6.

[6] 侯俊贤，韩民晓，董毅峰，等. 基于振荡中心和电压形态的暂态功角失稳和电压失稳判断方法[J]. 电网技术，2016, 40(5): 1509-1515.

[7] 刘光晔，杨以涵. 电力系统电压稳定与功角稳定的统一分析原理[J]. 中国电机工程学报, 2013, 33(13): 135-149.

[8] 黎晓，刘崇茹，辛蜀骏，等. 暂态功角稳定与暂态电压稳定的耦合机理分析与耦合强度评估指标[J]. 中国电机工程学报, 2021, 41(15): 5091-5107.

[9] 田芳，周孝信，史东宇，等. 基于卷积神经网络综合模型和稳态特征量的电力系统暂态稳定评估[J]. 中国电机工程学报, 2019, 39(14): 7.

[10] Gupta A, Gurrala G, Sastry P S. An online power system stability monitoring system using convolutional neural networks[J]. IEEE Transactions on Power Systems, 2018, 34(2): 864-872.

[11] Shi Z T, Yao W, Zeng L K, et al. Convolutional neural network-based power system transient stability assessment and instability mode prediction[J]. Applied Energy, 2020, 263: 114586.

[12] Ge H C, Guo Q L, Sun H B, et al. A model and data hybrid-driven short-term voltage stability real-time monitoring method[J]. International Journal of Electrical Power & Energy Systems, 2020, 114: 105373.

[13] Zhang Y C, Xu Y, Zhang R, et al. A missing-data tolerant method for data-driven short-term voltage stability assessment of power systems[J]. IEEE Transactions on Smart Grid, 2018, 10(5): 5663-5674.

[14] Hu J, Shen L, Sun G. Squeeze-and-excitation networks[C]//2018 IEEE/CVF Conference on Computer Vision and Pattern Recognition, Salt Lake City, 2018: 7132-7141.

[15] Kipf T N, Welling M. Semi-supervised classification with graph convolutional networks[J]. arXiv preprint arXiv:1609.02907, 2016.

[16] Defferrard M, Bresson X, Vandergheynst P. Convolutional neural networks on graphs with fast localized spectral filtering[J]. Advances in Neural Information Processing Systems, 2016, 29: 3844-3852.

[17] Scarselli F, Gori M, Tsoi A C, et al. The graph neural network model[J]. IEEE Transactions on Neural Networks, 2008, 20(1): 61-80.

[18] Müller R, Kornblith S, Hinton G E. When does label smoothing help?[C]//Advances in neural information processing systems, Vancouver, 2019: 4694-4703.

[19] Veličković P, Cucurull G, Casanova A, et al. Graph attention networks[J]. arXiv preprint arXiv:1710.10903, 2017.

[20] Ioffe S, Szegedy C. Batch normalization: Accelerating deep network training by reducing internal covariate shift[C]//International Conference on Machine Learning, Lille, 2015: 448-456.

[21] Paszke A, Gross S, Massa F, et al. PyTorch: An imperative style, high-performance deep learning library[C]// Advances in Neural Information Processing Systems, Vancouver; 2019: 8026-8037.

[22] Fey M, Lenssen J E. Fast graph representation learning with PyTorch Geometric[J]. arXiv preprint arXiv:1903.02428, 2019.

[23] van der Maaten L, Hinton G. Visualizing data using t-SNE[J]. Journal of Machine Learning Research, 2008, 9: 2579-2605.

[24] Wang Z, Oates T. Encoding time series as images for visual inspection and classification using tiled convolutional neural networks[C]//Workshops at the Twenty-ninth AAAI Conference on Artificial Intelligence, Austin, 2015: 1-7.

[25] Simonyan K, Zisserman A. Very deep convolutional networks for large-scale image recognition[J]. arXiv preprint arXiv:1409.1556, 2014.

[26] Sinha S, Ebrahimi S, Darrell T. Variational adversarial active learning[C]//Proceedings of the IEEE/CVF International Conference on Computer Vision, Seoul, 2019: 5972-5981.

[27] Settles B. Active learning literature survey[R]. Madison: University of Wisconsin-Madison, 2009.

[28] Zhou Y Z, Guo Q L, Sun H B, et al. A novel data-driven approach for transient stability prediction of power systems considering the operational variability[J]. International Journal of Electrical Power & Energy Systems, 2019, 107: 379-394.

[29] Malbasa V, Zheng C, Chen P C, et al. Voltage stability prediction using active machine learning[J]. IEEE Transactions on Smart Grid, 2017, 8(6): 3117-3124.

[30] Zhou Y L, Renduchintala A, Li X, et al. Towards understanding the behaviors of optimal deep active learning algorithms[C]//International Conference on Artificial Intelligence and Statistics, 2021: 1486-1494.

[31] Dasgupta S. Analysis of a greedy active learning strategy[J]. Advances in Neural Information Processing Systems, 2004, 17: 337-344.

[32] Zhdanov F. Diverse mini-batch active learning[J]. arXiv preprint arXiv:1901.05954, 2019.

[33] Chapelle O, Scholkopf B, Zien A. Semi-supervised learning（chapelle, o. et al., eds.; 2006）[book reviews][J]. IEEE Transactions on Neural Networks, 2009, 20(3): 542.

[34] Lee D H. Pseudo-label: The simple and efficient semi-supervised learning method for deep neural networks[C]//Workshop on Challenges in Representation Learning, Scottsdale, 2013: 896.

[35] Rasmus A, Berglund M, Honkala M, et al. Semi-supervised learning with ladder networks[C]//Advances in Neural Information Processing Systems, Montreal, 2015: 3546-3554.

[36] Laine S, Aila T. Temporal ensembling for semi-supervised learning[J]. arXiv preprint arXiv:1610.02242, 2016.

[37] Miyato T, Maeda S, Koyama M, et al. Virtual adversarial training: A regularization method for supervised and semi-supervised learning[J]. IEEE Transactions on Pattern Analysis and Machine Intelligence, 2018, 41(8): 1979-1993.

[38] Tarvainen A, Valpola H. Mean teachers are better role models: Weight-averaged consistency targets improve semi-supervised deep learning results[C]. Advances in Neural Information Processing Systems, Long Beach, 2017: 1119-1204.

[39] Zhuang F Z, Qi Z Y, Duan K Y, et al. A comprehensive survey on transfer learning[J]. Proceedings of the IEEE, 2020, 109(1): 43-76.

[40] Li F, Wang Q, Tang Y, et al. Hybrid analytical and data-driven modeling based instance-transfer method for power system online transient stability assessment[J]. CSEE Journal of Power and Energy Systems, 2021, 10(4): 1664-1675.

[41] Persello C, Bruzzone L. Active learning for domain adaptation in the supervised classification of remote sensing images[J]. IEEE Transactions on Geoscience and Remote Sensing, 2012, 50(11): 4468-4483.

[42] Zhang R F, Yao W, Shi Z T, et al. A graph attention networks-based model to distinguish the transient rotor angle instability and short-term voltage instability in power systems[J]. International Journal of Electrical Power & Energy Systems, 2022, 137: 107783.

[43] Ren C, Xu Y, Dai B J, et al. An integrated transfer learning method for power system dynamic security assessment of unlearned faults with missing data[J]. IEEE Transactions on Power Systems, 2021, 36(5): 4856-4859.

[44] Ren C, Xu Y. Transfer learning-based power system online dynamic security assessment: Using one model to assess many unlearned faults[J]. IEEE Transactions on Power Systems, 2019, 35(1): 821-824.

[45] Zhu Y C, Zhuang F Z, Wang J D, et al. Deep subdomain adaptation network for image classification[J]. IEEE Transactions on Neural Networks and Learning systems, 2020, 32(4): 1713-1722.

[46] Yao Z W, Vinnakota V R, Zhu Q, et al. Forewarned is forearmed: An automated system for remedial action schemes[J]. IEEE Power and Energy Magazine, 2014, 12(3): 77-86.

[47] Min D, Kim S J, Seo S, et al. Computing safety margins of a generation rejection scheme: A framework for online implementation[J]. IEEE Transactions on Smart Grid, 2016, 9(3): 2337-2346.

[48] Khoshkhoo H, Yari S, Pouryekta A, et al. A remedial action scheme to prevent mid/long-term voltage instabilities[J]. IEEE Systems Journal, 2020, 15(1): 923-934.

[49] Gunda J, Harrison G P, Djokic S Z. Remedial actions for security constraint management of overstressed power systems[J]. IEEE Transactions on Power Systems, 2018, 33(5): 5183-5193.

[50] Van Hasselt H, Guez A, Silver D. Deep reinforcement learning with double q-learning[C]//Proceedings of the AAAI

Conference on Artificial Intelligence, Phoenix, 2016: 2904-2100.

[51] Kanervisto A, Scheller C, Hautamäki V. Action space shaping in deep reinforcement learning[C]//2020 IEEE Conference on Games (CoG), Osaka, 2020: 479-486.

[52] Tavakoli A, Pardo F, Kormushev P. Action branching architectures for deep reinforcement learning[C]//Proceedings of the AAAI Conference on Artificial Intelligence, New Orleans, 2018: 4131-4138.

[53] Wang Z Y, Schaul T, Hessel M, et al. Dueling network architectures for deep reinforcement learning[C]// International Conference on Machine Learning, New York: 2016: 1995-2003.

[54] Tang Y, Huang Y H, Wang H Z, et al. Framework for artificial intelligence analysis in large-scale power grids based on digital simulation[J]. CSEE Journal of Power and Energy Systems, 2018, 4 (4) : 459-468.

[55] Mnih V, Badia A P, Mirza M, et al. Asynchronous methods for deep reinforcement learning[C]//International Conference on Machine Learning, New York: 2016: 1928-1937.

[56] Horgan D, Quan J, Budden D, et al. Distributed prioritized experience replay[J]. arXiv preprint arXiv:1803.00933, 2018.

[57] 谢小荣, 贺静波, 毛航银, 等. “双高”电力系统稳定性的新问题及分类探讨[J]. 中国电机工程学报, 2021, 41 (2) : 461-474.

[58] Xu Y, Dong Z Y, Meng K, et al. Multi-objective dynamic VAR planning against short-term voltage instability using a decomposition-based evolutionary algorithm[J]. IEEE Transactions on Power Systems, 2014, 29 (6) : 2813-2822.

[59] 李晔, 张保会. 基于负荷无功电压响应的切负荷控制决策优化[J]. 电力自动化设备, 2015, 35 (6) : 106-111.

第 6 章　总结与展望

6.1　总　　结

随着新型电力系统建设的推进，电网结构日益复杂、运行方式日趋多样，以新一代人工智能技术为基础的智能仿真分析，已成为满足工程需求、解决复杂电网运行问题的关键手段。在已有研究基础上，本书介绍了一系列相关研究成果。

在电网仿真分析知识建模与应用方面，基于知识图谱构建与管理技术提出电力系统仿真分析的先进模型和方法，实现了对数十年来我国电网仿真分析工作所积累的丰富知识和经验的有效管理和智能化应用。在此基础上，电力系统仿真分析知识经验的获取与管理满足了电力系统仿真数据的人工智能分析新需求，首先，提出了适用于电力系统仿真数据人工智能分析的经验和知识融合、定性和定量融合、关联与事理融合的知识模型以及知识驱动数据分析技术，有力支撑电力系统仿真分析的各个环节，为电力系统仿真分析的全流程自动化提供了新工具、新思路和新契机；其次，深入分析电力系统仿真分析经验知识的特点，提出了知识获取和知识协同推理技术，实现经验和知识的混合推理及知识库扩充；再次，针对电力系统仿真数据人工智能知识库中错误多样的特点，设计了知识库清洗技术，保证知识的有效性；最后，知识图谱构建与管理技术也可以与相关的仿真计算软件、大型应用系统结合，有效支撑知识驱动的电力系统仿真分析任务，实现领域知识的汇聚、应用及传承。

在电力系统仿真分析知识发现方面，融合先进的深度学习、强化学习和知识计算等方法，有效地发现了新知识，并高效评估了所获知识。首先，提出了基于记忆网络的动态网络表征学习模型、带属性异构信息网络表征学习模型和深度生成嵌入框架，以转换复杂形态的海量、高维、时变、异构和集合型电力系统仿真数据为易于表达、计算和分析的形式；其次，通过基于马尔可夫博弈的强化学习建模和基于多智能体强化学习的多断面调整，实现了基于复杂约束强化学习的仿真分析知识推理；再次，借助图神经网络的知识蒸馏和电网级联故障下的脆弱性分析，实现了面向不同电力系统场景的知识迁移；最后，提出了交互式仿真分析知识标注和评价分析，以实现交互式知识发现。

在电力系统潮流收敛与运行方式智能调整方面，将前述电力系统仿真分析的知识驱动、机器学习等人工智能方法应用到电网潮流仿真分析领域。首先，提出了潮流样本自动生成方法，为潮流收敛调整、潮流方式调整等人工智能应用场景提供样本支撑；其次，从知识驱动和数据驱动两条不同的技术路线出发提出了两种潮流收敛人工智能调整方法，解决了电力系统潮流数据收敛调整的难题；最后，提出了有功类目标、电压类目标、静态 N–1 约束目标和暂态 N–1 约束目标等不同调整目标的潮流方式人工智能调整方法，实现了电力系统潮流方式的智能调整，极大地降低了潮流方式调整的工作量。

在电力系统稳定性智能分析与控制方面，基于前述电力系统仿真分析的知识建模以及知识驱动、机器学习等理论，深入探索了电力系统分析和控制智能化的方法。首先，提出了稳定性智能分析样本集生成方法，为稳定分析和控制各环节提供样本支撑；其次，设计了针对海量时域仿真数据的动态特征有效表征方法，并提出了电力系统稳定分析的人工智能方法，实现了千节点级实际电网稳定性的准确评估；再次，针对智能稳定分析方法构建的高样本标注需求，探索了相应的弱监督学习方法，可大幅降低样本标注需求，减轻专家依赖，并实现对电网变化的快速适应；最后，针对稳定控制决策，提出了知识融合与深度强化学习的智能切机方法和两阶段紧急切负荷智能决策方法，提高了离线预决策措施制定的快速性和有效性。

6.2 展　　望

随着新型电力系统仿真分析中全电磁暂态仿真计算比重的增加，仿真计算的数据量和模型的复杂程度也将呈几何倍数增长，依靠人工方式对电力系统运行规律进行分析将会面临更严峻的挑战，已有的电力系统仿真人工智能方法也需要进一步发展。

在电力系统仿真分析知识建模与应用方面，利用知识图谱对电力系统仿真分析与决策进行知识建模尚存在一些需要解决的问题。首先，电力系统知识图谱可供学习的数据具有零散、非结构化、质量不一的特征，需要将电力领域丰富的数据利用起来构建大规模、结构清晰、可解释的电力领域知识图谱；其次，电力系统知识图谱构建时需要分别对各专业的业务需求和经验进行梳理和分类，不同专业间的业务壁垒使得知识图谱构建方法适用范围有局限性；最后，采用开放域信息抽取技术得到的知识元素有可能存在错误，经过知识推理得到的知识质量同样也是没有保障的，需要有在工程实现时能够对电力系统知识图谱的质量进行有效评价的技术，以及相关的标准体系。

在电力系统仿真分析知识推理方面，利用人工智能的方法进行知识发现与分析尚存在一些需要解决的问题。首先，需提升复杂形态电力系统仿真数据表征学习后的可解释性；其次，考虑到电网的安全性要求高且相对独立，基于复杂约束强化学习实现的仿真分析知识推理仍需额外的人为验证或规则约束；再次，差异化电力系统场景的知识迁移的可用性和可靠性需要在更大规模的应用场景上进行验证；最后，交互式知识发现的易用性和可靠性有待进一步提升。

在电力系统潮流收敛与运行方式智能调整方面，利用人工智能方法实现电网运行方式智能调整尚存在一些需要解决的问题。首先，潮流样本生成实现了样本自动生成，但是缺乏对样本的评价，需要评估生成样本集的分布合理性以判断是否需要补充或删减样本；其次，数据驱动的潮流收敛和潮流方式智能调整方法在不同电网数据中的适应性和迁移性还需要进一步验证；再次，需要进一步研究知识驱动的潮流方式智能调整方法，将知识驱动的潮流收敛调整方法拓展到潮流方式智能调整；最后，潮流方式智能调整方法还需要进一步综合各类调整目标，提出统一所有目标场景的潮流方式智能调整方法。

在电力系统稳定智能分析与控制决策方面，利用人工智能方法实现智能稳定分析和控制尚存在一些需要解决的问题。首先，稳定分析样本的实际标注可能存在错误，需要研究如何应对错误标注，并提出鲁棒的智能学习方法；其次，需进一步提高稳定分析智能模型的可解释性，为充分信任人工智能提供基础，也为深入理解电力系统稳定机理提供依据；再次，新型电力系统的电网结构愈加复杂，元器件特性更加多样，单一切机和切负荷措施可能存在无效的情况，需要进一步研究紧急控制措施协调的问题；最后，互联电力系统中受控对象较多，智能体的训练和决策困难，需要将电网的更多有用知识合理融入，提高智能体的训练效率和决策水平。